施工现场专业管理人员实用手册系列

造价员实用手册

吴海明 主编

中国建筑工业出版社

图书在版编目（CIP）数据

造价员实用手册/吴海明主编. —北京：中国建筑工业出版社，2017.3
施工现场专业管理人员实用手册系列
ISBN 978-7-112-20214-0

Ⅰ.①造… Ⅱ.①吴… Ⅲ.①建筑造价管理-手册
Ⅳ.①TU723.3-62

中国版本图书馆 CIP 数据核字（2017）第 004446 号

本书是《施工现场专业管理人员实用手册系列》中的一本，供施工现场造价员学习使用。全书结合现场造价专业人员的岗位工作实际，详细介绍了造价员岗位职责及职业发展方向、造价员基础知识、工程构造与建筑识图知识、土建工程定额计价实务、土建工程工程量清单计价工作、土建工程施工图预算的编制、土建工程基础定额工程量计算以及常用工具类资料。本书可作为造价员的工作用书和职业培训教材，也可供职业院校师生和相关专业技术人员参考使用。

责任编辑：王砾瑶　范业庶
责任设计：李志立
责任校对：焦　乐　党　蕾

施工现场专业管理人员实用手册系列
造价员实用手册
吴海明　主编
*
中国建筑工业出版社出版、发行（北京海淀三里河路 9 号）
各地新华书店、建筑书店经销
北京科地亚盟排版公司制版
北京云浩印刷有限责任公司印刷
*
开本：850×1168 毫米　1/32　印张：18¼　字数：472 千字
2017 年 4 月第一版　　2017 年 4 月第一次印刷
定价：**43.00** 元
ISBN 978-7-112-20214-0
(29625)

施工现场专业管理人员实用手册系列
编审委员会

主　　任：史文杰　陈旭伟

委　　员：王英达　余子华　王　平　朱　军　汪　炅
徐惠芬　梁耀哲　罗　维　胡　琦　王　羿
邓铭庭　王文睿

出版说明

建筑业是我国国民经济的重要支柱产业之一，在推动国民经济和社会全面发展方面发挥了重要作用。近年来，建筑业产业规模快速增长，建筑业科技进步和建造能力显著提升，建筑企业的竞争力不断增强，产业队伍不断发展壮大。因此，加大了施工现场管理人员的管理难度。

现场管理是工程建设的根本，施工现场管理关系到工程质量、效率和作业人员的施工安全等。正确高效专业的管理措施，能提高建设工程的质量，控制建设过程中材料的浪费，加快建设效率。为建筑企业带来可观的经济效益，促进建筑企业乃至整个建筑业的健康发展。

为满足施工现场专业管理人员学习及培训的需要，我们特组织工程建设领域一线工作人员编写本套丛书，将他们多年来对现场管理的经验进行总结和提炼。该套丛书对测量员、质量员、监理员等施工现场一线管理员的职责和所需要掌握的专业知识进行了研究和探讨。丛书秉着务实的风格，立足于工程建设过程中施工现场管理人员实际工作需要，明确各管理人员的职责和工作内容，侧重介绍专业技能、工作常见问题及解决方法、常用资料数据、常用工具、常用工作方法、资料管理表格等，将各管理人员的专业知识与现场实际工作相融合，理论与实践相结合，为现场从业人员提供工作指导。

本书编写委员会

主　　编：吴海明

编写人员：徐晓波　张雯雯　陈建芳　胡开创　万　勇

林金桃　赵则鸣

前　言

随着科学技术的不断发展，生产工艺的不断进步，新材料、新技术、新设备层出不穷，管理方法与施工技术措施也日趋完善、成熟，加之国家为适应建筑工程行业不断发展的需要，对现行建筑工程国家标准规范不断进行修订与完善，整个建筑行业也对广大建筑施工从业人员的整体素质和技术水平提出了更高的要求。

2013年以来，现行国家标准《建设工程量清单计价规范》（GB 50500—2013）、《房屋建筑与装饰工程工程量计算规范》（GB 50854—2013）、《通用安装工程工程量计算规范》（GB 50856—2013）等9本计量规范以及《建筑安装工程费用项目组成》（建标［2013］44号）相继颁布实施。为使广大建筑安装工程造价工作者能更好地理解2013版清单计价规范和相关专业工程国家计量规范的内容，更好地掌握建标［2013］44号文件的精神，特编制本书。

本书主要内容包括造价员岗位职责及职业发展方向，造价员基础知识，工程构造与建筑识图专业知识，土建工程定额计价实务，土建工程工程量清单计价工作，土建工程施工图预算的编制，土建工程基础定额工程量计算，常用工具类资料。

本书内容全面系统，涉及范围广泛，注重理论与实践的结合，适合广大造价专业技术管理人员培训、学习和工作使用。对于工作繁忙的专业技术管理人员来说，不失为一本内容丰富、贴近实际工作的参考读物。

本书由杭州高新区（滨江）智慧新天地建设指挥部吴海明担任主编，杭州高新区（滨江）智慧新天地建设指挥部徐晓波、杭州高新技术产业开发总公司张雯雯、杭州萧宏建设环境集团有限公司陈建芳、浙江省地矿建设有限公司胡开创、杭州市滨江区建筑工程质量安全监督站万勇、杭州高新（滨江）水务有限公司林金桃参与编写。

本书在编写过程中参考了业内同行的著作，在此一并表示感谢。由于造价定额规范的不断更新，同时编者的水平有限，书中难免存在不足之处，恳请读者在使用过程中将发现的不足、错误能及时反馈给编者，以完善本书，以利再版。

目　　录

第1章　造价员岗位职责及职业发展方向

1.1　造价员的地位及特征

在项目投资多元化，提倡建设项目全过程造价管理的今天，造价员的作用和地位显得日趋重要。工程造价员如果在施工单位工作，主要负责工程投标报价，即公司要接一个新项目，造价员要对这个新项目进行报价，报价不能过高，这样没有竞争力，容易失去承包工程的机会；报价也不能过低，这样公司如果承包了这个工程后就要亏损。报价要在计算后有一定的利润，这样既有机会承包工程，公司又能有利润。工程造价员如果在开发公司工作，在策划阶段和设计阶段要在成本控制的基础上设计优化，少花钱出精品。在成本控制的基础上对工程进行分包，编制分包合同，进行合同跟踪，工程款拨付控制，工程结束后也要与承包单位进行结算。

目前，我国建筑业发展迅速，城镇建设规模日益扩大，建筑施工队伍不断增加，建筑工地（施工现场）到处都是。工地施工现场的造价员是建设工程施工必需的管理人员，肩负着重要的职责。既是工程项目经理进行工程项目管理的执行者，也是广大建筑施工工人的领导者。他们的管理能力、技术水平的高低，直接关系到千千万万个建设项目能否有序、高效率、高质量地完成，关系到建筑施工企业的信誉、前途和发展，甚至是整个建筑业的发展。

意大利经济学家 Pareto（1848～1923年）发现了一种称为 Pareto 分配定律的曲线。该曲线应用于包含有大量组成部分的活动，该定律认为约20％的组成元件包含了总造价的80％。该定律对工程造价的含义有以下几个方面：

（1）当建筑物形状已定及设计过程已完成20%时，80%的建筑物总造价已经确定。

（2）在初步决定已经作出后，造价员的作用被限制在剩下的20%的造价中。

（3）按“估价设计造价（亦称‘自下而上’）”思想指导下，造价员只能对建筑物总造价的20%发生作用，而建筑师却控制着总造价的80%。

（4）按“相对于造价进行设计（亦称‘自上而下’）”的思想指导下，造价员发挥的作用应该会大于20%，但这也是因为业主最先有一个投资限额的条件下，经过可行性研究而起到的作用，通过造价员的理论而起的能动作用（如对设计的优化）也不会很大。引入这个定律当然不是否定造价员的作用，恰恰相反，明确造价员的作用后，使我们更加清楚，造价员努力的方向，那就是引导业主尽量采用“相对于造价进行设计”的思想。造价员应充分发挥能动作用，尽可能地通过造价员的努力不断优化设计、能动地影响设计，为项目的投资控制起到尽可能大的作用。

1.2 造价员应具备的条件

工程造价员，又称预算员，是对工程项目所需全部建设费用计算成果的统称。在不同建设阶段，其名称、内容各有不同。总体设计时称为估算；初步设计时称为概算；施工图设计时称为预算；竣工时称为结算。根据住房和城乡建设部有关规定，从事工程造价项目工作人员，必须持有《全国建设工程造价员资格证书》。

造价员一般应具备以下条件：

（1）了解所建工程的生产工艺过程。一个造价员应受过专门的设计训练，他至少必须熟悉正在建设的工厂的生产工艺过程，这样才有可能与设计师、承包商共同讨论技术问题。

（2）对工程和房屋建筑以及施工技术等具有一定的知识。

要了解各分部工程所包括的具体内容，了解工程的设备和材料性能并熟悉施工现场各工种的职能。

（3）能够采用现代经济分析方法，对拟建项目计算期（含建设期和生产期）内投入产出诸多经济因素进行调查、预测、研究、计算和论证，从而选择、推荐较优方案作为投资决策的重要依据。

（4）能够运用价值工程等技术经济方法，组织评选设计方案，优化设计，使设计在达到必要功能前提下，有效地控制项目投资。

（5）具有对工程项目估价（含投资估算、设计概算、施工图预算）的能力。当从设计方案和图纸中获得必要的信息以后，造价员的本领是使工作具体化，并使他所估价的准确度控制在一定范围以内。从项目委托阶段一直到谈判结束，以及安排好承包商的索赔都需要作出不同深度的估价，因而估价是造价员最重要的专长之一，也是一门通过大量实践才可以学到的技巧。

（6）根据图纸和现场情况具有计算工程量的能力。这也是估价前必不可少的，而做好此项工作并不那么容易，计算实物工程量不是一般的数学计算，有许多应估价的项目隐含在图纸里面。

（7）需要对合同协议有确切的了解。当需要时，能对协议中的条款作出咨询，在可能引起争议的范围内，要有与承包商谈判的才能和技巧。

（8）对有关法律有确切的了解。不能期望造价员又是一个律师，但是他应该具有足够的法律基础训练，以了解如何完成一项具有法律约束力的合同，以及合同各个部分所承担的义务。

（9）有获得价格和成本费用信息、资料的能力和使用这些资料的方法。这些资料有多种来源，包括公开发表的价目表和价格目录、工程报价、类似工程的造价资料、由专业团队出版的价格资料和政府发布的价格资料等。造价员应能熟练运用这些资料，并考虑到工程项目具体地理位置、当地劳动力价格、到现场的运输条件和运费，以及所得数据价格波动情况等，从而确定本工程项目的造价。

1.3 造价员应完成的主要工作任务

（1）在建设前期阶段，进行建设项目的可行性研究，对拟建项目进行财务评价（微观经济评价）和国民经济评价（宏观经济评价）。

（2）在设计阶段，提出设计要求，用技术经济方法组织评选设计方案，协助选择勘察、设计单位，商签勘察、设计合同并组织实施、审查设计概（预）算。

（3）在施工招标阶段，准备与发送招标文件，协助评审投标书，提出决标意见，协助建设单位与承建单位签订承包合同。

（4）在施工阶段，审查承建单位提出的施工组织设计、施工技术方案和施工进度计划，提出改进意见；督促检查承建单位严格执行工程承包合同，调解建设单位与承建单位之间的争议，检查工程进度和施工质量，验收分部分项工程，签署工程付款凭证，审查工程结算，提出竣工验收报告等。

综上所述，可以看出，工程的造价控制贯穿于工程建设的各个阶段，贯穿于造价员工作的各个环节，起到了对工程造价进行系统管理控制的作用。因工程造价人员工作过失而造成重大事故，则他要对事故的损失承担一定的经济补偿，补偿办法依据合同事先约定。

1.4 造价员的岗位职责、权利和义务

1.4.1 造价员岗位职责

（1）能够熟悉掌握国家的法律法规及有关工程造价的管理规定，精通本专业理论知识，熟悉工程图纸，掌握工程预算定额及有关政策规定，为正确编制和审核预算奠定基础。

（2）负责审查施工图纸，参加图纸会审和技术交底，依据其记录进行预算调整。

（3）协助领导做好工程项目的立项申报，组织招标投标，开工前的报批及竣工后的验收工作。

（4）编制各工程的材料总计划，包括材料的规格、型号、材质。在材料总计划中，主材应按部位编制，耗材按工程编制。

（5）负责编制工程的施工图预（结）算及工料分析，编审工程分包、劳务层的结算。

（6）编制每月工程进度预算及材料调差（根据材料员提供市场价格或财务提供实际价格）并及时上报有关部门审批。

（7）审核分包、劳务层的工程进度预算（技术员认可工程量）。

（8）协助财务进行成本分析及核算。

（9）根据现场设计变更和签证及时调整预算。

（10）在工程投标阶段，及时、准确做出预算，提供报价依据。

（11）掌握准确的市场价格和预算价格，及时调整预（结）算。

（12）对各劳务层的工作内容及时提供价格，作为决策的依据。

（13）参与投标文件、标书编制和合同评审，收集各工程项目的造价资料，为投标提供依据。

（14）参与劳务及分承包合同的评审，并提出意见。

（15）建好单位工程预（结）算及进度报表台账，填报有关报表。

（16）办理变更索赔工作。

（17）办理合同管理、内外结算事务。

（18）工程竣工验收后，及时进行竣工工程的决算工作。

（19）参与采购工程材料和设备，负责工程材料分析，复核材料价差，收集和掌握技术变更、材料代换记录，并随时做好造价测算，为领导决策提供科学依据。

（20）全面掌握施工合同条款，深入现场了解施工情况，为决算复核工作打好基础。

（21）工程决算后，要将工程决算单送审计部门，以便进行设计。

（22）完成工程造价的经济分析，及时完成工程决算资料归档。

1.4.2 造价员的权利

（1）可以在本市辖区内从事与本人取得的《造价员资格证书》专业相符合的建设工程造价工作。

（2）在本人承担的工程造价业务文件上签字、加盖专用章，并承担相应的岗位职责。

（3）参加继续教育，提高专业技术水平。依法独立从事造价工程业务。

（4）对承担完成的工程造价成果负责。

（5）报考造价员专业工作经历的依据。

（6）工程造价咨询企业专职专业人员的凭证。

（7）对违反国家法律、法规、规章的行为，有权向有关部门举报。

1.4.3 造价员的义务

（1）遵守国家法律、法规，维护国家和社会公共利益，忠于职守，恪守职业道德，自觉抵制商业贿赂。

（2）遵守工程造价行业的技术规范和规程，以及所在单位制定的作业指导文件，保证工程造价业务文件的质量。

（3）保守委托人的商业秘密。

（4）与所从事的业务有利害关系时，应当主动回避。

（5）不准许他人以自己的名义执业。

（6）对违反国家法律、法规的计价行为，主动向政府有关部门举报。

（7）及时掌握国内外新技术、新材料、新工艺的发展应用，为工程造价管理部门制订、修订工程定额提供依据。

（8）自觉接受继续教育，更新知识，积极参加职业培训，不断提高业务技术水平。

（9）不得参与与经办工程有关的其他单位事关本项工程的

经营活动。

（10）对经办的工程造价文件质量负有经济的和法律的责任。

（11）不同时在两个或两个以上单位从事业务活动、签署工程造价业务文件等。

1.5 造价员成长的职业发展前景

工程造价专业是在工程管理专业的基础上发展起来的新专业，随着建设工程市场的快速发展和造价咨询、项目管理等相关市场的不断扩大，社会各行业（如房地产公司、建筑施工企业、设备安装企业、咨询公司等）对造价人才的需求不断增加，造价行业的发展十分迅速。

在“E变”时代，工程造价事业同样也离不开计算机的应用，而目前在造价方面的应用大概处于这样的状况：第一类，最基本的、技术上也是最成熟的应用，即预算软件，一般是需输入定额编号及工程量；第二类，是专门针对工程量的计算、钢筋的计算，如工程量辅助计算软件、钢筋辅助计算软件，这类软件虽然也需人工输入图纸的特征及尺寸，但不仅大大节省了工作量，同时也提高了结果的准确性。随着定额的“量价分离”、“实物法”及工程量清单计价办法的实施，工程量等的计算日趋繁杂，工作量也大大增加，在工作中已离不开计算机及这些软件的应用。工程造价人员该如何面对，应向如下几个方向发展：

（1）因为大量繁杂的、基础的工作被电脑所代替，从实践角度应逐渐向市场信息的收集、定额的换算、补充定额方面发展，特别在工程量清单招标和投标制度下，还应向工程量清单的编制上发展，若在投标单位工作，应向报价（即清单项目单价估算）方面发展。

（2）为最大限度发挥造价人员在建设项目管理中的作用，应尽可能地向项目建设的前期工作发展，特别注重与设计的配合，如能动地去影响优化设计、工作重心放在对工程造价的控制上、提高造价工作的精确度上，工作精度越高，越能代表造价员的工作水平，当然就越有利于业主的投资控制。

（3）工程造价工作离不开合同，特别是在市场经济的今天，合同对参与项目建设的各方都非常重要，与企业的利益密不可分。在合同谈判、合同签订过程中都离不开造价工作，在投标报价、工程结算中又都离不开合同。所以，造价人员应努力成为合同方面的行家，真正成为企业的顾问、智囊团。同时也应尽量使自己具备法律、经济、施工技术、信息交流等方面的知识。

第 2 章　造价员基础知识

2.1　工程造价的基本概念

工程造价，是指进行一个项目的建造所需要花费的全部费用。即从工程项目确定建设意向直至建成、竣工验收为止的整个建设期间所支出的总费用，这是保证工程项目建造正常进行的必要资金，是建设项目投资中的最主要的部分。

2.2　工程造价费用构成

工程造价费用主要由工程费用和工程其他费用组成。我国现行工程造价的构成主要划分为设备及工、器具购置费用、建筑安装工程费用、工程建设其他费用、预备费、建设期贷款利息、固定资产投资方向调节税等几项。

2.3　工程造价的计价模式

2.3.1　工程造价定额计价模式

建设工程定额计价是我国长期以来在工程价格形成中采用的计价模式，是国家通过颁布统一的估价指标、概算指标、概算定额、预算定额和相应的费用定额，对建筑产品价格进行有计划管理的一种方式。在计价中以定额为依据，按定额规定的分部分项子目，逐项计算工程量，套用定额单价或单价估价表（基价）确定直接费（定额直接费），然后按规定取费标准确定构成工程价格的其他费用和利税，获得建筑安装工程造价。建设工程概（预）算书就是根据不同设计阶段设计图纸和国家规定的定额、指标及各项费用取费标准等资料，预先计算的新建、扩建、改建工程的投资额的技术经济文件。由建设工程概（预）算书所确定的每一个建设项目、单项工程或单位工程的建设费用，实质上就是相应工程的计划价格。

长期以来，我国发承包计价以工程概（预）算定额为主要依据。因为工程概（预）算定额是我国计价实践的总结，具有一定的科学性和实践性，所以用这种方法计算和确定工程造价过程简单、快速、比较准确，也有利于工程造价管理部门的管理。但概（预）算定额是按照计划经济的要求制定、发布、贯彻执行的，定额中工、料、机的消耗量是根据“社会平均水平”综合测定的，费用标准是根据不同地区平均测算的，因此企业采用这种模式报价就会表现为平均主义，企业不能结合项目具体情况、自身技术优势、管理水平和材料采购渠道价格进行自主报价，不能充分调动企业加强管理的积极性，也不能充分体现公平竞争的基本原则，体现不出企业的竞争优势。

1. 工程造价定额计价的基本原理与特点

工程造价定额计价模式是以假定的建筑安装产品为对象，制定统一的概算和预算定额及单位估价表，计算出每一单元子项（分项工程或结构构件）的费用后，再综合形成整个工程的造价。

从上述定额计价模式的计价原理可以看出，编制建设工程造价最基本的过程有两个：工程量计算和工程计价。即按照预算定额规定的分部分项子目工程量计算规则逐项计算工程量，工程量确定以后，就可以套用概（预）算定额单价或单位估价表（基价）确定直接工程费，然后按照一定的计费程序和取费标准确定措施费、间接费、利润和税金，最终计算出工程预算造价（或投标报价）。工程造价定额计价方法的特点就是量、价合一。概（预）算的单位价格（基价）形成过程，是依据概（预）算定额所确定的人工、材料、机械消耗量乘以定额规定的单价或市场价，经过不同层次的计算达到“量”与“价”相结合的过程。

用公式进一步表明按工程造价定额计价的基本方法和程序，如下所述。

每一计量单位假定建筑产品的预算定额单价（基价）为：

预算定额单价(基价)＝人工费＋材料费＋机械使用费

式中：人工费＝ $\sum$（单位人工工日消耗量×人工工日单价）

材料费＝ $\sum$（单位材料消耗量×材料预算价格）

机械使用费＝ $\sum$（单位机械台班消耗量×机械台班单价）

单位工程直接工程费＝ $\sum$（假定建筑产品工程量×预算定额单价）

单位工程直接费＝ $\sum$（假定建筑产品工程量×预算定额单价)＋措施费

单位工程间接费＝单位工程直接费×间接费费率

单位工程利润＝(单位工程直接费＋单位工程间接费)×利润率

单位工程税金＝(单位工程直接费＋间接费＋利润)×税率

单位工程概(预)算造价＝单位工程直接费＋间接费＋利润＋税金

单位工程概(预)算造价＝ $\sum$ 单位工程概(预)算造价

建设项目总概(预)算造价＝ $\sum$ 单项工程概(预)算造价＋设备、工器具购置费＋

工程建设其他费用＋预备费＋建设期贷款利息＋固定资产投资方向调节税（2000 年 1 月 1 日起暂停征收）

2. 定额计价模式下施工图预算的编制程序

（1）收集资料，准备各种编制依据资料

要收集的资料包括施工图纸、已经批准的初步设计概算书、现行预算定额及单位估价表、取费标准（费用定额）、统一的工程量计算规则、预算工作手册和工程所在地的人工、材料和机械台班预算价格、施工组织设计方案、招标文件、工程预算软件等。

（2）熟悉施工图纸、定额和施工组织设计及现场情况

看图计量是编制预算的基本工作，编制施工图预算前，应

熟悉并检查施工图纸是否齐全，尺寸是否清楚，了解设计意图，掌握工程全貌。同时，针对要编制预算的工程内容搜集有关资料，包括熟悉并掌握预算定额的使用范围、工程内容及工程量计算规则等。

另外，还应了解施工组织设计中影响工程造价的有关因素及施工现场的实际情况。例如，各分部分项工程的施工方法，土方工程中土壤类别、余土外运使用的工具、运距，施工平面图对建筑材料、构件等堆放点到施工操作地点距离，设备构件的吊装方法，现场有无障碍需要拆除和清理等，以便能正确计算工程量和正确套用或确定某些分项工程的基价。这对于正确计算工程造价，提高施工图预算质量，有重要意义。

(3) 计算工程量

工程量的计算在整个预算过程中是最重要、最繁琐的环节，不仅影响预算编制的及时性，更重要的是影响预算造价的准确性。因此，在工程量计算上要投入较大精力，同时要注意以下两点。

1) 正确划分预算分项子目，按照定额顺序从下到上，先框架后细部的顺序排列工程预算分项子目，这样可避免工程量计算中出现盲目、零乱的状况，使工程量计算工作能够有条不紊地进行，也可避免漏项和重项。

2) 准确计算各分部分项工程量，计算工程量一般可以按照下列步骤进行：

① 根据施工图示的工程内容和计算规则，列出计算工程量的分部分项工程。

② 根据一定的计算顺序和计算规则，列出计算式。

③ 根据施工图示尺寸及有关数据，代入计算式进行数学计算。

④ 按照定额中的分部分项工程的计量单位，对相应计算结果的计量单位进行调整，使之与预算定额相一致。

(4) 汇总工程量、套用预算定额单价（基价）

各分项工程量计算完毕，并经复核无误后，按预算定额手册规定的分部分项工程顺序逐项汇总，然后将汇总后的工程量抄入工程预算表内，并把计算项目的相应定额编号、计量单位、预算定额基价以及其中的人工费、材料费、机械台班使用费填入工程预算表内。各分项工程工程量与定额单价（基价）相乘后再相加汇总，便可求出单位工程的直接工程费（定额直接费）。套用单价时需注意以下几点。

1）分项工程量的名称、规格、计量单位必须与预算定额或单位估价表所列内容完全一致。重套、错套、漏套都会引起定额直接费的偏差，从而导致施工图预算造价的偏差。

2）定额换算。当施工图纸的某些设计要求与定额单价的特征不完全符合时，必须根据定额使用说明，对定额单价进行调整。

3）补充定额编制。当施工图纸的某些设计要求与定额单价特征相差甚远时，既不能直接套用也不能换算和调整时，必须编制补充单位估价表或补充定额。

（5）进行工料分析

根据各分部分项工程的实物工程量和相应定额中的项目所列的用工工日及材料消耗数量，计算出各分部分项工程所需的人工及材料数量，相加汇总便可得出该单位工程所需要的各类人工和材料的数量。它是工程预算、决算中人工、材料和机械使用费用调差及计算其他各种费用的基础，又是企业进行经济核算、加强企业管理的重要依据。

这一步骤通常与套用定额单价同时进行，以免二次翻阅定额。

（6）计算其他各项工程费用，汇总工程造价

在分部分项子目、工程量、单价经复查无误后，即可按照建筑安装工程造价构成中费用项目的费率和计费基础，分别计算出措施费、间接费、利润和税金，并汇总得出单位工程造价，同时计算出（如单方造价等）相关技术经济指标。

（7）复核

单位建筑工程预算编制完成后，有关人员应对单位工程预

算进行复核，以便及时发现差错，提高预算编制质量，复核时应对工程量计算公式和结果、套用定额单价、各项费用的取费费率、计算基础和计算结果、材料和人工预算价格及其价格调整等方面是否正确进行全面复核。

（8）编制说明

编制说明是编制者向审核者交代编制方面的有关情况，编制说明一般包括以下几项内容。

1）工程概况。包括工程性质、内容范围、施工地点等。

2）编制依据。包括编制预算时所采用的施工图纸名称、工程编号、标准图集及设计变更、图纸会审纪要资料、招标文件等。

3）所用预算定额编制年份、有关部门发布的动态调价文件号、套用单价或补充单位估价表方面的情况。

4）其他有关说明。通常是指在施工图预算中无法表示而需要用文字补充说明的。例如，分项工程定额中需要的材料无货，用其他材料代替，其他材料代换价格待结算时另行调整等，就需用文字补充说明。

（9）填写封面、装订成册、签字盖章

施工图预算书封面通常需填写的内容有：工程编号及名称、建筑结构形式、建筑面积、层数、工程造价、技术经济指标、编制单位、编制人、审核人及编制日期等。最后，按照封面、编制说明、预算费用汇总表、费用计算表、工程预算表、工料分析表和工程量计算表等顺序编排并装订成册，编制人员签字盖章，请有关单位审阅、签字并加盖单位公章后，一般建筑工程施工图预算计价便完成了编制工作。

2.3.2 工程造价工程量清单计价模式

1. 工程量清单计价模式概述

（1）工程量清单计价的相关概念

1）工程量清单的概念。

工程量清单是表现拟建工程的分部分项工程项目、措施项目、其他项目名称和相应数量的明细清单，是由招标人按照招标文件和施工设计图纸要求，依据《建设工程工程量清单计价规范》规定，将拟建招标工程的全部项目和内容，依据统一的项目编码、项目名称、计量单位和工程量计算规则进行编制，计算出的反映拟建招标工程的分部分项工程项目清单、措施项目清单、其他项目清单的表格；是招标投标活动中，对招标人和投标人都具有约束力的重要文件，是招标投标活动的依据。

2）工程量清单计价模式。

工程量清单计价模式是在建设工程招标投标中，招标人按照国家统一的工程量计算规则提供工程数量，由投标人依据招标人提供的工程量清单自主报价，并按照经评审低价中标的工程造价计价模式。

3）工程量清单计价的概念。

工程量清单计价是指投标人计算和确定完成由招标人提供的工程量清单项目所需全部费用的过程，包括计算和确定分部分项工程费、措施项目费、其他项目费、规费和税金。

4）综合单价。

综合单价是指完成工程量清单中一个规定计量单位项目所需的人工费、材料费、机械使用费、管理费和利润，并考虑风险因素。综合单价不但适用于分部分项工程量清单，也适用于措施项目清单及其他项目清单等。

（2）工程量清单计价的作用

工程量清单计价的根本作用在于改变原来定额计价模式中政府定价的性质，让工程造价通过招标投标在市场竞争中形成。工程量清单计价的好处有以下几点。

1）有利于实现从政府定价到市场定价过渡，从消极自我保护向积极公平竞争的转变。

工程量清单计价有利于实现从政府定价到市场定价过渡，从消极自我保护向积极公平竞争的转变，对计价依据改革具有推动作用。特别是对施工企业，通过采用工程量清单计价，有利于施工企业编制自己的企业定额，从而改变了过去企业过分依赖国家发布定额的状况，通过市场竞争自主报价。

2）有利于公平竞争，避免暗箱操作。

工程量清单计价，由招标人提供工程量，所有的投标人在同一工程量基础上自主报价，充分体现了公平竞争的原则。工程量清单作为招标文件的一部分，从原来的事后算账转为事前算账，可以有效改变建设单位在招标中盲目压价和结算无依据的状况，同时可以避免工程招标中的弄虚作假、暗箱操作等不规范的招标行为。

3）有利于实现风险合理分担。

工程量清单计价，将改变以往招标人不承担经济风险的状况，以推动工程担保和工程保险为核心的工程风险管理制度的发展。投标单位只对自己所报的成本、单价的合理性等负责，而对工程量的变更或计算错误等不负责任；相应地这一部分风险则应由招标单位承担，这种格局符合风险合理分担与责、权、利关系对等的一般原则，同时也必将促进各方面管理水平的提高。

4）有利于工程款拨付和工程造价的最终确定。

工程招标投标中标后，建设单位与中标的施工企业签订合同，工程量清单报价基础上的中标价就成为合同价的基础。投标清单上的单价是拨付工程款的依据，建设单位依据施工企业完成的工程量可以确定进度款的拨付额。工程竣工后，依据设计变更、工程量的增减和相应的单价，确定工程的最终造价。

5）有利于标底的管理和控制。

在传统的招标投标方法中，标底一直是个关键因素，标底的正确与否、保密程度如何一直是人们关注的焦点。而采用工程量清单计价方法，工程量是公开的，是招标文件内容的一部分，标底只起到一定的控制作用（即控制报价不能突破工程概算的约束），仅仅是工程招标的参考价格，不是评标的关键因素，且与评标过程无关，标底的作用将逐步弱化，这就从根本上消除了标底准确性和标底泄露所带来的负面影响。

6）有利于提高施工企业的技术和管理水平。

中标企业可以根据中标价及投标文件中的承诺，通过对单位工程成本、利润进行分析，统筹考虑、精心选择施工方案，合理确定人工、材料、施工机械要素的投入与配置，优化组合，合理控制现场费用和施工技术措施费用等，以便更好地履行承诺，保证工程质量和工期，促进技术进步，提高经营管理水平和劳动生产率。

7）有利于工程索赔的控制与合同价的管理。

采用工程量清单计价进行招标，由于清单项目的综合单价不因施工数量变化、施工难易程度、施工技术措施差异、取费等变化而调整，从而减少了施工单位在施工过程中因现场签证、技术措施费用和价格变化等因素引起的不合理索赔；同时也便于建设单位（业主）随时掌握由于设计变更、工程量增减引起的工程造价变化，进而便于根据投资情况决定是否变更方案或对方案进行比较，能够有效地降低工程造价。

8）有利于建设单位合理控制投资，提高资金使用效益。

投标单位不必在工程量计算上煞费苦心，可以减少投标标底的偶然性技术偏差，让投标企业有足够的余地选择合理标价的下浮幅度；同时，也增加了综合实力强、社会信誉好的企业的中标机会，更能体现招标投标的宗旨。此外，通过竞争，按照工程量招标确定的中标价格，在不提高设计标准情况下与最终结算价是基本一致的，这样可为建设单位的工程成本控制提供准确、可靠的依据，科学合理地控制投资，提高资金使用效益。

9）有利于招标投标节省时间，避免重复劳动。

以往投标报价，各个投标人需计算工程量，计算工程量约占投标报价工作量的70%～80%。采用工程量清单计价则可以简化投标报价计算过程，有了招标人提供的工程量清单，投标人只需填报单价和计算合价，缩短投标单位投标报价时间，更有利于招标投标工作的公开、公平、科学合理；同时，避免了所有的投标人按照同一图纸计算工程数量的重复劳动，节省大量的社会财富和时间。

10）有利于工程造价计价人员素质的提高。

推行工程量清单计价后，要求工程造价计价人员不仅能看懂施工图、会计算工程量和套定额子目，而且要既懂经济、精通技术又熟悉政策法规，向全面发展的复合型人才转变。

2.《建设工程工程量清单计价规范》简介

《建设工程工程量清单计价规范》是根据《中华人民共和国招标投标法》、建设部部令第107号《建设工程施工发包与承包计价管理办法》，并遵照国家宏观调控、市场竞争形成价格的原则，参照国际惯例，结合我国当前的实际情况制定的。它是统一工程量清单编制，规范工程量清单计价的国家标准，是调整建设工程工程量清单计价活动中发包人与承包人各种关系的规范性文件，简称“计价规范”。

《建设工程工程量清单计价规范》基本内容：

《建设工程工程量清单计价规范》（GB 50500—2003）是在2003年2月17日建设部以第119号公告批准颁布的，同年7月1日实施。修订版于2008年7月9日中华人民共和国住房和城乡建设部以第63号公告批准《建设工程工程量清单计价规范》为国家标准，编号为GB 50500—2008，自2008年12月1日起实施。最新修订的《建设工程工程量清单计价规范》（GB 50500—2013）是在2012年12月25日建设部以第1567号公告批准颁布的（以下称“计价规范”或“13计价规范”），于2013年7月1日实施。其中，第3.1.1、3.1.4、3.1.5、3.1.6、3.4.1、4.1.2、4.2.1、4.2.2、4.3.1、5.1.1、6.1.3、6.1.4、8.1.1、8.2.1、11.1.1条（款）为强制性条文，必须严格执行。原国家标准《建设工程工程量清单计价规范》（GB 50500—2008）同时废止。《计价规范》由正文和附录两大部分组成，二者具有同等效力。

第一部分为正文，共16章58节。包括总则、术语、一般规定、工程量清单编制、招标控制价、投标报价、合同价款调整、合同价款中期支付、竣工结算支付、合同解除的价款结算与支付、合同价款争议的解决、工程造价鉴定、工程计价资料与档案、工程计价表格等内容。正文分别就《计价规范》的适用范围、编制工程量清单应遵循的原则、工程量清单计价活动的规则、工程量清单及其计价格式等作了明确规定。

第二部分为附录，共有6个部分，包括以下内容：

附录A　建筑工程工程量清单项目及计算规则。

附录B　装饰工程工程量清单项目及计算规则。

附录C　安装工程工程量清单项目及计算规则。

附录D　市政工程工程量清单项目及计算规则。

附录E　园林工程工程量清单项目及计算规则。

附录F　矿山工程工程量清单项目及计算规则。

以上每一个附录中包括了对应专业工程的清单项目名称、项目编码、项目特征、计量单位、工程量计算规则和工程内容，其中项目编码、项目名称、计量单位、工程量计算规则作为4个统一的内容，要求招标人在编制工程量清单时必须执行。

附录是编制工程量清单的依据，主要体现在工程量清单的12位编码中，其中的前9位应按附录中的编码确定，工程量清单中的项目名称、计量单位、工程数量应依据附录中相应的项目名称和项目特征、计量单位、计算规则来设置和确定。

表2-1为《计价规范》附录A第一章土石方工程中第一节土方工程清单项目的基本格式，其他附录中的形式与其类似。

A.1.1 土方工程（编码：010101）　　**表 2-1**

项目编码	项目名称	项目特征	计量单位	工程量计算规则	工程内容
010101001	平整场地	1. 土壤类别 2. 弃土运距 3. 取土运距	m^2	按设计图示尺寸以建筑物首层面积计算	1. 土方挖填 2. 场地平整 3. 运输

续表

项目编码	项目名称	项目特征	计量单位	工程量计算规则	工程内容
010101002	挖土方	1. 土壤类别 2. 挖土平均厚度	m^3	按设计图示尺寸以体积计算	1. 排地表水 2. 土方开挖 3. 挡土板支拆 4. 截桩头 5. 基底钎探 6. 运输
010101003	挖基础土方	1. 土壤类别 2. 基础类型 3. 垫层底宽、底面积 4. 挖土深度 5. 弃土运距		按设计图示尺寸以基础垫层底面积乘以挖土深度计算	
010101004	冻土开挖	1. 冻土厚度 2. 弃土运距		按设计图示尺寸以开挖面积乘以厚度以体积计算	1. 打眼、装药、爆破 2. 开挖 3. 清理 4. 运输
010101005	挖淤泥、流沙	1. 挖掘深度 2. 弃淤泥、流沙距离		按设计图示位置、界限以体积计算	1. 挖淤泥、流沙 2. 弃淤泥、流沙
010101006	管沟土方	1. 土壤类别 2. 管外径 3. 挖沟平均深度 4. 弃土石运距 5. 回填要求	m	按设计图示以管道中心线长度计算	1. 排地表水 2. 土方开挖 3. 挡土板支拆 4. 运输 5. 回填

《计价规范》的编制，是以现行的全国统一工程预算定额为基础，特别是项目划分、计量单位、工程量计算规则等方面，尽可能多地与现行定额的相关规定衔接，并且借鉴了世界银行、FIDIC、英联邦国家等一些好的做法和思路，结合我国现阶段的具体情况加以确定的。

《计价规范》适用于建设工程工程量清单计价活动，并且规定全部使用国有资金投资或国有资金投资为主的大中型建设工程应执行该规范，附录A、附录B、附录C、附录D、附录E、附录F应作为编制工程量清单的依据。

工程量清单计价模式的基本操作过程为：招标人在统一的工程量清单计算规则的基础上，按照统一的工程量清单标准格式、统一的工程量清单项目设置规则，根据具体工程的施工图纸计算各个清单项目的工程量，编制出工程量清单，此清单作为招标文件的组成部分。招标人如设标底，标底编制应根据招标文件中工程量清单和有关要求，结合施工现场实际情况及合理的施工方法，按照省、自治区、直辖市建设行政主管部门制定的有关工程造价计价办法，参照社会平均消耗量定额进行编制；投标人根据招标文件中的工程量清单和有关要求、施工现场实际情况及拟定的施工方案或施工组织设计，依据自己的企业定额和各种渠道获得的工程造价信息及经验数据编制投标报价。所以，工程量清单计价模式的操作过程分为两个阶段：工程量清单编制和工程量清单计价编制。

3. 工程量清单计价制度的推广对工程造价管理制度的影响

（1）工程量清单计价规范的实施对市场的影响

《建设工程工程量清单计价规范》的出台是适应市场定价机制，深化工程造价管理改革的重要措施，也是规范建设市场秩序的治本措施之一。实行“计价规范”以后，给工程造价管理带来最大、最直接的变化就是：工程定价由市场说了算。

具体的变化主要体现在下列几个方面。

1）计价根据发生了根本性的变化。在定额模式下，依据各地造价站统一制定预算定额及基价表，通过汇总计算得到定额直接费，再按统一的费用定额形成工程造价。这个价基本属于社会平均价格，没有把企业的技术水平及施工工艺水平综合进去，事实上是政府定价。

在清单模式下，完全形成了量价分离，业主计算清单工程量，施工单位审核清单工程量还要计算施工措施工程量，并按每一个工程量清单自由组价。计价依据由定额预算基价及调价系数变为企业通过市场咨询价自主确定价格。企业必须在实际施工中积累能反映企业实际成本的基本数据，用于投标报价，并能以此为依据进行风险预测。

2）施工管理及合同结算形式发生了变化。在定额模式下，合同确定的中标价反映的是社会平均水平，企业的施工管理水平只要能超过社会平均水平就可以盈利，利润是以工程直接费乘以固定比例体现的。结算形式是总价结算，合同属于总价合同。

在清单模式下，合同确定的中标价反映的是企业的个别成本，利润水平是由企业自行确定的，价格是以综合单价的形式进行承包，合同本质上属于单价合同。企业要获得更大的利润只有进一步提高施工水平，改进施工方法，采用先进的施工技术。结算按每一工程清单综合单价控制并作为支付的依据。

3）价格来源发生了变化。在定额模式下，价格来源是固定的。就是由造价站制定统一的预算定额基价，再考虑各个地区不同时期的调差系数，价格反映的是当时市场上的平均价格。

在清单模式下，价格来源是多样的，政府不再做任何参与，由企业自主确定。国家采取的是“全部放开，自由询价、预测风险、宏观管理”的原则。“全部放开”，就是凡与组价有关的价格全部放开，政府不进行任何限制。“自由询价”，是指企业在组价过程中采用什么方式得到的价格都有效，对价格来源的途径不作限制。“预测风险”，是指企业在确定价格时必须是完成该清单项的完全价格，由于各种原因造成的风险必须在投标时就能预测到，并包括在报价内。由于预测不准而造成的风险由投标人承担。“宏观控制”，是指政府从微观上不再管理，但国家从总体上还得进行宏观调控。政府造价管理部门还应定期或不定期地发布信息价，还得编制反映社会平均水平的消耗量定额，用于指导企业快速组价及确定企业自身的技术水平。

4）鼓励合理低价中标，淡化标底的作用。定额作为指导性依据不再是指令性标准，标底则起参考性作用。由于实现了量价分离，风险分担。招标方面定量，承担工程量偏差的风险；投标方确定价，承担报价的风险，完全可以不设标底。国务院在2004年7月12日《国务院办公厅关于进一步规范招投标活动的若干意见》中指出："鼓励推行合理低价中标和无标底招标。"这样就避免了泄露和探听标底等不良现象的发生，从程序上规范了招标动作和建筑市场秩序。所有投标企业均在统一清单量的基础上，结合工程具体情况和企业实力，充分考虑各种市场风险因素，自主进行报价，是企业综合实力和管理水平的真正较量。

应该看到，《建设工程工程量清单计价规范》是按照市场经济要求建立起来的一种造价管理和招标方式，它对规范建设市场秩序和对招标投标机制的完善和发展，将起到积极的推动作用。随着《建设工程工程量清单计价规范》在全国的逐步实施，它对建设市场的深远影响将进一步显现出来。

（2）工程量清单计价规范的实施对建设单位的影响

在定额模式下，建设单位招标时只需在招标文件中附上设计图纸，施工单位在投标时根据图纸计算工程量及报价。建设单位不承担什么风险。有的建设单位事先编制标底，即便标底编制的有偏差，但标底是保密的，只在评标时起参考作用，对建设单位影响也不大。

实行工程量清单计价后，建设单位在招标文件中除了图纸外还必须附有工程量清单。工程量清单是招标投标活动中，对招标人和投标人都具有约束力的重要文件，是招标投标活动的依据。专业性强，内容复杂，对编制人的业务技术水平要求高。能否编制出完整、严谨的工程量清单，直接影响招标的质量，也是招标成败的关键。具体来说，对建设单位的影响主要表现在以下几个方面。

1）对建设单位要求高。《建设工程工程量清单计价规范》

规定："工程量清单应由具有编制招标文件能力的招标人，或受其委托具有相应资质的中介机构进行编制。"建设单位要自行编制工程量清单，必须要有相应的专业人员及业务技术水平，否则，只能委托中介机构进行编制。

2）建设单位要承担工程量清单计算不准确的风险。工程量清单应反映拟建工程的全部工程内容及为实现这些工程内容而进行的其他工作。工程量清单必须与施工图纸相符合。编制时，工程数量应准确，应避免错项、漏项。投标人依据工程量清单进行报价。如中标后或工程竣工时发现工程量清单数量有误或出现漏项，这时的索赔权属于中标企业。建设单位要承担由此引起的一切风险。

3）能促使建设单位提高社会责任感和工程管理水平。由于工程量清单具有公开性特征，对避免工程招标中弄虚作假、暗箱操作等起着节制作用。也为投标企业提供了一个公开、公平、公正的竞争环境。工程量清单又是工程合同的重要文件之一，是施工过程中的进度款支付、工程结算、索赔及竣工结算的重要依据，它对从招标投标开始的全过程工程造价管理起着重要的作用。从而促使建设单位只有努力提高社会责任感和工程管理水平才能适应计价改革的需要。

（3）工程量清单计价规范的实施对施工企业的影响

我国实行了几十年的计划经济，在计划经济体制下，施工企业不是真正意义上的独立核算的企业。政府对企业的微观干预很多，传统的定额计价方式具有强烈的行政性和法令色彩，在这种背景下施工企业养成了依赖政府的"习惯"：定额采用国家的，无论是劳动定额、消耗量定额，还是取费定额都是国家统一制定的，没有企业自己的定额；价格采用各地定额站统一制定的基价及调价系数，不用进行市场询价；施工工法采用国家"施工与验收规范"中统一规定的工法施工，不用总结企业自己的工法；企业在实际施工过程中积累的成本数据，只用来进行两算（施工图预算与实际施工成本）对比，用来分析盈亏，从不会用来报价。

工程量清单计价方法是市场经济的产物，工程计价要变成清单下的“政府宏观调控、企业自主报价、市场竞争形成价格”的体系。政府把建筑产品的定价权力还给了企业。但正如一个被束缚久了的人一下子被放开手脚，反倒不会走路了一样，施工企业对“计价规范”的实施，还有许多的不适应，同时也带来了极大的挑战和机遇。在这些影响下，企业应采取的措施如下。

1）加强学习，转变观念。由于工程量清单计价规范在工程造价的计价程序、项目的划分、报价的组成和具体的计算工程量规则上与传统的定额计价方式有较大的区别，因此施工企业应加强学习，及时转变观念，积极适应这一新的变化。

2）抓紧建立企业内部定额。企业定额是根据本企业施工技术和管理及有关造价资料制定的，是供本企业使用的人工、材料和机械台班消耗量的标准。通过制定企业定额，施工企业可以清楚地计算出完成项目所需的人、材、机的消耗量，从而确定出企业的个别成本。企业必须对本企业施工的基础数据加强累积和收集，必要时借鉴国家的消耗量定额，尽快建立企业定额。

3）建立企业的询价体系。施工企业要通过生产厂家调查、市场询价、网站信息等多种手段，建立起企业自己的人工、材料、机械的询价体系。这个体系要动态、灵活、应变力强、能适应不同工程、不同地点、不同来源的报价需求。应注意充分利用当地造价站的价格网站。

4）加强企业“施工工法”的制定。应根据企业自己的技术力量、装备水平和施工工艺，制定出先进的适应本企业实际情况的施工工法。精心编制和优化施工方案，合理确定人工、材料、机械和方法等要素的投入与配置，合理控制现场和施工技术措施费用等因素，提高企业整体素质。

5）加强清单项目“综合单价”的积累，为快速报价打下基础。企业要适应清单下的计价必须要对本企业的基础数据进行积累，形成反映企业施工工艺水平，用以快速报价的企业定额和材料询价库，对每个清单项目报价要能快速测算出企业的零利润成本，并且与实际施工的成本进行对比。将这些数据积累下来，再根据市场竞争情况确定企业应该分摊的管理费用和利润，就形成了企业清单项目“综合单价”的积累，从而可以快速报价，并确定出企业的个别成本。

综上所述，清单计价是工程造价领域里的一场革命。企业如果不形成反映自身施工工艺水平的企业定额，不进行人工、材料、机械台班用量及价格信息的积累，完全依靠政府定额是无法竞争的。工程量清单计价的实施在给企业带来挑战的同时也带来了机遇，那些积极适应“计价规范”的实施，技术水平、管理水平都较高的企业，必将在这次挑战中不断扩大市场份额，逐步成长壮大起来，在激烈的市场竞争中立于不败之地。

（4）工程量清单计价规范的实施对招标投标阶段工程造价管理的影响

招标投标阶段工程造价控制的目标：确定合理的合同价和严密的工程合同价得以稳妥实现。

合同价的形成方式使工程造价更接近工程实际价值。准确确定合同价的重要因素——投标报价以实物法编制，采用的消耗量、价格、费率都是市场波动值。因此，使合同价能更好地反映工程造价性质和特点，更接近市场价值，易于对工程造价进行动态控制。

在合同条款的约定上，双方的风险和责任意识会有所加强。工程量清单计价模式下，招标投标双方对合同价的确定共同承担责任。招标人提供工程量，承担工程量变更或计算错误的责任，投标单位只对自己所报的成本、单价负责。工程量结算时，根据实际完成的工程量，按约定的办法调整。双方对工程情况的理解以不同的方式体现在合同价中，招标方以工程量清单表现，投标方体现在报价中。另外，工程一般项目造价已通过清单报价明确下来，施工企业为获取最大的利益，会利用工程变更和索赔手段追求额外的费用。因此，双方对合同管理的意识会大大加强，合同条款的约定会更加周密。

招标投标阶段工程造价控制体现在3个方面：获得竞争性投标报价、有效评价最合理报价、签订合同预先控制造价变更。工程量清单计价模式赋予3个方面造价控制工作的新内容和新的侧重点。

（5）工程量清单计价规范的实施对造价员的素质要求

传统定额计价模式下，造价员的任务相对简单：只要熟悉了定额，熟悉了工程量计算规则，主要任务是按照图纸计算工程量，计价有依据，取费有文件，照本子办事很容易。计价中固定的内容多，有变化的成分不多，属于静态的造价管理。即使工程竣工决算突破了预算，那也是由于市场价格变动等不可控制的因素造成的，与造价员关系不大。而在工程量清单计价规范实施后，对造价员也提出了更高的要求。

1）造价员要有自己的询价体系。造价员要通过对生产厂家调查、市场询价、网站信息查询等方式建立自己的动态、快速、灵活应变的询价体系，并应预测到价格未来的走势，为准确报价做好准备。

2）要有风险意识。清单报价要考虑风险因素，因此造价员要有风险意识。要对工程可能遇到的各种风险进行风险辨识、风险评价，并确定风险对策。这才是体现造价员水平和素质的关键之处。

3）综合单价要包做到为止。工程量清单的综合单价包括人工费、材料费、机械费、管理费和利润，并考虑风险因素。造价员报出的综合单价要包做到为止，也即最后施工的实际成本不能突破综合单价，诸如涨价因素、不可预见的风险等都必须在报价时就预见到，这也是与定额预算价的最大区别之处。

4）动态控制造价，从设计阶段开始。做建设项目概算时，要随着初步设计逐步深化，概算也要跟着调整修改。初步设计改几稿，概算也要改几稿。因为概算要考虑到完成价，是投资的上限。概算批准后，要以概算控制施工图的设计，推行限额设计，施工图不是画完了再算，而是根据批准的初步设计，概算完了再画。把造价控制前伸到建设的前期阶段，推行全过程的动态造价控制。

5）要熟悉国际惯例。我国加入 WTO 后，全球经济一体化的进程加快，境外咨询业更多地进入我国建设市场。客观上要求每个造价员要了解和掌握国际上通行的工程量计算规则与报价理论、国际工程项目管理惯例、国际工程合同（FIDIC 合同条件）与招标投标等。尽快掌握计算机与网络信息技术，极大地丰富自己的知识，以便在将来的国际竞争中处于优势地位。

2.4 工程造价的管理方法

工程造价管理是以建设项目为对象，为在目标的工程造价计划值以内实现项目而对工程建设活动中的造价所进行的规划、控制和管理。

工程造价管理主要由两个并行、各有侧重又互相联系、相互重叠的工作过程构成，即工程造价的规划过程与工程造价的控制过程。在建设项目的前期，以工程造价的规划为主；在项目的实施阶段，工程造价的控制占主导地位。

2.4.1 项目建设程序

建设程序是指建设项目从设想、选择、评估、决策、设计、施工到竣工验收、投入生产等的整个建设过程中，各项工作必须遵循的先后次序的法则。这个法则是人们在认识客观规律的基础上制定出来的，是建设项目科学决策和顺利进行的重要保证，按照建设项目发展的内在联系和发展过程，建设程序分为若干阶段，这些发展阶段是有严格的先后次序，不能任意颠倒而违反它的发展规律。

建设项目的主体是基本建设，所以，建设程序的思想和步骤覆盖和包含了基本建设的程序。

目前，我国基本建设程序的主要阶段有：项目建议书阶段，可行性研究报告阶段，设计工作阶段，建设准备阶段，建设实施阶段和竣工验收阶段。这几个大的阶段中都包含着许多环节，这些阶段和环节各有其不同的工作内容。

1. 项目建议书阶段

项目建议书是要求建设某一项具体项目的建议文件，是项目建设程序中最初阶段的工作，是投资决策前对拟建项目的轮廓设想。项目建议书的主要作用是为了推荐一个拟进行建设的项目的初步说明，论述它的建设必要性、条件的可行性和获利的可能性，供建设管理部门选择并确定是否进行下一步工作。

20 世纪 70 年代，我国规定的基本建设程序第一步是设计任务书（计划任务书）。为了进一步加强项目前期工作，对项目的可行性进行充分论证，我国从 80 年代初期规定了程序中增加项目建议书这一步骤。项目建议书经批准后，可以进行详细的可行性研究工作，但并不表明项目非上不可，项目建议书不是项目的最终决策。项目建议书的内容视项目的不同情况而有简有繁。

2. 可行性研究报告阶段

（1）可行性研究。项目建议书一经批准，即可着手进行可行性研究，对项目在技术上是否可行、经济上是否合理进行科学分析和论证。我国从 20 世纪 80 年代初将可行性研究正式纳入基本建设程序和前期工作计划。规定大中型项目、利用外资项目、引进技术和设备进口项目都要进行可行性研究，其他项目有条件的也要进行可行性研究。

（2）可行性研究报告的编制。可行性研究报告是确定建设项目、编制设计文件的重要依据。所有基本建设都要在可行性研究通过的基础上，选择经济效益最好的方案编制可行性研究报告。由于可行性研究报告是项目最终决策和进行初步设计的重要文件，因此，要求它有相当的深度和准确性。在 20 世纪 80 年代中期推行的财务评价和国民经济评价方法，已是可行性研究报告中的重要部分。

（3）可行性研究报告的审批。1988年国务院颁布的投资管理体制的近期改革方案，对可行性研究报告的审批权限作了新的调整。文件规定，属中央投资、中央和地方合资的大中型和限额以上（总投资2亿元以上）项目的可行性研究报告要送国家计委审批。可行性研究报告批准后，不得随意修改和变更。如果在建设规模、产品方案、建设地区、主要协作关系等方面有变动，以及突破投资控制数时，应经原批准机关同意。经批准的可行性研究报告，是确定建设项目、编制设计文件的依据。

3. 设计工作阶段

设计是对拟建工程的实施在技术上和经济上所进行的全面而详尽的安排，是建设计划的具体化，是把先进技术和科研成果引入建设的渠道，是整个工程的决定性环节，是组织施工的依据，它直接关系着工程质量和将来的使用效果。可行性研究报告经批准后的建设项目可通过招标投标选择设计单位，按照已批准的内容和要求进行设计，编制设计文件。如果初步设计提出的总概算超过可行性研究报告确定的总投资估算10%以上或其他主要指标需要变更时，要重新报批可行性研究报告。

4. 建设准备阶段

项目在开工建设之前要切实做好各项准备工作，主要内容有：征地、拆迁和场地平整；完成施工用水、电、路；组织设备、材料订货；准备必要的施工图纸；组织施工招标，择优选定施工单位。项目在报批开工之前，应由审计机关对项目的有关内容进行审计证明。审计机关主要是对项目资金来源是否正当、落实，项目开工前的各项支出是否符合国家的有关规定，资金是否存入规定的银行进行审计。

5. 建设施工阶段

（1）建设项目经批准开工建设，项目即进入了施工阶段。项目开工时间，是指建设项目设计文件中规定的任何一项永久性工程第一次破土、正式打桩。建设工期从开工时算起。

（2）年度基本建设投资额。国家基本建设计划使用的投资额，是以货币形式表现的基本建设工作量，是反映一定时期内基本建设规模的综合性指标。

（3）生产准备是施工项目投产前所要进行的一项重要工作。它是项目建设程序中的重要环节，是衔接基本建设和生产的桥梁，是建设阶段转入生产经营的必要条件。建设单位应当根据建设项目或主要单项工程生产技术的特点，适时组成专门班子或机构，做好各项生产准备工作，如招收和培训人员、生产组织准备、生产技术准备、生产物资准备。

6. 竣工验收阶段

竣工验收是工程建设过程的最后一环，是全面考核建设成果、检验设计和工程质量的重要步骤，也是项目建设转入生产或使用的标志。通过竣工验收，一是检验设计和工程质量，保证项目按设计要求的技术经济指标正常生产；二是有关部门和单位可以总结经验教训；三是建设单位对验收合格的项目可以及时移交固定资产，使其由建设系统转入生产系统或投入使用。凡符合竣工条件而不及时办理竣工验收的，一切费用不准再由投资中支出。

工程建设是社会化大生产，其规模大、内容多、工作量浩繁、牵涉面广、内外协作关系错综复杂，而各项工作又必须集中在特定的建设地点、范围进行，在活动范围上受到严格限制，因而要求各有关单位密切配合，在时间和空间的延续和伸展上合理安排。尽管各种建设项目、建设过程错综复杂，而各建设工程必需的一般历程，基本上还是相同的。不论什么项目，一般总是先调查、规划、评价，而后确定项目、确定投资；先勘察、选址，而后设计；先设计，而后施工；先安装试车，而后竣工投产；先竣工验收，而后交付使用。这是工程建设内在的客观规律，是不以人的意志为转移的。人们如果头脑发热，超越现实，违背客观规律，就必然会受到客观规律的惩罚。

制定建设程序，就是要反映工程建设内在的规律性，防止主观盲目性。新中国成立以来，在工程建设领域曾多次强调要按建设程序办事，但实际执行过程中，违反建设程序，凭主观意志盲目追求高速度等现象时有发生。有的建设项目在地质条件尚未勘察清楚前就仓促上马，有的项目在设计文件尚未完成之际就急于施工等，造成有的新建项目技术落后，资源不落实，投资大幅度超支，经济效益差；有的项目建设过程中，方案一改再改，大量返工。凡此种种违反建设程序的现象，造成了极大的损失。

2.4.2 工程造价的规划

工程造价的规划主要是指确定或计算工程造价费用，并制定出工程项目建造期间控制工程造价的实施方案。

1. 工程造价计价的特点

工程造价费用计算的主要特点是单个性计价、多次性计价和工程结构分解计价。

（1）单个性计价。

每一项建设工程都有指定的专门用途，所以也就有不同的结构、造型和装饰，不同的体积和面积，建设时要采用不同的工艺设备和建筑材料。即使是用途相同的建设工程，其技术水平、建筑等级和建筑标准也有差别。建设工程还必须在结构、造型等方面适应工程所在地气候、地质、地震、水文等自然条件，适应当地的风俗习惯。这就使建设工程的实物形态千差万别；再加上不同地区构成投资费用的各种价值要素的差异，最终导致建设工程造价的千差万别。因此，对于建设工程，就不能像对工业产品那样按品种、规格、质量成批地定价，只能通过特殊的程序（编制估算、概算、预算、合同价、结算价及最后确定竣工决算价等），就各个工程项目计算工程造价，即单个计价。

（2）多次性计价。

建设工程的生产过程是一个周期长、数量大的生产消费过程，包括可行性研究和工程设计在内的过程，一般较长，而且要分阶段进行，逐步加深。为了适应工程建设过程中各方经济关系的建立，适应项目管理的要求，适应工程造价控制和管理的要求，需要按照设计和建设阶段多次进行工程造价的计算，其过程如图 2-1 所示。

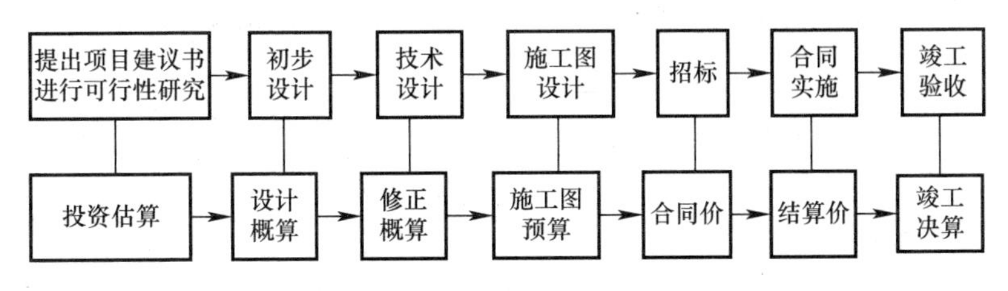

图 2-1　工程多次性计价示意图

如图 2-1 所示，从投资估算、设计概算、施工图预算到招标投标合同价，再到工程的结算价和最后在结算价基础上编制的竣工决算，整个计价过程是一个由粗到细、有浅到深，最后确定建设工程实际造价的过程。计价过程各环节之间相互衔接，前者制约后者，后者补充前者。

（3）工程结构分解计价。

按国家规定，工程建设项目有大、中、小型之分。凡是按照一个总体设计进行建设的各个单项工程总体即是一个建设项目。它一般是一个企业（或联合企业）、事业单位或独立的工程项目。在建设项目中，凡是具有独立的设计文件、竣工后可以独立发挥生产能力或工程效益的工程被称为单项工程，也可将它理解为具有独立存在意义的完整的工程项目。各单项工程又可分解为各个独立施工的单位施工。考虑到组成单位工程的各部分是由不同的施工方法、构造及规格，把分部工程更细致地分解为分项工程。分项工程是能用较为简单的施工过程生产出来的，可以用适量的计量单位计算并便于测定或计算的工程基本构造要素，也是假定的建筑安装产品。

与以上工程构成的方式相适应，建设工程具有分部组合计价的特点。计价时，首先要对工程项目进行分解，按构成进行分部计算，并逐层汇总。例如，为确定建设项目的总概算，要先计算各单位工程的概算，再计算各单项工程的综合概算，最终汇总成总概算。

2. 工程造价规划的主要内容

依据建设程序，工程造价的确定与工程建设阶段性工作深度相适应。一般分为以下几个阶段：

（1）在项目建议书阶段，按照有关规定，应编制初步投资估算，经主管部门批准，作为拟建项目列入国家中长期计划和开展前期工作的控制造价。

（2）在可行性研究阶段，按照有关规定编制投资估算，经主管部门批准，即为该项目国家计划控制造价。

（3）在初步设计阶段，按照有关规定编制初步设计总概算，经主管部门批准，即为控制拟建项目工程造价的最高限额。对初步设计阶段，通过建设项目招标投标签订承包合同协议的，其合同价也在最高限价（总概算）相应的范围以内。

（4）在施工图设计阶段，按规定编制施工图预算，用以核实施工图阶段造价是否超过批准的初步设计概算。经承发包双方共同确认，主管部门审查通过的预算，即为结算工程价款的依据。

（5）在施工准备阶段，按有关规定编制招标工程的标底，参与合同谈判，确定工程承包合同价格。对施工图预算为基础招标投标的工程，承包合同价也是以经济合同形式确定的建筑安装工程造价。

（6）在工程施工阶段，根据施工图预算、合同价格，编制资金使用计划，作为工程价款支付、确定工程结算价的计划目标。

建设程序和各阶段工程造价确定示意图如图 2-2 所示。

2.4.3 工程造价的控制

工程造价的有效控制是工程建设管理的重要组成部分。所谓工程造价的控制，就是在投资决策阶段、设计阶段、建设项目发包阶段和施工阶段，把建设项目投资的发生控制在批准的

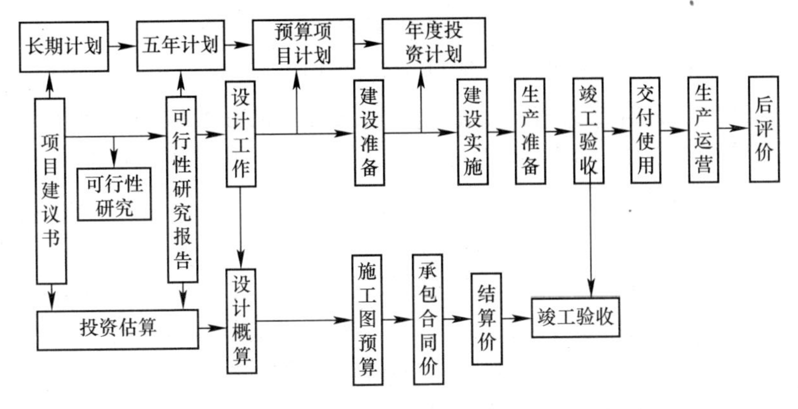

图 2-2　建设程序和各阶段工程造价确定示意图

投资限额以内，随时纠正发生的偏差，以保证项目投资管理目标的实现，以求在各个建设项目中能合理使用人力、物力和财力，取得较好的经济效益和社会效益。

1. 动态控制原理

项目管理的关键是要保证项目目标尽可能好地实现，可以说，项目规划为项目预先建起了一座通向目标的桥梁和道路，即项目的轨道。当项目进入实质性启动阶段以后，项目就开始进入了预定的轨道。这时，项目管理的中心活动成为目标控制。

项目控制是保证组织的产出和规划一致的一种管理职能。如果项目没有目标，项目规划就无从谈起，也就不存在项目轨道，项目实施便漫无目的，更谈不上如何去进行项目控制。但如果每一个项目的项目规划都是那么完美，以致项目实施中的任何实际进展都完全与计划相吻合，自然不需要项目控制也实现了项目目标。但实际情况并非如此，项目具有其一次性和独特性，因此每一个项目都是新的，只能借鉴类似项目的成功经验，但绝不能模仿。“计划是相对的，变化是绝对的；静止是相对的，变化是绝对的”，是项目管理的哲学。这并非是否定计划的必需性，而是强调了变化的绝对性和目标控制的重要性。

事实上，由于项目规划人员自身的知识和经验所限，特别是在项目实施过程中，项目的内部条件和客观环境都会发生变化，如项目范围的变化、项目不会自动地在正常的轨道上运行。在实际项目管理实践中，尽管人们进行了良好的项目规划和有效的组织工作，但由于忽视了项目控制，最终未能成功地实现预定的项目目标。

随着项目的不断进展，大量的人力、物力和财力投入项目实施之中，应不断地对项目进展进行监控，以判断项目进展的实际值与计划值是否发生了偏差，如发生偏差，要及时分析偏差产生的原因，并采取果断的纠偏措施。必要的时候，还应对项目规划中的原定目标进行重新的论证。因此，项目管理成败如何，很大程度上取决于项目规划的科学性和项目控制的有效性。

在工程项目建设中，项目的控制紧紧围绕着三大目标的控制：投资控制、质量控制和进度控制。如图 2-3 所示，这种目标控制是动态的，并且贯穿于项目实施的始终。

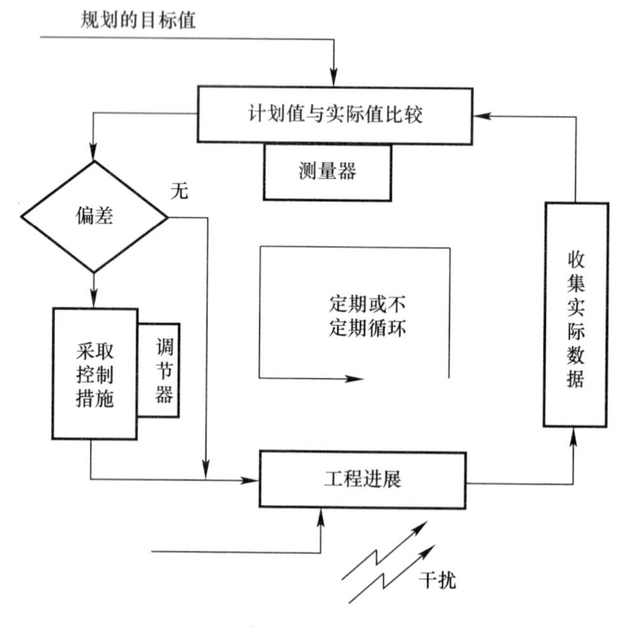

图 2-3　动态控制原理图

这个流程应当每两周或一个月循环进行，其表达的意思如下：

（1）项目投入，即把人力、物力和资金投入到项目实施中。

（2）设计、施工、安装和采购等行为发生后，称工程进展。在工程进展过程中，必定存在各种各样的干扰，如恶劣气候、设计出图未及时等。

（3）收集实际数据，即对项目进展情况作出评估。

（4）把投资目标、进度目标和质量目标等计划值与实际投资发生值、实际进度和质量检查数据进行比较，这相当于电工学的测量器。

（5）检查实际值和计划值有无偏差，如果没有偏差，则项目继续进展，继续投入人力、物力和财力等。

（6）如有偏差，则需要采取控制措施，这相当于电工学的调节器。

在工程项目管理中，在这一动态控制过程中，应着重做好以下几项工作：

（1）对计划目标值的论证和分析。实践证明，由于各种主观和客观因素的制约，项目规划中的计划目标值有可能是难以实现或不尽合理的，需要在项目实施的过冲中，或合理调整，或细化和精确化。只有项目目标是正确合理的，项目控制方能有效。

（2）及时对项目进展作出评估，即收集实际数据。没有实际数据的收集，就无法清楚工程的实际进展情况，更不可能判断是否存在偏差。因此，数据的及时、完整和正确是确定偏差的基础。

（3）进行计划值与实际值的比较，以判断是否存在偏差。这种比较同时也要求在项目规划阶段就应对数据体系进行统一的设计，以保证比较工作的效率和有效性。

（4）采取控制措施以确保项目目标的实现。

2. 工程造价控制的主要内容

对工程造价进行控制，是运用动态控制原理，在工程项目建设过程中的各个不同阶段，经常地或定期地将实际发生的工程造价值与相应的计划目标造价值进行比较。若发现实际工程造价值偏离目标工程造价值，则应采取纠偏措施，包括组织措施、经济措施、技术措施、合同措施、信息管理措施等，以确保工程项目投资费用总目标的实现。

（1）在项目决策阶段，根据拟建项目的功能要求和使用要求，作出项目定义，包括项目投资定义。并按项目规划的要求和内容，以及项目分析和研究的不断深入，逐步地将投资估算的误差率控制在允许范围之内。

（2）在初步设计阶段，运用设计标准和标准设计、价值工程方法、限额设计方法等，以可行性研究报告中被批准的投资估算为工程造价目标数，控制初步设计。如果设计概算超出投资估算（包括允许的偏差范围），应对初步设计的结果进行调整和修改。

（3）在施工图设计阶段，应以被批准的设计概算为控制目标，应用限额设计、价值工程等方法，以设计概算控制施工图设计工作的进行。如果施工图预算超过设计概算，则说明施工图设计的内容突破了初步设计所规定的项目设计原则，因而应对施工图设计的结果进行调整和修改。通过对设计过程中形成的工程造价费用的层层控制，实现工程项目设计阶段的造价控制目标。

（4）在施工准备阶段，以工程设计文件（包括概、预算文件）为依据，结合工程施工的具体情况，如现场条件、市场价格、业主的特殊要求等，参与招标文件的制定，编制招标工程的标底，选择合适的合同计价方式，确定工程承包合同的价格。

（5）在工程施工阶段，以施工图预算、工程承包合同价等为控制依据，通过工程计量、控制工程变更等方法，按照承包方实际完成的工程量，严格确定施工阶段实际发生的工程费用。以合同价为基础，同时考虑因物价上涨所引起的造价提高，考虑到设计中难以预计的而在施工阶段实际发生的工程和费用，合理确定工程结算，控制实际工程费用的支出。

（6）在竣工验收阶段，全面汇集在工程建设过程中实际花费的全部费用，编制竣工决算，如实体现建设项目的实际工程造价，并总结分析工程建造的经验，积累技术经济数据和资料，不断提高工程造价管理的水平。

2.5 工程造价软件

随着《建设工程工程量清单计价规范》的颁布实施，市场上出现了许多版本的应用软件，应用这些软件可以将繁琐的工作简单化，大大节省工程计价的编制时间。下面以广联达软件技术公司推出的“广联达建设工程招标投标整体解决方案”软件为例，介绍一下计算机编制工程量清单及其报价的过程。它以《建设工程工程量清单计价规范》和《中华人民共和国招标投标法》为依据，是围绕项目招标投标，实现“计量、询价、计价、招标/投标文件编制、自动评标和招标投标信息发布、数据积累和企业定额编制”等功能的一体化智能解决方案。另外，简单介绍两类招标投标和合同管理软件。

对于招标人：招标人在招标投标阶段进行工程项目招标需要满足国标清单计价规范和清标、评标的要求，提供统一格式的电子标书和电子标底实现造价管理、工程电子招标投标和信息数据积累分析，从而快速、便捷地完成招标一系列工作，并提高企业的工作效率。为招标方用户提供从计量到计价、招标到评（清）标、信息积累到信息分析的系列软件产品，包括工程量计算软件、计价软件、评标软件、工程造价指标分析系统，帮助招标方完成计量、计价、评标、指标数据分析全过程的造价业务管理，并通过无缝数据链接的方式保证业务数据在各个业务环节都能正常流动，达到业务、信息、软件产品各个方面的共享应用。

对投标人：投标人在招标投标阶段进行工程项目投标需要同时完成工程项目的统一报价和材料统一调价，生成满足招标方要求的统一格式的电子投标书，快速响应招标文件，以获取中标资格。为投标方提供专业的投标管理软件产品，帮助投标方用户安全投标和高效投标，使得投标方在接受电子招标文件之后，快速利用软件产品完成工程量计算、工程计价、投标报价的系列工作。

2.5.1 图形算量软件（GCL2013）

广联达图形算量软件基于各地计算规则与全统清单计算规则，采用建模方式，整体考虑各类构件之间的相互关系，以直接输入为补充，软件主要解决工程造价人员在招标投标过程中的算量、过程提量、结算阶段构件工程量计算的业务问题，不仅将使用者从繁杂的手工算量工作中解放出来，还能在很大程度上提高算量工作效率和精度。如对梁的计算，只需画出梁的平面布置图，软件即可很快算出梁的混凝土、模板、脚手架等工程量。

图形算量软件的优点如下。

（1）工程量表专业、简单。软件设置了工程量表，回归算量的业务本质，帮助工程量计算人员理清算量思路，完整算量。选择或定义各类构件的工程量表—自动套用做法—计算汇总出量，三步完成算量过程。软件提供了完善的工程量表和做法库，并可按照需要进行灵活编辑，不同工程之间可以直接调用，一次积累，多次使用。

（2）规则算法，精确算量。软件内置各地计算规则，可按照规则自动计算工程量；也可以按照工程需要自由调整计算规则按需计算；GCL2013 采用广联达自主研发的三维精确计算方法，当规则要求按实计算工程量时，可以三维精确扣减按实计算，各类构件就能得到精确的计算结果。

（3）简化界面，流程规范。界面图标可自由选择纯图标模式或图标结合汉字模式，同时功能操作的每一步都有相应的文字提示，并且从定义构件属性到构件绘制，流程一致。既保障了操作流程规范清晰，又降低了学习记忆成本。

(4) 三维处理，直观实用。GCL2013 采用自主研发的三维编辑技术建模处理构件，不仅可以在三维模式下绘制构件、查看构件，还可以在三维中随时进行构件编辑：包括构件图元属性信息，还有图元的平面布局和标高位置，真正实现了所得即所见，所见即能改。

(5) 报表清晰，内容丰富。GCL2013 中配置了三类报表，每类报表按汇总层次进行逐级细分来统计工程量，其中指标汇总分析系列报表将当前工程的结果进行了汇总分析，从单方混凝土指标表，再到工程综合指标表，工作人员可以看到本工程的主要指标，并可根据经验迅速分析当前工程的各项主要指标是否合理，从而判断工程量计算结果是否准确。

2.5.2 钢筋抽样软件（GGL10.0）

广联达钢筋抽样软件 GGJ10.0 基于国家规范和平法标准图集，采用建模方式，整体考虑构件之间的扣减关系，辅助以表格输入。钢筋软件内置规则，极大地方便了用户，建模的方式自动考虑了构件之间的关联关系，使用者只需要完成绘图即可，软件多样化的统计方式和丰富的报表，可以满足使用者在不同阶段的需求。钢筋抽样软件还可以帮助人们学习和应用平法，降低了钢筋算量的难度，大大提高钢筋算量的工作效率。

(1) 规则内置，专业全面。软件内置了结构设计规范、施工验收规范、平法系列图集，降低了钢筋算量的专业门槛，降低了学习的难度，使钢筋量的计算变得轻松，高效，通过节点选择计算钢筋。

(2) 规则开放，调整灵活。针对平法设计与传统设计模式并存的行业现状，软件开放了计算规则，可以灵活调整各类构件对钢筋的算法的不同要求，从而计算出能够全面处理结构的钢筋工程量。

(3) 画图算量，一次翻图。通过画图算钢筋，可以分构件采用“地毯式”算量的方法，一次性把每一张图纸要计算的量全部录入，构件之间的关系和层之间的关系由软件根据位置自动处理，简单、省时、省事。

（4）结果明了，依据清晰。软件提供了每根钢筋的计算公式及计算式的描述，清楚每一根钢筋的计算过程。各类构件的算法可以追溯到图集的每一页，并详细地讲述了节点中钢筋长度的算法，从而保证了在对量的过程中有据可依，占据优势。

（5）CAD识别。钢筋软件不仅可以识别CAD电子文件中的结构构件，而且可以识别梁、柱的平法标注信息，可以识别板的钢筋信息，大大地降低了信息录入的工作量，灵活、高效、方便。

（6）图形算量、钢筋算量一体化。实现了图形算量和钢筋抽样的互导，只需要画一次图，就可以满足建筑实体量和钢筋算量的要求，达到了少画图多算量的目的，工作效率得以数倍提高。

2.5.3 清单计价软件（GBQ4.0）

GBQ4.0是融招标管理、投标管理、计价于一体的全新计价软件，作为工程造价管理的核心产品，GBQ4.0以工程量清单计价为基础，并全面支持电子招标投标应用，帮助工程造价单位和个人提高工作效率，实现招标投标业务的一体化解决，使计价更高效、招标更快捷、投标更安全。并成功应用于北京奥运鸟巢、水立方、国家大剧院等典型工程。

（1）招标管理。可进行项目的三级管理，可全面处理一个工程项目的所有专业工程数据，可自由地导入、导出专业工程，方便多人工程数据合并，使工程数据的管理更加方便和安全。

1）项目报表打印。可一次性全部打印工程项目的所有数据报表，并可方便地设置所有专业工程的报表格式。

2）清单变更管理。可对项目进行版本管理，自动记录对比不同版本之间的变更情况，自动输出变更结果。

3）项目统一调价。同一项目自动汇总合并所有专业工程的人、材、机价格和数量，修改价格后，自动重新计算工程总价，调价方便、直观、快捷。

4）招标清单检查。通过检查招标清单可能存在的漏项、错项、不完整项，帮助用户检查清单编制的完整性和错误，避免招标清单因疏漏而重新修改。

（2）投标管理。招标方提供的清单完整载入（包括项目三级结构），并可载入招标方提供的报表模式，免去投标报表设计的烦恼。

1）清单符合检查。可自动将当前的投标清单数据与招标清单数据进行对比，自动检查是否与招标清单一致，并可自动更正为和招标清单一致，极大地提高了投标的有效性。

2）投标版本管理。可对项目进行版本管理，自动记录对比不同版本之间的变化情况，自动输出项目因变更或调价而发生的变化结果。

3）自动生成标书。可一键生成投标项目的电子标书数据和文本标书，大大提高投标书组织与编辑的效率。

4）投标文件自检。可自动检查投标文件数据计算的有效性，检查是否存在应该报价而没有报价的项目，减少投标文件的错误。

（3）工程快速计价。

1）定额计价、清单计价同一平台。清单工程直接转换成定额计价，快速进行投标报价对比。

2）多种专业换算。系统提供多达 6 种定额换算方式，可单个定额换算，也可多个定额同时换算，满足不同专业换算应用的要求。

3）自动识别取费。自动按照各个地区定额专业要求和清单项目识别其取费专业，帮助用户快速轻松处理多专业取费。

4）工程造价调整。进行资源含量、价格调整时，增加了“资源锁定”功能，使得特定的资源不参与调整，多达 3 种调整方式帮助用户快捷地进行工程造价调整。

2.5.4 广联达工程造价指标管理系统（GIX3.0）

广联达工程造价指标管理系统 GIX3.0 是基于网络的指标管

理和应用软件。它通过提供专业的指标分析模板、工程的集中式管理以及与广联达系列软件的无缝数据接口，为造价行业用户解决历史数据的指标积累和共享应用的问题。它为企业的成本分析和决策提供网络化的信息平台，最大限度地发挥知识管理的强大作用。它为个人提供了造价全过程各个阶段所需的指标信息及应用工具，提高了工作效率。广联达工程造价指标管理系统与广联达造价系列软件的关联使用，形成全过程指标应用的整体解决方案，为全过程的指标应用提供更广阔的空间。在全国十多个地区的上百家大甲方、大中介和施工企业集团中应用，分析和积累了上千个工程数据。

以广联达指标体系为基础，提供分部指标、实物量指标、措施指标、综合单价指标、人材机消耗指标、比值指标等指标分析功能，通过严格界定指标项属性和关联条件，快速定义个性化指标项。支持广联达计价软件和电子评标软件格式的导入，以及 Excel 文件导入，更大限度整合企业历史工程资源。通过数据导入和模板定义，软件自动匹配指标项，配合 10%的手工检查，完成 100%的指标项生成，工程数据指标化，自动、快捷、准确。指标台账库集中管理和分析，在局域网条件下，能够共享和使用数据服务器上的指标台账库。提供强大的工程查询功能，方便查询同类工程，进行横向对比，确定合理值范围和关键指标项的审核。广联达可以提供全国各地的经过广联达专家团队审核的指标台账库，扩充企业和个人的指标信息资源，方便企业了解异地信息，拓展外地市场。

第3章 工程构造与建筑识图知识

3.1 房屋建筑分类

3.1.1 按用途分类

1. 民用建筑

民用建筑根据建筑物的使用功能，分为公共建筑、居住建筑。居住建筑是供人们生活起居用的建筑物，包括普通住宅、公寓、别墅、宿舍等。公共建筑是人们进行政治文化活动、行政办公，以及其他商业、生活服务等公共事业的的需要的建筑物，包括行政办公楼、文教卫生建筑、商业建筑、交通建筑和风景园林建筑等。

2. 工业建筑

（1）根据建筑层数不同，工业建筑可以分为单层厂房、多层厂房和层次混合厂房。

（2）根据用途不同，工业建筑分为生产厂房、生产辅助厂房、动力厂房、仓储建筑、运输用建筑和其他建筑。

（3）根据建筑跨度不同，工业建筑分为单跨厂房、多跨厂房和纵横跨厂房。

（4）根据跨度尺寸不同，工业建筑分为小跨度厂房和大跨度厂房，小跨度厂房指跨度小于或等于 12m 的单层工业厂房，以砌体结构为主。大跨度厂房是指跨度在 15m 以上的单层工业厂房，其中跨度为 15～30m 的厂房以钢筋混凝土结构为主，跨度在 36m 以上的厂房以钢结构为主。

（5）根据生产状况不同，工业建筑分为冷加工车间、热加工车间、洁净车间、恒温恒湿车间和其他特种状况的车间。

3. 农业建筑

农业建筑指为农业生产或加工服务的建筑，包括农用仓库、灌溉机房，饲养房等。

3.1.2 按建筑物层数分类

（1）低层建筑：1～3层，多为住宅、别墅、幼儿园、中小学校、小型办公楼、轻工业厂房等。

（2）多层建筑：4～6层，多为一般住宅、写字楼等。

（3）中高层建筑：7～9层，多为居民住宅楼、普通办公楼等。

（4）高层建筑：10层以上，多为多功能的大厦（商住、写字楼等多功能大厦）。

（5）超高层建筑：房屋檐高超过100m的建筑。

3.1.3 按建筑物主要承重构件材料分类

（1）钢结构：钢结构建筑物指其承重构件用钢材制作，如梁、柱、屋架等。

（2）钢筋混凝土结构：钢筋混凝土结构是指建筑物的承重构件均以钢筋混凝土建造，包括排架结构、框架结构和剪力墙结构等。

（3）砖混结构：部分结构为钢筋混凝土，主要是砖墙承重的结构。

（4）砖木结构：承重的主要结构是用砖、木材建造的。

（5）其他结构：凡不属于上述结构的建筑物都归此类，如竹结构、石结构、砖拱结构、窑洞、木板房、土草房等。

3.1.4 按建筑物承重结构体系分类

（1）墙承重结构：该类建筑用墙体来承受由屋顶、楼板传来的荷载，如砖混结构的住宅、办公楼、宿舍。

（2）排架结构：采用柱和屋架构成的排架作为其承重骨架，外墙起围护作用，如单层厂房。

（3）筒体结构：筒体结构有框架内单筒结构、单筒外移式框架外单筒结构、框架外单筒结构、筒中筒结构及成组筒结构。

（4）框架结构：它是以柱、梁、板组成的空间结构体系作为骨架的建筑。

（5）剪力墙结构：剪力墙结构的楼板与墙体均为现浇或预

制钢筋混凝土结构，常用于高层住宅楼和公寓建筑。

（6）框架一剪力墙结构：它是在框架结构中设置部分剪力墙，使框架和剪力墙结合起来，共同抵抗水平荷载的空间结构。

（7）大跨度空间结构：该类建筑通常中间没有柱子，通过网架等空间结构把荷载传到建筑四周的墙、柱上去，如游泳馆、体育馆、大剧场等。

3.2 工业与民用建筑构造

3.2.1 工业建筑构造

1. 围护构件

屋面、门窗、外墙、地面等。

2. 承重构件

柱下基础、基础梁、柱、屋架与屋面梁钢筋混凝土钢结构、连系梁、圈梁、抗风柱、吊车梁、支撑结构等。

3.2.2 民用建筑构造

民用建筑构造是指民用建筑中构件与配件的组成，相互结合的方式、方法。民用建筑构造的主要研究对象是民用建筑（房屋）的构造组成、各组成部分的构造原理和构造方法。

一般民用建筑是由基础、墙或柱、楼地层、楼梯、屋顶、门窗等主要部分组成。

1. 基础

是建筑物最下面的部分，它承受房屋的全部荷载，并把这些荷载传给下面的土层（地基）。

2. 墙或柱

（1）墙。是建筑物的垂直承重构件，它承受楼地层和屋顶传给它的荷载，并把这些荷载传给基础，墙起承重、围护、分隔建筑空间的作用。

（2）柱。柱有承重柱和装饰柱之分。承重柱在框架结构、排架结构中主要承受楼板、梁传来的荷载。装饰柱是指非承重柱，只起装饰空间的作用。

3. 楼地层

楼地层是楼层与地层的总称。

(1) 楼层。楼层是多层、高层建筑中的水平分隔构件，它将建筑物在竖向分隔成若干层，同时将人、家具、设备等荷载及自重直接传给墙或柱，并对墙体起水平支撑的作用。根据实际使用，楼层还具有隔声、防火、防水、耐磨等性能。

(2) 地层。地层是建筑物首层空间与土层直接相接或接近的水平构件，它承受底层房间的荷载，并将这些荷载传给下面的地基土层。根据实际使用，地层还具有防潮、防水、保温等性能。

4. 楼梯

是建筑物中联系上下各层的垂直交通设施。

5. 屋顶

是建筑物顶部构件，具有承重、围护、审美三大作用。

6. 门窗

门是建筑物的出入口，它的作用是供人们通行，并兼有围护、分隔的作用。窗的主要作用是采光、通风，供人眺望。

7. 其他

建筑物的构造组成中除基础、墙或柱、楼地层、楼梯、屋顶、门窗外，还包括台阶、散水、雨篷、雨水管、阳台、明沟、通风道、烟道等。

3.3 建筑工程材料

3.3.1 土木建筑工程材料的分类

1. 按基本成分分类

(1) 有机材料。以有机物构成的材料，它包括天然有机材料（如木材等）、人工合成有机材料（如塑料等）。

(2) 无机材料。以无机物构成的材料，它包括金属材料、非金属材料（如水泥等）。

(3) 复合材料。有机—无机复合材料（如玻璃钢），金属—非金属复合材料（如钢纤维混凝土）。复合材料得以发展及大量应用，其原因在于它能够克服单一材料的弱点，发挥复合后材料的综合优点，满足了当代土木建筑工程对材料的要求。

2. 按功能分类

（1）结构材料。承受荷载作用的材料，如构筑物的基础、柱、梁所用的材料。

（2）功能材料。如起围护、防水、装饰、保温隔热作用的材料等。

3. 按用途分类

建筑结构、桥梁结构、水工结构、路面结构、建筑墙体、建筑装饰、建筑防水、建筑保温材料等。

3.3.2 土木建筑工程材料的物理力学性质

1. 材料的物理状态参数

（1）密度。材料在绝对密实状态下，单位体积的质量。用下式表示：

$$密度(g/cm^3,kg/m^3)=材料在干燥状态的质量/材料的绝对密实体积$$

材料的绝对密实体积是指固体物质所占体积，不包括孔隙在内。密实材料如钢材、玻璃等的体积可根据其外形尺寸求得。其他材料大多含有孔隙，测定含孔隙材料绝对密实体积的简单方法，是将该材料磨成细粉，干燥后用排液法测得的粉末体积，即为绝对密实体积。由于磨得越细，内部孔隙消除得越完全，测得的体积也就越精确，一般要求细粉的粒径至少小于0.20mm。

（2）表观密度。即体积密度，是材料在自然状态下单位体积的质量，用下式表示：

$$表观密度(kg/m^3)=材料的重量/材料在自然状态下的外形体积$$

测定材料自然状态体积的方法较简单，若材料外观形状规则，可直接度量外形尺寸，按几何公式计算。若外观形状不规则，可用排液法求得，为了防止液体由孔隙渗入材料内部而影响测值，应在材料表面涂蜡。另外，材料的表观密度与含水状况有关。材料含水时，重量要增加，体积也会发生不同程度的变化。因此，一般测定表观密度时，以干燥状态为准，而对含水状态下测定的表观密度，须注明含水情况。

（3）堆密度。也称堆积密度，系指粉状或粒状材料，在堆积自然状态下，材料的堆积体积包括材料内部孔隙和松散材料颗粒之间的空隙在内的体积。堆密度是材料在自然堆积状态下单位体积的质量，按下式计算：

$$堆密度(kg/m^3)=材料的重量/材料的堆积体积$$

散粒材料堆积状态下的外观体积，既包含了颗粒自然状态下的体积，又包含了颗粒之间的空隙体积。散粒材料的堆积体积，常用其所填充满的容器的标定容积来表示。散粒材料的堆积方式是松散的，为自然堆积；也可以是捣实的，为紧密堆积。由紧密堆积测试得到的是紧密堆积密度。

（4）密实度。指材料体积内被固体物质所充实的程度，用下式表示：

$$密实度(\%)=(表观密度/密度)\times 100\%$$

（5）孔（空）隙率。指材料体积内孔隙体积所占的比例，用下式表示：

$$孔(空)隙率(\%)=1-密实度$$

密实度和孔隙率两者之和为1。两者均反映了材料的密实程度，通常用孔隙率来直接反映材料密实程度。孔隙率的大小对材料的物理性质和力学性质均有影响，而孔隙特征、孔隙构造和大小对材料性能影响较大。构造分为封闭孔隙（与外界隔绝）和连通孔隙（与外界连通）；按孔隙的尺寸大小分为粗大孔隙、细小孔隙、极细微孔隙。孔隙率小，并有均匀分布闭合小孔的材料，建筑性能好。

2. 材料与水有关的性质

（1）吸水性与吸湿性。

1）吸湿性。材料在潮湿空气中吸收水气的能力称为吸湿

性。反之，为还湿性。吸湿性的大小用含水率表示，

材料的含水率 ω_c=[材料吸收空气中的水气后的质量(g)－材料烘干到恒重时的质量(g)]/材料烘干到恒重时的质量(g)

当气温低、相对湿度大时，材料的含水率也大。材料的含水率与外界湿度一致时的含水率称为平衡含水率。平衡含水率并不是不变的，随环境中的温度和湿度的变化而改变，当材料的吸水达到饱和状态时的含水率即为材料的吸水率。

2）吸水性。材料与水接触吸收水分的能力称为吸水性。吸水性的大小用吸水率表示。吸水率分质量吸水率和体积吸水率。

质量吸水率 ω_a=[材料吸水饱和后的质量(g)－材料烘干到恒重时的质量(g)]/材料烘干到恒重时的质量(g)

体积吸水率 $\omega_{a体}$=[材料吸水饱和后的质量(g)－材料烘干到恒重时的质量(g)]/干燥材料在自然状态下的体积

材料吸水率的大小与材料的孔隙率和孔隙特征有关。具有细微而连通孔隙的材料吸水率大，具有封闭孔隙的材料吸水率小。当材料有粗大的孔隙时，水分不易存留，这时吸水率也小。轻质材料，如海绵、塑料泡沫等，可吸收水分的质量远大于干燥材料的质量，这种情况下，吸水率一般要用体积吸水率表示。

(2) 耐水性。材料长期在饱和水作用下不破坏，其强度也不显著降低的性质称为耐水性。有孔材料的耐水性用软化系数表示，按下式计算材料的软化系数 K_R：

K_R=材料在水饱和状态下的抗压强度(f_b)/材料在干燥状态下的抗压强度(f_g)

材料的软化系数在0～1之间波动。因为材料吸水，水分渗入后，材料内部颗料间的结合力减弱，软化了材料中的不耐水成分，致使材料强度降低。所以材料处于同一条件时，一般而言吸水后的强度比干燥状态下的强度低。软化系数越小，材料吸水饱和后强度降低越多，耐水性越差。对重要工程及长期浸泡或潮湿环境下的材料，要求软化系数不低于0.85～0.90。通常把软化系数大于0.85的材料称为耐水材料。

（3）抗冻性与抗渗性。

1）抗冻性。用“抗冻等级”表示。“抗冻等级”表示材料经过规定的冻融次数，其质量损失、强度降低均不低于规定值。如混凝土抗冻等级D15号是指所能承受的最大冻融次数是15次（在－15℃的温度冻结后，再在20℃的水中融化，为一次冻融循环），这时强度损失率不超过25%，质量损失不超过5%。

2）抗渗性。材料抵抗压力水渗透的性质，用渗透系数K表示。

3. 材料的力学性质

（1）强度与比强度

1）强度。是指在外力（荷载）作用下，材料抵抗破坏的能力。材料在建筑物中所承受的主要有压、拉、剪、弯、扭，因此，材料抵抗外力破坏的强度也分为抗压、抗拉、抗剪、抗弯、抗扭。这些都是在静力试验下测得的，又称静力强度。

2）比强度。是按单位质量计算的材料的强度，其值等于材料强度对其表观密度的比值，是衡量材料轻质高强性能的重要指标。如普通混凝土C30的比强度（0.0125）低于Ⅱ级钢的比强度（0.043），说明这两种材料相比混凝土显出质量大而强度低的弱点，应向轻质高强方向改进配制技术。

（2）弹性与塑性。

1）弹性。是指外力作用下材料产生变形，外力取消后变形消失，材料能完全恢复原来形状的性质，这种变形属可逆变形，称为弹性变形，变形数值的大小与外力成正比。在弹性范围内符合虎克定律。材料的弹性模量（E）是衡量材料在弹性范围内抵抗变形能力的指标。

2）塑性。是指外力作用下材料产生变形，外力取消后仍保持变形后的形状和尺寸，但不产生裂隙的性质，这种变形称为塑性变形。实际工程中多数材料受力后变形是介于弹塑性变形之间的。当受力不大时，主要产生弹性变形，受力超过一定限度，才产生明显的塑性变形。如混凝土，既具有弹性变形，又具有塑性变形。

3.4 施工图的基本知识

3.4.1 建筑物的分类

建筑物可以从多方面进行分类，常见的分类方法有以下几种。

1. 按建筑物的使用功能分类

(1) 工业建筑。指用于工业生产的建筑，包括各种生产和生产辅助用房，如生产车间、动力车间及仓库等。

(2) 农业建筑。指用于农副业生产的建筑，如饲养场、粮库、农机站等。

(3) 民用建筑。

1) 居住建筑。指供人们生活起居的建筑物，如住宅、宿舍、公寓等。

2) 公共建筑。指供人们进行政治文化经济活动、行政办公、医疗科研、文化娱乐以及商业、生活服务等公共事业的建筑，如学校、办公楼、医院、商店、影院等。

2. 按主要承重结构所用的材料分类

(1) 砖木结构。建筑物的主要承重构件用砖和木材。其中墙、柱用砖砌，楼板、屋架用木材，如砖墙砌体、木楼板、木屋盖的建筑。

(2) 砖混结构。建筑物中的墙、柱用砖砌，楼板、楼梯、屋顶用钢筋混凝土。

(3) 钢筋混凝土结构。这类建筑的主要承重构件如梁、柱、板及楼梯用钢筋混凝土，而非承重墙用砖砌或其他轻质砌块，如装配式大板、大模板、滑模等工业化方法建造的建筑，钢筋混凝土的高层、大跨度、大空间结构的建筑。

(4) 钢结构。建筑物的主要承重构件用钢材做成，而用轻质块材、板材作围护外墙和分隔内墙，如全部用钢柱、钢屋架建造的厂房。

(5) 钢一钢筋混凝土结构。如钢筋混凝土梁、柱和钢屋架组成的骨架结构厂房。

3. 按施工方法分类

（1）全装配式。建筑物的主要承重构件如墙板、楼板、屋面板、楼梯等都采用预制构件，在施工现场吊装连接。

（2）全现浇式。建筑物的主要承重构件都在现场支模，现场浇筑混凝土。

（3）部分现浇、部分装配。建筑物一部分承重结构采用现浇，一部分承重构件采用预制构件。

4. 按层数或高度分类

（1）住宅建筑。低层1～3层；多层4～6层；中高层7～10层；10层以上为高层。

（2）公共建筑及综合性建筑。建筑物总高度在24m以下者为非高层建筑，总高度24m以上者为高层建筑（不包括高度超过24m的单层主体建筑）。

（3）超高层。不论住宅或公共建筑，超过100m均为超高层。

（4）工业建筑（厂房）。单层厂房、多层厂房、混合层数的厂房。

3.4.2 建筑物的分级

不同建筑的质量要求各异，为了便于控制和掌握，常按建筑物的耐久年限和耐火程度分级。

1. 建筑物的耐久年限

建筑物的耐久年限主要是根据建筑物的重要性和建筑物的质量标准而定，是作为建筑投资、建筑设计和选用材料的重要依据，见表3-1。

按主体结构确定的建筑耐久年限分级　　表3-1

级别	适用建筑物范围	耐久年限（a）
一	重要建筑和高层建筑物	＞100
二	一般性建筑	50～100
三	次要建筑	25～50
四	临时性建筑	＜15

2. 建筑物的耐火等级

耐火等级取决于房屋的主要构件的耐火极限和燃烧性能。按我国现行的《建筑设计防火规范》（GB 50016—2014）规定，建筑物的耐火等级分为4级，见表3-2。它们是按组成房屋的主要构件（墙、柱、梁、楼板、屋顶承重构件等）的燃烧性能和它们的耐火极限划分的。

不同耐火等级建筑相应构件的燃烧性能和耐火极限（h）　　表3-2

构件名称		耐火等级			
		一级	二级	三级	四级
墙	防火墙	不燃性 3.00	不燃性 3.00	不燃性 3.00	不燃性 3.00
	承重墙	不燃性 3.00	不燃性 2.50	不燃性 2.00	不燃性 0.50
	非承重外墙	不燃性 1.00	不燃性 1.00	不燃性 0.50	可燃性
	楼梯间和前室的墙 电梯井的墙 住宅建筑单元之间的墙和分户墙	不燃性 2.00	不燃性 2.00	不燃性 1.50	难燃性 0.50
	疏散走道两侧的隔墙	不燃性 1.00	不燃性 1.00	不燃性 0.50	难燃性 0.25
	房间隔墙	不燃性 0.75	不燃性 0.50	难燃性 0.50	难燃性 0.25
柱		不燃性 3.00	不燃性 2.50	不燃性 2.00	难燃性 0.50
梁		不燃性 2.00	不燃性 1.50	不燃性 1.00	不燃性 0.50
楼板		不燃性 1.50	不燃性 1.00	不燃性 0.50	可燃性
屋顶承重构件		不燃性 1.50	不燃性 1.00	可燃性 0.50	可燃性
疏散楼梯		不燃性 1.50	不燃性 1.50	不燃性 0.50	可燃性
吊顶（包括吊顶搁栅）		不燃性 0.25	难燃性 0.25	难燃性 0.15	可燃性

注：除本规范另有规定外，以木柱承重且墙体采用不燃材料的建筑，其耐火等级应按四级确定。

（1）构件的耐火极限。耐火极限是指对任一建筑构件按时间-温度标准曲线进行耐火试验，从受到火的作用时起，到失去支撑能力或完整性被破坏或失去隔火作用时止的这段时间，用小时（h）表示。具体判定标准如下：

1）失去支持能力。非承重构件失去支持能力的表现为自身解体或垮塌；梁、板等受弯承重构件失去支持能力，表现为挠曲率发生突变。

2）完整性。楼板、隔墙等具有分隔作用的构件，在试验中，当出现穿透裂缝或穿透的孔隙时，表明试件的完整性被破坏。

3）隔火作用。具有防火分隔作用的构件，试验中背火面测点测得的平均温度升到140℃（不包括背火面的起始温度）；或背火面测温点任一测点的温度达到220℃时，则表明试件失去隔火作用。

（2）构件的燃烧性能。建筑材料根据在明火或高温作用下的变化特征，建筑构件的燃烧性能可分为三类：

1）不燃性。构件在空气中受到火烧或高温作用时，不起火、不微燃、不炭化，如金属、砖、石、混凝土等。

2）难燃性。构件在空气中受到火烧或高温作用时，难起火、难微燃、难炭化，如板条抹灰墙等。

3）可燃性。构件在明火或高温作用下立即起火或微燃，如木柱、木吊顶等。

3.4.3 建筑标准化和统一模数制

1. 建筑标准化

建筑标准化涉及建筑设计、建材、设备、施工等各个方面，是一套完整的施工体系。

建筑标准化包括两个方面：一方面是建筑设计的标准问题，包括由国家颁布的建筑法规、建筑制图标准、建筑统一模数制等；另一方面是建筑标准设计问题，即根据统一的标准所编制的标准构件与标准配件图集及整个房间的标准设计图等。

2. 统一模数制

为实现建筑标准化，使建筑制品、建筑构件实现工业化大规模生产，必须制定建筑构件和配件的标准化规格系列，使建筑设计各部分尺寸、建筑构（配）件、建筑制品的尺寸统一协调，并使之具有通用性和互换性，加快设计速度，提高施工质量和效率，降低造价，为此，国家颁布了《建筑模数协调标准》（GB/T 50002—2013）。

（1）模数制。

建筑模数是选定的尺寸单位，作为尺度协调中的增值单位。所谓尺度协调是指房屋构件（组合件）在尺度协调中的规则，供建筑设计、建筑施工、建筑材料与制品、建筑设备等采用，其目的是使构（配）件安装吻合，并有互换性。

1）基本模数。基本模数的数值规定为100mm，符号为M，即1M=100mm。建筑物和建筑部件以及建筑物组合件的模数化尺寸，应是基本模数的倍数，目前世界上绝大多数国家均采用100mm为基本模数。

2）导出模数。导出模数分为扩大模数和分模数，其模数应符合下列规定：

① 扩大模数。指基本模数的整数倍数，扩大模数的基数为2M、3M、6M、12M、15M。

② 分模数。指整数除基本模数的数值，分模数的基数为M/10、M/5、M/2。

3）模数数列。指以基本模数、扩大模数、分模数为基础扩展成的一系列尺寸。

（2）三种尺寸及其相互关系。

为了保证建筑制品、构（配）件等有关尺寸件的统一协调，特规定了标志尺寸、构造尺寸、实际尺寸及其相互间的关系，如图3-1所示。

1）标志尺寸。用以标注建筑物定位轴线之间的距离以及建筑制品、建筑构（配）件、有关设备位置界限之间的尺寸。

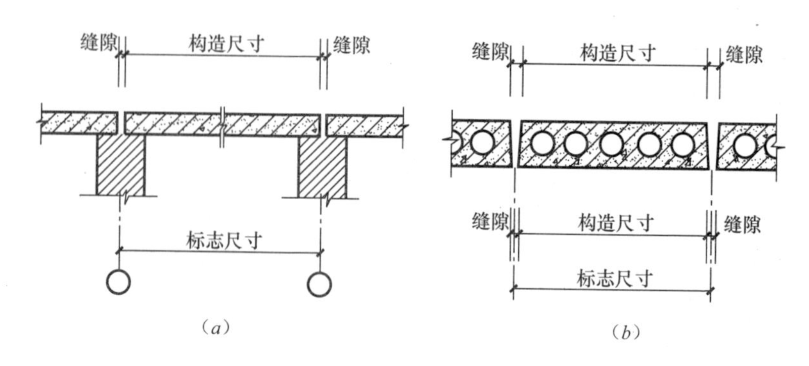

图 3-1 三种尺寸关系

2）构造尺寸。指建筑制品、建筑构配件等的设计尺寸。一般情况下，构造尺寸加上缝隙尺寸等于标志尺寸。缝隙尺寸应符合模数数列的规定。

3）实际尺寸。指建筑制品、建筑构（配）件等生产制作后的实际尺寸。实际尺寸与构造尺寸之间的差数应为允许的建筑公差数值。例如，预应力钢筋混凝土短向圆孔板 YB30.1，它的标志尺寸为 3000mm，缝隙尺寸为 90mm，所以构造尺寸为 (3000－90)mm＝2910mm 实际尺寸为 2910mm±允许偏差。

3.4.4 建筑的组成

1. 民用建筑的基本组成

一般民用建筑都是由基础、墙或柱、楼板、楼地面、楼梯、屋顶、隔墙、门窗等组成。有的建筑还设有阳台、雨篷、台阶、烟道与通风道、垃圾道等。

图 3-2 是一幢民用建筑中的住宅示意图。从中可以看到各组成部分。

（1）地基和基础。地基系建筑物基础下面的土层。它承受基础传来的整个建筑物的荷载，包括建筑物的自重、作用于建筑物上的人与设备的重量及风雪荷载等。

基础位于墙柱下部，是建筑物地下部分。它承受建筑物上部的全部荷载并把它传给地基。

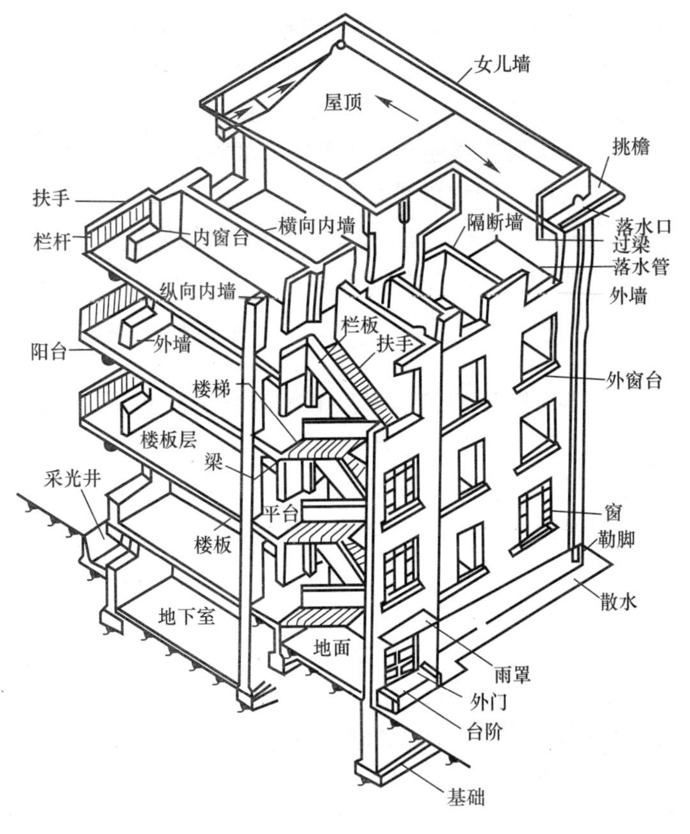

图 3-2　民用建筑的组成

（2）墙和柱。承重墙和柱是建筑物垂直承重构件，它承受屋顶、楼板层传来的荷载连同自重一起传给基础。此外，外墙还能抵御风、霜、雨、雪对建筑物的侵袭，使室内具有良好的生活与工作条件，即起围护作用；内墙还把建筑物内部分隔成若干空间，即起分隔作用。外墙靠室外地坪处称为勒脚，起保护墙身、增加美观的作用。有些外墙高出屋面，其高出部分称为女儿墙。

有时为了扩大空间或结构上的要求，也可以不用墙作为垂直承重构件，而用柱承重。

（3）楼盖和地面。楼盖主要包括面层、结构层（楼板）和顶棚。楼板是水平承重构件，主要承受作用在它上面的竖向荷载，并将它们连同自重一起传给墙或柱。同时，它把建筑物分为若干层。楼板对墙身还起着水平支撑的作用。

地面是底层房间内的地面，它贴近地基土，承受作用在它上面的竖向荷载，并将它们连同自重直接传给地基。

（4）楼梯和电梯。楼梯是楼层间垂直交通通道。高层建筑中，除设置楼梯外，还设置电梯，某些医院还设供医疗车上下的坡道。

（5）屋顶。屋顶是建筑物最上层的覆盖构造层，它既是承重构件又是围护构件。它承受作用在其上的各种荷载并连同屋顶结构（屋架、屋面梁、屋面板等）自重一起传给墙或柱；同时屋面又起保温（或隔热）、防水等作用。

（6）门和窗。门是供人们进出房屋或房间，以及搬运家具、设备等的建筑配件。有的门兼有采光、通风的作用。

窗的主要作用是采光、通风。

一般说来，基础、墙和柱、楼盖和地面、屋顶等是建筑物的主要部分；门和窗、楼梯等则是建筑物的附属部分。

2. 常用建筑名词

（1）建筑物。直接供人们生活、生产服务的房屋。

（2）构筑物。间接为人们生活、生产服务的设施，如水塔、烟囱、桥梁等。

（3）地貌。地面上自然起伏的状况。

（4）地物。地面上的建筑物、构筑物、河流、森林、道路、桥梁。

（5）地形。地球表面上地物和地貌的总称。

（6）地坪。多指室外自然地面。

（7）横向。建筑物的宽度方向。

（8）纵向。建筑物的长度方向。

（9）横向轴线。平行建筑物宽度方向设置的轴线。

（10）纵向轴线。平行建筑物长度方向设置的轴线。

（11）开间。一间房屋的面宽，即两条横向轴线之间的距离。

（12）进深。一间房屋的深度，即两条纵向轴线之间的距离。

（13）层高。指本层楼（地）面到上一层楼面的高度。

（14）净高。房间内楼（地）面到顶棚或其他构件的高度。

（15）建筑总高度。指室外地坪至檐口顶部的总高度。

（16）建筑面积。指建筑物各层面积的总和，一般指建筑物的总长×总宽×层数。

（17）结构面积。建筑各层平面中结构所占的面积总和，如墙、柱等结构所占的面积。

（18）有效面积。建筑平面中可供使用的面积，即建筑面积减去结构面积。

（19）交通面积。建筑中各层之间、楼道之间和房屋内外之间联系通行的面积，如走廊、门厅、过厅、楼梯、坡道、电梯、自动扶梯等所占的面积。

（20）使用面积。建筑有效面积减去交通面积。

（21）使用面积系数。使用面积所占建筑面积的百分数。

（22）有效面积系数。有效面积所占建筑面积的百分数。

（23）红线。规划部门批给建设单位的占地面积，一般用红笔画在图纸上，具有法律效力。

3.4.5 工程图的分类

1. 按不同的设计阶段分类

（1）初步设计图纸。在初步设计阶段，根据批准的设计任务书，从技术上和经济上对建设项目进行全面规划和设计的图纸。

（2）技术设计图纸。对重大项目和特殊项目，在初步设计的基础上进一步深化和完善的图纸。

（3）施工图纸。根据批准的初步设计或技术设计，为满足施工生产的具体需要而设计的图纸。

（4）竣工图纸。根据竣工工程的实际情况所绘制的图纸。

2. 按不同的工程分类

(1) 土建工程图。供一般土建工程使用的图纸，包括建筑施工图和结构施工图两大类。

(2) 安装工程图。供建筑设备安装和工业设备安装使用的图纸，包括给水排水、采暖、通风、电照、煤气、设备安装等图纸。

3. 按不同的内容分类

(1) 基本图。表明全局性内容的图纸。

(2) 详图。表明某一局部或某一构件详细尺寸和材料做法的图纸。

3.4.6 工程施工图的组成

1. 目录和总说明

(略)

2. 建筑施工图（简称建施）

(1) 建筑施工图的基本图包括：

1) 总平面图。

2) 各层平面图。

3) 立面图。

4) 剖面图。

(2) 建筑施工图的详图包括：

1) 墙身详图。

2) 楼梯详图。

3) 门窗详图。

4) 屋架详图。

5) 厨厕详图。

6) 装修详图。

3. 结构施工图（简称结施）

(1) 结构施工图的基本图包括：

1) 基础平面图。

2) 柱网布置图。

3）楼层结构布置图。

4）屋顶结构布置图。

（2）结构施工图的详图包括：

1）梁的详图。

2）板的详图。

3）柱的详图。

4）屋架详图。

5）楼梯详图。

6）雨篷、挑檐、阳台详图。

4. 建筑设备安装施工图

建筑设备安装工程施工图一般由下列各单位工程施工图所构成：

（1）给水排水施工图（简称水施）。

（2）采暖施工图（简称暖施）。

（3）电气照明施工图（简称电施）。

（4）煤气施工图（简称煤施）。

上述各类施工图均由下列图纸组成：

1）平面布置图。

2）系统图。

3）详图。

3.4.7 工程施工图的编排顺序

工程施工图的编制顺序一般遵循下列原则：

基本图在前，详图在后；先施工的在前，后施工的在后。因此，其编排顺序大体如下：

目录；总说明；总平面图；建施；结施；水施；暖施；电施；煤施等。

3.5 建筑施工图的识读

建筑施工图，简称“建施”。它是建筑设计总说明、总平面图、建筑平面图、建筑立面图、建筑剖面图和建筑详图等的统称，主要表明拟建工程的外部和内部形状、平面及竖向布置，以及各部位的大小尺寸、内外装饰情况和材料做法等。

3.5.1 总平面图

1. 总平面图的用途和基本内容

（1）用途。

总平面图标明建筑物的具体位置，所在地点绝对标高以及周围情况，如场地、道路和已有建筑物等，它是施工放线的主要依据。

（2）基本内容。

1）表明新建区的总体布局。

2）确定建筑的平面位置，通常根据原有房屋或道路定位。

3）表明建筑物首层地面的绝对标高，室外地坪、道路等绝对标高。

4）用指北针表示房屋的朝向。

5）用风玫瑰图表示该地区的常年风向频率和风速。

6）周围的其他情况。

2. 总平面图识读要点

（1）了解工程性质、图面比例、阅读文字说明、熟悉图例。

（2）看新建房屋的具体位置。

（3）了解各新建房屋的室内外高差、道路标高、坡度及地面排水情况。

（4）根据坐标方格网看房屋的具体位置后，找到施工定位放线的依据。

（5）从施工安排出发，看原有建筑物与新建房屋的距离、地形、地貌情况。

3. 总平面图读图

总平面图依地形、建设规模、建设功能和建设单位的要求而设计。因而，各总平面图所含内容的深度、广度及其形式不尽相同。

（1）总平面图的一般阅读步骤：

1）总平面图的图名。依其内容而有所区别。从其图名而知其类别。

2）总平面图说明。总平面图说明包括梗概介绍或附有补充说明等。

3）效果表现图。效果表现图常采用鸟瞰透视图或鸟瞰轴测图。从效果表现图上，可以综观工程布局和建设功能意图。

4）总平面图的比例。通常总平面图的比例为1∶500，或小于1∶500。

习惯上，总平面图的右下角，常画出比例尺小图，便于用分规直接读出图画上的尺寸。

5）建筑红线。建筑红线是指国家拨地给建设单位而使用的限定边界线。

建设单位的建筑物、构筑物等一切设施，均不能超出建筑红线。

6）占地面积。占地面积就是建筑红线围拢起来的面积。

7）自然地形。地形图是表示自然地形的。地形图是通过画等高线表达的。

8）风向频率玫瑰图或指北针。

9）建设区的交通。建设区的围墙、入口、道路和铁路专用线。

10）建筑物和构筑物的平面配置。

11）各建筑物和构筑物与建筑红线的尺寸关系。

12）各建筑物的底层占地面积、楼层数和楼间距离。

13）建设区内的给水、排水、供热、供电、煤气、电信等线路。

14）建筑物底层室内标高与室外地坪高。

15）坐标网及联系尺寸。

16）即将拆除的建筑物和构筑物。

17）未来扩建工程。

18）环境。周边公路名称、毗邻的建筑、绿化、河流、桥涵和基础设施干线的架设或埋设部位。

（2）总平面图阅读示例

图 3-3 所示为“×××住宅小区总平面图”。其中建筑物说明见表 3-3。

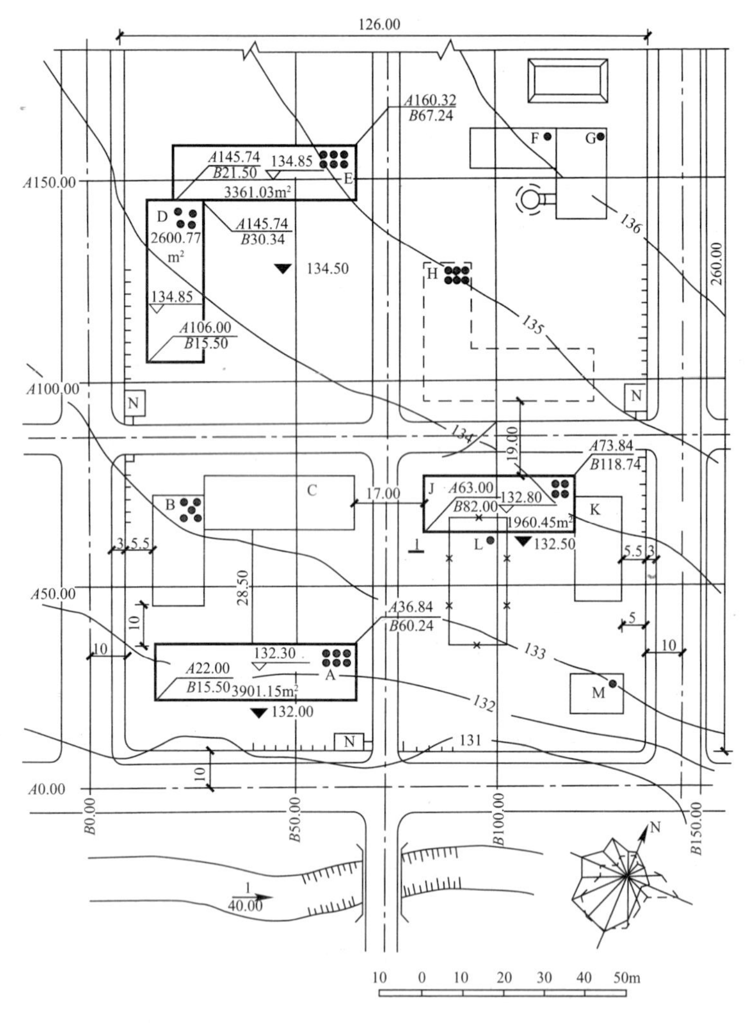

图 3-3　×××住宅小区总平面图 1∶500

建筑物说明 表 3-3

建筑物符号	建筑物用途	建筑物符号	建筑物用途
A	住宅	H	住宅
B	住宅	J	公寓
C	住宅	K	综合楼
D	公寓	L	平房
E	宿舍	M	变电所
F	水泵房	N	门卫
G	锅炉房		

从图 3-3 图名和图中各建筑项目的说明可以知道，该建设小区是以住宅、宿舍和公寓为主的建设项目（见表 3-3）。图名后标注了比例为 1∶500。图下方绘有比例尺，用分规先量图面大小，然后再把分规对准比例尺，便可读出大致的尺寸，单位为米（m）。由公路中心线引出的建筑红线为 10m。

围墙外墙皮纵横长宽为 260m、126m，两者相乘，即为建设区域的占地面积 $32760m^2$。

从表示地形的等高线来看，共六条等高线。等高线的标高是绝对标高，而且是从 131m 到 136m。每两条相邻线间的高差均为 1m。由西南向东北，越来越高。从地势来看，右下角峻陡，左上角坡缓。

从风向频率玫瑰图上看，常年刮南风和西南风的日子多，所以带有大烟囱的锅炉房设在了小区的东北角。

小区是由围墙围起来的。区内有两条互相垂直相交的道路，道路尽端是小区出入的大门，且有门卫室。

建筑物的平面配置，是根据使用功能、风向、防火通道、楼间防火距离、楼高与楼间距离的光照影响尺寸等设计的。如 B 栋、K 栋与围墙间的距离 5.5m 为防火通道（大于 4m）；A 栋与 C 栋的间隔 28.50m 为楼高与楼间距离的光照要求尺寸等。

在图 3-3 中画有施工坐标网，它的 A、B 网线可以作为房屋定位放线的基准。

A、D、E 栋和 J4 栋是新建工程。其平面图轮廓用粗实线绘制。圆黑点的个数为楼层数。每栋楼平面轮廓对角线上的两个点，注写有坐标点数据（测量放线定位点）。新建工程均在平面内注写有建筑面积数据，如 A 栋为 3901.15m^2。新建房屋（如 A 栋），注出室内一层标高 132.30m 和室外地坪标高 132.00m。

用中实线画出的平面轮廓为原有且保留的楼房，如 B、C 栋等。用虚线画出的平面轮廓，为计划未来扩建工程，如 H 栋。L 栋是现在就要拆除的房子。F 栋为水泵房，G 栋为锅炉房。G 栋左方的内实外虚两圆是表示烟囱。F、G 的上方为堆煤场。

小区四周为公路，南方公路上有一跨越小河的公路桥。河中箭头方向表示水流方向；上边的“1”为坡度 1%；下边的 40.00m 为变坡点间的距离。

3.5.2 建筑平面图

1. 用途

建筑平面图是假想沿窗口以上部位，把房屋沿水平方向进行剖切，由上向下看，所绘制的视图，如图 3-4 所示，它是作为放线、砌墙、安装门窗、编制工程预算的主要依据。

2. 基本内容

（1）表明建筑物形状、内部的布置及朝向。

（2）表明建筑物的尺寸，一般用轴线和尺寸线表示各个部分的长宽尺寸和准确位置。

（3）表明建筑物的结构形式及主要建筑材料。

（4）表明各层的地面或楼面标高。

（5）表明门窗编号、门的开启方向等。

（6）表明剖面图、详图和标准配件的位置及编号。

（7）表明室内地面装修做法。

（8）反映安装工程的一些内容，如消火栓、雨水管、电闸箱等及其在墙或楼板上的预留洞的位置和尺寸。

（9）其他一些文字说明。

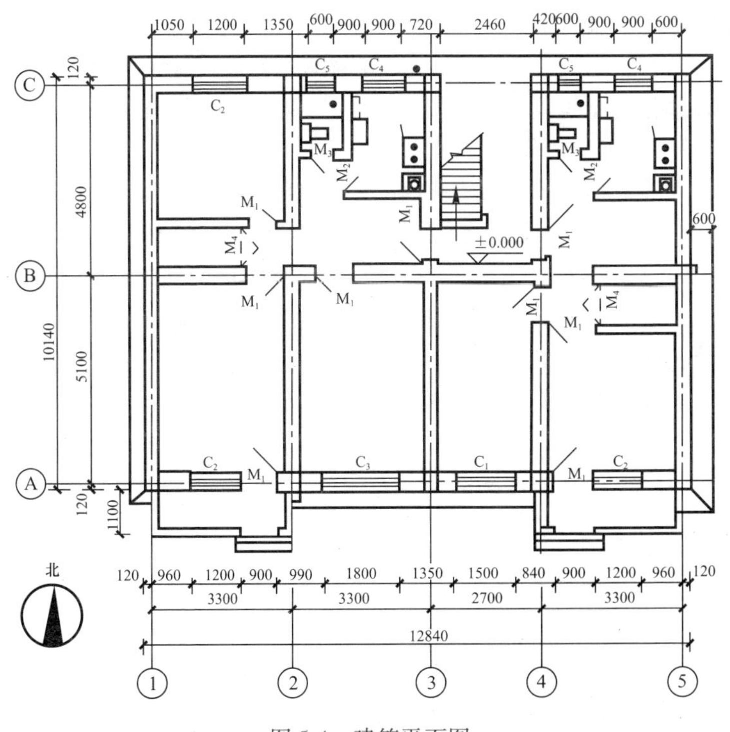

图 3-4 建筑平面图

3. 识读平面图的要点

（1）看图名及图例。

（2）看建筑物的朝向和出入口。

（3）看建筑物的房间、走廊、门厅、楼梯间等的组合情况。

（4）看房屋主要承重构件位置的轴线和外部、内部尺寸，如房屋总长度和总宽度、室内门窗洞口尺寸、墙的厚度等。

（5）看门窗的开向、形式、有关尺寸和楼梯的形式、尺寸。

（6）看房间装修的做法、索引和剖切符号以及有关的详图。

（7）熟悉有关文字说明。

4. 屋顶平面图

屋顶平面图主要反映屋顶上建筑构造的平面布置以及雨水

流向、泛水坡度等。

注意，阅读屋面排水系统应与屋面做法表和墙身剖面图的檐口部分对照阅读。

3.5.3 建筑立面图

掌握建筑立面图的用途和基本内容，建筑立面图又称立面图，如图 3-5 所示，它主要反映建筑物的外貌和室外装修要求。表明建筑物的外形以及门窗、雨篷等的位置，建筑物的总高度和各楼层的高度，以及室内外地坪等标高，同时还表明建筑物外墙表面各部分的做法等。

识读立面图首先要看各部位的标高和尺寸，其次看外墙及饰面材料、线脚、腰线、檐口等的分格及艺术处理等，再看索引号，以便对有关详图的识读。

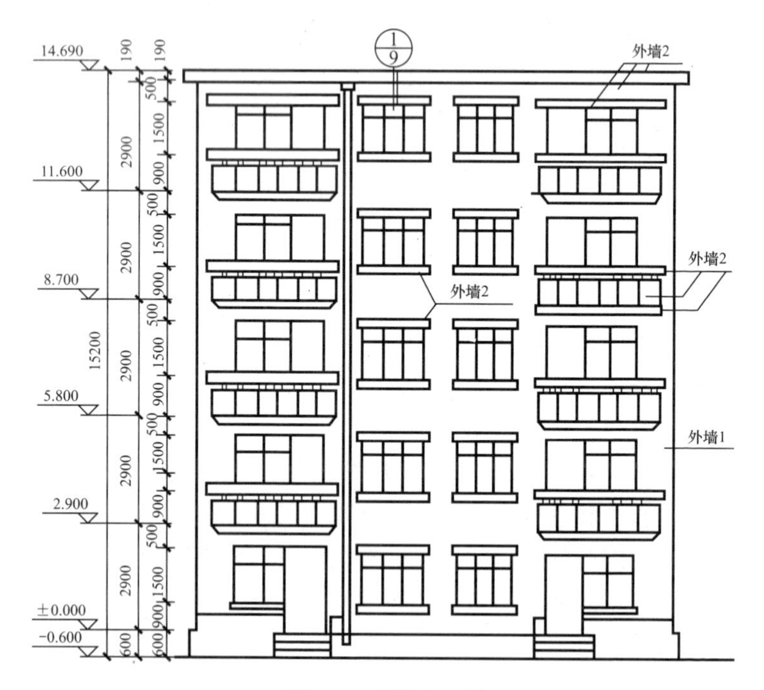

图 3-5　建筑立面图

3.5.4 建筑剖面图

1. 用途

剖面图简要地表示建筑物的结构形状、高度及内部分层情况。

2. 基本内容

（1）表示建筑物各部位的高度。

（2）表明建筑物主要承重构件的相互关系，各层梁、板的位置及其与墙柱的关系，屋顶的结构形式等。

（3）表明地面、楼面、墙面、屋面的做法。

（4）有关内容不能在剖面图中详细表达的，标出索引符号，以方便查出详图。

3. 识读建筑剖面图要点

首先要注意看建筑物内分层情况，各层的层高与标高，楼梯的分段与分级数量。再看各层梁板的位置与墙的关系，屋顶的结构形式与用料。最后要看剖面图中某些局部构件，如另有详图，则应根据索引符号去查看详图。

3.5.5 建筑详图

为了表明某些局部的详细构造做法及施工要求，采用较大比例尺绘制的详图，这种图称为建筑详图，简称详图（或大样图）。

建筑详图主要包括以下几个方面：

（1）有特殊设备的房间，如厨房、厕所、浴室等，用详图表明固定设备的位置、形状及所需的埋件、沟槽位置及其大小。

（2）有特殊装修的房间，如吊顶、木墙裙、大理石贴面等。

（3）局部构造详图，如墙身、楼梯、门窗、台阶、阳台等详图。

3.5.6 识读建筑施工图应着重抓住的问题

以上是建筑施工图的平、立、剖面图和建筑详图的大体内容及识读要点。那么，在识读建筑施工图时，应着重抓住以下几个问题：

（1）看完平面图后，应先记住房屋的总长、总宽、几道轴线、轴线间尺寸、墙厚、门窗尺寸和编号。对于工业厂房，应记住柱距、跨度，然后再去看围墙、门、窗和其他构造。初看时，先有一个轮廓印象，经过反复识读，便可逐步掌握有关的细节构造及尺寸。

（2）看完立面图后，必须在自己脑子中形成一个房屋的外形轮廓。要记住标高，门窗位置、外墙装饰做法。其次要了解附墙柱、雨水管的位置。

（3）看完剖面图后，应记住各层的标高、各关键部位的尺寸与标高、各部分之间相互关系以及各部位的材料做法。对于单层工业厂房的剖面图，一般有一个横剖面，一个纵剖面。看横剖面图时要记住地坪标高、牛腿顶面及吊车梁轨顶标高、屋架下弦底标高、女儿墙檐口标高、天窗架上屋顶最高标高。看纵剖面时要记住吊车梁的形式、柱间支撑的位置、室内窗台高度、上天车的钢梯构造等。另外，要记住墙体的形式和尺寸、屋架形式以及雨篷、台阶等。结合平面图、立面图就可以想象整个厂房。

（4）看建筑详图，对于房屋建筑要着重外墙详图，楼梯间、门窗详图、厕所等结构复杂部位详图的识读。对于工业厂房应注意天窗节点构造、吊车轨道安装等详图的识读。

3.6 结构施工图的识读

结构施工图，简称“结施”。它是通过结构设计画出的图样，它表明结构设计的内容和各专业对结构的要求。一般包括结构总说明、基础平面图和剖面图、楼层结构平面图和详图、屋顶结构图和详图、钢筋混凝土构件详图等。

结构施工图主要是基础放线、挖槽、绑钢筋、支模板、浇灌混凝土、安装柱梁板的依据，也是工程预算编制的主要依据。

结构施工图的一般排列顺序是：

（1）结构设计说明书。主要说明设计依据，材料要求，施工要求，标准图、通用图的使用等。

（2）结构平面图。包括基础平面图，楼层结构布置平面图，屋面结构平面图。

（3）构件详图。包括梁、板、柱结构详图，楼梯结构详图及其他结构详图等。

识读结构施工图首先要掌握结构施工图的常用代号和排列顺序，其次要将结构平面图和详图结合起来，主要掌握基础图、楼层结构图、屋顶结构图和钢筋混凝土构件图的识读。

3.6.1 基础图

基础的平面布置及地面以下情况，以基础平面图和结构详图表示，如图 3-6、图 3-7 所示。

1. 基础平面图

基础平面图表示基础平面布置情况、基础类型和平面尺寸，以及基础的剖切位置等。

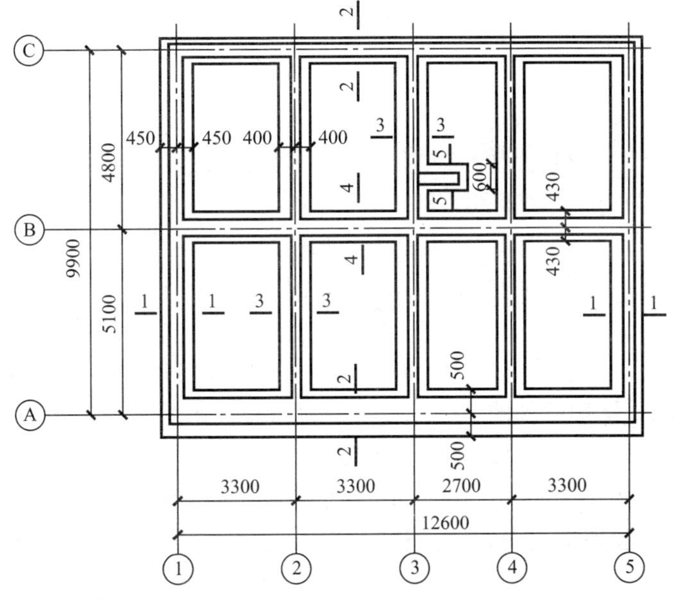

图 3-6 基础平面图

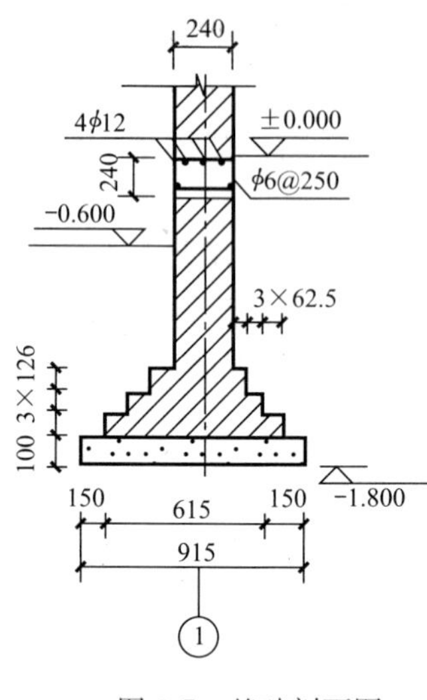

图 3-7　基础剖面图

识读基础平面图主要了解下列内容：

(1) 从轴线编号，了解建筑物纵、横轴线间的距离尺寸。这些轴线编号和尺寸与建筑平面图相一致，是施工放线的依据，也是结合详图计算工程量的依据。

(2) 建筑物的基础形式是什么，根据基础的剖切线编号，查找基础的做法。

(3) 基础图上所标明的组合柱（构造柱）的位置。

(4) 检查孔和过梁设置等情况。基础墙上预留孔洞的位置。

2. 基础结构详图

基础结构详图表明基础的详细构造情况。识读基础详图应注意了解下列内容：

(1) 基础底面标高和室外自然地坪标高。

(2) 垫层宽度和厚度。

(3) 基础墙的厚度及其大放脚情况。

(4) 组合柱的构造及其配筋情况。

(5) 基础圈梁的宽度、高度及其配筋情况。

(6) 垫层、基础墙、组合柱、基础圈梁所用材料和标号等。

3.6.2　楼层结构图

楼层结构图，主要表明各楼层的结构布置情况，所用材料，以及楼板与各种构件（如梁、墙、柱、板）的相互关系。楼层有预制和现浇之分，因此楼层结构图反映的内容也不一样。预制楼层平面布置图及详图主要为安装梁、板等各种构件，以及制作圈梁和局部现浇梁、板用；现浇楼层结构平面图及剖面图主要用于现场支模板、绑扎钢筋、浇筑混凝土、制作柱、梁、板等用。考虑到一般房屋建筑楼层既有现浇的又有预制的，因此，还是放在楼层结构图中一同识读。

1. 楼层结构平面图

识读楼层结构平面图（见图 3-8）应注意了解下列内容：

（1）轴线的情况，并以轴线为准，了解各种构件和墙的相对位置。

（2）预制板的名称、型号、布置情况及其定位尺寸。

（3）承重墙的布置和尺寸，构造柱的位置。

（4）现浇板的厚度、标高及支承在墙上的长度。

（5）钢筋的布置，剖切符号。

（6）阳台、雨篷以及各门窗洞口上过梁等构件的名称、型号及数量等。

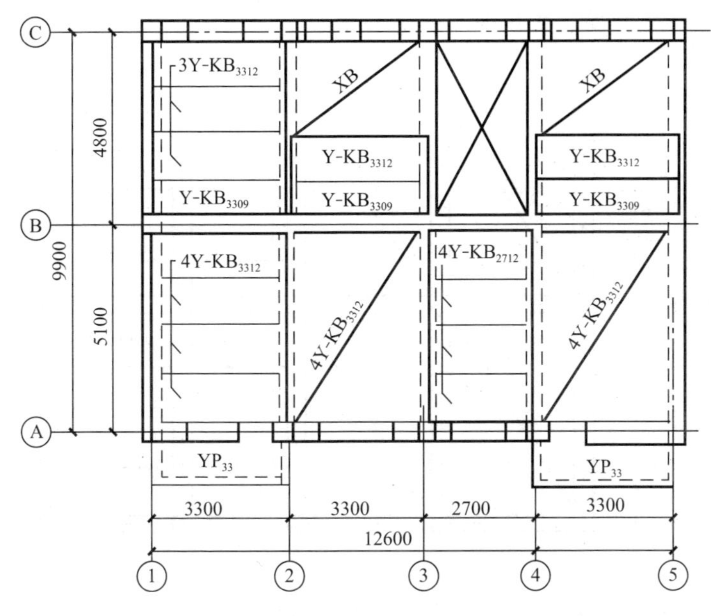

图 3-8 楼层结构平面图

2. 结构详图

结构详图表示梁、板、墙、圈梁之间的连接关系和构造处理情况等。

识读时应注意了解下列内容：

（1）圈梁及板与墙的关系。

（2）板与板、板与墙的关系。

3.6.3 屋顶结构图

屋顶结构图（图 3-9）作用和内容基本上同楼层结构图，所不同的主要有下列内容：

（1）屋顶结构平面图表明阳台上的雨篷的布置情况。

（2）屋顶结构平面图，标明了出檐的情况，以及所用钢筋混凝土预制构件的型号和排列方法等。

（3）楼梯间上面也有屋面板。

（4）屋顶使用的屋面板与楼层使用的常有不同。

（5）屋面做法与楼面做法不同。

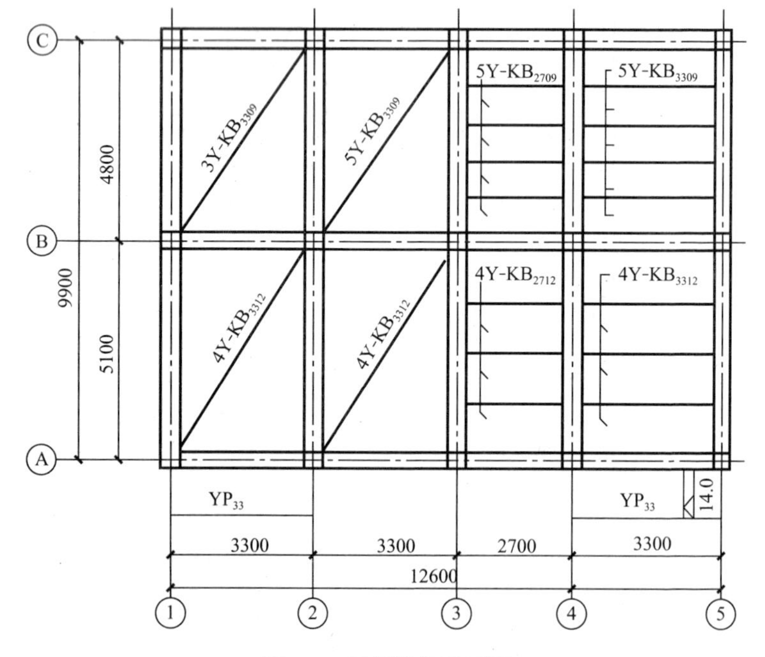

图 3-9 屋顶结构平面图

3.6.4 钢筋混凝土构件详图

钢筋混凝土构件是现浇的构件和由工厂成批生产或在现场预制，然后进行吊装的预制构件。根据构件性质，又可分为普通的（非预应力的）和预应力的两种。

钢筋混凝土构件详图一般包括配筋图、模板图和预埋件图等。

1. 配筋图

配筋图主要表示构件内部的钢筋配置数量、形状和规格型号，其中包括立面图、断面图和详图。钢筋混凝土梁一般用立面图和断面图来表示梁的外形尺寸和钢筋配置，如图 3-10所示。

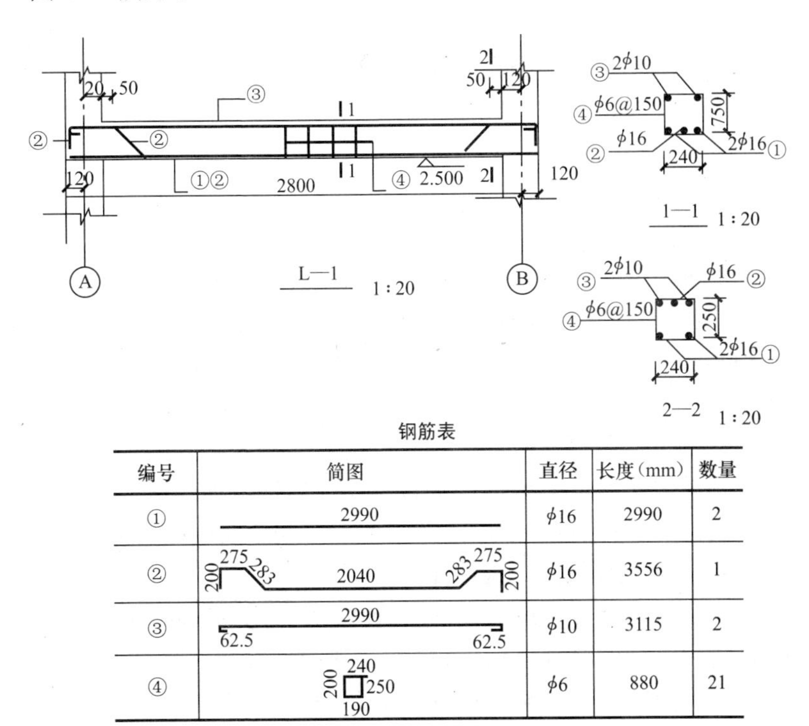

钢筋表

编号	简图	直径	长度(mm)	数量
①	2990	ϕ16	2990	2
②	200 275 283 2040 283 275 200	ϕ16	3556	1
③	2990 62.5 62.5	ϕ10	3115	2
④	240 200 250 190	ϕ6	880	21

图 3-10 钢筋混凝土梁的配筋图

读图时，先看图名，再看立面图和断面图。从图名得知它是第 1 号梁，制图比例是 1∶20。

从立面图和断面图对照阅读，可知此梁为矩形断面的现浇梁，梁宽为 240mm，梁高为 250mm，梁的一端搁置在定位轴线编号为Ⓐ的砖墙上，另一端搁置在定位轴线编号为Ⓑ的钢筋混凝土柱（Z-1）上。梁的跨度为 2800mm，梁长 3040mm，梁底标高为 2.50m。

梁的钢筋按顺序编了号。1、2、3 号筋为纵向筋，4 号筋为箍筋。梁的下部配置 3 根（1 号筋 2 根、2 号筋 1 根）直径为 16mm 的Ⅱ级钢筋，作为受力筋，其中 2 号筋为弯起钢筋。弯起角度为 45°角，上部的弯点离支座 60mm。3 号筋是梁的上部配置的架立筋，2 根直径 10mmI 级钢筋。由于投影重叠的关系，3 根受力筋和两根架立筋在立面图中表示为下部一条粗实线和上部一条粗实线。受力钢筋的端部均无弯钩，3 号架立筋的端部为半圆弯钩。箍筋采用Ⅰ级钢筋，直径 6mm，间距 150mm，在梁中是均匀分布的，立面图中采用简化画法，只画四道钢箍。按图示，箍筋的端部为 135°弯钩。

2. 模板图

一些构造较复杂的构件，为了便于模板制作及安装，还画出模板图，以表示模板的外部形状、尺寸、标高和预埋件位置等。

3. 预埋件详图

预埋件详图反映预埋件的位置，预埋钢板的形状、厚度和大小尺寸，以及锚固钢筋的位置、数量、规格及锚固长度等。

4. 预制钢筋混凝土构件标准图

为了加快设计速度，提高设计质量，有关部门批准了一些标准的预制钢筋混凝土构件设计，这些构件的设计按照统一的模数和不同的标准规格，设计出成套的建筑详图，供设计部门使用，这种详图就是标准图或称之为通用图。标准图的识读要掌握 3 个方面内容：

（1）根据施工图中注明的图集名称、编号及图集编制单位，查找选用的图集。

（2）阅读图集的总说明，了解编制该图集的设计依据，使用范围，选用标准构件、配件的条件，施工要求及注意事项。

（3）了解标准图的编号和表示方法以及标准图内容。

第 4 章　土建工程定额计价实务

4.1　定额的基本概念

定额是指建筑工程定额，是建筑产品生产中需消耗的人力、物力和财力等各种资源的数量规定。即在合理的劳动组合和合理地使用材料和机械的条件下，完成单位和个人产品所需消耗的资源数量标准。

4.2　施工定额概述

施工定额是完成一定计量单位所必需的人工、材料和施工机械台班消耗量的标准。施工定额是施工企业确定施工成本、编制施工预算的依据，也是编制施工组织设计和施工计划的依据。

施工定额是企业成本管理、经济核算和投标报价的基础。施工预算以施工定额为编制依据，用以确定单位工程的人工、材料、机械和资金等的需用量计划，其既反映设计图纸的要求，也考虑施工企业的生产水平。这就能够更合理地组织施工生产，有效确定和控制施工中人力、物力消耗，节约成本开支。施工定额和生产结合最紧密，施工定额的定额水平反映出企业施工生产的技术水平和管理水平，根据施工定额计算得到的计划成本是企业确定投标报价的根基。

施工定额是由劳动定额、材料消耗定额和机械台班消耗定额所构成。

4.2.1　劳动定额

劳动定额，也称人工定额。它是在正常的施工技术组织条件下，完成单位合格产品所必需的劳动消耗量标准。这个标准是国家和企业对工人在单位时间内完成产品数量、质量的综合要求。

1. 劳动定额的编制

编制劳动定额主要包括需拟定正常的施工条件以及拟定定额时间两项工作。

（1）拟定正常的施工作业条件

拟定施工的正常条件，就是要规定执行定额时应该具备的条件，正常条件若不能满足，则就可能达不到定额中的劳动消耗量标准，因此，正确拟定施工的正常条件有利于定额的实施。

拟定施工的正常条件包括：拟定施工作业的内容；拟定施工作业的方法；拟定施工作业地点的组织；拟定施工作业人员的组织等。

（2）拟定施工作业的定额时间

施工作业的定额时间，是在拟定基本工作时间、辅助工作时间、准备与结束时间、不可避免的中断时间以及休息时间的基础上编制的。

上述各项时间是以时间研究为基础，通过时间测定方法，得出相应的观测数据，经加工整理计算后得到的。

计时测定的方法有许多种，如测时法、写时记录法、工作日写实法等。

2. 劳动定额的形式

劳动定额由于其表现形式不同，可分为时间定额和产量定额两种。

（1）时间定额

时间定额，就是某种专业、某种技术等级工人班组或个人，在合理的劳动组织和合理使用材料的条件下，完成单位合格产品所必需的工作时间，包括准备与结束时间、基本生产时间、辅助生产时间、不可避免的中断时间及工人必需的休息时间。时间定额以工日为单位，每一工日按 8h 计算。其计算方法如下：

$$\text{单位产品时间定额(工日)}=\frac{1}{\text{每工产量}}$$

$$或单位产品时间定额(工日)=\frac{小组成员工日数总和}{机械台班产量}$$

（2）产量定额

产量定额，就是在合理的劳动组织和合理使用材料的条件下，某种专业、某种技术等级的工人班组或个人在单位工日中所完成的合格产品的数量。其计算方法如下：

$$每工产量=\frac{1}{单位产品时间定额（工日）}$$

产量定额的计量单位有：米（m）、平方米（m^2）、立方米（m^3）、吨（t）、块、根、件、扇等。

时间定额与产量定额互为倒数，即

$$时间定额\times产量定额=1$$

$$时间定额=\frac{1}{产量定额}$$

$$产量定额=\frac{1}{时间定额}$$

按定额的标定对象不同，劳动定额又分单项工序定额和综合定额两种，综合定额表示完成同一产品中的各单项（工序或工种）定额的综合。按工序综合的用“综合”表示（见表4-1），按工种综合的一般用“合计”表示。其计算方法如下：

$$综合时间定额=\sum 各单项（工序）时间定额$$

$$综合产量定额=\frac{1}{综合时间定额(工日)}$$

时间定额和产量定额都表示同一劳动定额项目，它们是同一劳动定额项目的两种不同的表现形式。时间定额以工日为单位，综合计算方便，时间概念明确。产量定额则以产品数量为单位表示，具体、形象，劳动者的奋斗目标一目了然，便于分配任务。劳动定额用复式表同时列出时间定额和产量定额，以便于各部门、企业根据各自的生产条件和要求选择使用。

复式表示法有如下形式：

$$\frac{时间定额}{每工产量}或\frac{人工时间定额}{机械台班产量}$$

每 1m³ 砌体的劳动定额　　　　表 4-1

项目		混水内墙					混水外墙					序号
		0.25 砖	0.5 砖	0.75 砖	1 砖	1.5 砖及 1.5 砖以外	0.5 砖	0.75 砖	1 砖	1.5 砖	2 砖及 2 砖以外	一
综合	塔吊	$\frac{2.05}{0.488}$	$\frac{1.32}{0.758}$	$\frac{1.27}{0.787}$	$\frac{0.972}{1.03}$	$\frac{0.945}{1.06}$	$\frac{1.42}{0.704}$	$\frac{1.37}{0.73}$	$\frac{1.04}{0.962}$	$\frac{0.985}{1.02}$	$\frac{0.955}{1.05}$	二
	机吊	$\frac{2.26}{0.442}$	$\frac{1.51}{0.662}$	$\frac{1.47}{0.68}$	$\frac{1.18}{0.847}$	$\frac{1.15}{0.87}$	$\frac{1.62}{0.617}$	$\frac{1.57}{0.637}$	$\frac{1.24}{0.806}$	$\frac{1.19}{0.84}$	$\frac{1.16}{0.862}$	三
砌砖		$\frac{1.54}{0.65}$	$\frac{0.822}{1.22}$	$\frac{0.774}{1.29}$	$\frac{0.458}{2.18}$	$\frac{0.426}{2.35}$	$\frac{0.931}{1.07}$	$\frac{0.869}{1.15}$	$\frac{0.522}{1.92}$	$\frac{0.466}{2.15}$	$\frac{0.435}{2.3}$	四
运输	塔吊	$\frac{0.433}{2.31}$	$\frac{0.412}{2.43}$	$\frac{0.415}{2.41}$	$\frac{0.418}{2.39}$	$\frac{0.418}{2.39}$	$\frac{0.412}{2.43}$	$\frac{0.415}{2.41}$	$\frac{0.418}{2.39}$	$\frac{0.418}{2.39}$	$\frac{0.418}{2.39}$	五
	机吊	$\frac{0.64}{1.56}$	$\frac{0.61}{1.64}$	$\frac{0.613}{1.63}$	$\frac{0.621}{1.61}$	$\frac{0.621}{1.61}$	$\frac{0.621}{1.61}$	$\frac{0.61}{1.64}$	$\frac{0.613}{1.63}$	$\frac{0.619}{1.62}$	$\frac{0.619}{1.62}$	六
调制砂浆		$\frac{0.081}{12.3}$	$\frac{0.081}{12.3}$	$\frac{0.085}{11.8}$	$\frac{0.096}{10.4}$	$\frac{0.101}{9.9}$	$\frac{0.081}{12.3}$	$\frac{0.085}{11.8}$	$\frac{0.096}{10.4}$	$\frac{0.101}{9.9}$	$\frac{0.102}{9.8}$	七
编号		13	14	15	16	17	18	19	20	21	22	八

4.2.2 材料消耗定额

材料消耗定额是在合理和节约使用材料的条件下，生产单位质量合格产品所消耗的一定规格的材料、成品、半成品和水、电等资源的数量。

定额材料消耗指标的组成：

按其使用性质、用途和用量大小划分为四类，即：

主要材料：是指直接构成工程实体的材料。

辅助材料：也是指直接构成工程实体但比重较小的材料。

周转性材料：又称工具性材料，是指施工中多次使用但并不构成工程实体的材料，如模板、脚手架等。

次要材料：是指用量小，价值不大，不便计算的零星用材料，可用估算法计算。

1. 主要材料消耗定额

主要材料消耗定额包括直接使用在工程上的材料净用量和在施工现场内运输及操作过程中的不可避免的废料和损耗。

（1）材料净用量的确定

材料净用量的确定，一般有以下几种方法：

1）理论计算法。理论计算法是根据设计、施工验收规范和材料规格等，从理论上计算材料的净用量。如砖墙的用砖数和砌筑砂浆的用量可用下列理论计算公式计算各自的净用量：

用砖数：

$$A=\frac{1}{\text{墙厚}\times(\text{砖长}+\text{灰缝})\times(\text{砖厚}+\text{灰缝})}\times\kappa$$

式中，κ 为墙厚的砖数×2（墙厚的砖数是 0.5 砖墙、1 砖墙、1.5 砖墙……）。

砂浆用量：

$$B=1-\text{砖数}\times(\text{砖块体积})$$

2）测定法。即根据试验情况和现场测定的资料数据确定材料的净用量。

3）图纸计算法。根据选定的图纸，计算各种材料的体积、面积、延长米或质量。

4）经验法。根据历史上同类的经验进行估算。

【例 4-1】 计算标准砖一砖外墙砌体砖数和砂浆的净用量。

解： 砖净用量 $=\frac{1}{0.24\times(0.24+0.01)\times(0.053+0.01)}\times1\times2$

$=529$（块）

砂浆净用量 $=1-529\times(0.24\times0.115\times0.053)$

$=0.226(m^3)$

（2）材料损耗量的确定

材料的损耗一般以损耗率表示。材料损耗率可以通过观察法或统计法计算确定。材料损耗率有两种不同定义，由此，材料消耗量计算有两个不同的公式：

① $$损耗率=\frac{损耗量}{总消耗量}\times100\%$$

$$总消耗量=净用量+损耗量=\frac{净用量}{1-损耗率}$$

② $$损耗率=\frac{损耗量}{净用量}\times100\%$$

$$总消耗量=净用量+损耗量=净用量\times(1+损耗率)$$

2. 周转性材料消耗定额

周转性材料指在施工过程中多次使用、周转的工具性材料，如钢筋混凝土工程用的模板，搭设脚手架用的杆子、跳板，挖土方工程用的挡土板等。

周转性材料消耗一般与下列4个因素有关：

（1）第一次制造时的材料消耗（一次使用量）；

（2）每周转使用一次材料的损耗（第二次使用时需要补充）；

（3）周转使用次数；

（4）周转材料的最终回收及其回收折价。

定额中周转材料消耗量指标的表示，应当用一次使用量和摊销量两个指标表示。一次使用量是指周转材料在不重复使用时的一次使用量，供施工企业组织施工用，摊销量是指周转材料退出使用，应分摊到一定计量单位的结构构件的周转材料消耗量，供施工企业成本核算或预算用。

如捣制混凝土结构木模板用量计算：

$$一次使用量=净用量\times(1+操作损耗率)$$

$$周转使用量=\frac{一次使用量\times[1+(周转次数-1)\times补损率]}{周转次数}$$

$$回收量=\frac{一次使用量\times(1-补损率)}{周转次数}$$

$$摊销量=周转使用量-回收量\times回收折价率$$

又如，预制混凝土构件的模板使用量计算：

$$一次使用量=净用量\times(1+操作损耗率)$$

$$摊销量=\frac{一次使用量}{周转次数}$$

4.2.3 机械台班使用定额

机械台班使用定额，也称机械台班定额。它反映了施工机械在正常的施工条件下，合理地、均衡地组织劳动和使用机械时该机械在单位时间内的生产效率。

1. 机械台班使用定额的编制

编制施工机械定额，主要包括以下内容：

（1）拟定机械工作的正常施工条件。包括工作地点的合理组织，施工机械作业方法的拟定；确定配合机械作业的施工小组的组织以及机械工作班制度等。

（2）确定机械净工作率。即确定出机械纯工作 1h 的正常劳动生产率。

（3）确定机械的利用系数。机械的正常利用系数是指机械在施工作业班内对作业时间的利用率。

$$机械利用系数=\frac{工作班净工作时间}{机械工作班时间}$$

（4）计算施工机械定额台班。

$$施工机械台班产量定额=机械生产率\times工作班延续时间\times机械利用系数$$

$$施工机械时间定额=\frac{1}{施工机械台班产量定额}$$

（5）拟定工人小组的定额时间。工人小组的定额时间是指配合施工机械作业的工人小组的工作时间总和：

$$工人小组定额时间=施工机械时间定额\times工人小组的人数$$

2. 机械台班使用定额的形式

机械台班使用定额的形式按其表现形式不同，可分为时间定额和产量定额。

（1）机械时间定额。

机械时间定额是指在合理劳动组织与合理使用机械条件下，完成单位合格产品所必需的工作时间，包括有效工作时间（正常负荷下的工作时间和降低负荷下的工作时间）、不可避免的中断时间、不可避免的无负荷工作时间。机械时间定额以“台班”表示，即一台机械工作一个作业班时间。一个作业班时间为 8h。

$$单位产品机械时间定额(台班)=\frac{1}{台班产量}$$

由于机械必须由工人小组配合，所以完成单位合格产品的时间定额，同时列出人工时间定额。即

$$单位产品人工时间定额(工日)=\frac{小组成员总人数}{台班产量}$$

例如，斗容量 $1m^3$ 正铲挖土机，挖四类土，装车，深度在 2m 内，小组成员两人，机械台班产量为 4.76（定额单位 $100m^3$），则

挖 $100m^3$ 的人工时间定额为 $\frac{2}{4.76}=0.42$（工日）

挖 $100m^3$ 的机械时间定额为 $\frac{1}{4.76}=0.21$（台班）

(2) 机械产量定额。

机械产量定额是指在合理劳动组织与合理使用机械条件下，机械在每个台班时间内完成合格产品的数量：

$$机械台班产量定额=\frac{1}{机械时间定额(台班)}$$

机械时间定额和机械产量定额互为倒数关系。

复式表示法有如下形式：

$$\frac{人工时间定额}{机械台班产量}或\frac{人工时间定额}{机械台班产量}\Bigg|台班车次$$

例如，正铲挖土机每一台班劳动定额表中 $\frac{0.466}{4.29}$，表示在挖一、二类土，挖土深度在 1.5m 以内，且需装车的情况下：

斗容量为 $0.5m^3$ 的正铲挖土机的台班产量定额为 4.29（$100m^3$/台班）；

配合挖土机施工的工人小组的人工时间定额为 0.466（工日/$100m^3$）；

同时可以推算出挖土机的时间定额应为台班产量定额的倒数，即$\frac{1}{4.29}=0.233$（台班/100m³）；

还能推算出配合挖土机施工的工人小组的人数应为$\frac{\text{人工时间定额}}{\text{机械时间定额}}$，即$\frac{0.466}{0.233}=2$（人）；或人工时间定额×机械台班产量定额，即0.466×4.29=2（人）。

4.3 预算定额

预算定额是确定一定计量单位分项工程或结构构件的人工、材料、施工机械台班消耗的数量标准。

预算定额的主要用途是作为编制施工图预算的主要依据，是编制施工图预算的基础，也是确定工程造价、控制工程造价的基础。在现阶段，预算定额是决定建设单位的工程费用支出和决定施工单位企业收入的重要因素。

预算定额是在施工定额的基础上进行综合扩大编制而成的。预算定额中的人工、材料和施工机械台班的消耗水平根据施工定额综合取定，定额子目的综合程度大于施工定额，从而可以简化施工图预算的编制工作。在拟定预算定额的基础上，还要根据所在地区的人工工资、物价水平确定相应于人工、材料和施工机械台班三个消耗量的三个价格，即相应的人工工资价格、材料预算价格和施工机械台班价格，计算拟定预算定额中每一分项工程的单位预算价格，也即预算定额单价，这一过程称为单位估价表的编制。目前，有些地区把预算定额与单价估价表合为一体，统称为预算定额。

4.3.1 预算定额中的人工、材料和机械台班消耗量的确定

预算定额项目中人工、材料和施工机械台班消耗量指标，应根据编制预算定额的原则、依据，采用理论与实际相结合，图纸计算与施工现场测算相结合，编制定额人员与现场工作人员相结合等方法进行计算。

1. 人工消耗量指标的确定

预算定额中人工消耗量水平和技工、普工比例，以劳动定额为基础，通过有关图纸规定，计算定额人工的工日数。

（1）人工消耗指标的组成

预算定额中人工消耗量指标包括完成该分项工程必需的各种用工量。

1）基本用工。指完成分项工程的主要用工量。例如，砌筑各种墙体工程的砌砖、调制砂浆以及运输砖和砂浆的用工量。

2）其他用工。指辅助基本用工消耗的工日。按其工作内容不同又分为以下三类：

① 超运距用工。指超过劳动定额规定的材料、半成品运距的用工。

② 辅助用工。指材料须在现场加工的用工。如筛砂子、淋石灰膏等增加的用工量。

③ 人工幅度差用工。指劳动定额中未包括的、而在一般正常施工情况下又不可避免的一些零星用工，其内容如下：

a. 为各种专业工种之间的工序搭接及土建工程与安装工程的交叉、配合中不可避免的停歇时间。b. 为施工机械在场内单位工程之间变换位置及在施工过程中移动临时水电线路引起的临时停水、停电所发生的不可避免的间歇时间。c. 为施工过程中水电维修用工。d. 为隐蔽工程验收等工程质量检查影响的操作时间。e. 为现场内单位工程之间操作地点转移影响的操作时间。f. 为施工过程中工种之间交叉作业造成的不可避免的剔凿、修复、清理等用工。g. 为施工过程中不可避免的直接少量零星用工。

（2）人工消耗指标的计算依据

预算定额各种用工量，是根据测算后综合取定的工程数量和劳动定额计算。

预算定额是一项综合性定额，它是按组成分项工程内容的各工序综合而成。

编制分项定额时，要按工序划分的要求测算、综合取定工程量，如砌墙工程除了主体砌墙外，还需综合砌筑门窗洞口、附墙烟囱、弧形及圆形碹、垃圾道、预留抗震柱孔等含量。综合取定工程量，是指按照一个地区历年实际设计房屋的情况，选用多份设计图纸，进行测算取定数量。

（3）人工消耗指标的计算方法

1）人工消耗量的计算。

按照综合取定的工程量或单位工程量和劳动定额中的时间定额，计算出各种用工的工日数量。

① 基本用工的计算：

$$基本用工日数量=\sum(工序工程量\times时间定额)$$

② 超运距用工的计算：

$$超运距用工数量=\sum(超运距材料数量\times时间定额)$$

其中　超运距=预算定额规定的运距—劳动定额规定的运距

③ 辅助用工的计算：

$$辅助用工数量=\sum(加工材料数量\times时间定额)$$

④ 人工幅度差用工的计算：

$$人工幅度差用工数量=\sum(基本用工+超运距用工+辅助用工)\times人工幅度差系数$$

2）计算预算定额用工的平均工资等级。

在确定预算定额项目的平均工资等级时，应首先计算出各种用工的工资等级系数和工资等级总系数，然后计算出定额项目各种用工的平均工资等级系数，再查对“工资等级系数表”，最后求出预算定额用工的平均工资等级。

其计算式如下：

$$劳动小组成员平均工资等级系数=\frac{\sum(某一等级的工人数量\times相应等级工资系数)}{小组工人总数}$$

某种用工的工资等级总系数＝某种用工的总工日×相应小组成员平均工资等级系数

幅度差平均工资等级系数＝幅度差所含各种用工工资等级总系数之和÷幅度差总工日

幅度差工资等级总系数，可根据某种用工的工资等级总系数计算式计算。

$$定额项目用工的平均工资等级系数=\frac{基本用工工资等级总系数+其他用工工资等级总系数}{基本用工总工日数+其他用工总工日数}$$

2. 材料消耗量指标的确定

（1）材料消耗量的确定

材料耗用量指标是在节约和合理使用材料的条件下，生产单位合格产品所必须消耗的一定品种规格的材料、燃料、半成品或配件数量标准。

【例 4-2】 计算标准砖一砖外墙每 $10m^3$ 砌体砖、砂浆用量。

解： ① $砖=\frac{1}{0.24\times(0.24+0.01)\times(0.053+0.01)}\times1\times2=529$

预算定额数量＝529 块×1.00268（注 1）

＝531 块×1.01（损耗率 1%）

＝536 块－6 块（注 2）

＝530 块×$10m^3$＝5300（块）

注 1：外墙定额已综合了三皮砖以内的挑檐及凸出墙面的砖线条，例如砖砌窗口、压顶线、门窗套等及 $0.3m^2$ 以内孔洞、嵌入墙体内的构件体积因素，其增减数量已考虑在定额内。1.00268 即为调整系数。

注 2：根据全国各地反映，砌墙时定额用量砖多砂浆少，因此，定额内标准砖、八五砖外墙各子目中，每立方米砌体取定按理论计算减少 6 块砖，内墙各子目中每 $1m^3$ 减少 4 块砖，减少砖的体积增加相应体积砂浆，列入定额。

② 砂浆＝1－（0.24×0.115×0.053×529）

＝0.226×1.00268

＝0.227

减少砖的体积为：每块标准砖的体积为 0.0014628×6=0.009

计　　0.227+0.009 =0.236×1.01(1%损耗)

=0.238×10=2.38(m^3)

(2) 周转性材料消耗量的确定

周转性材料即工具性材料，如挡土板、脚手架、模板等，这类材料在施工中不是一次消耗完，而是随着使用次数增多，逐渐消耗，多次使用，反复周转，故称作周转性材料。

列入预算定额中的周转性材料消耗指标有两个：①一次使用量；②摊销量。

一次使用量是指周转材料一次使用的基本量（即一次投入量）。

摊销量是指定额规定的平均一次消耗量。

模板的消耗量确定：

1）模板种类。

工具式钢模：用于现浇钢筋混凝土基础、柱、梁、墙、板、雨篷、阳台、预制柱、柱侧模等。

木模板：用于现浇钢筋混凝土圆柱、栏板、栏杆、挑檐、零星构件、预制托架梁、屋架、门式刚架、天窗架等侧模。

地、胎模：用于预制构件、桩、柱、屋架等底模。

还有塑料模壳、钢滑模、降模等专用模板。定额是根据目前基本情况制定的，在构件中使用模板不是单一的。例如，使用钢模板时，还须考虑镶嵌用木模，预制构件侧模用钢模，底模用地、胎膜等，所以，在定额中既有钢模又有木模或地模。

2）摊销情况。

钢模板 1/50；钢支撑 1/120；钢夹具柱箍 1/100；木模板 1/5；扣件 1/50；钢连杆 1/150；零星卡具 1/27；木撑垫 1/20。钢模板回库维修，按摊销量的 8%计算。

3）捣制构件模板用量的计算。

一次使用量=每 10m^3 混凝土构件模板接触面积×每 1m^2 接触面积模板用量×(1+损耗率)

$$周转使用量=一次使用量\times\frac{1+(周转次数-1)\times补损率}{周转次数}$$

$$=一次使用量\times\kappa_1$$

式中，κ_1 为周转使用量系数。

$$回收量=\frac{一次使用量\times(1-补损率)}{周转次数}$$

$$摊销量=周转使用量-\frac{回收量\times回收折价率}{1+间接费率}$$

$$=一次使用量\times\kappa_1-(一次使用量)\times\frac{1-补损率}{周转次数}\times\frac{回收折价率}{1+间接费率}$$

$$=一次使用量\times\left[\kappa_1-\frac{1-补损率}{周转次数}\times\frac{回收折价率}{1+间接费率}\right]$$

$$=一次使用量\times\kappa_2$$

式中，κ_2 为摊销量系数。

回收折价率按 50%，间接费按 18.2%计取，则 $\kappa_2=\kappa_1-\frac{1-补损率}{周转次数}\times0.45$

【例 4-3】 假定每 10m³ 捣制混凝土柱，一次使用方材 5.073m³，周转 8 次，每次周转损耗 15%；板材为 2.294m³，周转 8 次，每次周转损耗 15%；圆木为 0.494m³，周转 5 次，每次周转损耗 15%。试计算其摊销量如下：

解： 方材摊销量=5.073×0.2085=1.058（m³）

板材摊销量=2.294×0.2085=0.478（m³）

圆木摊销量=0.494×0.2435=0.120（m³）

4）预制构件模板用量计算。

预制构件每次安拆损耗很小，在计算模板消耗指标时，不考虑补损和回收，应按多次使用、平均分摊的方法计算。其计算公式如下：

$$摊销量=\frac{一次使用量}{周转次数}$$

【例 4-4】 预制钢混凝土矩形柱，每 10m³ 工程用木模板为 10m³ 木材，模板周转次数为 25 次。试计算摊销量。

解： $$\frac{10}{25}=0.4(\text{m}^3)$$

3. 机械台班消耗指标的确定

预算定额中建筑施工机械消耗指标，是以台班为单位进行计算，每一台班为8h工作制。预算定额的机械化水平，应以多数施工企业采用的和已推广的先进施工方法为标准。预算定额中的机械台班消耗量按合理的施工方法取定，并考虑了增加机械幅度差。

（1）机械幅度差

机械幅度差是指在劳动定额（机械台班量）中未曾包括的，而机械在合理的施工组织条件下所必需的停歇时间，在编制预算定额时，应予以考虑。其内容包括：

① 施工机械转移工作面及配套机械互相影响损失的时间。

② 在正常的施工情况下，机械施工中不可避免的工序间歇。

③ 检查工程质量影响机械操作的时间。

④ 临时水、电线路在施工中移动位置所发生的机械停歇时间。

⑤ 工程结尾时，工作量不饱满所损失的时间。

机械幅度差系数一般根据测定和统计资料取定。大型机械幅度差系数为：土方机械1.25，打桩机械1.33，吊装机械1.3，其他均按统一规定的系数计算。

由于垂直运输用的塔吊、卷扬机及砂浆、混凝土搅拌机是按小组配合，应以小组产量计算机械台班产量，不另增加机械幅度差。

（2）机械台班消耗指标的计算

① 小组产量计算法：按小组日产量大小来计算耗用机械台班多少。计算公式如下：

$$\text{分项定额机械台班使用量}=\frac{\text{分项定额计量单位值}}{\text{小组产量}}$$

② 台班产量计算法：按台班产量大小来计算定额内机械消耗量大小。计算公式如下：

$$\text{定额台班用量}=\frac{\text{定额单位}}{\text{台班产量}}\times\text{机械幅度差系数}$$

【例 4-5】 预算定额多孔一砖外墙定额分项垂直运输塔吊台班使用量计算。

解： 查全国建筑安装工程统一劳动定额产量定额为 1.08（m^3/工日），砌砖小组成员 22 人，则

$$小组产量=1.08\times22=23.76(m^3)$$

$$塔吊台班使用量=\frac{10}{23.76}=0.42(台班/10m^3)$$

【例 4-6】 预算定额打 12m 以内预制钢混凝土方桩打桩机械台班使用量计算。

解： 机械化施工过程，机械台班使用量应按机械台班产量计算并另加机械幅度差。查全国建筑安装工程统一劳动定额得产量定额为 14.6m^3，则

$$台班使用量=\frac{10}{14.6}\times1.33=0.91(台班/10m^3)$$

4.3.2 定额项目表

原国家建设部于 1995 年正式颁布了《全国统一建筑工程基础定额（土建）》（GJD—101—95），作为全国统一的基础预算定额（以下简称“基础定额”）。

1. “基础定额”的作用

（1）是完成规定计量单位分项工程计价的人工、材料、施工机械台班消耗量标准。

（2）是统一全国建筑工程预算工程量计划规则、项目划分、计量单位的依据。

（3）是编制建筑工程（土建工程）地区单位估价表、确定工程造价、编制概算定额及投资估算指标的依据。

（4）是编制招标工程标底、制定企业定额和投标报价的基础。

2. 基础定额的适用范围

工作内容：砖基础：调运砂浆、铺砂浆、运砖、清理基槽坑、砌砖等。砖墙：调、运、铺砂浆，运砖；砌砖包括窗台虎头砖、腰线、门窗套；安放木砖、铁件等。

基础定额适用于工业与民用建筑的新建、扩建、改建工程。包括基础工程、结构工程和装饰工程。

国务院各有关部门，各省、自治区、直辖市依照基础定额编制地区单位估价表时，在项目划分、计量单位和工程量计算规则上应与基础定额保持一致。

3. 基础定额表现形式

基础定额按施工顺序分部工程划章，按分项工程划节，按结构不同、材料品种、机械类型、使用要求不同划项。

基础定额共设置 15 章，它们是：第 1 章土、石方工程；第 2 章桩基础工程；第 3 章脚手架工程；第 4 章砌筑工程；第 5 章钢筋混凝土工程；第 6 章构件运输安装工程；第 7 章门窗及木结构工程；第 8 章楼地面工程；第 9 章屋面及防水工程；第 10 章防腐、保温、隔热工程；第 11 章装饰工程；第 12 章金属结构制作工程；第 13 章建筑工程垂直运输定额；第 14 章建筑物超高增加人工、机械定额；第 15 章附录。

基础定额有一总说明，各章又有章说明。项目表是定额手册的主要部分，定额编号按章—项确定，如 4-2 表示为第 4 章中的第 2 项，即砌筑工程中的 1/2 砖厚单面清水砖墙。表 4-2 为砌砖基础定额项目表的示例。

砌砖基础定额项目表 **表 4-2**

定额编号			4-1	4-2	4-3	4-4
项目		单位	砖基础	单面清水砖墙		
				1/2 砖	3/4 砖	1 砖
人工	综合工日	工日	12.18	21.97	21.63	18.87
材料	水泥砂浆 M5	m^3	2.36	—	—	—
	水泥砂浆 M10	m^3	—	1.95	2.13	—
	水泥混合砂浆 M2.5	m^3	—	—	—	2.25
	普通黏土砖	千块	5.236	5.641	5.510	5.314
	水	m^3	1.05	1.13	1.10	1.06
机械	灰浆搅拌机 200L	台班	0.39	0.33	0.35	0.38

4.3.3 单位估价表中的人工价格、材料预算价格和机械台班价格的确定

1. 人工价格的确定

定额人工价格或称定额人工费是指列入预算定额的直接从事建筑安装工程施工的生产工人（包括辅助工人、附属辅助生产工人）的基本工资、工资性质的津贴以及属于生产工人开支范围的各项费用。

现行预算定额中，人工费由人工工资和劳防福利费两部分组成。人工工资，一般工种按等级工资计算，即

人工工资＝某分项人工消耗量×某等级工日工资标准

特殊工种（潜水员）按平均工资计算。

劳防福利费，不分技术等级，一般工种为 5.25 元/工日；潜水员为 23.56 元/工日，包括营养、水工津贴；地下连续墙、沉井、沉箱工程为 5.75 元/工日；打桩工程为 5.88 元/工日。

（1）建筑安装企业的工资制度

建筑安装企业中采用的工资制度是等级制度。它是根据建筑安装工人的工作性质、劳动条件、工作简繁程度、技术复杂程度和地区经济水平等情况，分别由国家规定出若干工资等级、相应的技术要求和一定的工资标准，然后按照这些规定，结合一定的工资形式来分别地确定支付生产工人的工资数额。工资制度由三部分构成：

1）技术等级标准。

技术等级是划分简单劳动与复杂劳动、熟练劳动和非熟练劳动的一个标准。它是根据建筑安装生产特点、各工种的技术复杂程度、现行施工操作规范、施工验收规范及劳动定额，把建筑工人和安装工人划分为一定等级，并且为每个工种的每个等级规定了所必须具备的技术知识和生产经验以及应达到的操作要求。

建筑安装施工工人划分为 1～8 级技术等级。技术等级标准对于贯彻按劳分配原则，合理使用劳动力、有计划地培养技术

力量、鼓励生产工人积极学习技术知识、不断提高技术水平有着重要作用。

2）工资等级系数。

建筑安装工人工资等级系数是以一级工标准工资为计算基础，其工资等级系数为 1.00，各级工资标准与一级工工资的比值（即工资等级系数）见表 4-3。

建筑工人工资等级和工资等级系数　　表 4-3

工资等级	一	二	三	四	五	六	七	八
月工资（元）	84.41	98.43	116.54	136.65	158.87	182.84	211.14	243.27
工资等级系数	1.000	1.167	1.381	1.619	1.881	2.167	2.500	2.881

建筑生产活动是群体生产活动，每一个工程项目都是由工人班组共同完成的。而工人小组的平均等级往往出现级差为 0.1 级的各种等级，如 3.2 级、3.3 级、4.5 级等。与此对应的月工资、日工资以及计算是确定工资价格的关键。

3）工资标准。

工资标准又称工资率。我国现行的建筑安装企业生产工人的工资标准是由国家根据整个国民经济发展水平，考虑各地区自然条件和经济条件，结合建安企业的生产特点以及历史情况等因素而统一制定的，然后各地区再加以具体化，成为本地区的工资标准。

工资标准按地区划分成八类。

（2）某等级工日工资价格的计算

如前所述，假定平均等级为整数时，则即可将月工资除以工作日得到。而级差为 0.1 级的日工资计算通过下述方法求得。

1）用插入法求某等级工工资等级系数

计算式：　　$B=A+(C-A)\times b$

式中　B——所求的工资等级系数；

A——表示与 B 相邻而较低的那一级工资等级系数；

C——表示与 B 相邻而较高的那一级工资等级系数；

b——表示介于两个工资等级之间级差为 0.1 级的各工资等级。

【例 4-7】 求 3.2 级工资等级系数。

解： 查表 4-3，代入公式得

$$B=1.381+(1.619-1.381)\times 0.2=1.429$$

2）求某等级工月工资

计算式：某等级工月工资＝一级工月工资标准×某等级工工资等级系数

【例 4-8】 求 3.2 级工月工资

解： 上例已求得 3.2 级工资等级系数为 1.429，则

3.2 级工月工资＝84.41×1.429＝120.62(元/月)

3）求某等级工日工资标准

计算式：

某等级工日工资＝某等级工月工资/全月法定工作日＋0.79

式中，全月法定工作日是按国家有关规定，0.79(元/工日）系根据有关规定应列入工资单价内的副食品津贴和物价补贴。

2. 材料预算价格的确定

建筑安装工程材料预算价格（包括构件成品及半成品）是指材料由其来源地（或交货地）到达工地仓库（指施工工地内存放材料的地方）后的出库价格。

在建筑安装工程中，材料、设备费约占整个造价的 70%，它是工程直接费的主要组成部分。材料、设备价格的高低，将直接影响到工程费用的大小，因此，必须加以正确细致的计算，并且要克服价格计算中偏高、偏低等不合理现象，方能如实反映工程造价，有利于准确地编制基本建设计划和落实投资计划，有利于促进企业的经济核算，改进管理。

（1）材料预算价格取定的依据、编制原则

1）取定依据：

① 建筑材料、构件的名称、品种、规格及单位和单位质量。

② 材料、物资出厂价及价格信息。

③ 各种材料来源地、进货数量、比例、运输方式及比例的合理方案。

④ 铁路、公路、水路和地方运输及装卸费用标准以及相应的里程图表。

⑤ 建设地区运输总平面图和施工组织设计资料。

⑥ 其他有关资料。

2）编制原则。

强调统一。即建筑、安装、装饰、市政、公用、房修、园林、人防、水利等工程的专业定额，其材料预算价格均统一。今后不再编制专业定额的材料预算价格，避免出现同一地区的相同名称、规格的材料因专业定额不同而发生差异的现象。其最终目的是为了便于横向与纵向的管理。

（2）材料原价

材料原价就是材料生产企业的出厂价、商业单位的批发价或零售价。

（3）市内运杂费

市内运杂费是指材料从采购点运到施工现场所发生的运输、搬运费用。

（4）市内运输损耗

在适用范围内，从材料供应商处采购的材料运至施工现场的途中所发生的损耗，按下列规定计取：

① 包装水泥 1%。

② 散装水泥 0.5%。

③ 地方大宗材料 1%（砖、砌砖 0.3%）。

④ 玻璃陶瓷制品 2%。

⑤ 陶瓷卫生洁具 2%。

⑥ 苗木中的地被植物 10%（其余苗木 5%）。

其余材料不考虑运输损耗。

（5）材料预算价格计算公式

材料预算价格＝原价＋市内运杂费＋市内运输损耗

其中，市内运杂费单列或＝原价×运费率

市内运输损耗＝(原价＋市内运杂费)×运耗率

（6）甲方供应材料的退款

① 甲方将材料送至施工现场范围内指定地点或加工厂，乙方应将材料的原价、运杂费、运输损耗金额一并退甲方。

② 甲方将材料送至乙方指定的材料仓库或中转点，乙方应将材料原价金额、市内运杂费和运输损耗的40%退甲方。

③ 甲方交材料提货单，且提货地点在适用范围内，乙方应将材料原价金额退甲方。

（7）材料预算价格的动态管理

为适应社会主义市场经济体制，改革建设工程费用的计价与定价制度，根据“控制量、指导价、竞争费”的改革思路，须对建设工程材料预算价格实行动态管理。

1）动态管理的含义。

材料预算价格动态管理是指对建设工程所需的各类材料因市场价格变动而与预算价格之间产生的变化值所实施的各项调整措施的总称。

2）材料价差的调整。

材料价差的调整范围是指从合同规定的工程开工至竣工期内因材料价格增减变化而发生价差的工程所需材料。

材料价差的调整分单项调整和系数调整两种办法。

① 单项调整。是指对在工程建设中品种少、消耗量大、占工程造价比重高的主要材料进行单独调整，如钢材、木材、水泥、玻璃、沥青、地材（砖、瓦、砂、石、灰）、工厂制品。采用发布市场指导价（即中准价加上、下浮动幅度，它对应于材料预算价格的原价）的形式调整。承发包双方按照定额管理部门发布的市场指导价，在规定的上、下浮动幅度范围内商定价格。其中由独家生产或少数单位生产经营的特殊工厂制品，如丹麦管、人防门、沥青砂等，按规定的指导价并在规定的最高或最低限价内，由承发包双方商定价格并进行单项调整。

② 系数调整。是指在工程建设中除单项调整外，对品种多、单项消耗量不大、占工程造价比重小的次要材料，用材料价差百分比形式进行调整。材料价差系数由定额管理部门定期按市场价格、不同的工程类别进行测算，每半年或一年发布一次。

3）调整依据的测定。

调整依据的测定必须符合国家有关的方针政策、有关价格的政策法规以及工程造价管理的规定，遵循价值规律，反映本地区一定时期内的合理价格水平。

市场指导价的测定，由“建设工程材料价格信息系统”负责材料市场价格信息的采集、整理、综合取定后由工程定额管理部门对外发布。

限价产品的测定，依据预算定额中间产品价格的取定原则，人工工日、主材、辅材、工夹模具、蒸养费等定额消耗量不变，所耗材料的价格按市场指导价、市场供应价及运杂费按市场变化的因素由生产企业报价，定额管理部门核定，并同时规定最高、最低限价。

材料价差系数的测定，按定额分类的不同工程类别分别测定。系数分类如下：

① 土建工程。

② 吊装工程。

③ 打桩工程。

④ 建筑装饰工程。

⑤ 专业工程。

4）材料价差的计算。

① 单项调整的材料，以中准价为依据，在规定的上、下浮动幅度范围内，由甲、乙双方根据工程施工的实际情况、材料市场的行情和运费等因素，商定结算价格，并以合同形式予以确认。

计算公式：

$$C_1=(P-P_0)W$$

式中　C_1——单项调整的材料价差；

P——双方确认的结算价格；

P_0——单项材料定额预算价；

W——单项材料定额规定的消耗量。

单项调整的材料价差，如果在合同期内一次包死，应在指导价基础上考虑风险因素。

② 限价产品，以定额管理部门核定的最高或最低限价，在其范围内，甲、乙双方商定结算价格，并以合同形式予以确认。

③ 次要材料的价差调整，按定额管理部门发布的材料价差系数文件执行。

计算公式：

$$C_2 = KV_0$$

式中　C_2——系数调整的材料价差；

K——工程材料价差系数；

V_0——定额材料费总计。

④ 直接以中准价作为合同确认的结算价格进行工程结算，可采用算术平均法或权数法计算，但必须由甲、乙双方商定，并在合同条款中加以注明。

A. 算术平均法。

按合同工期，对每月公布的单项材料中准价累加除以合同工期，确定某一单项材料的单价，加运费和运耗作为结算价格，减去定额预算价，乘以该项材料定额定的消耗量确定补差金额。

计算公式：

$$C_3 = (\overline{P} - P_0)W$$

$$\overline{P} = \frac{\sum_{i=1}^{n}(P_i + Y)}{n}$$

式中　C_3——算术平均法单项调整的材料价差；

$\overline{P}$——单项材料算术平均价；

P_0——单项材料定额预算价；

P_i——中准价；

W——单项材料定额规定的消耗量；

Y——运费和运耗（按定额运耗率计）；

n——合同工期月份。

算术平均法计算中，n 可根据材料实际发生或采购情况扣除头或尾某些月份，具体由甲、乙双方自行商定。

B. 权数法。

按事先预计某些月份用料（或采购）高、低峰，确定权数进行单项材料的补差。

计算公式：

$$C = (P_{\mathrm{n}} - P_0)W$$

$$P_{\mathrm{n}} = \sum_{i=1}^{n} (P_i + Y)k_i$$

式中 C——权数法单项调整的材料价差；

P_{n}——权数法得出的单项材料价格；

k_i——权数。

5）由于工程建设的特殊性，发布的市场指导价品种目录中未包括但影响造价也比较大的其他材料，欲进行单项调整，须报定额管理部门审定和备案。

6）调整的材料价差是工程造价的组成部分，但不作为计取各种费率的基数。市场指导价、次要材料价差系数是编制概（预）算的依据；市场指导价是承发包双方签订合同的参考依据；次要材料材差系数、合同确认的单项材料价格是竣工结算的依据。

3. 机械台班使用费的确定

机械台班使用费是指施工机械在一个台班中为使机械正常运转所支出和分摊的各种费用之和。

（1）机械台班费定额项目的划分

机械台班费定额包括土石方及筑路机械、打桩机械、起重机械、水平运输机械、垂直运输机械、混凝土及砂浆机械、加工机械、泵类机械、焊接机械、动力机械、地下工程机械、其他机械共13类，797个子目。

（2）机械台班使用费组成

机械台班费由两大类、七项费用组成。具体内容有：

第一类费用。它是根据机械的年工作制度决定的费用，它的特点是不因施工地区和施工条件变化，也不管机械开动的如何，均需支出的一种较为固定的费用。包括：台班折旧费、大修理费、经常维修费、安装拆卸费、场外运费。

第二类费用。其特点是受地区施工技术经济条件制约，其费用高低随地区变化，且只有机械运转时才发生。包括机上工作人员的工资和动力、燃料费，还有养路费及车船使用费。

（3）机械台班费中各项费用的含义及计算方法

1）台班折旧费。

台班折旧费指机械设备在规定使用期限内陆续收回其原值的费用。

计算公式如下：

$$台班折旧费=\frac{机械预算价格\times(1-残值率)}{使用总台班}$$

式中：

① 机械预算价格。机械预算价格是指机械出厂价格加供销部门手续费和机械由出厂地点或口岸（进口机械到达口岸）运到使用单位的一次运杂费。计算公式如下：

$$机械预算价格=机械出厂价格\times(1+进货费率)$$

进货费（供应机构手续费和运杂费）率：国产机械为5%，进口机械按到岸完税价格的11%计算。

② 机械残值率。机械残值是指机械设备经使用磨损达到规定使用年限时的残余价格（即报废时的残余价值），一般以残值率表示。计算公式如下：

$$机械残值率=\frac{机械残值}{机械预算价格}\times100\%$$

全国建筑工程预算定额规定机械残值率如下：大型施工机械5%，运输机械6%，中、小型机械4%。

③ 机械使用总台班。机械使用总台班（或耐用总台班）是指机械使用的年限。计算公式如下：

$$机械使用总台班=机械使用年限\times年工作台班$$

或　　耐用总台班=耐用周期×大修理间隔台班

④ 机械年工作台班。机械年工作台班=(365天−节假日−全年平均气候影响工日)×机械利用率×工作班次系数

2）大修理费用。

大修理费用指机械设备按规定的大修间隔台班必须进行大修理以恢复其正常功能所需的费用。

其计算公式如下：

$$台班大修理费用=\frac{一次大修理费\times大修理次数}{使用总台班}$$

式中　大修理次数=使用总台班数÷大修理间隔台班−1

或　　大修理次数=使用周期−1

3）经常维修费。

经常维修费指机械设备大修以外的各级保养及临时故障排除所需的费用，还包括主要备用件、润滑擦拭材料费、工具使用费。

其计算公式如下：

$$台班维修费=\frac{中修费+\sum(各级保养一次费用\times各级保养次数)}{大修理间隔台班}$$

或　　$台班维修费=台班大修理费\times k_a$

式中　$$k_a=\frac{台班维修费}{台班大修费}$$

替换设备及工具、附具费是为使机械正常运转所需要的附属设备（如电瓶、轮胎、钢丝绳、电缆、开关、胶皮管、传送皮带等）和随机应用的工具、附具的摊销及维护费用。其计算式如下：

$$替换设备工具附具费=\sum\left[\frac{某替换设备工具附具一次使用量\times相应预算单价\times(1-残值率)}{替换设备、工具、附具耐用总台班}\right]$$

润滑材料及擦拭材料费是为了保证机械正常运转进行日常保养所需的润滑油脂（机油、黄油等）及棉纱和擦拭用布等。其计算公式如下：

$$润滑材料及擦拭材料费=\sum(某润滑材料台班使用量\times相应单价)$$

$$某润滑材料台班使用量=\frac{一次使用量\times每个大修理间隔期平均加油次数}{大修理间隔台班}$$

4）安装拆卸费、场外运费。

安装拆卸费是指机械在施工现场进行安装、拆卸所需的人工、材料、机械费、试运转费以及安装所需的辅助设施费用。

其计算公式如下：

$$台班安装拆卸费=\frac{一次安装费\times每年安拆次数}{年工作台班}$$

$$台班辅助设施分摊费=\sum\left[\frac{一次使用量\times预算单价\times(1-残值率)}{摊销台班数}\right]$$

场外运费是指机械整体或分件自停放场地运至施工现场，或由一个工地运至另一个工地、运距25km以内的机械进出场费及转移费用。

其计算公式如下：

$$台班进出场费=\frac{(每次运输费+每次装卸费)\times每年平均次数}{年工作台班}$$

5）燃料动力费。

燃料动力费指机械在运转施工作业中所耗用的电力、固体燃料（煤、木材）、液体燃料（汽油、柴油）、水和风力等费用。

6）人工费。

人工费指操作机械的司机和司炉及其他操作人员的工作日工资及上述人员在机械规定的年工作台班以外的基本工资和工资性质的津贴。

工资等级平均为 4.5 级，工资单价为 6.58（元/工日），劳防福利 5.25（元/工日）。

7）养路费及车船使用费。

养路费及车船使用费不包括在第一、二类费用中，要单列。

指机械按国家有关规定交纳的养路费和车船使用费。

（4）几点说明

① 如发生停置台班费时，按定额相应子目的“（折旧费＋经维修）×50%＋人工费＋劳防福利费＋养路费”计算。

② 第一类费用中的场外运费不包括土方、打桩、吊装的机械进出场费，这些费用需另行计算。

4.4 概算定额

建筑安装工程概算定额是确定建筑安装工程一定计量单位扩大结构分部的人工、材料、机械消耗量的标准。

4.4.1 概算定额的作用

概算定额是编制初步设计概算和技术设计修正概算的依据，是进行设计方案技术经济比较的依据，是编制概算指标的依据，也是编制建筑安装工程主要材料申请计划的依据。

4.4.2 编制概算定额的一般要求

（1）概算定额的编制深度，要适应设计深度的要求。由于概算定额是在初步设计阶段使用的，受初步设计的设计深度所限制，因此，定额项目划分应坚持简化、准确和适用的原则。

（2）概算定额水平的确定，应与预算定额、综合预算定额的水平基本一致。它必须是反映在正常条件下大多数企业的设计、生产、施工、管理水平。

由于概算定额是在综合预算定额的基础上适当地再一次扩大、综合和简化，因而在工程标准、施工方法和工程量取值等方面进行综合、测算时，概算定额与综合预算定额之间必将产生，并允许留有一定的幅度差，以便根据概算定额编制的概算能够控制住施工图预算。

4.4.3 概算定额的编制方法

（1）直接利用综合预算定额。如砖基础、钢筋混凝土基础、楼梯、阳台、雨篷等。

（2）在综合预算定额的基础上再合并其他次要项目。如墙身包括伸缩缝；地面包括平整场地、回填土、明沟、垫层、找平层、面层及踢脚。

（3）改变计量单位。如屋架、天窗架等不再按立方米体积计算，而按屋面水平投影面积计算。

（4）采用标准设计图纸的项目，可以根据预先编好的标准预算计算。如构筑物中的烟囱、水塔、水池等，以每座为单位。

（5）工程量计算规则进一步简化。如砖基础、带形基础以轴线（或中心线）长度乘断面积计算；内外墙也均以轴线（或中心线）长乘高（扣门窗洞口面积）计算；屋架按屋面投影面积计算；烟囱、水塔按座计算；细小零星占造价比重很小的项目，不计算工程量，按占主要工程费用的百分比计算。

4.5 概算指标和投资估算指标

4.5.1 概算指标

概算指标是以每 $100m^2$ 建筑面积、每 $1000m^3$ 建筑体积或每座构筑物为计量单位，规定人工、材料及造价的定额指标。它比概算定额进一步扩大、综合，所以，依据概算指标来估算造价就更为简便了。

1. 概算指标的作用

概算指标的作用同概算定额，在设计深度不够的情况下，往往用概算指标来编制初步设计概算。

2. 概算指标的编制方法

单位工程概算指标，一般选择常见的工业建筑的辅助车间（如机修车间、金工车间、锅炉房、变电站、空压机房、成品仓库、危险品仓库等）和一般民用建筑项目（如工房、单身宿舍、办公楼、教学楼、浴室、门卫室等）为编制对象，根据施工图和现行的预算定额或综合预算定额编制出预算书来，求出每 100m² 建筑面积的预算直接费和其中人工费、材料费、机械费及人工和主要材料消耗量指标。

3. 概算指标项目表

单位工程概算指标应说明结构类型、层数、适用范围、结构构造特征、单位面积直接费指标（可附主要分项工程量指标）及主要材料消耗指标。

4.5.2 投资估算指标

1. 投资估算指标的概念

投资估算指标用于编制投资估算，往往以独立的单项工程或完整的工程项目为计算对象，其主要作用是为项目决策和投资控制提供依据。投资估算指标比其他各种计价定额具有更大的综合性和概括性。依据投资估算指标的综合程度可分为：建设项目指标、单项工程指标和单位工程指标。

建设项目投资指标有两种：一是工程总投资或总造价指标；二是以生产能力或其他计量单位为计算单位的综合投资指标。单项工程指标一般以生产能力等为计算单位，包括建筑安装工程费、设备及工器具购置以及应计入单项工程投资的其他费用。单位工程指标一般以 m²、m³、座等为单位。

估算指标应列出工程内容、结构特征等资料，以便应用时依据实际情况进行必要的调整。

2. 投资估算指标的编制

投资估算指标的编制一般分为三个阶段进行：

（1）收集整理资料阶段。收集整理已建成或正在建设的，符合现行技术政策和技术发展方向、有可能重复采用的、有代表性的工程设计施工图、标准设计以及相应的竣工决算或施工图预算资料等，这些资料是编制工作的基础，资料收集得越广泛，反映出的问题越多，编制工作考虑得越全面，就越有利于提高投资估算指标的实用性和覆盖面。同时，对调查收集到的资料要选择占投资比重大、相互关联多的项目进行认真的分析整理，由于已建成或正在建设的工程的设计意图、建设时间和地点、资料的基础等不同，相互之间的差异很大，需要去粗取精、去伪存真地加以整理，才能重复利用。将整理后的数据资料按项目划分栏目加以归类，按照编制年度的现行定额、费用标准和价格，调整成编制年度的造价水平及相互比例。

（2）平衡调整阶段。由于调查收集的资料来源不同，虽然经过一定的分析整理，但难免会由于设计方案、建设条件和建设时间上的差异带来的某些影响，使数据失准或漏项等，必须对有关资料进行综合平衡调整。

（3）测算审核阶段。测算是将新编的指标和选定工程的概（预）算在同一价格条件下进行比较，检验其“量差”的偏离程度是否在允许偏差的范围之内，如偏差过大，则要查找原因，进行修正，以保证指标的确切、实用。测算同时也是对指标编制质量进行的一次系统检查，应由专人进行，以保持测算口径的统一，在此基础上组织有关专业人员予以全面审核定稿。

第5章　土建工程工程量清单计价工作

5.1　工程量清单计价概述

5.1.1　工程量清单计价方式形成背景

长期以来，我国发承包计价、定价以工程预算定额作为主要依据。2001年，为了适应建设市场改革的要求，有些地方重新编制了工程预算定额，提出了“定额量、市场价、竞争费”或“控制量、指导价、竞争费”的指导思想，工程造价管理由静态管理模式逐步转变为动态管理模式。其中对工程预算定额改革的主要思路和原则是：将工程预算定额中的人工、材料、机械的消耗量和相应的单价分离，并分为实体性消耗和非实体性消耗。实体性消耗是指人、材、机的消耗量，它是国家根据有关规范、标准以及社会的平均水平来确定，控制消耗量目的就是保证工程质量。而非实体性消耗是企业自主报价，遵循指导价、竞争费的报价模式，就是要逐步走向市场，形成企业实体价格，这一改革在企业投标竞争中起到了积极的作用。但随着建设市场化的发展，这种报价模式仍然难以改变工程预算定额中国家指令性的情况，难以满足与国际接轨的要求。因为，控制消耗量反映的是社会平均消费水平，不能准确地反映各个企业的实际消耗量，不能全面地体现企业技术装备水平、管理水平和劳动生产率，不能充分体现市场公平竞争。

随着我国建设市场的快速发展，招标标投标制、合同制的逐步推行，以及加入世界贸易组织（WTO），与国际接轨等要求，工程造价计价依据改革不断深化。近几年，广东、吉林、天津等地相继开展了工程量清单计价的试点，在有些省市和行业的世界银行贷款项目也都实行国际通用的工程量清单投标报价，工程量清单计价做法得到各级工程造价管理部门和各有关方面的赞同，也得到了工程建设主管部门的认可。

为了适应我国建设工程管理体制改革以及建设市场发展的需要，规范建设工程各方的计价行为，进一步深化工程造价管理模式的改革，2003年2月17日，原建设部以第119号公告发布了国家标准《建设工程工程量清单计价规范》（GB 50500—2003）（以下简称“03规范”）。“03规范”的实施，为推行工程量清单计价，建立市场形成工程造价的机制奠定了基础。但是，“03规范”主要侧重于工程招标投标中的工程量清单计价，对工程合同签订、工程计量与价款支付、合同价款调整、索赔和竣工结算等方面缺乏相应的规定。为此，原建设部标准定额司从2006年开始，组织有关单位对“03规范”的正文部分进行了修订。2008年7月9日，住房和城乡建设部以第63号公告，发布了《建设工程工程量清单计价规范》（GB 50500—2008）（以下简称“08规范”）。“08规范”实施以来，对规范工程实施阶段的计价行为起到了良好的作用，但由于附录没有修订，还存在有待完善的地方。为了进一步适应建设市场的发展，需要借鉴国外经验，总结我国工程建设实践，进一步健全、完善计价规范。因此，2009年6月5日，标准定额司根据住房和城乡建设部《关于印发＜2009年工程建设标准规范制订、修订计划＞的通知》（建标函［2009］88号），发出《关于请承担＜建设工程工程量清单计价规范＞GB 50500—2008修订工作任务的函》（建标造函［2009］44号），组织有关单位全面开展“08规范”的修订工作。住房和城乡建设部标准定额研究所、四川省建设工程造价管理总站为主编单位，中国建设工程造价管理协会、四川省造价员协会、信息产业部电子工程标准定额站、电力工程造价与定额管理总站、铁路工程定额所、铁道第三勘察设计院集团有限公司、北京市建设工程造价管理处、广东省建设工程造价管理总站、浙江省建设工程造价管理总站、江苏省建设工程造价管理总站、中国工程爆破协会11个部门为参编单位。

在标准定额司的领导下，通过主编、参编单位团结协作、共同努力，按照编制工作进度安排，经过两年多的时间，于2012年6月完成了国家标准《建设工程工程量清单计价规范》（GB 50500—2013）（简称“13规范”）和《房屋建筑与装饰工程工程量计算规范》（GB 50854—2013）、《仿古建筑工程工程量计算规范》（GB 50855—2013）、《通用安装工程工程量计算规范》（GB 50856—2013）、《市政工程工程量计算规范》（GB 50857—2013）、《园林绿化工程工程量计算规范》（GB 50858—2013）、《矿山工程工程量计算规范》（GB 50859—2013）、《构筑物工程工程量计算规范》（GB 50860—2013）、《城市轨道交通工程工程量计算规范》（GB 50861—2013）、《爆破工程工程量计算规范》（GB 50862—2013）9本计量规范（简称“13计量规范”）的“报批稿”。经报批批准，圆满完成了修订任务。

5.1.2 工程量清单计价的目的和意义

（1）推行工程量清单计价是深化工程造价管理改革，推进建设市场化的重要途径。长期以来，工程预算定额是我国承发包计价、定价的主要依据。现预算定额中规定的消耗量和有关施工措施性费用是按社会平均水平编制的，以此为依据形成的工程造价基本上也属于社会平均价格。这种平均价格可作为市场竞争的参考价格，但不能反映参与竞争企业的实际消耗和技术管理水平，在一定程度上限制了企业的公平竞争。

20世纪90年代，国家提出了“控制量、指导价、竞争费”的改革措施，将工程预算定额中的人工、材料、机械消耗量和相应的量价分离，国家控制量以保证质量，价格逐步走向市场化，这一措施走出了向传统工程预算定额改革的第一步。但是，这种做法难以改变工程预算定额中国家指令性内容较多的状况，难以满足招标投标竞争定价和经评审的合理低价中标的要求。因为，国家定额的控制量是社会平均消耗量，不能反映企业的实际消耗量，不能全面体现企业的技术装备水平、管理水平和劳动生产率，不能体现公平竞争的原则，社会平均水平不能代表社会先进水平，改变以往的工程预算定额的计价模式，适应招标投标的需要，推行工程量清单计价办法是十分必要的。

工程量清单计价是建设工程招标投标中，按照国家统一的工程量清单计价规范，由招标人提供工程数量，投标人自主报价，经评审低价中标的工程造价计价模式。采用工程量清单计价能反映工程个别成本，有利于企业自主报价和公平竞争。

（2）在建设工程招标投标中实行工程量清单计价是规范建筑市场秩序的治本措施之一，适应社会主义市场经济的需要。工程造价是工程建设的核心，也是市场运行的核心内容，建筑市场存在着许多不规范的行为，大多数与工程造价有直接联系。建筑产品是商品，具有商品的共性，它受价值规律、货币流通规律和供求规律的支配。但是，建筑产品与一般的工业产品价格构成不一样，建筑产品具有某些特殊性。

1）它竣工后一般不在空间发生物理运动，可以直接移交用户，立即进入生产消费或生活消费，因而价格中不含商品使用价值运动发生的流通费用，即因生产过程在流通领域内继续进行而支付的商品包装运输费、保管费。

2）它是固定在某地方的。

3）由于施工人员和施工机具围绕着建设工程流动，因而，有的建设工程构成还包括施工企业远离基地的费用，甚至包括成建制转移到新的工地所增加的费用等。

建筑产品价格随建设时间和地点而变化，相同结构的建筑物在同一地段建造，施工的时间不同造价就不一样；同一时间、不同地段造价也不一样；即使时间和地段相同，施工方法、施工手段、管理水平不同工程造价也有所差别。所以说，建筑产品的价格，既有它的同一性，又有它的特殊性。

为了推动社会主义市场经济的发展，国家颁发了相应的有关法律，如《中华人民共和国价格法》第三条规定：我国实行并逐步完善宏观经济调控下主要由市场形成价格的机制。价格的制定应当符合价格规律，对多数商品和服务价格实行市场调节价，极少数商品和服务价格实行政府指导价或政府定价。市场调节价，是指经营者自主定价，通过市场竞争形成价格。中华人民共和国建设部第 107 号令《建设工程施工发包与承包计价管理办法》第五条规定：施工图预算、招标标底和投标报价由成本（直接费、间接费）、利润和税金构成。第七条规定：投标报价应依据企业定额和市场信息，并按国务院和省、自治区、直辖市人民政府建设行政主管部门发布的工程造价计价办法编制。建筑产品市场形成价格是社会主义市场经济的需要。过去工程预算定额在调节承发包双方利益和反映市场价格、需求方面存在着不相适应的地方，特别是公开、公正、公平竞争方面，还缺乏合理的机制，甚至出现了一些漏洞，高估冒算，相互串通，从中回扣。发挥市场规律“竞争”和“价格”的作用是治本之策。尽快建立和完善市场形成工程造价的机制，是当前规范建筑市场的需要。通过推行工程量清单计价有利于发挥企业自主报价的能力，同时也有利于规范业主在工程招标中计价行为，有效改变招标单位在招标中盲目压价的行为，从而真正体现公开、公平、公正的原则，反映市场经济规律。

（3）推行工程量清单计价是与国际接轨的需要。工程量清单计价是目前国际上通行的做法，一些发达国家和地区，如我国香港地区基本采用这种方法，在国内的世界银行等国外金融机构、政府机构贷款项目在招标中大多也采用工程量清单计价办法。随着我国加入世贸组织，国内建筑业面临着两大变化，一是中国市场将更具有活力，二是国内市场逐步国际化，竞争更加激烈。入世以后，一是外国建筑商要进入我国建筑市场开展竞争，他们必然要带进国际惯例、规范和做法来计算工程造价。二是国内建筑公司也同样要到国外市场竞争，也需要按国际惯例、规范和做法来计算工程造价。三是我国的国内工程方面，为了与国外建筑商在国内市场竞争，也要改变过去的做法，参照国际惯例、规范和做法来计算工程承发包价格。因此说，建筑产品的价格由市场形成是社会主义市场经济和适应国际惯例的需要。

（4）实行工程量清单计价，是促进建设市场有序竞争和企业健康发展的需要。工程量清单是招标文件的重要组成部分，由招标单位编制或委托有资质的工程造价咨询单位编制，工程量清单编制的准确、详尽、完整，有利于提高招标单位的管理水平，减少索赔事件的发生。由于工程量清单是公开的，有利于防止招标工程中弄虚作假、暗箱操作等不规范行为。投标单位通过对单位工程成本、利润进行分析，统筹考虑，精心选择施工方案，根据企业的定额合理确定人工、材料、机械等要素投入量的合理配置，优化组合，合理控制现场经费和施工技术措施费，在满足招标文件需要的前提下，合理确定自己的报价，让企业有自主报价权。改变了过去依赖建设行政主管部门发布的定额和规定的取费标准进行计价的模式，有利于提高劳动生产率，促进企业技术进步，节约投资和规范建设市场。采用工程量清单计价后，将使招标活动的透明度增加，在充分竞争的基础上降低了造价，提高了投资效益，且便于操作和推行，业主和承包商将都会接受这种计价模式。

（5）实行工程量清单计价，有利于我国工程造价政府职能的转变。按照政府部门真正履行起“经济调节、市场监督、社会管理和公共服务”的职能要求，政府对工程造价管理的模式要进行相应的改变，将推行政府宏观调控、企业自主报价、市场形成价格、社会全面监督的工程造价管理思路。实行工程量清单计价，将会有利于我国工程造价政府职能的转变，由过去的政府控制的指令性定额转变为制定适应市场经济规律需要的工程量清单计价方法，由过去的行政干预转变为对工程造价进行依法监管，有效地强化政府对工程造价的宏观调控。

5.1.3 工程量清单计价的法律依据

《建设工程工程量清单计价规范》（以下简称《计价规范》）是根据《中华人民共和国招标投标法》、建设部令第 107 号《建筑工程施工发包与承包计价管理办法》制定的。工程量清单计价活动是政策性、技术性很强的一项工作，它涉及国家的法律、法规和标准规范的范围比较广泛。所以，进行工程量清单计价活动时，除遵循《计价规范》外，还应符合国家有关法律、法规及标准规范的规定。主要包括：《建筑法》、《合同法》、《价格法》、《招标投标法》和建设部令第107号《建筑工程施工发包与承包计价管理办法》及直接涉及工程造价的工程质量、安全及环境保护等方面的工程建设强制性标准规范。执行《计价规范》必须同贯彻《建筑法》等法律法规结合起来。

为了保证工程量清单计价模式的顺利推行，必须大力完善法制环境，尽快建立承包商信誉体系。

我们知道，引入竞争机制后，招标投标必然演绎成低价竞标。《招标投标法》第四十一条规定，中标人的投标应当符合下列条件之一：

（1）能够最大限度地满足招标文件中规定的各项综合评价标准；

（2）能够满足招标文件的实质性要求，并且经评审的投标价格最低；但是投标价格低于成本的除外。

这其中对于条件（1），我们可以理解为以目前较为常用的定量综合评议法（如百分制评审法）评标定标，即评标小组在对投标文件进行评审时，按照招标文件中规定的各项评标标准，例如投标人的报价、质量、工期、施工组织设计、施工技术方案、经营业绩，以及社会信誉等方面进行综合评定，量化打分，以累计得分最高投标人为中标。而条件（2），则可以理解为以“合理最低评标价法”评标定标，它有以下几个方面的含义：

1）能够满足招标文件的实质性要求，这是投标中标的前提条件。

2）经过评审的投标价格为最低，这是评标定标的核心。

3）标价格应当处于不低于自身成本的合理范围之内，这是为了制止不正当的竞争、垄断和倾销的国际通行作法。目前有不少世界组织和国家采用合理最低评标价法。如联合国贸易法委员会采购示范法、欧盟理事会有关招标采购的指令、世界银行贷款采购指南、亚洲开发银行贷款采购准则，以及英国、意大利、瑞士、韩国的有关法律规定，招标方应选定“评标价最低”人中标。评标价最低人的投标不一定是投标报价最低的投标。评标价是一个以货币形式表现的衡量投标竞争力的定量指标。它除了考虑投标价格因素外，还综合考虑质量、工期、施工组织设计、企业信誉、业绩等因素，并将这些因素应尽可能地加以量化折算为一定的货币额，加权计算得到。所以可以认为“合理最低评标价法”是定量综合评议法与最低投标报价法相结合的一种方法。

在工程招标投标中实行“合理最低评标价法”，是体现与国际惯例接轨的重要方面。但目前对实行这一办法有许多担忧，并且这种担忧不无道理。关键是，这种低价如何在正常的生产条件下得到执行。否则，在交易中，业主获得了承包商的低价，而在执行中却得到的是劣质建筑产品，这就是事与愿违。因此，我们不仅要重视价格形成的交易阶段——招标投标阶段，各级工程造价管理部门更要重视合同履行阶段的价格监督。从广义范围上讲，合同履行阶段更要借助于业主对自己利益的保护，实施完善的建设监理制度，还要完善纠纷仲裁制，发挥各地仲裁委员会的作用，使报出低价，而又制造纠纷，试图以索赔赢利的施工企业得不到好处。另一方面，要实行严格的履约担保制，既要使违约的承包商受到及时的处罚，又要使任意拖欠工程款的业主得到处罚。当上述法制环境完善后，承包商就会约束自己的报价，不敢报出低于成本的价格，或者报出低于成本的价格也要承担下来。

建立承包商信誉体系也就是完善法制环境的辅助体系。可以编制一套完善的承包商信誉评级指标体系，为每个施工企业评定信誉等级，并在全国建立承包商信誉等级信息网。全国建设市场中任一个招标投标活动都可以在该网中查找到每个投标企业的履约信誉等级，从而为评标提供依据。这个承包商信誉等级网可以作为全国工程造价信息网中的辅助部分存在。

5.1.4 工程量清单计价的基本原理

工程量清单计价适用于建设工程发承包及实施阶段的计价活动。建设工程发承包及实施阶段的工程造价由分部分项工程费、措施项目费、其他项目费、规费和税金组成。

1. 工程量清单计价的基本原理

工程量清单计价是确定工程总价的活动。

工程量清单计价的基本原理可以描述为：按照工程量清单计价规范规定，在各相应专业工程计量规范规定的工程量清单项目设置和工程量计算规则基础上，针对具体工程的施工图纸和施工组织设计计算出各个清单项目的工程量，根据规定的方法计算出综合单价，利用综合单价计算清单项目各项费用，然后汇总得到工程总造价，即：

（1）分部分项工程费＝$\sum$分部分项工程量×分部分项工程综合单价

（2）措施项目费＝$\sum$单价措施项目工程量×措施项目综合单价＋$\sum$总价项目措施费

（3）其他项目费＝暂列金属＋专业工程暂估价＋计日工＋总承包服务费

（4）单位工程报价＝分部分项工程费＋措施项目费＋其他项目费＋规费＋税金

（5）单项工程报价＝$\sum$单位工程报价

（6）工程总造价＝$\sum$单项工程报价

2. 工程量清单计价的过程

工程量清单计价的过程可以描述为：在统一的工程量计算规则的基础上，设置工程量清单项目名称，根据具体工程的施工图纸计算出各个清单项目的工程量，再根据各种渠道所获得的工程造价信息和经验数据进行计算得到工程造价。

从工程量清单计价过程中可以看出，其编制过程可以分为两个阶段：工程量清单的编制阶段和利用工程量清单投标报价阶段。投标报价是在业主提供的工程量清单的基础上，企业根据自身所掌握的各种信息、资料，结合企业定额进行报价。

3. 工程量清单计价的计算原理

（1）计算分部分项工程费用。计算公式如下：

$$分部分项工程费用 = \sum(分部分项工程量清单数量 \times 分部分项工程综合单价)$$

式中，分部分项工程综合单价是由人工费、材料费、机械费、管理费、利润等组成，并考虑风险费用。

（2）计算措施项目费用。计算公式如下：

$$措施项目费 = \sum(措施项目工程量 \times 措施项目综合单价)$$

式中：措施项目包括通用措施项目和与其相对应的单位工程的专用措施项目，措施项目综合单价的构成与分部分项工程综合单价的构成类似。

（3）计算其他项目费用。其他项目费按招标文件规定计算。

（4）规费。规费是指按国家或省、自治区、直辖市人民政府规定，允许计入工程造价的各项税费总和。主要包括工程排污费、工程定额测定费、社会保障费（养老保险费、失业保险费、医疗保险费）、住房公积金和危险作业意外伤害保险 5 项费用。

（5）税金。税金是指国家税法规定的应计入工程造价的营业税、城乡维护建设税及教育费附加等。

（6）计算单位工程造价。计算公式如下：

$$单位工程造价 = 分部分项工程费 + 措施项目费 + 其他项目费 + 规费 + 税金$$

（7）计算单项工程造价。计算公式如下：

$$单项工程造价 = \sum 单位工程造价$$

（8）计算建设项目总造价。计算公式如下：

$$建设项目总造价 = \sum 单项工程费$$

4. 综合单价的组价方法

根据清单计价规范规定，工程量清单计价应采用综合单价计价，其中在工程量清单计价中，分部分项工程、措施项目、其他项目计价的核心是确定其综合单价。

综合单价是指完成一个规定清单项目所需的人工费、材料费和工程设备费、施工机具使用费和企业管理费、利润及一定范围内的风险费用。

综合单价中的“综合”包含两层含义：一是包含所完成清单项目所需的全部工作内容；二是包含完成单位清单项目所需的各种费用。此处的综合单价是一种狭义上的综合单价，并不是真正意义上的全费用综合单价，规费和税金等不可竞争的费用并不包括在项目单价中。

综合单价的组价可采用两种方法，即总量法和含量法。

（1）总量法确定综合单价

1）确定完成清单项目的工作内容。

根据工程量清单项目的项目特征、项目的实际情况和施工方案、施工工艺，参照工程量计算规范，确定完成清单项目所需要的全部工作内容。

2）计算工作内容的施工工程量。

根据一定的计算规则，计算清单项目所含的工作内容的施工工程量。

3）选择各要素的单价。

根据市场价格信息（考虑一定的风险）或参照造价管理机构发布的信息价，确定人工、材料、工程设备、施工机具等要素的单价。

4）工作内容的人、材、机费用的确定：

计算清单项目所含工作内容的人工、材料、机具台班费用。计算方法如下：

工作内容的人工费= $\sum$ 工作内容施工工程量×人工消耗量标准×人工单价

工作内容的材料费= $\sum$ 工作内容施工工程量×材料消耗量标准×材料单价

工作内容的机具费= $\sum$ 工作内容施工工程量×机具台班消耗量标准×机具台班单价

5）计算清单项目的人、材、机费用合计。

清单项目的人、材、机费用合计= $\sum$ 工作内容的人工费、材料费、机具费

6）确定管理费率和税率及计算方法：

① 建筑工程：管理费=工程量清单项目人、材、机费用×管理费率

利润 = 工程量清单项目人、材、机费用 × 管理费率

② 装饰工程：管理费=工程量清单项目人、材、机费用中的人工费×管理费率

利润 = 工程量清单项目人、材、机费用中的人工费 × 利润率

7）确定综合单价。

清单项目综合单价 =清单项目人、材、机、管理和利润合计 / 清单工程量

（2）含量法确定综合单价

1）确定完成清单项目的工作内容。

根据工程量清单项目的项目特征、项目的实际情况和施工方案、施工工艺参照工程量计算规范，确定完成清单项目所需要的全部工作内容。

2）计算工作内容的施工工程量。

根据计价定额的计算规则，计算清单项目所包含的工作内容的施工工程量。

3）计算单位含量。

计算单位清单项目所包含的工作内容的施工工程量。计算

方法如下：

清单项目单位含量＝计算的工作内容的施工工程量/该清单项目的工程量

4）选择各要素的单价。

根据市场价格信息（考虑一定的风险）或参照造价管理机构发布的信息价，确定人工、材料、工程设备、施工机具等要素的单价。

5）工作内容的人、材、机费用的确定。

计算清单项目每计量单位所含工作内容的人工、材料、机具台班费用。计算方法如下：

工作内容的人工费＝$\sum$工作内容单位含量×人工消耗量标准×人工单价

工作内容的材料费＝$\sum$工作内容单位含量×材料消耗量标准×材料单价

工作内容的机具费＝$\sum$工作内容单位含量×机具台班消耗量标准×机具台班单价

6）清单项目的人、材、机费用的确定。

计算工程量清单项目每计量单位人工、材料、工程设备、施工机具费用。

工程量清单项目人、材、机费用＝$\sum$工作内容的人、材、机费用

7）确定管理费及利润率。

参照造价管理部门发布的有关费用取费标准，确定管理费率和利润率。

8）计算综合单价。

清单项目综合单价＝工程量清单项目人、材、机费用＋管理费＋利润

5. 工程量清单计价的基本依据

通过工程量清单计价可以确定工程总价。工程量清单计价的编制依据包括：

（1）招标工程量清单。招标人随招标文件发布的工程量清单，是承包商投标报价的重要依据。承包商在计价时需全面了解清单项目特征及其所包含的工程内容，才能做到准确计价。

（2）招标文件。招标文件中具体规定了承发包工程范围、内容、期限、工程材料及设备采购供应办法，只有在计价时按规定进行，才能保证计价的有效性。

（3）施工图。清单工程量是分部分项工程量清单项目的主项工程量，不一定反映全部工程内容，所以承包商在投标报价时，需要根据施工图和施工方案计算报价工程量（计价工程量）。因而，施工图也是编制工程量清单报价的重要依据。

（4）施工组织设计。施工组织设计或施工方案是施工单位针对具体工程编制的施工作业指导性文件，其中对施工技术措施、安全措施、施工机械配置、是否增加辅助项目等进行的详细设计，在计价过程中应予以重视。

（5）消耗量定额。消耗量定额有两种：一种是由建设行政主管部门发布的社会平均消耗量定额，如预算定额；另一种是反映企业平均先进水平的消耗量定额，即企业定额。企业定额是确定人工、材料、机械台班消耗量的主要依据。

（6）综合单价。从单位工程造价的构成分析，不管是招标控制价的计价，还是投标报价的计价，还是其他环节的计价，只要采用工程量清单方式计价，都是以单位工程为对象进行计价的。单位工程造价是由分部分项工程费、措施项目费、其他项目费、规费和税金组成，而综合单价是计算以上费用的关键。

（7）《建设工程工程量清单计价规范》（GB 50500—2013）。

5.1.5 工程量清单计价模式与定额计价模式

工程量清单计价是一些发达国家和地区，以及世界银行、亚洲开发银行等金融机构国内贷款项目在招标投标中普遍采用的计价模式。随着我国加入 WTO，对工程造价管理而言，所受到的最大冲击将是工程价格的形成体系。从国内各地区差异性很大的状态，一下子纳入了全球统一的大市场，这一变化使过去的工程价格形成机制面临严峻挑战，迫使我们不得不引进并遵循工程造价管理的国际惯例，即由原来的投标单位根据图纸自编工程量清单进行报价改由招标单位提供工程量清单（工程实物量）给投标单位报价，既顺应了国际通用的竞争性招标投标方式，又较好地解决了“政府管理与激励市场竞争机制”二者的矛盾。

1. 两种计价模式的含义

工程估价的核心是确定单位工程造价，其确定方法大体可分为两大体系：一是根据大量已完类似工程的技术经济和造价资料、当时当地的市场价格和供需情况、工程具体情况、设计资料和图纸等，在充分应用估价人员的经验和技巧的基础上，进行类比和适当调整，估算出工程造价，英、美等国家采用；二是在计算出工程量后，依据工程具体情况、设计资料和图纸等，套用国家或地区有关部门组织制定和发布各种估算指标、概算定额、预算定额，按照有关规定计取费用，最后估算出工程造价，称为定额计价模式，过去我国及东欧一些国家采用。目前，我国在建筑工程施工发包与承包计价管理方面已与国际接轨，实行量价分离，建立了以工程定额为指导的工程量清单计价模式，通过市场竞争形成工程造价的计价模式。

工程量清单计价是国际上通用的一种计价模式，推行工程量清单计价是适应我国工程投资体制和建设项目管理体制改革的需要，是深化我国工程造价管理改革的一项重要工作。

工程量清单计价是指在建设工程招标投标过程中，招标人按照《建设工程工程量清单计价规范》（GB 50500—2013）各专业统一的工程量计算规则提供招标工程量清单，投标人依据招标工程量清单、拟建工程的施工方案，结合自身实际情况并考虑风险因素，确定工程项目各部分的单价，进而确定工程总价的过程或活动。

工程量清单计价是国际上普遍采用的工程招标方式，是一个广义的概念，它包括招标人的招标控制价和投标人的投标报价。

2. 工程量清单计价模式与定额计价模式的差别

两种计价模式的差别见表 5-1。

工程量清单计价模式与定额计价模式的差别　　表 5-1

比较内容	工程量清单计价模式	定额计价模式
项目设置	工程量清单项目的设置是以一个“综合实体”考虑的，一般而言，一个清单项目包括若干个定额项目工程内容	定额计价法采用的定额项目，其工程内容一般是单一的，是按施工工序、工艺进行设置的
定价原则	按《计价规范》的要求，由施工企业自主报价，市场决定价格，反映的是市场价格	按工程造价管理机构发布的有关规定及定额基价进行计价，反映的是计价价格
计价价款构成	采用工程量清单计价时，一个单位工程的造价包括完成招标工程量清单项目所需的全部费用，即包括分部分项工程费、措施项目费、其他项目费、规费和税金	采用定额计价法计价时，一个单位工程的造价包括直接费、间接费、利润和税金
单价构成	工程量清单计价采用综合单价。综合单价包括人工费、材料费、机械费、企业管理费和利润，且各项费用均由投标人根据企业自身情况并考虑一定风险因素费用自行编制。综合单价依据市场自主报价，反映了企业自身的管理水平和技术水平	定额计价采用定额子目基价，定额子目基价只包含定额编制时期完成定额分部分项工程项目所需的人工费、材料费、机械费，并不包含利润和各种风险因素影响的费用。定额基价没有反映企业的真正水平
价差调整	按工程承、发包双方约定的价格直接计算，除招标文件规定外，不存在价差调整的问题	按工程承、发包双方约定的价格与定额价调整价差
计价过程	招标方必须设置清单项目并计算其清单工程量，同时对清单项目的特征必须清晰、完整地描述，以便投标人报价，所以清单计价模式由两个阶段组成：一是招标方编制工程量清单；二是投标方根据招标工程量清单报价	招标方只负责编写招标文件，不设置工程项目内容，也不计算工程量。工程计价时的分部分项工程子目和相应的工程量是由投标方根据设计文件和招标文件确定的。项目设置、工程量计算、工程计价等工作都在一个阶段（即投标阶段）内完成

续表

比较内容	工程量清单计价模式	定额计价模式
人工、材料、机械消耗量	工程量清单计价时的人工、材料、机械台班消耗量是由投标方根据企业自身情况采用企业定额确定的。这个定额标准是按企业个别水平编制的，它真正反映企业的个别成本	定额计价中的人工、材料、机械台班消耗量是采用地区或待业定额确定的。这个定额标准是按社会平均水平编制的，反映的是社会平均成本
工程量计算规则	按清单工程量计算规则，计算所得的工程量只包括图示尺寸净量，而措施增量和损耗量由投标人在报价时考虑在综合单价中	按定额工程量计算规则，计算所得的工程量一般包含图示尺寸净量、措施增量和损耗量三项
计价方法	清单计价模式下，一个项目可能由一个或多个子项组成，相应的，一个清单实体项目综合单价的计价往往要计算多个子项才能完成其组价，即每一个清单项目组合计价	按施工顺序，将不同的分项工程的工程量计算出来，然后选套定额单价，每一个分项工程独立计价
价格表现形式	清单计价时采用的综合单价是一个相对完全的单价，是投标报价、评标、结算的重要依据	定额计价时采用的定额单价是一个不完全单价，并不具有单独存在的意义
适用范围	全部使用国有资金投资的工程建设项目，必须采用工程量清单计价	非国有资金投资的工程项目可以采用定额计价
工程风险	招标人负责编制工程量清单，所以工程量错误风险由招标人承担；投标人自主报价，所以报价风险由投标人承担	定额工程量由投标人确定，所以采用定额计价时投标人不但承担工程量计算错误风险，而且还承担报价风险

5.1.6 工程量清单计价的主要内容

《计价规范》的工程量清单计价活动是指建设工程发承包及实施阶段的计价活动。

工程量清单计价活动涵盖施工招标、合同管理，以及竣工交付全过程，主要包括：编制招标工程量清单、招标控制价、投标报价，确定合同价，进行工程计量与价款支付、合同价款的调整、工程结算和工程计价纠纷处理等活动（见图 5-1）。

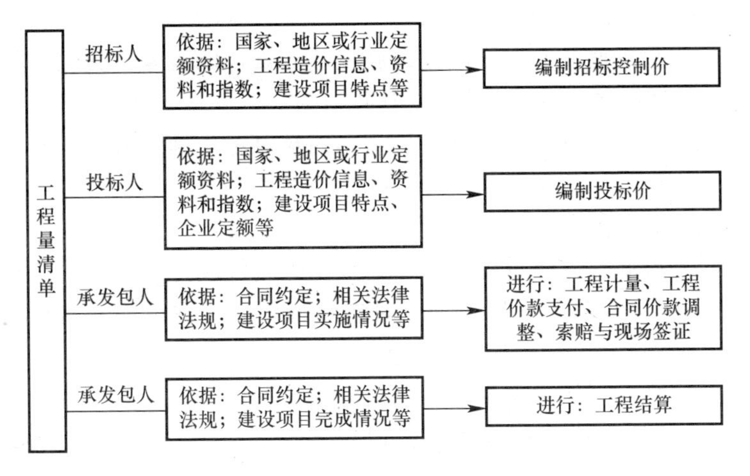

图 5-1　工程量清单计价的主要内容

1. 招标控制价

《招标投标法实施条例》规定，招标人可以自行决定是否编制标底，一个招标项目只能有一个标底，标底必须保密。同时规定，招标人设有最高投标限价的，应当在招标文件中明确最高投标限价或者最高投标限价的计算方法，招标人不得规定最低投标限价。招标控制价是指根据国家或省级建设行政主管部门颁发的有关计价依据和办法，依据拟订的招标文件和招标工程量清单，结合工程具体情况发布的招标工程的最高投标限价。根据住房和城乡建设部颁布的《建筑工程施工发包与承包计价管理办法》（住房和城乡建设部令第 16 号）的规定，国有资金投资的建筑工程招标的，应当设有最高投标限价；非国有资金投资的建筑工程招标的，可以设有最高投标限价或者招标标底。

（1）招标控制价与标底的关系

招标控制价是推行工程量清单计价过程中对传统标底概念的性质进行界定后所设置的专业术语，它使招标时评标定价在管理方式上发生了很大的变化。设标底招标、无标底招标以及招标控制价招标的利弊分析如下：

1）设标底招标。

① 设标底时易发生泄露标底及暗箱操作的现象，失去招标的公平公正性，容易诱发违法违规行为。

② 编制的标底价是预期价格，因较难考虑施工方案、技术措施对造价的影响，容易与市场造价水平脱节，不利于引导投标人理性竞争。

③ 标底在评标过程的特殊地位使标底价成为左右工程造价的杠杆，不合理的标底会使合理的投标报价在评标中显得不合理，有可能成为地方或行业保护的手段。

④ 将标底作为衡量投标人报价的基准，导致投标人尽力地去迎合标底，往往招标投标过程反映的不是投标人实力的竞争，而是投标人编制预算文件能力的竞争，或者各种合法或非法的“投标策略”的竞争。

2）无标底招标。

① 容易出现围标串标现象，各投标人哄抬价格，给招标人带来投资失控的风险。

② 容易出现低价中标后偷工减料，以牺牲工程质量来降低工程成本，或产生先低价中标后高额索赔等不良后果。

③ 评标时，招标人对投标人的报价没有参考依据和评判基准。

3）招标控制价招标。

① 采用招标控制价招标的优点：a. 可有效控制投资，防止恶性哄抬报价带来的投资风险；b. 提高了透明度，避免了暗箱操作、寻租等违法活动的产生；c. 可使各投标人自主报价、公平竞争，符合市场规律。投标人自主报价，不受标底的左右；d. 既设置了控制上限，又尽量减少了业主依赖评标基准价的影响。

② 采用招标控制价招标也可能出现如下问题：

a. 若“最高限价”大大高于市场平均价时，就预示中标后利润很丰厚，只要投标不超过公布的限额都是有效投标，从而可能诱导投标人串标、围标。

b. 若公布的最高限价远远低于市场平均价，就会影响招标效率。即可能出现只有1～2人投标或出现无人投标情况，因为按此限额投标将无利可图，超出此限额投标又成为无效投标，结果使招标人不得不修改招标控制价进行二次招标。

（2）招标控制价的一般规定

1）国有资金投资的建设工程招标，招标人必须编制招标控制价。

我国对国有资金投资项目的投资控制实行的是投资概算审批制度，国有资金投资的工程原则上不能超过批准的投资概算。

国有资金投资的工程实行工程量清单招标，为了客观、合理地评审投标报价和避免哄抬标价，避免造成国有资产流失，招标人必须编制招标控制价，规定最高投标限价。

2）招标控制价应由具有编制能力的招标人或受其委托具有相应资质的工程造价咨询人编制和复核。

3）工程造价咨询人接受招标人委托编制招标控制价，不得再就同一工程接受投标人委托编制投标报价。

4）招标控制价应按照本规范的相关规定编制，不应上浮或下调。

5）当招标控制价超过批准的概算时，招标人应将其报原概算审批部门审核。

6）招标人应在招标人发布招标文件时公布招标控制价，同时应将招标控制价及有关资料报送工程所在地或有该工程管辖权的行业管理部门工程造价管理机构备查。

招标控制价的作用决定了招标控制价不同于标底，无需保密。为体现招标的公平、公正性，防止招标人有意抬高或压低工程造价，招标人应在招标文件中如实公布招标控制价。

（3）招标控制价的编制依据

招标控制价的编制依据是指在编制招标控制价时需要进行

工程量计量、价格确认、工程计价的有关参数、率值的确定等工作时所需的基础性资料，主要包括：

1）现行国家标准《建设工程工程量清单计价规范》（GB 50500—2013）与专业工程工程计量规范。

2）国家或省级、行业建设主管部门颁发的计价定额和计价办法。

3）建设工程设计文件及相关资料。

4）拟定的招标文件及招标工程量清单。

5）与建设项目相关的标准、规范、技术资料。

6）施工现场情况、工程特点及常规施工方案。

7）工程造价管理机构发布的工程造价信息；工程造价信息没有发布的，参照市场价。

8）其他的相关资料。

（4）招标控制价的编制程序

根据《建筑安装工程费用项目组成》（建标［2013］44 号）规定：建筑安装工程费用项目按工程造价形成划分为分部分项工程费、措施项目费、其他项目费、规费、税金。招标控制价的编制程序按照相应的内容依序展开。

根据中国建设工程造价管理协会组织有关单位编制的《建设工程招标控制价编审规程》（中价协［2011］013 号）的规定：招标控制价编制人员工作的基本程序应包括编制前准备、收集编制资料、编制招标控制价、整理招标控制价文件相关资料、编制招标控制价成果文件，如图 5-2 所示。

（5）招标控制价的编制内容

招标控制价的编制内容包括分部分项工程费、措施项目费、其他项目费、规费和税金，各个部分有不同的计价要求：

1）分部分项工程费的编制要求：

① 分部分项工程费应根据招标文件中的分部分项工程量清单及有关要求，按《建设工程工程量清单计价规范》（GB 50500—2013）有关规定确定综合单价计价。

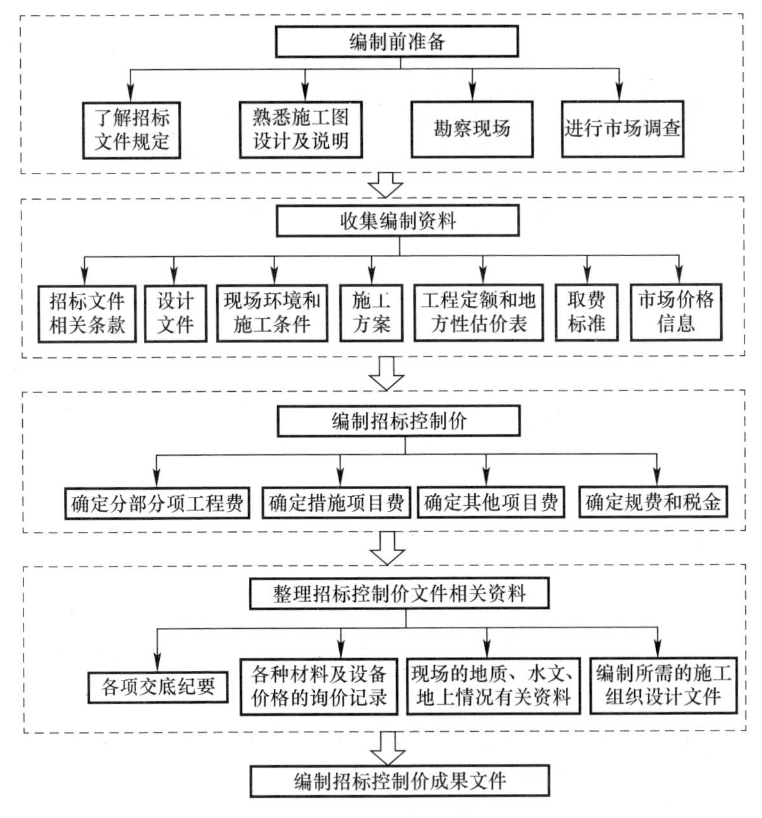

图 5-2 招标控制价编制程序

② 工程量依据招标文件中提供的分部分项工程量清单确定。

③ 招标文件提供了暂估单价的材料，应按暂估的单价计入综合单价。

④ 为使招标控制价与投标报价所包含的内容一致，综合单价中应包括招标文件中要求投标人所承担的风险内容及其范围（幅度）产生的风险费用。

2）措施项目费的编制要求：

① 措施项目费中的安全文明施工费，应当按照国家或省级、行业建设主管部门的规定标准计价，该部分不得作为竞争性

费用。

② 措施项目中的单价项目，应根据拟定的招标文件和招标工程量清单项目中的特征描述及有关要求确定综合单价计算。

③ 措施项目中的总价项目，应根据拟定的招标文件和常规施工方案按照国家或省级、行业建设主管部门的规定计算。

3）其他项目费的编制。

其他项目应按下列规定计价。

① 暂列金额。暂列金额应按招标工程量清单中列出的金额填写。招标工程量清单中列出的金额可根据工程的复杂程度、设计深度、工程环境条件（包括地质、水文、气候等）进行估算。一般可按分部分项工程费的10%～15%为参考。

② 暂估价。暂估价中的材料、工程设备单价应按招标工程量清单中列出的单价计入综合单价，不再计入其他项目费。暂估价中的材料应按照工程造价管理机构发布的工程造价信息或参考市场价格确定。

③ 暂估价中的专业工程金额应按招标工程量清单中列出的金额填写。

④ 计日工。招标人应按招标工程量清单中所列出的项目根据工程特点和有关计价依据确定综合单价计算。

⑤ 总承包服务费。招标人应根据招标工程量清单列出的内容和向承包人提出的要求参照下列标准计算：

a. 招标人仅要求对分包的专业工程进行总承包管理和协调时，按分包的专业工程估算造价的1.5%计算。

b. 招标人要求对分包的专业工程进行总承包管理和协调并同时要求提供配合服务费时，根据招标文件中列出的配合服务内容和提出的要求按分包的专业工程估算造价的3%～5%计算。

c. 招标人自行供应材料的，按招标人供应材料价值的1%计算。

4）规费和税金的编制。

规费和税金应按国家或省级、行业建设主管部门的规定计算，不得作为竞争性费用。

（6）编制招标控制价时应注意的问题

1）采用的材料价格应是工程造价管理机构通过工程造价信息发布的材料价格，工程造价信息未发布材料单价的材料，其材料价格应通过市场调查确定。另外，未采用工程造价管理机构发布的工程造价信息时，需在招标文件或答疑补充文件中对招标控制价采用的与造价信息不一致的市场价格予以说明，采用的市场价格则应通过调查、分析确定，有可靠的信息来源。

2）施工机械设备的选型直接关系到综合单价水平，应根据工程项目特点和施工条件，本着经济实用、先进高效的原则确定。

3）应该正确、全面地使用行业和地方的计价定额与相关文件。

4）不可竞争的措施项目和规费、税金等费用的计算均属于强制性的条款，编制招标控制价时应按国家有关规定计算。

5）不同工程项目、不同施工单位会有不同的施工组织方法，所发生的措施费也会有所不同，因此，对于竞争性的措施费用的确定，招标人应首先编制常规的施工组织设计或施工方案，然后经专家论证确认后，再合理确定措施项目与费用。

（7）招标控制价编制中存在的问题

1）招标工程量清单的准确性和完整性不足。

招标工程量清单必须作为招标文件的组成部分，是发承包及实施阶段重要的基础文件，其准确性和完整性由招标人负责，编制质量的好坏直接影响项目造价的有效控制。清单项目的特征描述是定额列项的重要依据，如果项目特征描述有问题，则投标人无法准确理解工程量清单项目的构成要素，导致投标报价出现偏差、评标时难以合理地评定中标价，结算时易引起发承包双方争议。最常见的质量问题是清单子目列项存在漏项或重项和工程量计算错误，清单项目特征描述不具体，特征不清、界限不明，达不到综合单价的组价要求。

2）与招标文件的关联度和契合度不高。

编制招标控制价时，往往不考虑招标文件中有关合同条款对工程造价的影响，存在招标文件与招标控制价相脱节的现象，合同条件对工程造价的影响并没有很好地体现出来，以至于投标人考虑也不充分，造成项目实施阶段的造价纠纷。比如，综合单价中并没有充分考虑一定范围内的风险费用，没有合理地体现工期提前、质量标准、环境保护要求、进度款的支付条件及比例对工程造价的影响等，但是在项目实施过程中，合同条件中的上述内容往往会对工程成本产生重要影响。

3）未充分体现项目环境对造价的影响。

施工现场的水文、地质、气候环境资料，以及交通运输条件、资源供应情况等外部社会市场环境都会对工程造价产生重要影响。比如，某火车站项目采用钻孔灌注桩，由于项目处于以前的露天垃圾填埋场，没有充分考虑地质情况对合理材料消耗量的影响，按照常规土质来考虑，但是实际的混凝土消耗量要比定额的消耗量高出60%，导致施工企业在该分部分项工程上受到了巨额损失。措施项目费的计算依赖于采用的施工方案和施工组织设计，而不同的施工方案和施工组织设计之间的所需工程成本又存在较大的差别。如深基坑工程的支护形式以及降水工程的工期等，都会对工程措施费用产生重要影响。只有充分考虑项目环境、采用科学的施工方案和合理的施工组织设计，才能编制出科学、合理的招标控制价。所以，编制招标控制价时，应对采用的施工方案和施工组织设计进行合理化论证。

4）过度依赖消耗量定额和造价管理部门信息价格。

计量规范中给出的工程量清单项目具有滞后性、项目特征描述也仅仅列出了影响综合单价的常规内容，社会信息价格也存在不完备、价格偏离市场等问题。长期以来，编制工程造价过度依赖消耗量定额和社会信息价格，使招标控制价不能充分体现市场经济的特征：随着科学技术的不断发展和劳动生产率水平的不断提高，工程建设中“四新技术”的不断涌现，发包方的个性化要求与采用传统定额的矛盾日益突出，新清单计价规范也重视个性化的合同条件对工程造价的影响，比如，承包人作为招标人组织给定暂估价的专业工程发包的，组织招标工作有关的费用。

(8) 招标控制价的投诉与处理

在工程招标投标过程中，若投标人对招标控制价的编制有质疑时，应按下列规定办理。

1) 投标人经复核认为招标人公布的招标控制价未按照13版《清单计价规范》的规定进行编制的，应当在招标控制价公布后5天内向招标投标监督机构和工程造价管理机构投诉。

2) 投诉人投诉时，应当提交由单位盖章和法定代表人或其委托人的签名或盖章的书面投诉书。投诉书应包括以下内容：

① 投诉人与被投诉人的名称、地址及有效联系方式；

② 投诉的招标工程名称、具体事项及理由；

③ 投诉依据及有关证明材料；

④ 相关请求及主张。

3) 投诉人不得虚假、恶意投诉，阻碍招标投标活动的正常进行。

4) 工程造价管理机构在接到投诉书后应在2个工作日内进行审查。对有下列情况之一的，不予受理：

① 投诉人不是所投诉招标工程招标文件的收受人；

② 投诉书提交的时间不符合相应规定的；

③ 投诉书内容不符合相关内容规定的；

④ 投诉事项已进入行政复议或行政诉讼程序的。

5) 工程造价管理机构应在不迟于结束审查的次日将是否受理投诉的决定书面通知投诉人、被投诉人及负责该工程招投标监督的招标投标管理机构。

6) 工程造价管理机构受理投诉后，应立即对招标控制价进行复查，组织投诉人、被投诉人或其委托的招标控制价编制人等单位人员对投诉问题逐一核对。有关当事人应当予以配合，并保证所提供资料的真实性。

7）工程造价管理机构应当在受理投诉的10天内完成复查，特殊情况下可适当延长，并作出书面结论通知投诉人、被投诉人及负责该工程招标投标监督的招标投标管理机构。

8）当招标控制价复查结论与原公布的招标控制价偏差大于±3%时，应当责成招标人改正。

9）招标人根据招标控制价复查结论需要重新公布招标控制价的，其最终公布的时间至招标文件要求提交投标文件截止时间不足15天的，应当延长投标文件的截止时间。

2. 投标价

投标价是在工程招标发包过程中，由投标人按照招标文件的要求，根据工程特点，并结合自身的施工技术，根据有关计价规定自主确定的工程造价，是投标人希望达成工程承包交易的期望价格，它不能高于招标人设定的招标控制价。作为投标计算的必要条件，应预先确定施工方案和施工进度。此外，投标价计算还必须与采用的合同形式相协调。报价是投标的关键性工作，报价是否合理直接关系到投标的成败。

（1）投标报价的准备工作

1）资料收集。

在决定投标之后，首先要收集相关资料，作为报价的工具，投标人需要收集《建设工程工程量清单计价规范》（GB 50500—2013）中所规定投标报价编制依据的相关资料，除此之外还应掌握：合同条件，尤其是有关工期、支付条件、外汇比例的规定；当地生活物资价格水平以及其他的相关资料。

2）初步研究。

在资料收集完成后，要对各种资料认真研究，特别是《建设工程工程量清单计价规范》（GB 50500—2013）、招标文件、技术规范、图样等重点内容进行分析，为投标报价的编制做准备。主要从以下几个方面进行研究：

① 熟悉相关计价文件。熟悉《建设工程工程量清单计价规范》（GB 50500—2013）、当地消耗量定额、企业消耗量及相关计价文件、规定等。根据当地消耗量定额和企业定额的计算规则，结合《建设工程工程量清单计价规范》（CB 50500—2013）的计算规则，对需要重新计算的定额工程量进行重新计算。

② 熟悉招标文件。招标文件反映了招标人对投标的要求，熟悉招标文件有助于全面了解承包人在合同条件中约定的权利和义务，对业主提出的条件应加以分析，以便在投标报价中进行考虑，对有疑问的事项应及时提出。

③ 技术标准和要求分析。工程技术标准是按工程类型来描述工程技术和工艺内容特点，对设备、材料、施工和安装方法等所规定的技术要求，有的是对工程质量进行检验、试验和验收所规定的方法和要求。它们与工程量清单中各子项工作密不可分，报价人员应在准确理解招标人要求的基础上对有关工程内容进行报价。任何忽视技术标准的报价都是不完整、不可靠的，有时可能导致工程承包重大失误和亏损。

④ 图纸分析。图纸是确定工程范围、内容和技术要求的重要文件，也是投标人确定施工方法等施工计划的主要依据。

图纸的详细程度取决于招标人提供的施工图设计所达到的深度和所采用的合同形式。详细的设计图纸可使投标人比较准确地估价，而不够详细的图纸则需要估价人员采用综合估价方法，其结果一般不很精确。

⑤ 合同条款分析。主要包括承包商的任务、工作范围和责任，工程变更及相应的合同价款调整，付款方式、时间，施工工期，业主责任等。

⑥ 对相关专业工程应要求专业公司进行报价，并签订意向合作协议，协助承包人进行投标报价工作。

⑦ 收集同类工程成本指标，为最后投标报价的确定提供决策依据。

3）现场踏勘。

招标人在招标文件中一般会明确进行工程现场踏勘的时间和地点。投标人主要应对以下方面进行调查：

① 自然地理条件。工程所在地的地理位置、地形、地貌、用地范围等；气象、水文地质情况，包括气温、湿度、降雨量等；地质情况，包括地质构造及特征、承载能力等；地震、洪水及其他自然灾害情况。

② 施工条件。工程现场周围的道路、进出场条件、交通限制情况；工程现场施工临时设施、大型施工机具、材料堆放场地安排情况；工程现场邻近建筑物与招标工程的间距、结构形式、基础埋深、新旧程度、高度；市政给水排水管线位置、管径、压力，废水、污水处理方式，市政、消防供水管道管径、压力、位置等；现场供电方式、方位、距离、电压等；工程现场通信线路的连接和铺设；当地政府有关部门对施工现场管理的一般要求、特殊要求及规定等。

③ 其他条件。主要包括各种构件、半成品及商品混凝土的供应能力和价格，以及现场附近的生活设施、治安情况等。

4）复核工程量。

在实行工程量清单计价的建设工程中，工程量清单应作为招标文件的组成部分，由招标人提供。工程量的多少是投标报价最直接的依据。复核工程量的准确程度，将影响承包商的经营行为：一是根据复核后的工程量与招标文件提供的工程量之间的差距，而考虑相应的投标策略，决定报价尺度；二是根据工程量的大小采取合适的施工方法，选择适用、经济的施工机具设备、投入使用的劳动力数量等，从而影响到投标人的询价过程。

复核工程量主要从以下方面进行：

① 认真根据招标文件、设计文件、图样等资料，复核工程量清单，要避免漏算或重算。

② 在复核工程量的过程中，针对工程量清单中工程量的遗漏或错误，不可以擅自修改工程量清单，可以向招标人提出，由招标人审查后统一修改，并把修改情况通知所有投标人；或

运用一些报价的技巧提高报价质量，利用存在的问题争取在中标后能获得更大的收益。

③ 在核算完全部工程量清单中的细目后，投标人应按大项分类汇总主要工程总量，以便获得对整个工程施工规模的整体概念，并据此研究采用合适的施工方法、适当的施工设备，并准确地确定订货及采购物资的数量，防止由于超量或少购等带来的浪费、积压或停工待料。

5）编制施工组织设计。

施工组织设计的编制主要依据：招标文件中的相关要求，设计文件中的图纸及相关说明，现场踏勘资料，有关定额，现行有关技术标准、施工规范或规则等。

工程施工组织设计的编制程序如下：

① 计算工程量。根据概算指标或类似工程计算，不需要很高的精确度，对主要项目加以计算即可，如土石方、混凝土等。

② 拟定施工总方案。施工方案仅对重大问题作出原则规定即可，不需考虑施工步骤，主要包括：施工方法，施工机械设备的选择，科学的施工组织，合理的施工进度，现场的平面布置及各种技术措施。

③ 确定施工顺序。合理确定施工顺序需要考虑以下几点：各分部分项工程之间的关系；施工方法和施工机械的要求；当地的气候条件和水文要求；施工顺序对工期的影响。

④ 编制施工进度计划。施工进度计划的编制，工期要满足合同对工期的要求，在不增加资源的前提下尽量提前。在编制进度计划的过程中要全面了解工程情况，掌握工程中各分部、分项、单位工程之间的关系，避免出现施工顺序的颠倒；对现场踏勘得到的资料进行综合分析与研究，在施工计划中正确反映水文地质、气候等的影响。

⑤ 计算人工、材料、施工机具的需要量。根据工程量、相关定额、施工方案等计算人工、材料、施工机具的需要量。

⑥ 施工平面的布置。根据施工方案、施工进度要求，对施工

现场的道路交通、材料仓库、临时设施等作出合理的规划布置。

（2）投标报价应重视的影响因素

投标人要想在投标中获胜，首先就要考虑主客观制约条件，这是影响投标决策的重要因素。

1）主观因素。

从本企业的主观条件，各项业务能力和能否适应投标工程的要求进行衡量，主要考虑：

① 设计能力。

② 机械设备能力。

③ 工人和技术人员的操作技术水平。

④ 以往类似工程的经验。

⑤ 竞争的激烈程度。

⑥ 器材设备的交货条件。

⑦ 中标承包后对以后本企业的影响。

⑧ 对工程的熟悉程度和管理经验。

2）客观因素：

① 工程的全面情况。包括设计图和说明书，现场地上、地下条件，如地形、交通、水源、电源、土壤地质、水文气象等。这些都是拟订施工方案的依据和条件。

② 业主及其代理人（工程师）的基本情况，包括资历、业务水平、工作能力、个人性格和作风等。这些都是有关今后在施工承包结算中能否顺利进行的主要因素。

③ 劳动力的来源情况。如当地能否招募到比较廉价的工人，以及当地工会对承包商在劳务问题上能否合作的态度。

④ 建筑材料和机械设备等资源的供应来源、价格、供货条件及市场预测等情况。

⑤ 专业分包。如空调、电气、电梯等专业安装力量情况。

⑥ 银行贷款利率、担保收费、保险费率等与投标报价有关的因素。

⑦ 当地各项法规，如企业法、合同法、劳动法、关税、外

汇管理法、工程管理条例及技术规范等。

⑧ 竞争对手的情况。包括对手企业的历史、信誉、经营能力、技术水平、设备能力、以往投标报价的情况和经常采用的投标策略等。

对以上这些客观情况的了解，除了有些可以从投标文件和业主对招标公司的介绍、勘察现场获得外，必须通过广泛的调查研究、询价、社交活动等多种渠道才能获得。

（3）投标报价的编制原则

报价是投标的关键性工作，报价是否合理不仅直接关系到投标的成败，还关系到中标后企业的盈亏。投标报价编制原则如下：

1）投标报价由投标人自主确定，但必须执行《清单计价规范》中的强制性规定。投标价应由投标人或受其委托具有相应资质的工程造价咨询人编制。

2）投标人的投标报价不得低于成本。

3）按招标人提供的工程量清单填报价格。

4）投标报价要以招标文件中设定的承发包双方责任划分，作为设定投标报价费用项目和费用计算的基础。

5）投标报价的计算应以施工方案、技术措施等作为基本条件。

6）报价计算方法要科学、严谨，简明、适用。

（4）投标报价的编制依据

《建设工程工程量清单计价规范》规定，投标报价应根据下列依据编制：

1）《建设工程工程量清单计价规范》（GB 50500—2013）。

2）国家或省级、行业建设主管部门颁发的计价办法。

3）企业定额，国家或省级、行业建设主管部门颁发的计价定额。

4）招标文件、工程量清单及其补充通知、答疑纪要。

5）建设工程设计文件及相关资料。

6）施工现场情况、工程特点及拟定的投标施工组织设计或施工方案。

7）与建设项目相关的标准、规范等技术资料。

8）市场价格信息或工程造价管理机构发布的工程造价信息。

9）其他的相关资料。

对比投标报价和招标控制价的编制依据可知：招标控制价作为投标的最高限价，其编制依据采用行业内平均水平下的计价标准和常规的施工方案，而投标报价则主要采用企业定额和投标人自身拟定的投标施工组织设计或施工方案。体现了投标报价要反映投标人竞争能力的特点。

（5）投标报价的编制程序

投标报价编制程序根据工作内容可分为两个阶段：准备阶段和编制阶段。准备阶段工作主要包括研究招标文件，分析与投标有关的资料，主材、设备的询价及编制项目管理规划大纲等；编制阶段主要包括投标报价的确定及投标报价策略的选择等，具体编制的程序如图 5-3 所示。

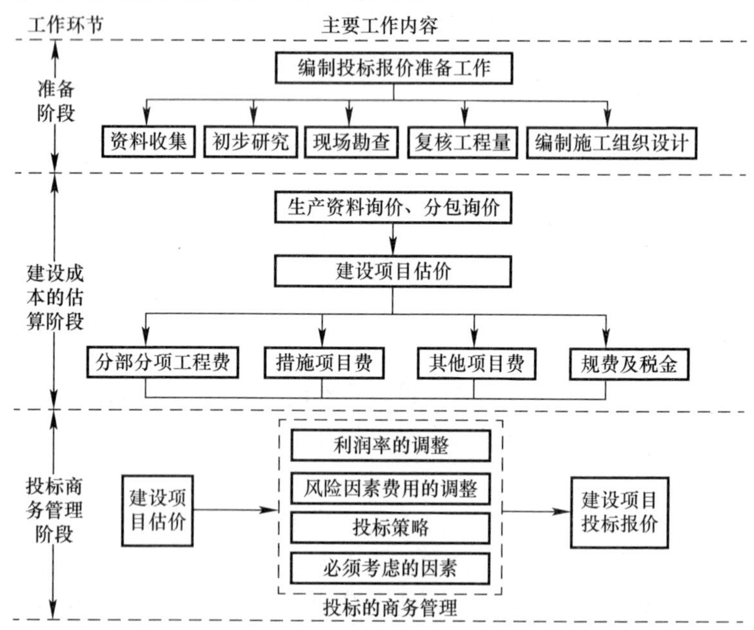

图 5-3 投标报价的编制程序

（6）投标报价的编制内容

在编制投标价前，需要先对招标工程量清单项目及工程量进行复核。

投标价的编制过程，应首先根据招标人提供的工程量清单编制分部分项工程项目清单计价表、措施项目清单计价表、其他项目清单计价表和规费、税金项目清单计价表，然后汇总得到单位工程投标报价汇总表，再层层汇总，分别得出单项工程投标报价汇总表和工程项目投标总价汇总表。

1）分部分项工程费的编制：

① 综合单价中应包括招标文件中划分的应由投标人承担的风险范围及其费用，招标文件中没有明确的，应提请招标人明确。

在施工过程中，当出现的风险内容及其范围（幅度）在合同约定的范围内时，合同价款不作调整。

② 分部分项工程中的单价项目，应根据招标文件和招标工程量清单项目中的特征描述确定综合单价计算。

③ 编制分部分项工程费的核心是确定其综合单价。综合单价的确定方法与招标控制价的确定方法相同，但确定的依据有所差异，主要体现在以下5方面。

a. 工程量清单项目特征描述。工程量清单中项目特征的描述决定了清单项目的实质，直接决定了工程的价值，是投标人确定综合单价最重要的依据。

在招标投标过程中，若出现招标文件中分部分项工程量清单特征描述与设计图纸不符时，投标人应以分部分项工程量清单的项目特征描述为准，确定投标报价的综合单价；若施工中施工图纸或设计变更与工程量清单项目特征描述不一致时，发、承包双方应按实际施工的项目特征，依据合同约定重新确定综合单价。

b. 企业定额。企业定额是施工企业根据本企业具有的管理水平、拥有的施工技术和施工机械装备水平而编制的，完成一个规定计量单位的工程项目所需的人工、材料、施工机械台班的消耗标准，是施工企业内部进行施工管理的标准，也是施工企业投标报价确定综合单价的依据之一。

投标企业没有企业定额时，可根据企业自身情况参照消耗量定额进行调整。

c. 资源可获取价格。综合单价中的人工费、材料费、机械费是以企业定额的人、料、机消耗量乘以人、料、机的实际价格得出的，因此投标人拟投入的人、料、机等资源的可获取价格直接影响综合单价的高低。

d. 企业管理费费率、利润率。企业管理费费率可由投标人根据本企业近年的企业管理费核算数据自行测定，也可以参照当地造价管理部门发布的平均参考值。

利润率可由投标人根据本企业当前盈利情况、施工水平、拟投标工程的竞争情况及企业当前经营策略自主确定。

e. 风险费用。招标文件中要求投标人承担的风险范围及其费用，投标人应在综合单价中予以考虑，通常以风险费率的形式进行计算。风险费率的测算应根据招标人要求结合投标人当前风险控制水平进行定量测算。

在施工过程中，当出现的风险内容及其范围（幅度）在招标文件规定的范围（幅度）内时，综合单价不得变动，工程款不作调整。

2）措施项目费的编制。

招标人在招标文件中列出的措施项目清单是根据一般情况确定的，没有考虑不同投标人的具体情况。因此，投标人投标报价时应根据自身拥有的施工装备、技术水平和采用的施工方法确定的施工方案，对招标人所列的措施项目进行调整，并确定措施项目费。

① 措施项目中的单价项目，应根据招标文件和招标工程量清单项目中的特征描述确定按综合单价计算。

② 措施项目中的总价项目金额，应根据招标文件及投标时拟定的施工组织设计或施工方案，按照 2013 版《清单计价规

范》的规定自主确定。其中，安全文明施工费应按照国家或省级、行业建设主管部门的规定计算，不得作为竞争性费用。

3）其他项目的编制。

投标人对其他项目应按下列规定报价：

① 暂列金额应按招标工程量清单中列出的金额填写，不得变动。

② 材料、工程设备暂估价应按招标工程量清单中列出的单价计入综合单价，不得更改，材料、设备暂估价不再计入其他项目费。

③ 专业工程暂估价应按招标工程量清单中列出的金额填写，不得更改。

④ 计日工应按招标工程量清单中列出的项目和数量，自主确定综合单价并计算计日工金额。

⑤ 总承包服务费应根据招标工程量清单中列出的内容和提出的要求自主确定。

4）规费和税金报价。

应按国家或省级、行业建设主管部门的规定计算，不得作为竞争性费用。

5）投标报价的唯一性。

招标工程量清单与计价表中列明的所有需要填写的单价和合价的项目，投标人均应填写且允许只有一个报价。未填写单价和合价的项目，可视为此项目费用已包含在已标价工程量清单中其他项目的单价和合价中。当竣工结算时，此项目不得重新组价、调整。

6）投标价的汇总。

投标总价应当与分部分项工程费、措施项目费、其他项目费和规费、税金的合计金额相一致。

3. 工程价款调整

（1）合同价款约定

1）合同价款约定的一般规定。

实行招标的工程合同价款应在中标通知书发出之日起 30 天内，由发、承包双方依据招标文件和中标人的投标文件在书面合同中约定。合同约定不得违背招标、投标文件中关于工期、造价、质量等方面的实质性内容。招标文件与中标人投标文件不一致的地方，应以投标文件为准。

工程合同价款的约定是建设工程合同的主要内容，根据有关法律条款的规定，工程合同价款的约定应满足以下几个方面的要求：

① 约定的依据要求：招标人向中标的投标人发出的中标通知书。

② 约定的时间要求：自招标人发出中标通知书之日起 30 天内。

③ 约定的内容要求：招标文件和中标人的投标文件。

④ 合同的形式要求：书面合同。

在工程招标投标及建设工程合同签订过程中，招标文件应视为要约邀请，投标文件为要约，中标通知书为承诺。因此，在签订建设工程合同时，若招标文件与中标人的投标文件有不一致的地方，应以投标文件为准。

不实行招标的工程合同价款，应在发、承包双方认可的工程价款基础上，由发、承包双方在合同中约定；实行工程量清单计价的工程，应采用单价合同；建设规模较小，技术难度较低，工期较短，且施工图设计已审查批准的建设工程可采用总价合同；紧急抢险、救灾以及施工技术特别复杂的建设工程可采用成本加酬金合同。以下为三种不同合同形式的适用对象：

① 实行工程量清单计价的工程，应采用单价合同方式。即合同约定的工程价款中包含的工程量清单项目综合单价在约定条件内是固定的，不予调整，工程量允许调整。工程量清单项目综合单价在约定的条件外，允许调整。调整方式、方法应在合同中约定。

② 建设规模较小、技术难度较低、施工工期较短，并且施

工图设计审查已经完备的工程，可以采用总价合同。采用总价合同，除工程变更外，其工程量不予调整。

③ 成本加酬金合同，是承包人不承担任何价格变化风险的合同。这种合同形式适用于时间特别紧迫，来不及进行详细的计划和商谈，如紧急抢险、救灾以及施工技术特别复杂的建设工程。

2）合同价款约定内容。

《中华人民共和国建筑法》第十八条规定："建筑工程造价应当按照国家有关规定，由发包单位与承包单位在合同中约定。公开招标发包的，其造价的约定，须遵守招标投标法律的规定。"依据财政部、建设部印发的《建设工程价款结算暂行办法》（财建［2004］369号）第七条的规定，发、承包双方应在合同中对工程价款进行约定的基本事项如下：

① 预付工程款的数额、支付时间及抵扣方式。预付工程款是发包人为解决承包人在施工准备阶段资金周转问题提供的协助。如使用的水泥、钢材等大宗材料，可根据工程具体情况设置工程材料预付款。应在合同中约定预付款数额：可以是绝对数，如50万元、100万元，也可以是额度，如合同金额的10%、15%等；约定支付时间：如合同签订后一个月支付、开工日前7天支付等；约定抵扣方式：如在工程进度款中按比例抵扣；约定违约责任：如不按合同约定支付预付款的利息计算，违约责任等。

② 安全文明施工措施的支付计划，使用要求等。

③ 工程计量与进度款支付。应在合同中约定计量时间和方式：可按月计量，如每月30日；可按工程形象部位（目标）划分分段计量，如±0.000以下基础及地下室、主体结构1～3层、4～6层等。进度款支付周期与计量周期保持一致，约定支付时间：如计量后7天、10天支付；约定支付数额：如已完工作量的70%、80%等；约定违约责任：如不按合同约定支付进度款的利率，违约责任等。

④ 合同价款的调整。约定调整因素：如工程变更后综合单价调整，钢材价格上涨超过投标报价时的3%，工程造价管理机构发布的人工费调整等；约定调整方法：如结算时一次调整，材料采购时报发包人调整等；约定调整程序：承包人提交调整报告交发包人，由发包人现场代表审核签字等；约定支付时间与工程进度款支付同时进行等。

⑤ 索赔与现场签证。约定索赔与现场签证的程序：如由承包人提出、发包人现场代表或授权的监理工程师核对等；约定索赔提出时间：如知道索赔事件发生后的28天内等；约定核对时间：收到索赔报告后7天以内、10天以内等；约定支付时间：原则上与工程进度款同期支付等。

⑥ 承担风险。约定风险的内容范围：如全部材料、主要材料等；约定物价变化调整幅度：如钢材、水泥价格涨幅过投标报价的3%，其他材料超过投标报价的5%等。

⑦ 工程竣工结算。约定承包人在什么时间提交竣工结算书，发包人或其委托的工程造价咨询企业，在什么时间内核对，核对完毕后，什么时间内支付等。

⑧ 工程质量保证金。在合同中约定数额：如合同价款的3%等；约定预付方式：竣工结算一次扣清等；约定归还时间；如质量缺陷期退还等。

⑨ 合同价款争议。约定解决价款争议的办法：是协商还是调解，如调解由哪个机构调解；如在合同中约定仲裁，应标明具体的仲裁机关名称，以免仲裁条款无效，诉讼等。

⑩ 与履行合同、支付价款有关的其他事项等。需要说明的是，合同中涉及价款的事项较多，能够详细约定的事项应尽可能具体约定，约定的用词应尽可能唯一，如有几种解释，最好对用词进行定义，尽量避免因理解上的歧义造成合同纠纷。

合同中没有按照要求约定或约定不明的，若发、承包双方在合同履行中发生争议，由双方协商确定；当协商不能达成一致时，应按规定执行。

《中华人民共和国合同法》第六十一条规定：“合同生效后，当事人就质量、价款或者报酬、履行地点等内容没有约定或者约定不明确的，可以协议补充；不能达成补充协议的，按照合同有关条款或交易习惯确定。”

《最高人民法院关于审理建设工程施工合同纠纷案件适用法律问题的解释》第十六条第二款规定：“因设计变更导致建设工程的工程量或者质量标准发生变化，当事人对该部分工程价款不能协商一致的，可以参照签订建设工程施工合同时当地建设行政主管部门发布的计价方式或者计价标准结算工程价款。”

（2）工程计量

1）工程计量的一般规定。

工程量必须按照相关工程现行国家计量规范规定的工程量计算规则计算。工程计量可选择按月或按工程形象进度分段计量，具体计量周期应在合同中约定。因承包人原因造成的超出合同工程范围施工或返工的工程量，发包人不予计量。

工程量的正确计算是合同价款支付的前提和依据，而选择恰当的计量方式对于正确计量也十分必要。由于工程建设具有投资大、周期长等特点，因此，工程计量以及价款支付是通过“阶段小结、最终结清”来体现的。所谓阶段小结，可以时间节点来划分，即按月计量；也可以形象节点来划分，即按工程形象进度分段计量。按工程形象进度分段计量与按月计量相比，其计量结果更具稳定性，可以简化竣工结算。但应注意工程形象进度分段的时间应与按月计量保持一定的关系，不应过长。

成本加酬金合同应按规定计量。

2）单价合同的计量：

① 工程量必须以承包人完成合同工程应予计量的工程量确定。

② 施工中进行工程计量，当发现招标工程量清单中出现缺项、工程量偏差，或因工程变更引起工程量增减时，应按承包人在履行合同义务中完成的工程量计算。

③ 承包人应当按照合同约定的计量周期和时间，向发包人提交当期已完工程量报告，发包人应在收到报告后 7 天内核实，并将核实计量结果通知承包人。发包人未在约定时间内进行核实的，承包人提交的计量报告中所列的工程量应视为承包人实际完成的工程量。

④ 发包人认为需要进行现场计量核实时，应在计量前 24 小时通知承包人，承包人应为计量提供便利条件并派人参加。当双方均同意核实结果时，双方应在上述记录上签字确认。承包人收到通知后不派人参加计量，视为认可发包人的计量核实结果。发包人不按照约定时间通知承包人，致使承包人未能派人参加计量，计量核实结果无效。

⑤ 当承包人认为发包人核实后的计量结果有误时，应在收到计量结果通知后的 7 天内向发包人提出书面意见，并应附上其认为正确的计量结果和详细的计算资料。发包人收到书面意见后，应在 7 天内对承包人的计量结果进行复核后通知承包人。承包人对复核计量结果仍有异议的，按照合同约定的争议解决办法处理。

⑥ 承包人完成已标价工程量清单中每个项目的工程量并经发包人核实无误后，发、承包双发应对每个项目的历次计量报表进行汇总，以核实最终结算工程量，并应在汇总表上签字确认。

3）总价合同的计量：

① 采用工程量清单方式招标形成的总价合同，其工程量应按规定计算。

② 采用经审定批准的施工图纸及其预算方式发包形成的总价合同，除按照工程变更规定的工程量增减外，总价合同各项目的工程量应为承包人用于结算的最终工程量。

③ 总价合同约定的项目计量应以合同工程经审定批准的施工图纸为依据，发、承包双方应在合同中约定工程计量的形象目标或时间节点进行计量。

④ 承包人应在合同约定的每个计量周期内对已完成的工程进行计量，并向发包人提交达到工程形象目标完成的工程量和有关计量资料的报告。

⑤ 发包人应在收到报告后 7 天内对承包人提交的上述资料进行复核，以确定实际完成的工程量和工程形象目标。对其有异议的，应通知承包人共同复核。

（3）合同价款调整

1）合同价款调整的一般规定。

① 下列事项（但不限于）发生，发、承包双方可按照合同约定调整合同价款：

a. 法律法规变化。

b. 工程变更。

c. 项目特征不符。

d. 工程量清单缺项。

e. 工程量偏差。

f. 计日工。

g. 物价变化。

h. 暂估价。

i. 不可抗力。

j. 提前竣工（赶工补偿）。

k. 误期赔偿。

l. 索赔。

m. 现场签证。

n. 暂列金额。

o. 发、承包双方约定的其他调整事项。

② 出现合同价款调增事项（不含工程量偏差、计日工、现场签证、索赔）后的 14 天内，承包人应向发包人提交合同价款调增报告并附上相关资料；承包人在 14 天内未提交合同价款调增报告的，应视为承包人对该事项不存在调整价款请求。

③ 出现合同价款调减事项（不含工程量偏差、索赔）后的

14 天内，发包人应向承包人提交合同价款调减报告并附相关资料；发包人在 14 天内未提交合同价款调减报告的，应视为发包人对该事项不存在调整价款请求。

④ 发（承）包人应在收到承（发）包人合同价款调增（减）报告及相关资料之日起 14 天内对其核实，予以确认的应书面通知承（发）包人。当有疑问时，应向承（发）包人提出协商意见。发（承）包人在收到合同价款调增（减）报告之日起 14 天内未确认也未提出协商意见的，应视为承（发）包人提交的合同价款调增（减）报告已被发（承）包人认可。发（承）包人提出协商意见的，承（发）包人应在收到协商意见后的 14 天内对其核实，予以确认的应书面通知发（承）包人。承（发）包人在收到发（承）包人的协商意见后 14 天内既不确认也未提出不同意见的，应视为发（承）包人提出的意见已被承（发）包人认可。

⑤ 发包人与承包人对合同价款调整的不同意见不能达成一致的，只要对发（承）包双方履约不产生实质影响，双方应继续履行合同义务，直到其按照合同约定的争议解决方式得到处理。

⑥ 经发、承包双方确认调整的合同价款，作为追加（减）合同价款，应与工程进度款或结算款同期支付。

由于索赔和现场签证的费用经发、承包确认后，其实质是导致签约合同价变生变化。按照财政部、建设部印发的《建设工程价款结算暂行办法》（财建［2004］369 号）的相关规定，经发、承包双方确定调整的合同价款的支付方法，即作为追加（减）合同价款与工程进度款同期支付。

按照财政部、建设部印发的《建设工程价款结算暂行办法》（财建［2004］369 号）第十五条的规定："发包人和承包人要加强施工现场的造价控制，及时对工程合同外的事项如实纪录并履行书面手续。凡由发、承包双方授权的现场代表签字的现场签证以及发、承包双方协商确定的索赔等费用，应在工程竣工结算中如实办理，不得因发、承包双方现场代表的中途变更改变其有效性。”

2）法律法规变化：

① 招标工程以投标截止日前28天、非招标工程以合同签订前28天为基准日，其后因国家的法律、法规、规章和政策发生变化引起工程造价增减变化的，发、承包双方应按照省级或行业建设主管部门或其授权的工程造价管理机构据此发布的规定调整合同价款。

② 因承包人原因导致工期延误的，按上述①规定的调整时间，在合同工程原定竣工时间之后，合同价款调增的不予调整，合同价款调减的予以调整。

3）工程变更。

① 因工程变更引起已标价工程量清单项目或其工程数量发生变化时，应按照下列规定调整：

a. 已标价工程量清单中有适用于变更工程项目的，应采用该项目的单价；但当工程变更导致该清单项目的工程数量发生变化，且工程量偏差超过15%时，该项目单价应按照13版“计价规范”的规定调整。

b. 已标价工程量清单中没有适用但有类似于变更工程项目的，可在合理范围内参照类似项目的单价。

c. 已标价工程量清单中没有适用也没有类似于变更工程项目的，应由承包人根据变更工程资料、计量规则和计价办法、工程造价管理机构发布的信息价格和承包人报价浮动率提出变更工程项目的单价，并应报发包人确认后调整。承包人报价浮动率可按下列公式计算：

招标工程：

$$承包人报价浮动率 L = (1 - 中标价 / 招标控制价) \times 100\%$$

非招标工程：

$$承包人报价浮动率 L = (1 - 报价 / 施工图预算) \times 100\%$$

d. 已标价工程量清单中没有适用也没有类似于变更工程项

目，且工程造价管理机构发布的信息价格缺价的，应由承包人根据变更工程资料、计量规则、计价办法和通过市场调查等取得有合法依据的市场价格提出变更工程项目的单价，并应报发包人确认后调整。

② 工程变更引起施工方案改变并使措施项目发生变化时，承包人提出调整措施项目费的，应事先将拟实施的方案提交发包方确认，并应详细说明与原方案措施项目相比的变化情况。拟实施的方案经发、承包双方确认后执行，并应按照下列规定调整措施项目费：

a. 安全文明施工费应按照实际发生变化的措施项目依据规定计算。

b. 采用单价计算的措施项目费，应按照实际发生变化的措施项目，按规定确定单价。

c. 按总价（或系数）计算的措施项目费，按照实际发生变化的措施项目调整，但应考虑承包人报价浮动因素，即调整金额按照实际调整金额乘以规定的承包人报价浮动率计算。如果承包人未事先将拟实施的方案提交给发包人确认，则应视为工程变更不引起措施项目费的调整或承包人放弃调整措施项目费的权利。

③ 当发包人提出的工程变更因非承包人原因删减了合同中的某项原定工作或工程，致使承包人发生的费用或（和）得到的收益不能被包括在其他已支付或应支付的项目中，也未被包含在任何替代的工作或工程中时，承包人有权提出并应得到合理的费用及利润补偿。

4）项目特征不符：

① 发包人在招标工程量清单中对项目特征的描述，应被认为是准确的和全面的，并且与实际施工要求相符合。承包人应按照发包人提供的招标工程量清单，根据项目特征描述的内容及有关要求实施合同工程，直到项目被改变为止。

② 承包人应按照发包人提供的设计图纸实施合同工程，若

在合同履行期间出现设计图纸（含设计变更）与招标工程量清单任一项目的特征描述不符，且该变化引起该项目工程造价增减变化的，应按照实际施工的项目特征，按相关条款的规定重新确定相应工程量清单项目的综合单价，并调整合同价款。

5）工程量清单缺项：

① 合同履行期间，由于招标工程量清单中缺项，新增分部分项工程清单项目的，应按规定确定单价，并调整合同价款。

② 新增分部分项工程清单项目后引起措施项目发生变化的，应按规定，在承包人提交的实施方案被发包人批准后调整合同价款。

③ 由于招标工程量清单中措施项目缺项，承包人应将新增措施项目实施方案提交发包人批准后，按规定调整合同价款。

6）工程量偏差：

① 合同履行期间，当应计算的实际工程量与招标工程量清单出现偏差，且符合下述②、③规定时，发、承包双方应调整合同价款。

② 施工过程中，由于施工条件、水文地质、工程变更等变化以及招标工程量清单编制人专业水平的差异，往往会造成实际工程量与招标工程量清单出现偏差。工程量偏差过大，对综合成本的分摊带来影响。如突然增加太多，仍按原综合单价计价，对发包人不公平；如突然减少太多，仍按原综合单价计价，对承包人不公平。并且，这给有经验的承包人的不平衡报价打开了大门。对于任一招标工程量清单项目，当因工程量偏差和工程变更等原因导致工程量偏差超过15%时，可进行调整。当工程量增加15%以上时，增加部分的工程量的综合单价应予调低；当工程量减少15%以上时，减少后剩余部分的工程量的综合单价应予调高。可按下列公式调整：

a. 当 $Q_1>1.15Q_0$ 时：

$$S=1.15Q_0\times P_0+(Q_1-1.15Q_0)\times P_1$$

b. 当 $Q_1<0.85Q_0$ 时：

$$S = Q_1 \times P_1$$

式中 S——调整后的某一分部分项工程费结算价；

Q_1——最终完成的工程量；

Q_0——招标工程量清单中列出的工程量；

P_1——按照最终完成工程量重新调整后的综合单价；

P_0——承包人在工程量清单中填报的综合单价。

由上述两式可以看出，计算调整后的某一分部分项工程费结算价的关键是确定新的综合单价 P_1。确定的方法：一是发、承包双方协商确定；二是与招标控制价相联系。当工程量偏差项目出现承包人在工程量清单中填报的综合单价与发包人招标控制价相应清单项目的综合单价偏差超过15%时，工程量偏差项目综合单价的调整可参考以下公式确定：

a. 当 $P_0 < P_2 \times (1-L) \times (1-15\%)$ 时，该类项目的综合单价 P_1 按 $P_2 \times (1-L) \times (1-15\%)$ 进行调整。

b. 当 $P_0 > P_2 \times (1+15\%)$ 时，该类项目的综合单价 P_1 按 $P_2 \times (1+15\%)$ 进行调整。

c. 当 $P_0 > P_2 \times (1-L) \times (1+15\%)$ 或 $P_0 < P_2 \times (1+15\%)$ 时，可不进行调整。

以上各式中 P_0——承包人在工程量清单中填报的综合单价；

P_2——发包人招标控制价相应项目的综合单价；

L——承包人报价浮动率。

③ 当工程量出现上述②的变化，且该变化引起相关措施项目相应发生变化时，按系数或单一总价方式计价的，工程量增加的措施项目费调增，工程量减少的措施项目费调减。

【例 5-1】 某工程项目招标工程量清单数量为1520m^3，施工中由于设计变更调增为1824m^3，该项目招标控制价的综合单价为350元，投标报价的综合单价为406元。工程变更后的综合单价如何调整？调整后的分项工程结算价为多少？

解：① 由于设计变更工程量增加了（1824－1520)/1520＝20%＞15%

所以应该进行调价：$S=1.15Q_0P_0+(Q_1-1.15Q_0)P_1$

② 计算 P_1

由于（406－350)/350＝16%＞15%

按上述公式计算：$P2\times(1+15\%)-350\times(1+15\%)=402.50$(元)

由于 406 大于 402.50，因此，该项目变更后的综合单价 P_1 应调整为 402.50 元。

③ 调整后的分项工程结算价应为：

$$S=1.15Q_0P_0+(Q_1-1.15Q_0)P_1$$
$$=1.15\times1520\times406+(1824-1.15\times1520)\times402.50$$
$$=740278(元)$$

【例 5-2】 某工程项目招标工程量清单数量为 $1520m^3$，施工中由于设计变更调减为 $1216m^3$，该项目招标控制价的综合单价为 350 元，投标报价的综合单价为 287 元，该工程投标报价下浮率为 6%。综合单价是否调整？调整后的分项工程结算价为多少？

解： ① 由于设计变更工程量减少了（1216－1520)/1520＝－20%，减少量也超过了 15%，所以应该进行调价：$S=Q_1P_1$

② 计算 P_1

由于（287－350)/350＝－18%，偏差也超过了 15%；

按上述公式计算：$P_2(1-L)\times(1-15\%)=350\times(1-6\%)\times(1-15\%)=279.65$(元)

由于 287 元大于 279.65，该项目变更后的综合单价 P_1 可不予调整。

③ 调整后的分项工程结算价应为：

$$S=Q_1P_1=1216\times287=348992(元)$$

7）计日工：

① 发包人通知承包人以计日工方式实施的零星工作，承包人应予执行。

② 采用计日工计价的任何一项变更工作，在该项变更的实施过程中，承包人应按合同约定提交下列报表和有关凭证送发

包人复核：

a. 工作名称、内容和数量。

b. 投入该工作所有人员的姓名、工种、级别和耗用工时。

c. 投入该工作的材料名称、类别和数量。

d. 投入该工作的施工设备型号、台数和耗用台时。

e. 发包人要求提交的其他资料和凭证。

③ 任一计日工项目持续进行时，承包人应在该项工作实施结束后的24小时内向发包人提交有计日工记录汇总的现场签证报告一式三份。发包人在收到承包人提交现场签证报告后的两天内予以确认并将其中一份返还给承包人，作为计日工计价和支付的依据。发包人逾期未确认也未提出修改意见的，应视为承包人提交的现场签证报告已被发包人认可。

④ 任一计日工项目实施结束后，承包人应按照确认的计日工现场签证报告核实该类项目的工程数量，并应根据核实的工程数量和承包人已标价工程量清单中的计日工单价计算，提出应付价款；已标价工程量清单中没有该类计日工单价的，由发承包双方按规定商定计日工单价计算。

⑤ 每个支付期末，承包人应按照规定向发包人提交本期间所有计日工记录的签证汇总表，并应说明本期间自己认为有权得到的计日工金额，调整合同价款，列入进度款支付。

8）物价变化：

《建设工程工程量清单计价规范》（GB 50500—2013）规定：

① 合同履行期间，因人工、材料、工程设备、机械台班价格波动影响合同价款时，应根据合同约定，按物价变化合同价款调整方法之一调整价款。

② 承包人采购材料和工程设备的，应在合同中约定主要材料、工程设备价格变化的范围或幅度；如没有约定，且材料、工程设备单价变化超过5%，超过部分的价格应按照物价变化合同价款调整方法计算调整材料、工程设备费。

③ 发生合同工程工期延误的，应按照下列规定确定合同履

行期的价格调整：

a. 因非承包人原因导致工期延误的，计划进度日期后续工程的价格，应采用计划进度日期与实际进度日期两者的较高者。

b. 因承包人原因导致工期延误的，计划进度日期后续工程的价格，应采用计划进度日期与实际进度日期两者的较低者。

④ 发包人供应材料和工程设备的，不适用本规范的相关规定，应由发包人按照实际变化调整，列入合同工程的工程造价内。

《物价变化合同价款调整方法》规定：

合同履行期间，因人工、材料、工程设备、机械台班价格波动影响合同价款时，应根据合同约定，按以下调整合同价款：

① 价格指数调整价格差额。

a. 价格调整公式。因人工、材料、工程设备和施工机械台班等价格波动影响合同价格时，应由投标人在投标函附录中的价格指数和权重表约定的数据，按下式计算差额并调整合同价款：

$$P=P_0\left[A+\left(B_1\times\frac{F_{t1}}{F_{01}}+B_2\times\frac{F_{t2}}{F_{02}}+B_3\times\frac{F_{t3}}{F_{03}}+\cdots+B_n\times\frac{F_{tn}}{F_{0n}}\right)-1\right]$$

式中 P——需调整的价格差额；

P_0——约定的付款证书中承包人应得到的已完成工程量的金额。此项金额应不包括价格调整、不计质量保证金的扣留和支付、预付款的支付和扣回。约定的变更及其他金额已按现行价格计价的，也不计在内；

A——定值权重（即不调部分的权重）；

B_1、B_2、B_3、$\cdots B_n$——各可调因子的变值权重（即可调部分的权重），为各可调因子在投标函投标总报价中所占的比例；

F_{t1}、F_{t2}、F_{t3}、$\cdots F_{tn}$——各可调因子的现行价格指数，指约定

的付款证书相关周期最后一天的前42天的各可调因子的价格指数；

F_{01}、F_{02}、F_{03}、$\cdots F_{0n}$——各可调因子的基本价格指数，指基准日期的各可调因子的价指数。

以上价格调整公式中的各可调因子、定值和变值权重，以及基本价格指数及其来源在投标函附录价格指数和权重表中约定。价格指数应首先采用工程造价管理机构提供的价格指数，缺乏上述价格指数时，可采用工程造价管理机构提供的价格代替。

b. 暂时确定调整差额。在计算调整差额时得不到现行价格指数的，可暂用上一次价格指数计算，并在以后的付款中再按实际价格指数进行调整。

c. 权重的调整。约定的变更导致原定合同中的权重不合理时，由承包人和发包人协商后进行调整。

d. 承包人工期延误后的价格调整。由于承包人原因未在约定的工期内竣工的，对原约定竣工日期后继续施工的工程，在使用价格调整公式时，应采用原约定竣工日期与实际竣工日期的两个价格指数中较低的一个作为现行价格指数。

e. 若可调因子包括了人工在内，则不适用由发包人承担的规定。

② 造价信息调整价格差额。

a. 施工工期内，因人工、材料和工程设备、施工机械台班价格波动影响合同价格时，人工、机械使用费按照国家或省、自治区、直辖市建设行政管理部门、行业建设管理部门或其授权的工程造价管理机构发布的人工成本信息、机械台班单价或机械使用费系数进行调整；需要进行价格调整的材料，其单价和采购数应由发包人复核，发包人确认需调整的材料单价及数量，作为调整合同价款差额的依据。

b. 人工单价发生变化且该变化因省级或行业建设主管部门发布的人工费调整文件所致时，承包双方应按省级或行业建设主管部门或其授权的工程造价管理机构发布的人工成本文件调整合同价款。人工费调整时应以调整文件的时间为界限进行。

c. 材料、工程设备价格变化按照发包人提供的《承包人提供主要材料和工程设备一览表》（适用于造价信息差额调整法），由发、承包双方约定的风险范围按下列规定调整合同价款：

（a）承包人投标报价中材料单价低于基准单价：施工期间材料单价涨幅以基准单价为基础超过合同约定的风险幅度值，或材料单价跌幅以投标报价为基础超过合同约定的风险幅度值时，其超过部分按实调整。

（b）承包人投标报价中材料单价高于基准单价：施工期间材料单价跌幅以基准单价为基础超过合同约定的风险幅度值，或材料单价涨幅以投标报价为基础超过合同约定的风险幅度值时，其超过部分按实调整。

（c）承包人投标报价中材料单价等于基准单价：施工期间材料单价涨、跌幅以基准单价为基础超过合同约定的风险幅度值时，其超过部分按实调整。

（d）承包人应在采购材料前将采购数量和新的材料单价报送发包人核对，确认用于本合同工程时，发包人应确认采购材料的数量和单价。发包人在收到承包人报送的确认资料后 3 个工作日不予答复的视为已经认可，作为调整合同价款的依据。如果承包人未报经发包人核对即自行采购材料，再报发包人确认调整合同价款的，如发包人不同意，则不作调整。

d. 施工机械台班单价或施工机械使用费发生变化超过省级或行业建设主管部门或其授权的工程造价管理机构规定的范围时，按其规定调整合同价款。

9）暂估价。

《建设工程工程量清单计价规范》（GB 50500—2013）规定：

① 发包人在招标工程量清单中给定暂估价的材料、工程设备属于依法必须招标的，应由发、承包双方以招标的方式选择供应商，确定价格，并应以此为依据取代暂估价，调整合同

价格。

② 发包人在招标工程量清单中给定暂估价的材料、工程设备不属于依法必须招标的，应由承包人按照合同约定采购，经发包人确认单价后取代暂估价，调整合同价格。

例如，某工程招标，将现浇混凝土构件钢筋作为暂估价，为4000元/t。工程实施后，根据市场价格变动，将各种规格现浇钢筋加权平均认定为4295元/t。此时，应在综合单价中以4295元/t取代4000元。

③ 发包人在工程量清单中给定暂估价的专业工程不属于依法必须招标的，应按照本规范相应规定确定专业工程价款，并应以此为依据取代专业工程暂估价，调整合同价格。

④ 发包人在招标工程量清单中给定暂估价的专业工程，依法必须招标的，应当由发承包双方依法组织招标选择专业分包人，并接受有管辖权的建设工程招标投标管理机构的监督。还应符合下列要求：

a. 除合同另有约定外，承包人不参与投标的专业工程发包招标，应由承包人作为招标人，但拟定的招标文件、评标工作、评标结果应报送发包人批准。与组织招标工作有关的费用应当被认为已经包括在承包人的签约合同价（投标总报价）中；

b. 承包人参加投标的专业工程发包招标，应由发包人作为招标人，与组织招标工作有关的费用由发包人承担。同等条件下，应优先选择承包人中标。

c. 应以专业工程发包中标价为依据取代专业工程暂估价，调整合同价格。

10）不可抗力。

① 因不可抗力事件导致的人员伤亡、财产损失及其费用增加，发、承包双方应按下列原则分别承担并调整合同价款和工期：

a. 合同工程本身的损害、因工程损害导致第三方人员伤亡和财产损失以及运至施工场地用于施工的材料和待安装的设备的损害，应由发包人承担。

b. 发包人、承包人人员伤亡应由其所在单位负责，并应承担相应费用。

c. 承包人的施工机械设备损坏及停工损失，应由承包人承担。

d. 停工期间，承包人应发包人要求留在施工场地的必要的管理人员及保卫人员的费用应由发包人承担。

e. 工程所需清理、修复费用，应由发包人承担。

② 不可抗力解除后复工的，若不能按期竣工，应合理延长工期。发包人要求赶工的，赶工费用应由发包人承担。

③ 因不可抗力解除合同的，应按合同解除规定办理。

11）提前竣工（赶工补偿）。

《建设工程质量管理条例》第十条规定："建设工程发包单位不得迫使承包方以低于成本的价格竞标，不得任意压缩合理工期。"因此，为了保证工程质量，承包人除了根据标准规范、施工图纸进行施工外，还应当按照科学、合理的施工组织设计，按部就班地进行施工作业。

① 招标人应依据相关工程的工期定额合理计算工期，压缩的工期天数不得超过定额工期的20%。超过者，应在招标文件中明示增加赶工费用。

② 发包人要求合同工程提前竣工的，应征得承包人同意后与承包人商定采取加快工程进度的措施，并应修订合同工程进度计划。发包人应承担承包人由此增加的提前竣工（赶工补偿）费用。

③ 发、承包双方应在合同中约定提前竣工每日历天应补偿额度，此项费用应作为增加合同价款列入竣工结算文件中，应与结算款一并支付。

12）误期赔偿：

① 承包人未按照合同约定施工，导致实际进度迟于计划进度的，承包人应加快进度，实现合同工期。

合同工程发生误期，承包人应赔偿发包人由此造成的损失，并应按照合同约定向发包人支付误期赔偿费。即使承包人支付误期赔偿费，也不能免除承包人按照合同约定应承担的任何责任和应履行的任何义务。

② 发、承包双方应在合同中约定误期赔偿费，并应明确每日历天应赔额度。误期赔偿费应列入竣工结算文件中，并应在结算款中扣除。

③ 在工程竣工之前，合同工程内的某单项（位）工程已通过了竣工验收，且该单项（位）工程接收证书中表明的竣工日期并未延误，而是合同工程的其他部分产生了工期延误时，误期赔偿费应按照已颁发工程接收证书的单项（位）工程造价占合同价款的比例幅度予以扣减。

13）索赔。

《建设工程工程量清单计价规范》（GB 50500—2013）规定：

① 当合同一方向另一方提出索赔时，应有正当的索赔理由和有效证据，并应符合合同的相关约定。

② 根据合同约定，承包人认为非承包人原因发生的事件造成了承包人的损失，应按以下程序向发包人提出索赔。

a. 承包人应在知道或应当知道索赔事件发生后 28 天内，向发包人提交索赔意向通知书，说明发生索赔事件的事由。承包人逾期未发出索赔意向通知书的，丧失索赔的权利。

b. 承包人应在发出索赔意向通知书后 28 天内，向发包人正式提交索赔通知书。索赔通知书应详细说明索赔理由和要求，并应附必要的记录和证明材料。

c. 索赔事件具有连续影响的，承包人应继续提交延续索赔通知，说明连续影响的实际情况和记录。

d. 在索赔事件影响结束后的 28 天内，承包人应向发包人提交最终索赔通知书，说明最终索赔要求，并应附必要的记录和证明材料。

③ 承包人索赔应按下列程序处理。

a. 发包人收到承包人的索赔通知书后，应及时查验承包人的记录和证明材料。

b. 发包人应在收到索赔通知书或有关索赔的进一步证明材料后的28天内，将索赔处理结果答复承包人，如果发包人逾期未作出答复，视为承包人索赔要求已被发包人认可。

c. 承包人接受索赔处理结果的，索赔款项应作为增加合同价款，在当期进度款中进行支付；承包人不接受索赔处理结果的，应按合同约定的争议解决方式办理。

④ 承包人要求赔偿时，可以选择以下一项或几项方式获得赔偿：

a. 延长工期。

b. 要求发包人支付实际发生的额外费用。

c. 要求发包人支付合理的预期利润。

d. 要求发包人按合同的约定支付违约金。

⑤ 当承包人的费用索赔与工期索赔要求相关联时，发包人在作出费用索赔的批准决定时，应结合工程延期，综合作出费用赔偿和工程延期的决定。

⑥ 发、承包双方在按合同约定办理了竣工结算后，应被认为承包人已无权再提出竣工结算前所发生的任何索赔。承包人在提交的最终结清申请中，只限于提出竣工结算后的索赔，提出索赔的期限应自发、承包双方最终结清时终止。

⑦ 根据合同约定，发包人认为由于承包人的原因造成发包人的损失，应参照承包人索赔的程序进行索赔。

⑧ 发包人要求赔偿时，可以选择以下一项或几项方式获得赔偿。

a. 延长质量缺陷修复期限。

b. 要求承包人支付实际发生的额外费用。

c. 要求承包人按合同的约定支付违约金。

⑨ 承包人应付给发包人的索赔金额可从拟支付给承包人的合同价款中扣除，或由承包人以其他方式支付给发包人。

14）现场签证合同价款的确定。

《建设工程工程量清单计价规范》（GB 50500—2013）规定：

① 承包人应发包人要求完成合同以外的零星项目、非承包人责任事件等工作的，发包人应及时以书面形式向承包人发出指令，并应提供所需的相关资料；承包人在收到指令后，应及时向发包人提出现场签证要求。

② 承包人应在收到发包人指令后的 7 天内向发包人提交现场签证报告，发包人应在收到现场签证报告后的 48h 内对报告内容进行核实，予以确认或提出修改意见。发包人在收到承包人现场签证报告后的 48h 内未确认也未提出修改意见的，应视为承包人提交的现场签证报告已被发包人认可。

③ 现场签证的工作如已有相应的计日工单价，现场签证中应列明完成该类项目所需的人工、材料、工程设备和施工机械台班的数量。

如现场签证的工作没有相应的计日工单价，应在现场签证报告中列明完成该签证工作所需的人工、材料设备和施工机械台班的数量及其单价。

④ 合同工程发生现场签证事项，未经发包人签证确认，承包人便擅自施工的，除非征得发包人书面同意，否则发生的费用应由承包人承担。

⑤ 现场签证工作完成后的 7 天内，承包人应按照现场签证内容计算价款，报送发包人确认后，作为增加合同价款，与进度款同期支付。

⑥ 在施工过程中，当发现合同工程内容因场地条件、水文地质、发包人要求等不一致时，承包人应提供所需的相关资料，并提交发包人签证认可，作为合同价款调整的依据。

15）暂列金额。

《建设工程工程量清单计价规范》（GB 50500—2013）规定：

① 已签约合同价中的暂列金额应由发包人掌握使用。

② 发包人按照相关规定支付后，暂列金额余额归发包人所有。

4. 工程价款结算

工程量清单计价模式下工程价款结算，主要包括预付款、安全文明施工费、总承包服务费、进度款、质量保证（修）金、竣工结算等。

（1）预付款

1）预付款的规定：

① 承包人应将预付款专用于合同工程。

② 包工包料工程的预付款的支付比例不得低于签约合同价（扣除暂列金额）的10%，不宜高于签约合同价（扣除暂列金额）的30%。

③ 承包人应在签订合同或向发包人提供与预付款等额的预付款保函后，向发包人提交预付款支付申请。

④ 发包人应对在收到支付申请的7天内进行核实，向承包人发出预付款支付证书，并在签发支付证书后的7天内向承包人支付预付款。

⑤ 发包人没有按合同约定按时支付预付款的，承包人可催告发包人支付；发包人在预付款期满后的7天内仍未支付的，承包人可在付款期满后的第8天起暂停施工。发包人应承担由此增加的费用和延误的工期，并应向承包人支付合理利润。

⑥ 预付款应从每一个支付期应支付给承包人的工程进度款中扣回，直到扣回的金额达到合同约定的预付款金额为止。

⑦ 承包人的预付款保函的担保金额根据预付款扣回的数额相应递减，但在预付款全部扣回之前一直保持有效。发包人应在预付款扣完后的14天内将预付款保函退还给承包人。

2）预付款的扣回方法：

发包人支付给承包人的预付款其性质是预支。随着工程进度的推进，拨付的工程进度款数额不断增加，原已支付的预付款应以抵扣的方式陆续扣回，抵扣的方式必须在合同中约定。扣款的方法主要有两种。

① 从起扣点开始起扣的方法。起扣点是指工程预付款开始扣回时的累计完成工程量金额。根据未完工程所需主要材料和构件的费用等于工程预付款数额时确定累计工作量的起扣点。

从每次结算的工程价款中按材料比重抵扣工程价款，竣工前全部扣清。其计算公式为：

$$T = P - \frac{M}{N}$$

式中 T——起扣点；

M——工程预付款数额；

N——主要材料及构件占工程价款总额的比重；

P——承包工程价款总额。

【例 5-3】 某工程计划完成年度建筑安装工作量为 850 万元，根据合同规定工程预付款额度为 25%，材料比例为 50%。试计算累计工作量起扣点。

解： 工程预付款＝850×25%＝212.5（万元）

累计工作量起扣点＝850－212.5/50%＝425（万元）

② 等比率或等额扣款的方法。承、发包双方可以约定在承包人完成工程金额累积达到合同总价的 10%以后，由承包人开始向发包人还款，发包人从每次应付给承包人的金额中扣回工程预付款，发包人至少在合同规定的完工期前三个月将工程预付款的总计金额以等比率或等额扣款的办法扣回。

（2）安全文明施工费

1）安全文明施工费包括的内容和使用范围，应符合国家有关文件和计量规范的规定。安全文明施工费的内容以财政部、安全监管总局印发的《企业安全生产费用提取和使用管理办法》和相关工程现行国家计量规范的规定为准。具体内容如下：

财政部、国家安全生产监督管理总局印发的《企业安全生产费用提取和使用管理办法》（财企［2012］16 号）第十九条规定："建设工程施工企业安全费用应当按照以下范围使用：

（一）完善、改造和维护安全防护设施设备支出（不含'三同时'要求初期投入的安全设施），包括施工现场临时用电系统、洞口、临边、机械设备、高处作业防护、交叉作业防护、防火、防爆、防尘、防毒、防雷、防台风、防地质灾害、地下工程有害气体监测、通风、临时安全防护等设施设备支出；

（二）配备、维护、保养应急救援器材、设备支出和应急演练支出；

（三）开展重大危险源和事故隐患评估、监控和整改支出；

（四）安全生产检查、评价（不包括新建、改建、扩建项目安全评价）、咨询和标准化建设支出；

（五）配备和更新现场作业人员安全防护用品支出；

（六）安全生产宣传、教育、培训支出；

（七）安全生产适用的新技术、新标准、新工艺、新装备的推广应用支出；

（八）安全设施及特种设备检测检验支出；

（九）其他与安全生产直接相关的支出。”

2）发包人应在工程开工后的 28 天内预付不低于当年施工进度计划的安全文明施工费总额的 60%，其余部分应按照提前安排的原则进行分解，并应与进度款同期支付。

3）发包人没有按时支付安全文明施工费的，承包人可催告发包人支付；发包人在付款期满后的 7 天内仍未支付的，若发生安全事故，发包人应承担相应责任。

4）承包人对安全文明施工费应专款专用，在财务账目中应单独列项备查，不得挪作他用，否则发包人有权要求其限期改正；逾期未改正的，造成的损失和延误的工期应由承包人承担。

（3）进度款

《建设工程工程量清单计价规范》（GB 50500—2013）对工程进度款的支付有以下规定：

1）发、承包双方应按照合同约定的时间、程序和方法，根据工程计量结果，办理期中价款结算，支付进度款。

2）进度款支付周期应与合同约定的工程计量周期一致。

3）已标价工程量清单中的单价项目，承包人应按工程计量确认的工程量与综合单价计算；综合单价发生调整的，以发、承包双方确认调整的综合单价计算进度款。

4）已标价工程量清单中的总价项目和按本规范相关规定形成的总价合同，承包人应按合同中约定的进度款支付分解，分别列入进度款支付申请中的安全文明施工费和本周期应支付的总价项目的金额中。

5）发包人提供的甲供材料金额，应按照发包人签约提供的单价和数量从进度款支付中扣除，列入本周期应扣减的金额中。

6）承包人现场签证和得到发包人确认的索赔金额应列入本周期应增加的金额中。

7）进度款的支付比例按照合同约定，按期中结算价款总额计，不低于60%，不得高于90%。

8）承包人应在每个计量周期到期后的7天内向发包人提交已完工程进度款支付申请一式四份，详细说明此周期认为有权得到的款额，包括分包人已完工程的价款。支付申请包括以下内容：

① 累计已完成工程的合同价款。

② 累计已实际支付的工程价款。

③ 本周期合计完成的工程价款。

a. 本周期已完成单价项目的金额。

b. 本周期应支付的总价项目的金额。

c. 本周期已完成的计日工价款。

d. 本周期应支付的安全文明施工费。

e. 本周期应增加的金额。

④ 本周期合计应扣减的金额。

a. 本周期应扣回的预付款。

b. 本周期应扣减的金额。

⑤ 本周期实际应支付的合同价款。

9）发包人应在收到承包人进度款支付申请后的14天内，根据计量结果和合同约定对申请内容予以核实，确认后向承包人出具进度款支付证书。若发、承包双方对部分清单项目的计量结果出现争议，发包人应对无争议部分的工程计量结果向承包人出具进度款支付证书。

10）发包人应在签发进度款支付证书后的14天内，按照支付证书列明的金额向承包人支付进度款。

11）若发包人逾期未签发进度款支付证书，则视为承包人提交的进度款支付申请已被发包人认可，承包人可向发包人发出催告付款的通知。发包人应在收到通知后的14天内，按照承包人支付申请阐明的金额向承包人支付进度款。

12）发包人未按照本规范相关规定支付进度款的，承包人可催告发包人支付，并有权获得延迟支付的利息；发包人在付款期满后的7天内仍未支付的，承包人可在付款期满后的第8天起暂停施工。发包人应承担由此增加的费用和延误的工期，向承包人支付合理利润，并承担违约责任。

13）发现已签发的任何支付证书有错、漏或重复的数额，发包人有权予以修正，承包人也有权提出修正申请。经发、承包双方复核同意修正的，应在本次到期的进度款中支付或扣除。

（4）竣工结算与支付

工程竣工结算是指工程项目完工并经竣工验收合格后，发、承包双方按照施工合同的约定对所完成的工程项目进行的工程价款的计算、调整和确认。工程竣工结算分为单位工程竣工结算、单项工程竣工结算和建设项目竣工总结算。其中，单位工程竣工结算和单项工程竣工结算也可看作是分阶段结算。

单位工程竣工结算由承包人编制，发包人审查；实行总承包的工程，由具体承包人编制，在总包人审查的基础上，发包人审查。单项工程竣工结算或建设项目竣工总结算由总（承）包人编制，发包人可直接进行审查，也可以委托具有相应资质的工程造价咨询机构进行审查。政府投资项目，由同级财政部门审查。单项工程竣工结算或建设项目竣工总结算，经发、承包人签字盖章后生效。承包人应在合同约定期限内完成项目竣工结算编制工作，未在规定期限内完成的并且提不出正当理由延期的，责任自负。

1）竣工结算的一般规定：

① 工程完工后，发、承包双方必须在合同约定时间内办理工程竣工结算。

② 工程竣工结算应由承包人或受其委托具有相应资质的工程造价咨询人编制，并应由发包人或受其委托具有相应资质的工程造价咨询人核对。

③ 当发、承包双方或一方对工程造价咨询人出具的竣工结算文件有异议时，可向工程造价管理机构投诉，申请对其进行执业质量鉴定。

④ 工程造价管理机构对投诉的竣工结算文件进行质量鉴定，宜按本规范中的相关规定进行。

⑤ 竣工结算办理完毕，发包人应将竣工结算文件报送工程所在地或有该工程管辖权的行业管理部门的工程造价管理机构备案，竣工结算文件应作为工程竣工验收备案、交付使用的必备文件。

2）工程竣工结算的编制依据。

工程竣工结算由承包人或受其委托具有相应资质的工程造价咨询人编制，由发包人或受其委托具有相应资质的工程造价咨询人核对。工程竣工结算编制的主要依据有：

① 建设工程工程量清单计价规范；

② 工程合同；

③ 发、承包双方实施过程中已确认的工程量及其结算的合同价款；

④ 发、承包双方实施过程中已确认调整后追加（减）的合同价款；

⑤ 建设工程设计文件及相关资料；

⑥ 投标文件；

⑦ 其他依据。

3）工程竣工结算的计价原则。

在采用工程量清单计价的方式下，工程竣工结算的编制规定的计价原则如下：

① 分部分项工程和措施项目中的单价项目应依据双方确认的工程量与已标价工程量清单的综合单价计算；如发生调整的，以发、承包双方确认调整的综合单价计算。

② 措施项目中的总价项目应依据合同约定的项目和金额计算；如发生调整的，以发、承包双方确认调整的金额计算，其中安全文明施工费必须按照国家或省级、行业建设主管部门的规定计算。

③ 其他项目应按下列规定计价：

a. 计日工应按发包人实际签证确认的事项计算。

b. 暂估价应按发、承包双方按照《建设工程工程量清单计价规范》(GB 50500—2013) 的相关规定计算。

c. 总承包服务费应依据合同约定金额计算，如发生调整的，以发、承包双方确认调整的金额计算。

d. 施工索赔费用应依据发、承包双方确认的索赔事项和金额计算；

e. 现场签证费用应依据发、承包双方签证资料确认的金额计算；

f. 暂列金额应减去工程价款调整（包括索赔、现场签证）金额计算，如有余额归发包人。

④ 规费和税金应按照国家或省级、行业建设主管部门的规定计算。规费中的工程排污费应按工程所在地环境保护部门规定标准缴纳后按实列入。

⑤ 发、承包双方在合同工程实施过程中已经确认的工程计量结果和合同价款，在竣工结算办理中应直接进入结算。

4）竣工结算：

① 合同工程完工后，承包人应在经发、承包双方确认的合同工程期中价款结算的基础上汇总编制完成竣工结算文件，应在提交竣工验收申请的同时向发包人提交竣工结算文件。

承包人未在合同约定的时间内提交竣工结算文件，经发包人催告后 14 天内仍未提交或没有明确答复的，发包人有权根据已有资料编制竣工结算文件，作为办理竣工结算和支付结算款的依据，承包人应予以认可。

② 发包人应在收到承包人提交的竣工结算文件后的 28 天内核对。

发包人经核实：认为承包人还应进一步补充资料和修改结算文件，应在上述时限内向承包人提出核实意见，承包人在收到核实意见后的 28 天内应按照发包人提出的合理要求补充资料，修改竣工结算文件，并应再次提交给发包人复核后批准。

③ 发包人应在收到承包人再次提交的竣工结算文件后的 28 天内予以复核，并将复核结果通知承包人，并应遵守下列规定。

a. 发包人、承包人对复核结果无异议的，应在 7 天内在竣工结算文件上签字确认，竣工结算办理完毕。

b. 发包人或承包人对复核结果认为有误的，无异议部分按照相关规定办理不完全竣工结算；有异议部分由发承包双方协商解决，协商不成的，应按照合同约定的争议解决方式处理。

④ 发包人在收到承包人竣工结算文件后的 28 天内，不审核竣工结算或未提出审核意见的，应视为承包人提交的竣工结算文件已被发包人认可，竣工结算办理完毕。

承包人在收到发包人提出的核实意见后的 28 天内，不确认也未提出异议的，视为发包人提出的核实意见已被承包人认可，竣工结算办理完毕。

⑤ 承包人在收到发包人提出的核实意见后的 28 天内，不确认也未提出异议的，应视为发包人提出的核实意见已被承包人认可，竣工结算办理完毕。

⑥ 发包人委托造价咨询人核对竣工结算的，工程造价咨询人应在 28 天内核对完毕，核对结论与承包人竣工结算文件不一致的，应提交给承包人复核；承包人应在 14 天内将同意核对结论或不同意见的说明提交工程造价咨询人。工程造价咨询人收到承包人提出的异议后，应再次复核，复核无异议的或仍有异

议的，按本规范相关规定办理。承包人逾期未提出书面异议，视为工程造价咨询人核对的竣工结算文件已经承包人认可。

⑦ 对发包人或发包人委托的工程造价咨询人指派的专业人员与承包人指派的专业员经核对后无异议并签名确认的竣工结算文件，除非发、承包人能提出具体、详细的不同意见，发、承包人都应在竣工结算文件签名确认，如其中一方拒不签认的，按下列规定办理：

a. 若发包人拒不签认的，承包人可不提供竣工验收备案资料，并有权拒绝与发包人或其上级部门委托的工程造价咨询人重新核对竣工结算文件。

b. 若承包人拒不签认的，发包人要求办理竣工验收备案的，承包人不得拒绝提供竣工验收资料，否则，由此造成的损失及相应责任由承包人承担。

⑧ 合同工程竣工结算核对完成，发、承包双方签字确认后，发包人不得要求承包人与另一个或多个工程造价咨询人重复核对施工结算。

⑨ 发包人对工程质量有异议，拒绝办理工程竣工结算的，已竣工验收或已竣工未验收但实际投入使用的工程，其质量争议应按该工程保修合同执行，竣工结算应按合同约定办理；已竣工未验收且未实际投入使用的工程及停工、停建工程的质量争议，双方应就有争议的部分委托有资质的检测鉴定机构进行检测，并应根据检测结果确定解决方案，或按工程质量监督机构的处理决定执行后办理竣工结算，无争议部分的竣工结算应按合同约定办理。

5）结算款支付：

① 承包人应根据办理的竣工结算文件向发包人提交竣工结算款支付申请。申请应包括下列内容：

a. 竣工结算合同价款总额。

b. 累计已实际支付的合同价款。

c. 应预留的质量保证金。

d. 实际应支付的竣工结算款金额。

② 发包人应在收到承包人提交竣工结算款支付申请后 7 天内予以核实，向承包人签发竣工结算支付证书。

③ 发包人签发竣工结算支付证书后的 14 天内，应按照竣工结算支付证书列明的金额向承包人支付结算款。

④ 发包人在收到承包人提交的竣工结算款支付申请后 7 天内不予核实，不向承包人签发竣工结算支付证书的，视为承包人的竣工结算款支付申请已被发包人认可；发包人应在收到承包人提交的竣工结算款支付申请 7 天后的 14 天内，按照承包人提交的竣工结算款支付申请列明的金额向承包人支付结算款。

⑤ 工程竣工结算办理完毕后，发包人应按合同约定向承包人支付工程价款。发包人按合同约定应向承包人支付而未支付的工程款视为拖欠工程款。承包人可催告发包人支付，并有权获得延迟支付的利息。根据《最高人民法院关于审理建设工程施工合同纠纷案件适用法律问题的解释》（法释［2004］14 号）第十七条："当事人对欠付工程价款利息计付标准有约定的，按照约定处理；没有约定的，按照中国人民银行发布的同期同类贷款利率信息。发包人应向承包人支付拖欠工程款的利息，并承担违约责任。"和《中华人民共和国合同法》第二百八十六条："发包人未按照合同约定支付价款的，承包人可以催告发包人在合理期限内支付价款。发包人逾期不支付的，除按照建设工程的性质不宜折价、拍卖的以外，承包人可以与发包人协议将该工程折价，也可以申请人民法院将该工程依法拍卖。建设工程的价款就该工程折价或者拍卖的价款优先受偿。"等规定，发包人在竣工结算支付证书签发后或者在收到承包人提交的竣工结算款支付申请 7 天后的 56 天内仍未支付的，除法律另有规定外，承包人可与发包人协商将该工程折价，也可直接向人民法院申请将该工程依法拍卖。承包人应就该工程折价或拍卖的价款优先受偿。

所谓优先受偿，最高人民法院在《关于建设工程价款优先受偿权的批复》（法释［2002］16号）中规定如下：

① 人民法院在审理房地产纠纷案件和办理执行案件中，应当依照《中华人民共和国合同法》第二百八十六条的规定，认定建筑工程的承包人的优先受偿权优于抵押权和其他债权。

② 消费者交付购买商品房的全部或者大部分款项后，承包人就该商品房享有的工程价款优先受偿权不得对抗买受人。

③ 建筑工程价款包括承包人为建设工程应当支付的工作人员报酬、材料款等实际支出的费用，不包括承包人因发包人违约所造成的损失。

④ 建设工程承包人行使优先权的期限为六个月，自建设工程竣工之日或者建设工程合同约定的竣工之日起计算。

6）质量保证金：

① 发包人应按照合同约定的质量保证金比例从结算款中预留质量保证金。质量保证金用于承包人按照合同约定履行属于自身责任的工程缺陷修复义务的，为发包人有效监督承包人完成缺陷修复提供资金保证。建设部、财政部印发的《建设工程质量保证金管理暂行办法》（建质［2005］7号）第七条规定："全部或者部分使用政府投资的建设项目，按工程价款结算总额5%左右的比例预留保证金。社会投资项目采用预留保证金方式的，预留保证金的比例可参照执行。"

② 承包人未按照合同约定履行属于自身责任的工程缺陷修复义务的，发包人有权从质量保证金中扣除用于缺陷修复的各项支出。经查验，工程缺陷属于发包人原因造成的，应由发包人承担查验和缺陷修复的费用。

③ 在合同约定的缺陷责任期终止后，发包人应将剩余的质量保证金返还给承包人。建设部、财政部印发的《建设工程质量保证金管理暂行办法》（建质［2005］7号）第九条规定："缺陷责任期内，承包人认真履行合同约定的责任，到期后，承包人向发包人申请返还保证金。"第十条规定："发包人在接到承包人返还保证金申请后，应于14日内会同承包人按照合同约定

的内容进行核实。如无异议，发包人应当在核实后 14 日内将保证金返还给承包人，逾期支付的，从逾期之日起，按照同期银行贷款利率计付利息，并承担违约责任。发包人在接到承包人返还保证金申请后 14 日内不予答复，经催告后 14 日内仍不予答复，视同认可承包人的返还保证金申请”。

7）最终结清：

① 缺陷责任期终止后，承包人应按照合同约定向发包人提交最终结清支付申请。发包人对最终结清支付申请有异议的，有权要求承包人进行修正和提供补充资料。承包人修正后，应再次向发包人提交修正后的最终结清支付申请。

② 发包人应在收到最终结清支付申请后的 14 天内予以核实，并应向承包人签发最终结清支付证书。

③ 发包人应在签发最终结清支付证书后的 14 天内，按照最终结清支付证书列明的金额向承包人支付最终结清款。

④ 发包人未在约定的时间内核实，又未提出具体意见的，应视为承包人提交的最终结清支付申请已被发包人认可。

⑤ 发包人未按期最终结清支付的，承包人可催告发包人支付，并有权获得延迟支付的利息。

⑥ 最终结清时，承包人被预留的质量保证金不足以抵减发包人工程缺陷修复费用的，承包人应承担不足部分的补偿责任。

⑦ 承包人对发包人支付的最终结清款有异议的，应按照合同约定的争议解决方式处理。

8）合同解除的价款结算与支付。

合同解除是合同非常态的终止，为了限制合同的解除，法律规定了合同解除制度。根据解除权来源划分，可分为协议解除和法定解除。鉴于建设工程施工合同的特性，为了防止社会资源浪费，法律不赋予发、承包人享有任意单方解除权，因此，除了协议解除，按照《最高人民法院关于审理建设工程施工合同纠纷案件适用法律问题的解释》第八条、第九条的规定，施工合同的解除有承包人根本违约的解除和发包人根本违约的解除两种。

① 发、承包双方协商一致解除合同的，应按照达成的协议办理结算和支付合同价款。

② 由于不可抗力致使合同无法履行解除合同的，发包人应向承包人支付合同解除之日前已完成工程但尚未支付的合同价款。此外，还应支付下列金额：

a. 招标文件中明示应由发包人承担的赶工费用。

b. 已实施或部分实施的措施项目应付价款。

c. 承包人为合同工程合理订购且已交付的材料和工程设备货款。

d. 承包人撤离现场所需的合理费用，包括员工遣送费和临时工程拆除、施工设备运离现场的费用。

e. 承包人为完成合同工程而预期开支的任何合理费用，且该项费用未包括在本款其他各项支付之内。

发、承包双方办理结算合同价款时，应扣除合同解除之日前发包人应向承包人收回的价款。当发包人应扣除的金额超过了应支付的金额，承包人应在合同解除后的 86 天内将其差额退还给发包人。

③ 由于承包人违约解除合同的，对于价款结算与支付应按以下规定处理：

a. 发包人应暂停向承包人支付任何价款。

b. 发包人应在合同解除后 28 天内核实合同解除时承包人已完成的全部合同价款以及按施工进度计划已运至现场的材料和工程设备货款，按合同约定核算承包人应支付的违约金以及造成损失的索赔金额，并将结果通知承包人。发、承包双方应在 28 天内予以确认或提出意见，并办理结算合同价款。如果发包人应扣除的金额超过了应支付的金额，则承包人应在合同解除后的 56 天内，将其差额退还给发包人。

c. 发、承包双方不能就解除合同后的结算达成一致的，按照合同约定的争议解决方式处理。

④ 由于发包人违约解除合同的，对于价款结算与支付应按以下规定处理：

a. 发包人除应按照上述第②条的有关规定向承包人支付各项价款外，应按合同约定核算发包人应支付的违约金以及给承包人造成损失或损害的索赔金额费用。该笔费用由承包人提出，发包人核实后与承包人协商确定后的7天内向承包人签发支付证书。

b. 发承包双方协商不能达成一致的，按照合同约定的争议解决方式处理。

9）合同价款争议的处理。

由于建设工程具有施工周期长、不确定因素多等特点，在施工合同履行过程中出现争议是在所难免的，解决合同履行过程中争议的主要方法包括协商、调解、仲裁和诉讼四种。当发承包双方发生争议后，可以先进行协商和解从而达到消除争议的目的，也可以请第三方进行调解；若争议继续存在，发、承包双方可以继续通过仲裁或诉讼的途径解决，当然，也可以直接进入仲裁或诉讼程序解决争议。不论采用何种方式解决发承包双方的争议，只有及时并有效地解决施工过程中的合同价款争议，才是工程建设顺利进行的必要保证。

① 监理或造价员暂定。

从我国现行施工合同示范文本、监理合同示范文本、造价咨询合同示范文本的内容可以看出，合同中一般均会对总监理工程师或造价员在合同履行过程中发、承包双方的争议如何处理有所约定。为使合同争议在施工过程中就能够由总监理工程师或造价员予以解决，对有关总监理工程师或造价员的合同价款争议处理流程及职责权限进行了如下约定：

a. 若发包人和承包人之间就工程质量、进度、价款支付与扣除、工期延期、索赔、价款调整等发生任何法律上、经济上或技术上的争议，首先应根据已签约合同的规定，提交合同约定职责范围内的总监理工程师或造价员解决，并应抄送另一方。

总监理工程师或造价员在收到此提交件后 14 天内应将暂定结果通知发包人和承包人。发承包双方对暂定结果认可的，应以书面形式予以确认，暂定结果成为最终决定。

b. 发、承包双方在收到总监理工程师或造价员的暂定结果通知之后的 14 天内未对暂定结果予以确认也未提出不同意见的，应视为发、承包双方已认可该暂定结果。

c. 发承包双方或一方不同意暂定结果的，应以书面形式向总监理工程师或造价员提出，说明自己认为正确的结果，同时抄送另一方，此时该暂定结果成为争议。在暂定结果对发、承包双方当事人履约不产生实质影响的前提下，发、承包双方应实施该结果，直到按照发承包双方认可的争议解决办法被改变为止。

② 管理机构的解释和认定：

a. 工程造价管理机构是工程造价计价依据、办法以及相关政策的制定和管理机构。对发包人、承包人或工程造价咨询人在工程计价中，对计价依据、办法以及相关政策规定发生的争议进行解释是工程造价管理机构的职责。合同价款争议发生后，发、承包双方可就工程计价依据的争议以书面形式提请工程造价管理机构对争议以书面文件进行解释或认定。

b. 工程造价管理机构应在收到申请的 10 个工作日内就发、承包双方提请的争议问题制定办事指南，明确规定解释流程、时间，认真做好此项工作。

c. 发、承包双方或一方在收到工程造价管理机构书面解释或认定后仍可按照合同约定的争议解决方式提请仲裁或诉讼。除工造价管理机构的上级管理部门作出了不同的解释或认定，或在仲裁裁决或法院判决中不予采信的外，工程造价管理机构作出的书面解释或认定应为最终结果，并应对发、承包双方均有约束力。

③ 协商和解。

协商是双方在自愿互谅的基础上，按照法律、法规的规定，通过摆事实讲道理就争议事项达成一致意见的一种纠纷解决方式。

a. 合同价款争议发生后，发、承包双方任何时候都可以进行协商。协商达成一致的，双方应签订书面和解协议，并明确和解协议对发、承包双方均有约束力。

b. 如果协商不能达成一致协议，发包人或承包人都可以按合同约定的其他方式解决争议。

④ 调解。

按照《中华人民共和国合同法》的规定，当事人可以通过调解解决合同争议，但在工程建设领域，目前的调解主要出现在仲裁或诉讼中，即所谓司法调解；有的通过建设行政主管或工程造设管理机构处理，双方认可，即所谓行政调解。司法调解耗时较长，且增加了诉讼成本；行政调解受行政管理人员专业水平、处理能力等的影响，其效果也受到限制。因此，“13版计价规范”提出了由发、承包双方约定相关工程专家作为合同工程争议调解人的思路，类似于国外的争议评审或争端裁决，可理解为专业调解，这在我国《合同法》的框架内，为有法可依，使争议尽可能在合同履行过程中得到解决，确保工程建设的顺利进行。

a. 发、承包双方应在合同中约定或在合同签订后共同约定争议调解人，负责双方在合同履行过程中发生争议的调解。

b. 合同履行期间，发、承包双方可协议调换或终止任何调解人，但发包人或承包人都不能单独采取行动。除非双方另有协议，在最终结清支付证书生效后，调解人的任期应即终止。

c. 如果发、承包双方发生了争议，任何一方可将该争议以书面形式提交调解人，并将副本抄送另一方，委托调解人调解。

d. 发、承包双方应按照调解人提出的要求，给调解人提供所需要的资料、现场进入权及相应设施。调解人应被视为不是在进行仲裁人的工作。

e. 调解人应在收到调解委托后28天内或由调解人建议并经发承包双方认可的其他期限内提出调解书，发、承包双方接受调解书的，经双方签字后作为合同的补充文件，对发、承包双方均具有约束力，双方都应立即遵照执行。

f. 当发、承包双方中任一方对调解人的调解书有异议时，应在收到调解书后28天内向另一方发出异议通知，并应说明争议的事项和理由。但除非并直到调解书在协商和解或仲裁裁决、诉讼判决中作出修改，或合同已经解除，承包人应继续按照合同实施工程。

g. 当调解人已就争议事项向发、承包双方提交了调解书，而任一方在收到调解书后28天内均未发出表示异议的通知时，调解书对发、承包双方应均具有约束力。

⑤ 仲裁、诉讼。

《中华人民共和国合同法》第一百二十八条规定，“当事人可以通过和解或者调解解决合同争议。当事人不愿和解、调解或者和解、调解不成的，可以根据仲裁协议向仲裁机构申请仲裁……当事人没有订立仲裁协议或者仲裁协议无效的，可以向人民法院起诉”。

a. 发、承包双方的协商和解或调解均未达成一致意见，其中的一方已就此争议事项根据合同约定的仲裁协议申请仲裁，应同时通知另一方。进行协议仲裁时，应遵守《中华人民共和国仲裁法》的有关规定，如第四条“当事人采用仲裁方式解决纠纷，应当双方自愿，达成仲裁协议。没有仲裁协议，一方申请仲裁的，仲裁委员会不予受理”；第五条“当事人达成仲裁协议，一方向人民法院起诉的，人民法院不予受理，但仲裁协议无效的除外”；第六条“仲裁委员会应当由当事人协议选定。仲裁不实行级别管辖和地域管辖”。

b. 仲裁可在竣工之前或之后进行，但发包人、承包人、调解人各自的义务不得因在工程实施期间进行仲裁而有所改变。当仲裁是在仲裁机构要求停止施工的情况下进行时，承包人应对合同工程采取保护措施，由此增加的费用应由败诉方承担。

c. 在前述第①至④款中规定的期限之内，暂定或和解协议或调解书已经有约束力的情况，当发、承包中一方未能遵守暂定或和解协议或调解书时，另一方可在不损害他可能具有的任何其他权利的情况下，将未能遵守暂定或不执行和解协议或调解书达成的事项提交仲裁。

d. 发包人、承包人在履行合同时发生争议，双方不愿和解、调解或者和解、调解不成，又没有达成仲裁协议的，可依法向人民法院提起诉讼。

10）工程造价鉴定。

在工程合同价款纠纷案件处理中，需做工程造价司法鉴定的，应委托具有相应资质的工程造价咨询人进行。

① 工程造价咨询人需遵守的一般性规定：

a. 程序合法。工程造价咨询人接受委托，提供工程造价司法鉴定服务，除应符合本规范的规定外，应按仲裁、诉讼程序和要求进行，并符合国家关于司法鉴定的规定。

b. 人员合格。工程造价咨询人进行工程造价司法鉴定，应指派专业对口、经验丰富的注册造价员承担鉴定工作。

c. 按期完成。工程造价咨询人应在收到工程造价司法鉴定资料后10天内，根据自身专业能力和证据资料，判断能否胜任该项委托。如不能，应辞去该项委托。禁止工程造价咨询人在鉴定期满后以上述理由不做出鉴定结论，影响案件处理。

d. 适当回避。接受工程造价司法鉴定委托的工程造价咨询人或造价员如是鉴定项目一方当事人的近亲属或代理人、咨询人以及其他关系可能影响鉴定公正的，应当自行回避；未自行回避，鉴定项目委托人以该理由要求其回避的，必须回避。

e. 接受质询。工程造价咨询人应当依法出庭接受鉴定项目当事人对工程造价司法鉴定意见书的质询。如确因特殊原因无法出庭的，经审理该鉴定项目的仲裁机关或人民法院准许，可以书面答复当事人的质询。

② 工程造价鉴定的取证

a. 所需收集的鉴定材料。工程造价咨询人进行工程造价鉴定工作，应自行收集以下（但不限于）鉴定资料。

（a）适用于鉴定项目的法律、法规、规章、规范性文件以及规范、标准、定额。

（b）鉴定项目同时期同类型工程的技术经济指标及其各类要素价格等。

（c）工程造价咨询人收集鉴定项目的鉴定依据时，应向鉴定项目委托人提出具体书面要求，其内容包括：a）与鉴定项目相关的合同、协议及其附件；b）相应的施工图纸等技术经济文件；c）施工过程中施工组织、质量、工期和造价等工程资料；d）存在争议的事实及各方当事人的理由；e）其他有关资料。

工程造价咨询人在鉴定过程中要求鉴定项目当事人对缺陷资料进行补充的，应征得鉴定项目委托人同意，或者协调鉴定项目各方当事人共同签认。

b. 现场勘验。根据鉴定工作需要现场勘验的，工程造价咨询人应提请鉴定项目委托人组织各方当事人对被鉴定项目所涉及的实物标的进行现场勘验。

勘验现场应制作勘验记录、笔录或勘验图表，记录勘验的时间、地点、勘验人、在场人、勘验经过、结果，由勘验人、在场人签名或者盖章确认。对于绘制的现场图应注明绘制的时间、测绘人姓名、身份等内容。必要时应采取拍照或摄像取证，留下影像资料。

鉴定项目当事人未对现场勘验图表或勘验笔录等签字确认的，工程造价咨询人应提请鉴定项目委托人决定处理意见，并在鉴定意见书中作出表述。

③ 鉴定结论：

a. 鉴定依据的选择。工程造价咨询人在鉴定项目合同有效的情况下应根据合同约定进行鉴定，不得任意改变双方合法的合意。工程造价咨询人在鉴定项目合同无效或合同条款约定不明确的情况下应根据法律法规、国家相关标准和清单计价规范的规定，选择相应专业工程的计价依据和方法进行鉴定。

b. 鉴定意见。工程造价咨询人出具正式鉴定意见书之前，可报请鉴定项目委托人向鉴定项目各方当事人发出鉴定意见书征求意见稿，并指明应书面答复的期限及其不答复的相应法律责任。工程造价咨询人收到鉴定项目各方当事人对鉴定意见书征求意见稿的书面复函后，应对不同意见认真复核，修改完善后再出具正式鉴定意见书。

工程造价咨询人出具的工程造价鉴定书应包括以下内容：

（a）鉴定项目委托人名称、委托鉴定的内容；

（b）委托鉴定的证据材料；

（c）鉴定的依据及使用的专业技术手段；

（d）对鉴定过程的说明；

（e）明确的鉴定结论；

（f）其他需说明的事宜；

（g）工程造价咨询人盖章及注册造价员签名盖执业专用章。

④ 鉴定期限的延长。

工程造价咨询人应在委托鉴定项目的鉴定期限内完成鉴定工作，如确因特殊原因不能在原定期限内完成鉴定工作时，应按照相应法规提前向鉴定项目委托人申请延长鉴定期限，并在此期限内完成鉴定工作。

经鉴定项目委托人同意，等待鉴定项目当事人提交、补充证据，质证所用的时间不应计入鉴定期限。

5.1.7 工程量清单计价步骤

1. 熟悉工程量清单

工程量清单是计算工程造价最重要的依据，在计价时必须全面了解每一个清单项目的特征描述，熟悉其所包括的工程内容，以便在计价时不漏项，不重复计算。

2. 研究招标文件

工程招标文件的有关条款、要求和合同条件，是工程量清单计价的重要依据。在招标文件中对有关承、发包工程范围、内容、期限、工程材料、设备采购及供应方法等有具体规定，只有在计价时按规定进行，才能保证计价的有效性。因此，投标单位拿到招标文件后，根据招标文件的要求，要对照图纸，对招标文件提供的工程量清单进行复查或复核，其内容主要包括以下几项：

（1）分专业对施工图进行工程量的数量审查。招标文件上要求投标人审核工程量清单，如果投标人不审核，则不能发现清单编制中存在的问题，也就不能充分利用招标人给予投标人澄清问题的机会，则由此产生的后果由投标人自行负责。如投标人发现由招标人提供的工程量有误，招标人可按合同约定进行处理。

（2）根据图纸说明和各种选用规范对工程量清单项目进行审查。这主要是指根据规范和技术要求，审查清单项目是否有漏项。

（3）根据技术要求和招标文件的具体要求，对工程需要增加的内容进行审查。认真研究招标文件是投标人争取中标的第一要素。表面上看，各招标文件基本相同，但每个项目都有自己的特殊要求，这些要求一定会在招标文件中反映出来，这需要投标人仔细研究。有的工程量清单要求增加的内容、技术要求，如与招标文件不一致，只有通过审查和澄清才能统一起来。

3. 熟悉施工图纸

全面、系统地阅读图纸，是准确计算工程造价的重要基础。阅读图纸时，应注意以下几点。

（1）按设计要求，收集图纸选用的标准图、大样图。

（2）认真阅读设计说明，掌握安装构件的部位和尺寸、安装施工要求及特点。

（3）了解本专业施工与其他专业施工工序之间的关系。

（4）对图纸中的错误、漏洞以及表示不清楚的地方予以记录，以便在招标答疑会上询问解决。

4. 熟悉工程量计算规则

当采用消耗量定额分析分部分项工程的综合单价时，对消耗量定额的工程量计算规则的熟悉和深入掌握，是快速、准确分析综合单价的重要保证。

5. 了解施工组织设计

施工组织设计或施工方案是施工单位的技术部门针对具体工程编制的施工作业的指导性文件，其中对施工技术措施、安全措施、施工机械配置、是否增加辅助项目等，在工程计价的过程中都应予以注意。施工组织设计所涉及的费用主要属于措施项目费。

6. 熟悉加工订货的有关情况

明确建设、施工单位双方在加工订货方面的分工。对需要进行委托加工订货的设备、材料、零件等，提出委托加工计划，并落实加工单位及加工产品的价格。

7. 明确主材和设备的来源情况

主材和设备的型号、规格、数量、材质、品牌等对工程计价影响很大，因此要求招标人对主材和设备的采购范围及有关内容予以明确，必要时注明产地和厂家。

8. 计算工程量

清单计价的工程量主要有两部分内容：一是核算工程量清单所提供清单项目工程量是否准确；二是计算每一个清单主体项目所组合的辅助项目工程量，以便分析综合单价。

9. 确定措施项目清单内容

措施项目清单是完成项目施工必须采取的措施所需的工作内容，该内容必须结合项目的施工方案或施工组织设计的具体情况填写。因此，在确定措施项目清单内容时，一定要根据自己的施工方案或施工组织设计加以修改。

10. 计算综合单价

将工程量清单主体项目及其组合的辅助项目汇总，填入分部分项综合单价计算表中。如采用消耗量定额分析综合单价的，则应按照定额的计量单位，选套相应定额，计算出各项的管理费和利润，汇总为清单项目费合价，分析出综合单价。综合单价是报价和调价的主要依据。

投标人可以用企业定额，也可以用建设行政主管部门的消耗量定额，甚至可以根据本企业的技术水平调整消耗量的定额来计价。

11. 计算措施项目费、其他项目费、规费、税金

按规范和约定计算措施项目费、其他项目费、规费和税金。

12. 汇总计算单位工程造价

将分部分项工程项目费、措施项目费、其他项目费和规费、税金汇总计算出单位工程造价，将各个单位工程造价汇总计算出单项工程造价。

5.1.8 工程量清单计价的影响因素

工程量清单报价中标的工程，无论采用何种计价方法，在正常情况下基本说明工程造价已确定，只是当出现设计变更或工程量变动时，通过签证再结算调整另行计算。工程量清单工程成本要素的管理重点，是在既定收入的前提下如何控制成本支出。

1. 对用工批量的有效管理

人工费支出约占建筑产品成本的17%，且随市场价格波动而不断变化。对人工单价在整个施工期间作出切合实际的预测，是控制人工费用支出的前提条件。

（1）根据施工进度，月初依据工序合理计划出用工数量，结合市场人工单价计算出本月控制指标。

（2）在施工过程中，依据工程分部分项，对每天用工数量连续记录，在完成一个分项后，就同工程量清单报价中的用工数量对比，进行横评找出存在问题，办理相应手续，以便对控制指标加以修正。每月完成几个工程分项后各自同工程量清单报价中的用工数量对比，考核控制指标完成情况。通过这种控制节约用工数量，就意味着降低人工费支出，即增加了相应的效益。这种对用工数量控制的方法，最大的优势在于不受任何工程结构形式的影响，分阶段加以控制，有很强的实用性。人

工费用控制指标，主要是从量上加以控制。重点通过对在建工程过程控制，积累各类结构形式下实际用工数量的原始资料，以便形成企业定额体系。

2. 材料费用的管理

材料费用开支约占建筑产品成本的63%，是成本要素控制的重点。材料费用因工程量清单报价形式不同，材料供应方式不同而有所不同。如业主限价的材料价格，如何管理？其主要问题可从施工企业采购过程降低材料单价来把握。首先，对本月施工分项所需材料用量下发采购部门，在保证材料质量前提下货比三家。采购过程以工程清单报价中材料价格为控制指标，确保采购过程产生收益。对业主供材料，确保足斤足两，严把验收入库环节。其次，在施工过程中，严格执行质量方面的程序文件，做到材料堆放合理布局，减少二次搬运。具体操作依据工程进度实行限额领料，完成一个分项后考核控制效果。最后，是杜绝没有收入的支出，把返工损失降到最低限度。月末应把控用量和价格同实际数量横向对比，考核实际效用，对超用材料数量落实清楚，是在哪个工程子项造成的？原因是什么？是否存在同业主计取材料差价的问题等。

3. 机械费用的管理

机械费的开支约占建筑产品成本的7%，其控制指标主要是根据工程量清单计算出使用的机械控制台班数。在施工过程中，每天做好详细台班记录，是否存在维修、待班的台班。如存在现场停电超过合同规定时间，应在当天同业主做好待班现场签证记录，月末将实际使用台班同控制台班的绝对数进行对比，分析量差发生的原因。对机械费价格一般采取租赁协议，合同一般在结算期内不变动，所以，控制实际用量是关键。依据现场情况做到设备合理布局，充分利用，特别是要合理安排大型设备进出场时间，以降低费用。

4. 施工过程中水电费的管理

水电费的管理，在以往工程施工中一直被忽视。水作为人类赖以生存的宝贵资源，越来越短缺，正在给人类敲响警钟。这对加强施工过程中水电费管理的重要性不言而喻。为便于施工过程支出的控制管理，应把控制用量计算到施工子项，以便于水电费用控制。月末依据完成子项所需水电用量同实际用量对比，找出差距的出处，以便制定改正措施。总之，施工过程中对水电用量控制不仅仅是一个经济效益的问题，更重要的是一个合理利用宝贵资源的问题。

5. 对设计变更和工程签证的管理

在施工过程中，时常会遇到一些原设计未预料的实际情况或业主单位提出要求改变某些施工做法、材料代用等，引发设计变更；同样，对施工图以外的内容及停水、停电，或因材料供应不及时造成停工、窝工等都需要办理工程签证。

（1）应由负责现场的技术人员做好工程量的确认，如存在工程量清单不包括的施工内容，应及时通知技术人员，将需要办理工程签证的内容落实清楚。

（2）工程造价人员审核变更或签证签字内容是否清楚完整、手续是否齐全。如手续不齐全，应在当天督促施工人员补办手续，变更或签证的资料应连续编号。

（3）工程造价人员应特别注意在施工方案中涉及的工程造价问题。在投标时，工程量清单是依据以往的经验计价，建立在既定的施工方案基础上的。施工方案的改变便是对工程量清单造价的修正。变更或签证是工程量清单工程造价中所不包括的内容，但在施工过程中费用已经发生，工程造价人员应及时地编制变更及签证后的变动价值。加强设计变更和工程签证工作是施工企业经济活动中的一个重要组成部分，它可防止应得效益的流失，反映工程真实造价构成，对施工企业各级管理者来说更显得重要。

6. 对其他成本要素的管理

成本要素除工料单价法包含的以外，还有管理费用、利润、临设费、税金、保险费等。这部分收入已分散在工程量清单的子项之中，中标后已成既定的数，因而，在施工过程中应注意以下几点：

（1）节约管理费用是重点，制定切实的预算指标，对每笔开支严格依据预算执行审批手续；提高管理人员的综合素质，做到高效、精干，提倡一专多能。对办公费用的管理，从节约一张纸、减少每次通话时间等方面着手，精打细算，控制费用支出。

（2）利润作为工程量清单子项收入的一部分，在成本不亏损的情况下，就是企业既定利润。

（3）临设费管理的重点是，依据施工的工期及现场情况合理布局临设。尽可能就地取材搭建临设，工程接近竣工时及时减少临设的占用。对购买的彩板房每次安、拆要高抬轻放，延长使用次数。日常使用及时维护易损部位，延长使用寿命。

（4）对税金、保险费的管理重点是一个资金问题，依据施工进度及时拨付工程款，确保按国家规定的税金及时上缴。

以上六个方面是施工企业的成本要素，针对工程量清单形式带来的风险性，施工企业要从加强过程控制的管理入手，才能将风险降到最低点。积累各种结构形式下成本要素的资料，逐步形成科学合理的，具有代表人力、财力、技术力量的企业定额体系。通过企业定额，使报价不再盲目，避免了一味过低或过高报价所形成的亏损、废标，以应付复杂激烈的市场竞争。

5.1.9 工程量清单计价相关规定

（1）采用工程量清单计价，建设工程造价由分部分项工程费、措施项目费、其他项目费、规费和税金组成。

（2）《建筑工程施工发包与承包计价管理办法》（建设部令第 107 号）第五条规定，工程计价方法包括工料单价法和综合单价法。实行工程量清单计价应采用综合单价法，其综合单价的组成内容应包括人工费、材料费、施工机械使用费、企业管理费、利润，以及一定范围内的风险费组成。

（3）招标文件中的工程量清单标明的工程量是招标人根据

拟建工程设计文件预计的工程量，不能作为承包人在实际工作中应予以完成的实际和准确的工程量。招标文件中工程量清单所列的工程量一方面是各投标人进行投标报价的共同基础，另一方面也是对各投标人的投标报价进行评审的共同平台，是招标投标活动应当遵循公开、公平、公正和诚信、信用原则的具体体现。

发、承包双方进行工程竣工结算的工程量应按照发、承包双方在合同中的约定应予计量且实际完成工程量确定，而非招标文件中工程量清单所列的工程量。

（4）措施项目清单计价应根据拟建工程的施工组织设计，可以计算工程量的措施项目，应按分部分项工程量清单的方式采用综合单价计价；其余的措施项目可以“项”为单位的方式计价，应包括除规费、税金外的全部费用。

（5）根据《中华人民共和国安全生产法》、《中华人民共和国建筑法》、《建设工程安全生产管理条例》、《安全生产许可证条例》等法律、法规的规定，建设部办公厅印发了《建筑工程安全防护、文明施工措施费及使用管理规定》（建办［2005］89号），将安全文明施工费纳入国家强制性标准管理范围，其费用标准不予竞争。《建设工程工程量清单计价规范》（GB 50500—2013）规定措施项目清单中的安全文明施工费用进行优惠，投标人也不得将该项费用参与市场竞争。此处的安全文明施工费包括《建筑安装工程费用项目组成》（建标［2013］44号）中措施费的文明施工费、环境保护费、临时设施费、安全施工费。

（6）其他项目清单应根据工程特点和工程实施过程中的不同阶段进行计价。

（7）按照《工程建设项目货物招标投标办法》（国家发改委、建设部等七部委27号令）第五条规定，“以暂估价形式包括在总承包范围内的货物达到国家规定规模标准的，应当由总承包中标人和工程建设项目招标人共同依法组织招标”，若招标人在工程量清单中提供了暂估价的材料和专业工程属于依法必须招标的，由承包人和招标人共同通过招标确定材料单价与专业工程分包价。若材料不属于依法必须招标的，经发、承包双方协商确认单价后计价；若专业工程不属于依法必须招标的，经发、承包双方协商确认单价后计价；若专业工程不属于依法必须招标的，由发包人、总承包人与分包人按有关计价依据进行计价。

上述规定同样适用于以暂估价形式出现的专业分包工程。

对未达到法律、法规规定招标规模标准的材料和专业工程，需要约定定价的程序和方法，并与材料样品报批程序相互衔接。

（8）根据建设部、财政部印发的《建筑安装工程费用项目组成》（建标［2013］44号）的规定，规费是政府和有关全力部门规定必须缴纳的费用。税金是国家按照税法预先规定的标准，强制地、无偿地要求纳税人缴纳的费用。它们都是工程造价的组成部分，但是其费用内容和计取标准都不是发、承包人能自主确定的，更不是由市场竞争决定的。因而，《建设工程工程量清单计价规范》（GB 50500—2013）规定："规费和税金应按国家或省级、行业建设主管部门的规定计算，不得作为竞争性费用。"

（9）采用工程量清单计价的工程，应在招标文件或合同中明确风险内容及其范围（幅度），不得采用无限风险、所有风险或类似语句规定风险内容及其范围（幅度）。

风险是一种客观存在的、会带来损失的、不确定的状态。它具有客观性、损失性、不确定性的特点，并且风险始终是与损失相联系的。工程风险是指一项工程在设计、施工、设备调试以及移交运行等项目周期全过程可能发生的风险。工程施工发包是一种期货交易行为，工程建设本身又具有单件性和建设周期长的特点。在工程施工过程中影响施工及工程造价的风险因素很多，但并非所有的风险都是承包人能预测、能控制和应承担其造成损失的。

工程施工招标发包是工程建设交易方式之一，一个成熟的建设市场应是一个体现交易公平性的市场。在工程建设施工发包中实行风险共担和合理分摊原则是实现建设市场交易公平性的具体体现，是维护建设市场正常秩序的措施之一。其具体体现则是应在招标文件或合同中对发、承包双方各自应承担的风险内容及其风险范围或幅度进行界定和明确，而不能要求承包人承担所有风险或无限度风险。

根据我国工程建设的特点及国际惯例，工程施工阶段的风险宜采用以下分摊原则，由发、承包双方分担：

（1）对于承包人根据自身技术水平、管理、经营状况能够自主控制的技术风险和管理风险，如承包人的管理费、利润的风险，承包人应结合市场情况，根据企业自身实际合理确定、自主报价，该部分风险由承包人全部承担。

（2）对于法律、法规、规章或有关政策出台导致工程税金、规费等发生变化，并由省级、行业建设行政主管部门或其授权的工程造价管理机构根据上述变化发布的政策性调整，承包人不应承担此类风险，应按照有关调整规定执行。

（3）对于根据我国目前工程建设的实际情况，各省、自治区、直辖市建设行政主管部门根据当地劳动行政主管部门的有关规定发布的人工成本信息，对此关系职工切身利益的人工费，承包人不应承担风险，应按照有关规定进行调整。

（4）对于主要由市场价格波动导致的价格风险，如工程造价中的建筑材料、燃料等价格风险，发、承包双方应当在招标文件中或在合同中对此类风险的范围和幅度予以明确约定，进行合理分摊。

根据工程特点和工期要求，《建设工程工程量清单计价规范》（GB 50500—2013）中提出承包人可承担5％以内的材料价格风险，10％的施工机械使用费的风险。

5.2 工程量清单的编制

5.2.1 工程量清单三个基本概念的含义

《计价规范》提出了三个“工程量清单”概念，即工程量清单、招标工程量清单、已标价工程量清单。

（1）“工程量清单”。载明了建设工程分部分项工程项目、措施项目和其他项目的名称与相应数量及规费和税金项目等内容，它是招标工程量清单和已标价工程量清单的统称，招标工程量清单和已标价工程量清单是在工程发承包的不同阶段对工程量清单的进一步具体化。

（2）“招标工程量清单”。必须作为招标文件的组成部分，其准确性和完整性由招标人负责。它是工程量清单计价的基础，应作为编制招标控制价、投标报价、计算或调整工程量、索赔等的依据之一，是招标、投标、签订履行合同、工程价款核算等工作顺利开展的重要依据。它强调其随招标文件发布供投标报价这一作用。因此，无论是招标人还是投标人都应慎重对待。

（3）“已标价工程量清单”。是从工程量清单作用方面细化而来的，强调该清单是为承包人所确认的投标报价所用，是基于招标工程量清单由投标人或受其委托具有相应资质的工程造价咨询人编制的，其项目编码、项目名称、项目特征、计量单位、工程量必须与招标工程量清单一致。

5.2.2 工程量清单的作用

1. 工程量清单的基本作用

工程量清单最基本的功能是作为信息的载体，以便投标人能对工程有全面充分的了解。除此以外，还具有以下作用。

（1）工程量清单为投标者提供了一个公开、公平、公正的竞争环境。工程量清单由招标人统一提供，统一的工程量避免了由于计算不准确、项目不一致等人为因素造成的不公正影响，使投标者站在同一起跑线上，营造出一个公平的竞争环境。

（2）工程量清单是计价和询标、评标的基础。工程量清单由招标人提供，无论是标底的编制还是企业投标报价，都必须在工程量清单的基础上进行。同时为今后的询标、评标奠定了基础。当然，如果工程量清单有计算错误或漏项，也可按招标文件或《计价规范》的有关规定在中标后进行修正。

（3）工程量清单是施工过程中支付工程进度款的依据。

（4）工程量清单是办理工程结算、竣工结算及工程索赔的重要依据。

（5）工程量清单是编制招标标底（控制价）和投标报价的依据。

2. 招标工程量清单具有以下主要作用

（1）招标工程量清单为投标人的投标竞争提供了一个平等和共同的基础。招标工程量清单是由招标人负责编制，将要求投标人完成的工程项目及其相应工程实体数量全部列出，为投标人提供拟建工程的基础信息。这样，在建设工程的招标投标中，投标人的竞争活动就有了一个共同的基础，其机会是均等的。

（2）招标工程量清单是建设工程计价的依据。

在招标投标过程中，招标人根据招标工程量清单编制招标工程的招标控制价；投标人按照招标工程量清单所表述的内容，依据企业定额计算投标价格，自主填报工程量清单所列项目的单价与合价。

（3）招标工程量清单是工程付款和结算的依据。

招标工程量清单是工程量清单计价的基础。在施工阶段，发包人根据承包人完成的工程量清单中规定的内容及合同单价支付工程款。工程结算时，承、发包双方按照工程量清单计价表对已实施的分部分项工程或计价项目，按照合同单价和相关合同条款核算结算价款。

（4）招标工程量清单是调整工程价款、处理工程索赔的依据。

在发生工程变更和工程索赔时，可以选用或参照招标工程量清单中的分部分项工程计价及合同单价来确定变更价款和索赔费用。

5.2.3 招标工程量清单编制原则、依据及一般规定

1. 招标工程量清单编制原则

（1）必须能满足建设工程项目招标、投标计价的需要。

（2）必须遵循《房屋建筑与装饰工程工程量计算规范》（GB 50854—2013）中项目编码、项目名称、计量单位、计算规则、工作内容的各项规定。

（3）必须能满足控制实物工程量，市场竞争形成价格的价格运行机制和对工程造价进行合理确定与有效控制的要求。

（4）必须适度考虑我国目前工程造价管理工作的现状，必须有利于规范建筑市场的计价行为，能够促进企业的竞争能力。

2. 招标工程量清单编制依据

（1）《建设工程工程量清单计价规范》（GB 50500—2013）和相关工程的国家计量规范。

（2）国家或省级、行业建设主管部门颁发的计价定额和办法。

（3）建设工程设计文件及相关资料。

（4）与建设工程有关的标准、规范、技术资料。

（5）拟定的招标文件。

（6）施工现场情况、地质勘察水文资料、工程特点及常规施工方案。

（7）其他相关资料。

3. 招标工程量清单编制一般规定

（1）招标工程量清单应由招标人负责编制，若招标人不具有编制工程量清单的能力，则可根据《工程造价咨询企业管理办法》（建设部第149号令）的规定，委托具有工程造价咨询性质的工程造价咨询人编制。

（2）招标工程量清单必须作为招标文件的组成部分，其准确性（数量不算错）和完整性（不缺项漏项）应由招标人负责。招标人应将工程量清单连同招标文件一起发（售）给投标人。投标人依据工程量清单进行投标报价时，对工程量清单不负有核实的义务，更不具有修改和调整的权力。如投标人委托工程造价咨询人编制工程量清单，其责任仍由招标人负责。

（3）招标工程量清单是工程量清单计价的基础，应作为编制招标控制价、投标报价、计算或调整工程量以及工程索赔等的依据之一。

（4）招标工程量清单应以单位（项）工程为单位编制，应由分部分项工程项目清单、措施项目清单、其他项目清单、规费和税金项目清单组成。

5.2.4 招标工程量清单的组成及内容

1. 招标工程量清单的组成

招标工程量清单主要包括工程量清单说明和工程量清单表，如图 5-4 所示。

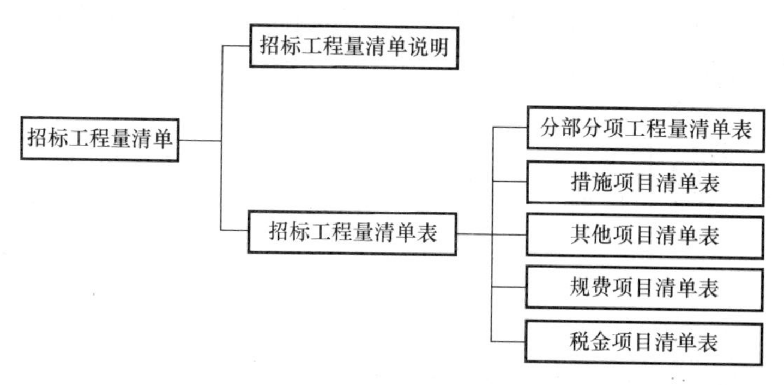

图 5-4 招标工程量清单的组成

2. 招标工程量清单的具体内容

《计价规范》规定招标工程量清单由下列内容组成：

（1）招标工程量清单封面（封-1）。

（2）招标工程量清单扉页（扉-1）。

（3）招标工程量清单总说明（表-01）。

（4）分部分项工程和单价措施项目清单与计价表（表-08）。

（5）总价措施项目清单与计价表（表-11）。

（6）其他项目清单与计价汇总表（表-12）。

（7）暂列金额明细表（表-12-1）。

（8）材料（工程设备）暂估单价及调整表（表-12-2）。

（9）专业工程暂估价及结算价表（表-12-3）。

（10）计日工表（表-12-4）。

（11）总承包服务费计价表（表-12-5）。

（12）规费、税金项目计价表（表-13）。

（13）发包人提供材料和工程设备一览表（表-20）。

（14）承包人提供主要材料和工程设备一览表（表-21 或表-22）。

注：括号中表的编号为《计价规范》中表的编号。

5.2.5 招标工程量清单的编制

招标工程量清单是招标文件的组成部分，主要由分部分项工程量清单、措施项目清单、其他项目清单和规费、税金项目清单组成，是编制招标控制价和投标报价的依据，是签订工程合同、调整工程量和办理竣工结算的基础。

招标工程量清单由有编制招标文件能力的招标人或受其委托具有相应资质的工程造价咨询机构、招标代理机构依据有关计价办法、招标文件的有关要求、设计文件和施工现场实际情况编制。

1. 分部分项工程量清单

分部分项工程是“分部工程”和“分项工程”的总称。“分部工程”是单位工程的组成部分，系按结构部位、路段长度及施工特点或施工任务将单位工程划分为若干分部的工程。例如，砌筑工程分为砖砌体、砌块砌体、石砌体、垫层分部工程。“分项工程”是分部工程的组成部分，系按不同施工方法、材料、工序及路段长度等分部工程划分为若干个分项或项目的工程。例如砖砌体分为砖基础、砖砌挖孔桩护壁、实心砖墙、多孔砖墙、空心砖墙、空斗墙、空花墙、填充墙、实心砖柱、多孔砖柱、砖检查井、零星砌砖、砖散水地坪、砖地沟明沟等分项工程。

分部分项工程项目清单必须载明项目编码、项目名称、项目特征、计量单位和工程量。分部分项工程项目清单必须根据各专业工程计量规范规定的项目编码、项目名称、项目特征、计量单位和工程量计算规则进行编制。其格式见表 5-2 所示，在分部分项工程量清单的编制过程中，由招标人负责前六项内容填列，金额部分在编制招标控制价或投标报价时填列。

分部分项工程清单与计价表 **表 5-2**

工程名称： 标段： 第 页 共 页

序号	项目编码	项目名称	项目特征描述	计量单位	工程量	金额		
						综合单价	合价	其中：暂估价
本页小计								
合计								

注：为计取规费等的使用，可在表中增设其中："定额人工费"。

（1）项目编码

项目编码是分部分项工程和措施项目清单名称的阿拉伯数字标识。分部分项工程量单项目编码以五级编码设置，用十二位阿拉伯数字表示。一、二、三、四级编码为全国统一，即一～九位应按计价规范附录的规定设置；第五级编码即第十～十二位为清单项目编码，应根据拟建工程的工程量清单项目名称设置，不得有重号，这三位清单项目编码由招标人针对招标工程项目具体编制，并应自 001 起顺序编制。

各级编码代表的含义如下：

1）第一级表示专业工程代码（分二位）。

2）第二级表示附录分类顺序码（分二位）。

3）第三级表示分部工程顺序码（分二位）。

4）第四级表示分项工程项目名称顺序码（分三位）。

5）第五级表示工程量清单项目名称顺序码（分三位）。

项目编码结构如图 5-5 所示（以房屋建筑与装饰工程为例）：

第一级为专业工程代码，包括 9 类，分别是：01 为房屋建筑与装饰工程、02 为仿古建筑工程、03 为通用安装工程、04 为市政工程、05 为园林绿化工程、06 为矿山工程，07 为构筑物工程、08 为城市轨道交通工程、09 为爆破工程。

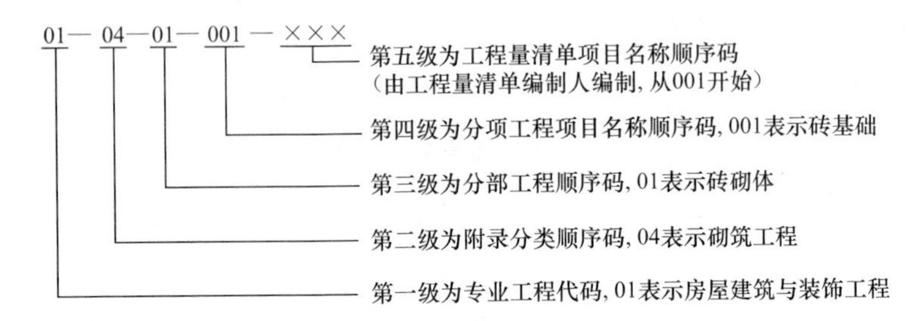

图 5-5　项目编码结构图

第二级为专业工程附录分类顺序码，例如 0104 表示房屋建筑与装饰工程中之附录 D 砌筑工程，其中三、四位 04 即为专业工程附录分类顺序码。

第三级为分部工程顺序码，例如 010401 表示附录 D 工程中之 D.1 砖砌体，其中五、六位 01 即为分部工程顺序码。

第四级为分项工程项目名称顺序码，例如，010401001 表示房屋建筑与装饰工程中之砖基础，其中七、八、九位即为分项工程项目名称顺序码。

第五级清单项目名称顺序码，由清单编制人编制，并从 001 开始。

例如：一个标段（或合同段）的工程量清单中含有三种规格的泥浆护壁成孔灌注桩，此时工程量清单应分别列项编制，则第一种规格的灌注桩的项目编码为 010302001001，第二种规格的灌注桩的项目编码为 010302001002，第三种规格的灌注桩的项目编码为 010302001003。其中：01 表示该清单项目的专业工程类别为房屋建筑与装饰工程；03 表示该清单项目的专业工程附录顺序码为 c，即桩基工程；02 表示该清单项目的分部工程为灌注桩；001 表示该清单项目的分项工程为泥浆护壁成孔灌注桩；最后三位 001（002、003）表示为区分泥浆护壁成孔灌注桩的不同规格而编制的清单项目顺序码。

（2）项目名称

清单项目名称是工程量清单中表示各分部分项工程清单项

目的名称。它必须体现工程实体，反映工程项目的具体特征；设置时一个最基本的原则是准确。

《房屋建筑与装饰工程工程量计算规范》附录 A 至附录 R 中的“项目名称”为分项工程项目名称，是以“工程实体”命名的。在编制分部分项工程项目清单时，清单项目名称的确定两种方式：一是完全按照规范的项目名称不变；二是以《房屋建筑与装饰工程工程量计算规范》附录中的项目名称为基础，考虑项目的规格、型号、材质等特征要求，结合拟建工程的实际情况，对附录中的项目名称进行适当的调整或细化，使其能够反映影响工程造价的主要因素。这两种方式都是可行的，主要应针对具体项目而定。

下面举例说明清单项目名称的确定。

1）所谓工程实体是指形成产品的生产与工艺作用的主要实体部分。设置项目时不单独针对附属的次要部分列项。例如，某建筑物装饰装修工程中，根据施工设计图可知：地面为 600mm×600mm 济南青花岗石饰面板面层，找平层为 40mm 厚 C20 细石混凝土，结合层为 1∶4 水泥砂浆，面层酸洗、打蜡。在编制工程量清单时，分项工程，清单项目名称应列为“花岗石材楼地面”，找平层等不能再列项，只能把找平层、结合层、酸洗、打蜡等特征在项目特征栏中描述出来，供投标人核算工程量及准确报价使用。

2）关于项目名称的理解。在工程量清单中，分部分项工程清单项目不是单纯按项目名称来理解的。应该注意：工程量清单中的项目名称所表示的工程实体，有些是可以用适当的计量单位计算的简单完整的分项工程，如砌筑实心砖墙；还有些项目名称所表示的工程实体是分项工程的组合，如块料楼地面就是由楼地面垫层、找平层、防水层、面层铺设等分项工程组成。

3）关于项目名称的细化。例如：某框架结构工程中，根据施工图纸可知，框架梁为 300mm×500mm C30 现浇混凝土矩形梁。那么，在编制清单项目设置名称时，可将《房屋建筑与装饰工程量计算规范》中编号为“010503002”的项目名称“矩形梁”，根据拟建工程的实际情况确定为“C30 现浇混凝土矩形梁 300×500”。

4）清单项目名称应表达详细、准确，各专业工程计量规范中的分项工程项目名称如有缺陷，编制人可作补充，并报当地工程造价管理机构（省级）备案。

（3）项目特征

项目特征是表征构成分部分项工程项目、措施项目自身价值的本质特征，是对体现分部分项工程量清单、措施项目清单价值的特有属性和本质特征的描述。从本质上讲，项目特征体现的是对分部分项工程的质量要求，是确定一个清单项目综合单价不可缺少的重要依据。在编制工程量清单时，必须对项目特征进行准确和全面的描述。工程量清单项目特征描述的重要意义在于：项目特征是区分具体清单项目的依据；项目特征是确定综合单价的前提；项目特征是履行合同义务的基础，如实际项目实施中施工图纸中项目特征描述与工程量清单项目特征描述不一致或发生变化，即可按合同约定调整该清单项目的综合单价。

分部分项工程量清单项目特征应按工程量计算规范附录中规定的项目特征，结合拟建工程项目的实际予以描述。分部分项工程量清单项目特征应按《建设工程工程量清单计价规范》附录中规定的项目特征，结合拟建工程项目的实际，结合技术规范、标准图集、施工图纸，按照工程结构、使用材质及规格或安装位置等，予以详细而准确的表述和说明，能够体现项目本质区别的特征和对报价有实质影响的内容都必须描述。如 010502003 异形柱，需要描述的项目特征有：柱形状、混凝土类别、混凝土强度等级，其中混凝土类别可以是清水混凝土、彩色混凝土等，或预拌（商品）混凝土、现场搅拌混凝土等。

在进行项目特征描述时，需要注意以下几个方面。

1）必须描述的内容：

① 涉及可准确计量的内容，如门窗洞口尺寸或框外围尺寸。

② 涉及结构要求的内容，如混凝土构件的混凝土的强度等级。

③ 涉及材质要求的内容，如油漆的品种、管材的材质等。

④ 涉及安装方式的内容，如管道工程中的钢管的连接方式。

2）可不描述的内容：

① 对计量计价没有实质影响的内容，如对现浇混凝土柱的高度、断面大小等特征规定。

② 应由投标人根据施工方案确定的内容，如对石方的预裂爆破的单孔深度及装药量的特征规定。

③ 应由投标人根据当地材料和施工要求的内容，如对混凝土构件中的混凝土拌合料使用的石子种类及粒径、砂的种类及特征规定。

④ 应由施工措施解决的内容，如对现浇混凝土板、梁的标高的特征规定。

3）可不详细描述的内容：

① 无法准确描述的内容，如土壤类别，可考虑将土壤类别描述为“综合”，注明由投标人根据地质勘探资料自行确定土壤类别，决定报价。

② 施工图纸、标准图集标注明确的，对这些项目可描述为见××图集××页号及节点大样等。

③ 清单编制人在项目特征描述中应注明由投标人自定的，如土方工程中的“取土运距”、“弃土运距”等。

在各专业工程计量规范附录中，还有关于各清单项目“工作内容”的描述。工作内容是指完成清单项目可能发生的具体工作和操作程序，但应注意的是，在编制工程量清单时，工作内容通常无需描述，因为在计价规范中，工程量清单项目与工程量计算规则、工作内容有一一对应关系。当采用计价规范这一标准时，工作内容均有规定，无需描述。

（4）计量单位

分部分项工程量清单的计量单位应按工程量计算规范附录中规定的计量单位确定。规范中的计量单位均为基本单位，与定额中所采用基本单位扩大一定的倍数不同。如质量以“t”或“kg”为单位，长度为“m”为单位，面积以“m^2”为单位，体积以“m^3”为单位，自然计量的以“个、件、根、组、系统”为单位。

工程量计算规范附录中有两个或两个以上计量单位的，应结合拟建工程项目的实际情况，选择其中一个确定。在同一个建设项目（或标段、合同段）中，有多个单位工程的相同项目计量单位必须保持一致。如 010506001 直形楼梯其工程量计量单位可以为“m^3”也可以是“m^2”，由于工程量计算手段的进步，对于混凝土楼梯其体积也是很容易计算的，在工程量计算规范中增加了以“m^3”为单位计算，可以根据实际情况进行选择，但一旦选定必须保持一致。

计量单位应采用基本单位，除各专业另有特殊规定外均按以下单位计量：

1）以重量计算的项目——吨或千克（t 或 kg）。

2）以体积计算的项目——立方米（m^3）。

3）以面积计算的项目——平方米（m^2）。

4）以长度计算的项目——米（m）。

5）以自然计量单位计算的项目——个、套、块、樘、组、台……

6）没有具体数量的项目——宗、项。

各专业有特殊计量单位的，另外加以说明，当计量单位有两个或两个以上时，应根据所编工程量清单项目的特征要求，选择最适宜表现该项目特征并方便计量的单位。

计量单位的有效位数应遵守下列规定：

1）以“t”为单位，应保留小数点后三位数字，第四位小数四舍五入。

2）以“m”、“m^2”、“m^3”、“kg”为单位，应保留小数点后两位数字，第三位小数四舍五入。

3）以“个”、“件”、“根”、“组”、“系统”等为单位，应取整数。

（5）工程量计算

工程量计算是指建设工程项目以工程设计图纸、施工组织设计或施工方案及有关技术经济文件为依据，按照相关工程国家标准的计算规则、计量单位等规定，进行工程数量的计算活动，在工程建设中简称工程计量。

《计价规范》规定，工程量必须按照相关工程现行国家计量规范规定的工程量计算规则计算。除此之外，还应依据以下文件：1）经审定通过的施工设计图纸及其说明；2）经审定通过的施工组织设计或施工方案；3）经审定通过的其他有关技术经济文件。工程量计算规则是指对清单项目工程量的计算规定。工程项目清单中所列项目的工程量，应按相应工程计算规范附录中规定的工程量计算规则计算。除另有说明外，所有清单项目的工程量以实体工程量为准，并以完成后的净值来计算。因此，在计算综合单价时应考虑施工中的各种损耗和需要增加的工程量，或在措施费清单中列入相应的措施费用。

采用工程量清单计算规则，工程实体的工程量是唯一的。统一的清单工程量，为各投标人提供了一个公平竞争的平台，也方便招标人对比各投标报价。

编制工程量清单时，如果出现规范附录中未包括的项目，编制人应进行补充，并报省级或行业工程造价管理机构备案，省级或行业工程造价管理机构应汇总报住房和城乡建设部标准定额研究所。

补充项目的编码由相关专业工程量计算规范的代码（如房屋建筑与装饰工程代码01）与B和三位阿拉伯数字组成，并应从××B001（如房屋建筑与装饰工程补充项目编码应为01B001）

起顺序编制，同一招标工程的项目不得重码。

补充的工程量清单需附有补充项目的名称、项目特征、计量单位、工程量计算规则、工作内容。

（6）编制分部分项工程量清单时应注意的事项

1）分部分项工程量清单是不可调整清单（即闭口清单），投标人不得对招标文件中所列分部分项工程量清单进行调整。

2）分部分项工程量清单是工程量清单的核心，一定要编制准确，它关乎招标人编制控制价和投标人投标报价的准确性；如果分部分项工程量清单编制有误，投标人可在投标报价文件中提出说明，但不能在报价中自行修改。

3）关于现浇混凝土工程项目，2013版《房屋建筑与装饰工程工程量计算规范》对现浇混凝土模板采用两种方式进行编制。该规范对现浇混凝土工程项目，一方面，“工作内容”中包括了模板工程的内容（“08版规范”此项工作内容不包括模板工程），以“m^3”计量，与混凝土工程项目一起组成综合单价；另一方面，又在措施项目中单列了现浇混凝土模板工程项目，以“m^2”计量，单独组成综合单价。对此，有以下三层含义：

① 招标人应根据工程的实际情况在同一个标段（或合同段）中在两种方式中选择其一。

② 招标人若采用单列现浇混凝土模板工程，必须按规范所规定的计量单位、项目编码、项目特征描述列出清单。同时，现浇混凝土项目中不含模板的工程费用。

③ 若招标人在措施项目清单中未编列现浇混凝土模板项目清单，即表示现浇混凝土模板项目不单列，现浇混凝土工程项目的综合单价中应包括模板工程费用。

4）对于预制混凝土构件，2013版《房屋建筑与装饰工程工程量计算规范》是以现场制作编制项目的，“工作内容”中包括模板工程，模板的措施费用不再单列。若采用成品预制混凝土构件时，成品价（包括模板、混凝土等所有费用）计入综合单价中，即成品的出厂价格及运杂费等计入综合单价。

综上所述，预制混凝土构件，2013 版《房屋建筑与装饰工程工程量计算规范》只列不同构件名称的一个项目编码、项目特征描述、计量单位、工程量计算规则及工作内容，其中已综合了模板制作和安装、混凝土制作、构件运输、安装等内容，布置清单项目时，不得将模板、混凝土、构件运输、安装分开列项，组成综合单价时应包含如上内容。

5）对于金属构件，2013 版《房屋建筑与装饰工程工程量计算规范》按照目前市场多以工厂成品化生产的实际，是以成品编制项目的，构件成品价应计入综合单价中。若采用现场制作，包括制作的所有费用应计入综合单价，不得再单列金属构件制作的清单项目。

6）关于门窗工程中的门窗（橱窗除外），2013 版《房屋建筑与装饰工程工程量计算规范》结合了目前“市场门窗均以工厂化成品生产”的情况，是按成品编制项目的，成品价（成品原价、运杂费等）应计入综合单价。若采用现场制作，包括制作的所有费用应计入综合单价，不得再单列门窗制作的清单项目。

2. 措施项目清单

措施项目是指为完成工程项目施工，发生于该工程施工准备和施工过程中的技术、生活、安全、环境保护等方面的项目。措施项目分为单价措施项目和总价措施项目。一般把与分部分项工程紧密相关并能方便计量工程的措施项目归为单价措施项目，可以按照分部分项工程量清单编制方法按照计量规范编制，如脚手架工程、混凝土模板及支架（撑）、垂直运输、超高施工增加、大型机械设备进出场及安拆、施工排水、降水等；把与分部分项工程关系不够紧密并又能方便计量工程的措施项目归为总价项目，按“项”列，不需要计算工程量，如安全文明施工，夜间施工，非夜间施工照明，二次搬运，冬雨期施工，地上、地下设施、建筑物的临时保护设施，已完工程及设备保护等。

(1) 单价措施项目清单

单价措施项目清单的编制与分部分项工程量清单编制一致，也需要根据计量规范确定其项目编码、项目名称、项目特征描述、计量单位和工程量五个部分，其格式见表5-2。

(2) 总价措施项目清单

措施项目中不能计算工程量的项目清单，以“项”为计量单位进行编制，见表5-3。

总价措施项目清单与计价表 **表5-3**

工程名称： 标段： 第 页 共 页

序号	项目编码	项目名称	计算基础	费率(%)	金额(元)	调整后金额(元)	备注
		安全文明施工费					
		夜间施工增加费					
		二次搬运费					
		冬雨期施工增加费					
		已完工程及设备保护费					
合计							

编制人员(造价人员)： 复核人(造价员)：

注：1. “计算基础”中，安全文明施工费可为“定额计价”、“定额人工费”或“定额人工费+定额机械费”，其他项目可为“定额人工费”或“定额人工费+定额机械费”。

2. 按施工方案计算的措施费，若无“计算基础”和“费率”的数值，也可只填“金额”数值，但应在备注栏说明施工方案出处或计算方法。

(3) 编制措施项目清单时应该考虑的因素

措施项目清单的编制应考虑多种因素，除了工程本身的因素外，还要考虑水文、气象、环境、安全和施工企业的实际情况。具体而言，措施项目清单的设置需要考虑以下几方面：

1) 参考拟建工程的常规施工技术方案，以确定大型机械设备进出场及安拆、混凝土模板及支架、脚手架、施工排水、施工降水、垂直运输、组装平台等项目。

2）参考拟建工程的常规施工组织设计，以确定环境保护、文明安全施工、临时设施、材料的二次搬运等项目。

3）参阅相关的施工规范与工程验收规范，以确定施工方案没有表述的但为实现施工规范与工程验收规范要求而必须发生的技术措施。

4）确定设计文件中不足以写进施工方案，但要通过一定的技术措施才能实现的内容。

5）确定招标文件中提出的某些需要通过一定的技术措施才能实现的要求。

（4）编制措施项目清单时应注意的事项：

1）措施项目清单为可调整清单（即开口清单），投标人对招标文件中所列措施项目，可根据企业自身特点和工程实际情况作适当的变更增加。

2）投标人要对拟建工程可能发生的措施项目和措施费用作通盘考虑，清单计价一经报出，表5-3认为是包括了所有应该发生的措施项目的全部费用。如果报出的清单中没有列项，且施工中又必须发生的项目，业主有权认为其已经综合在分部分项工程量清单的综合单价中，将来措施项目发生时，投标人不得以任何借口提出索赔与调整。

3. 其他项目清单

其他项目清单是指分部分项工程量清单、措施项目清单所包含的内容以外，因招标人的特殊要求而发生的与拟建工程有关的其他费用项目和相应数量的清单。工程建设标准的高低、工程的复杂程度、工程的工期长短、工程的组成内容、发包人对工程管理的要求等都直接影响其他项目清单的具体内容。其他项目清单包括暂列金额，暂估价（包括材料暂估单价、工程设备暂估单价、专业工程暂估价），计日工，总承包服务费。其他项目清单按照表5-4的格式编制，出现未包含在表格中内容的项目，可根据工程实际情况补充。

其他项目清单与计价汇总表 **表 5-4**

工程名称： 标段： 第 页 共 页

序号	项目名称	计量单位	金额（元）	结算金额（元）	备注
1	暂列金额				明细详见表 5-5
2	暂估价				
2.1	材料（工程设备）暂估价/结算价		—		明细详见表 5-6
2.2	专业工程暂估价/结算价				明细详见表 5-7
3	计日工				明细详见表 5-8
4	总承包服务费				明细详见表 5-9
5	索赔与现场签证		—		明细详见表 5-10
合计					—

注：材料（工程设备）暂估单价计入清单项目综合单价，此处不汇总。

（1）暂列金额。

暂列金额是指招标人在工程量清单中暂定并包括在合同价款中的一笔款项。用于工程合同签订时尚未确定或者不可预见的所需材料、工程设备、服务的采购，施工中可能发生的工程变更、合同约定调整因素出现时的合同价款调整，以及发生的索赔、现场签证确认等的费用。不管采用何种合同形式，其理想的标准是，一份合同的价格就是其最终的竣工结算价格，或者至少两者应尽可能接近。我国规定，对政府投资工程实行概算管理，经项目审批部门批复的设计概算是工程投资控制的刚性指标，即使商业性开发项目也有成本的预先控制问题，否则，无法相对准确预测投资的收益和科学合理地进行投资控制。但工程建设自身的特性决定了工程的设计需要根据工程进展不断地进行优化和调整，发包人需求可能会随工程建设进展出现变化，工程建设过程还会存在一些不能预见、不能确定的因素。消化这些因素必然会影响合同价格的调整，暂列金额正是因这类不可避免的价格调整而设立，以便达到合理确定和有效控制工程造价的目标。设立暂列金额并不能保证合同结算价格就不会再出现超过合同价格的情况，是否超出合同价格完全取决于工程量清单编制人对暂列金额预测的准确性，以及工程建设过程是否出现了其他事先未预测到的事件。

暂列金额应根据工程特点，按有关计价规定估算。暂列金额可按照表5-5的格式列示。

暂列金额明细表 **表5-5**

工程名称： 标段： 第 页 共 页

序号	项目名称	计量单位	暂定金额（元）	备注
1				
2				
3				
合计				

注：此表由招标人填写，如不能详列，也可只列暂定金额总额，投标人应将上述暂列金额计入投标总价中。

（2）暂估价。

暂估价是指招标人在工程量清单中提供的用于支付必然发生但暂时不能确定价格的材料、工程设备单价以及专业工程的金额，包括材料暂估单价、工程设备暂估单价和专业工程暂估价。暂估价类似于FIDIC合同条款中的Prime Cost Items，在招标阶段预见肯定要发生，只是因为标准不明确或者需要由专业承包人完成，暂时无法确定价格。暂估价数量和拟用项目应当结合工程量清单中的“暂估价表”予以补充说明。材料、工程设备暂估单价需要纳入分部分项工程量清单项目综合单价中进行组价。

专业工程的暂估价一般与综合单价范围是一致的，应当包括除规费和税金以外的管理费、利润等取费。总承包招标时，专业工程设计深度往往是不够的，一般需要交由专业设计人设计。国际上，出于提高可建造性考虑，一般由专业承包人负责设计，以发挥其专业技能和专业施工经验的优势。这类专业工程交由专业分包人完成是国际工程的良好实践，目前在我国工程建设领域也已经比较普遍。公开、透明地合理确定这类暂估价的实际开支金额的最佳途径，就是通过施工总承包人与工程建设项目招标人共同组织招标。

暂估价中的材料、工程设备暂估单价应根据工程造价信息或参照市场价格估算，列出明细表；专业工程暂估价应分不同专业，按有关计价规定估算，列出明细表。暂估价可按照表 5-6、表 5-7 的格式列示。

材料（工程设备）暂估单价及调整表　　　表 5-6

工程名称：　　　　　　　　标段：　　　　　　　　第　页　共　页

序号	材料（工程设备）名称、规格、型号	计量单位	数量		暂估（元）		确认（元）		差额±（元）		备注
			暂估	确认	单价	合价	单价	合价	单价	合价	
合计											

注：此表由招标人填写，并在备注栏说明暂估价的材料、工程设备拟用在哪些清单项目上，投标人应将上述材料、工程设备暂估单价计入工程量清单综合单价报价中。

专业工程暂估价及结算价表　　　表 5-7

工程名称：　　　　　　　　标段：　　　　　　　　第　页　共　页

序号	工程名称	工程内容	暂估金额（元）	结算金额（元）	差额±（元）	备注
合计						

注：此表“暂估金额”由招标人填写，投标人应将“暂估金额”计入投标总价中。结算时按合同约定结算金额填写。

（3）计日工。

在施工过程中，承包人完成发包人提出的工程合同范围以外的零星项目或工作，按合同中约定的单价计价的一种方式。计日工是为了解决现场发生的零星工作的计价而设立的。国际上常见的标准合同条款中，大多数都设立了计日工（Daywork）

计价机制。计日工对完成零星工作所消耗的人工工时、材料数量、施工机具台班进行计量，并按照计日工表中填报的适用项目的单价进行计价支付。计日工适用的所谓零星工作，一般是指合同约定之外的或者因变更而产生的、工程量清单中没有相应项目的额外工作，尤其是那些时间不允许事先商定价格的额外工作。编制计日工表格时，一定要给出暂定数量，并且需要根据经验，尽可能估算一个比较贴近实际的数量，且尽可能把项目列全，以消除因此而产生的争议。计日工可按照表 5-8 的格式列示。

计日工表 **表 5-8**

工程名称： 标段： 第 页 共 页

序号	项目名称	单位	暂定数量	实际数量	综合单价（元）	合价（元）	
一	工人						
1							
2							
…							
人工小计							
二	材料						
1							
2							
…							
材料小计							
三	施工机具						
1							
2							
…							
施工机具小计							
四、企业管理费和利润							
总计							

注：此表项目名称、暂定数量由招标人填写，编制招标控制价时，单价由招标人按有关规定确定；投标时，单价由投标人自主报价，按暂定数量计算合价计入投标总价中。结算时，按发承包双方确认的实际数量计算合价。

（4）总承包服务费。

总承包服务费是指总承包人为配合协调发包人进行的专业工程发包，对发包人自行采购的材料、工程设备等进行保管以及施工现场管理、竣工资料汇总整理等服务所需的费用。招标人应预计该项费用并按投标人的投标报价向投标人支付该项费用。

总承包服务费应列出服务项目及其内容等。总承包服务费按照表5-9的格式列示。

总承包服务费计价表 **表5-9**

工程名称： 标段： 第 页 共 页

序号	项目名称	项目价值（元）	服务内容	计算基础	费率（%）	金额（元）
1	发包人发包专业工程					
2	发包人供应材料					
…	…					
	合计	—	—		—	

注：此表项目名称、服务内容由招标人填写，编制招标控制价时，费率及金额由招标人按有关计价规定确定；投标时，费率及金额由投标人自主报价，计入投标总价中。

（5）索赔与现场签证。

索赔是指在工程合同履行过程中，合同一方当事人因对方不履行或未能正确履行合同义务或者由于其他非自身原因而遭受经济损失或权利损害，通过合同约定的程序向对方提出经济和（或）时间补偿要求的行为。

现场签证是指发包人或其授权现场代表（包括工程监理人、工程造价咨询人）与承包人或其授权现场代表就施工过程中涉及的责任事件所作的签认证明。施工合同履行期间出现场签证事件的，发承包双方应调整合同价。

索赔与现场签证计价汇总表按照表5-10的格式列示。

索赔与现场签证计价汇总表 **表 5-10**

工程名称： 标段： 第 页 共 页

序号	签证及索赔项目名称	计量单位	数量	单价（元）	合价（元）	索赔及签证依据
—	本页小计	—	—	—		—
—	合计	—	—	—		—

注："签证及索赔依据"是指经双方认可的签证单和索赔依据的编号。

（6）编制其他项目清单时应注意的事项。

1）其他项目清单中由招标人填写的项目名称、数量、金额，投标人不得随意改动。

2）投标人必须对招标人提出的项目与数量进行报价；如果不报价，招标人有权认为投标人就未报价内容提供无偿服务。

3）如果投标人认为招标人编制的其他项目清单列项不全时，可以根据工程实际情况自行增加列项，并确定本项目的工程量及计价。

4. 规费、税金项目清单

规费是指根据国家法律、法规规定，由省级政府或省级有关权力部门规定施工企业必须缴纳的，应计入建筑安装工程造价的费用。

规费项目清单应按照下列内容列项：社会保险费（包括养老保险费、失业保险金、医疗保险费、工伤保险费、生育保险费）；住房公积金；工程排污费。出现未包含在上述规范中的项目，应根据省级政府或省级有关权力部门的规定列项。

税金是指国家税法规定的应计入建筑安装工程造价内的营业税、城市维护建设税、教育费附加和地方教育附加。

税金项目清单应包括以下内容：营业税、城市建设维护税、教育费附加、地方教育附加。出现未包含在上述规范中的项目，应根据税务部门的规定列项。规费、税金项目计价表见表5-11。

规费、税金项目计价表 **表5-11**

工程名称：　　　　　　　　标段：　　　　　　　　第　页　共　页

序号	项目名称	计算基础	计算基数	费率（%）	金额（元）
1	规费	定额人工费			
1.1	社会保障费	定额人工费			
(1)	养老保险费	定额人工费			
(2)	失业保险费	定额人工费			
(3)	医疗保险费	定额人工费			
(4)	工伤保险费	定额人工费			
(5)	生育保险费	定额人工费			
1.2	住房公积金	定额人工费			
1.3	工程排污费	按工程所在地环境保护部门收取标准，按实计入			
2	税金	分部分项工程费＋措施项目费＋其他项目费＋规费－按规定不应计税的工程设备金额			
合计					

编制人（造价人员）：　　　　　　　　　　复核人（造价员）：

5. 工程量清单格式的填写应符合下列规定

(1) 工程量清单应由具备自行招标能力的发包人编制，也可以由该工程的招标代理机构或具有相应资质的工程造价咨询单位进行编制填写。

(2) 工程量清单表中所有要求签字、盖章的地方，必须由规定的单位和人员签字、盖章。

(3) 总说明应按下列内容填写：

① 工程概况：建设规模、工程特征、计划工期、施工现场实际情况、交通运输情况、自然地理条件、环境保护要求等。

② 工程招标和指定分包范围。

③ 工程量清单编制依据。

④ 工程质量、材料、施工等的特殊要求。

⑤ 预留金、自行采购材料的金额。

⑥ 其他需要说明的问题。

（4）在编制分部分项工程量清单时，需评审的主要清单项目在该项目编码的后面加注“P”字母。

5.3 建设工程工程量清单计价规范

5.3.1 《计价规范》编制的指导思想和原则

1. 编制的指导思想

根据建设部第107号令《建筑工程施工发包与承包计价管理办法》，结合我国工程造价管理现状，总结有关省市工程量清单试点的经验，参照国际上有关工程量清单计价通行的做法，编制中遵循的指导思想是按照政府宏观调控、市场竞争形成价格的要求，创造公平、公正、公开竞争的环境，以建立全国统一的、有序的建筑市场，既要与国际惯例接轨，又考虑我国的实际现状。

2. 编制原则

（1）政府宏观调控、企业自主报价、市场竞争形成价格。

1）政府宏观调控：

① 规定了全部使用国有资金或国有资金投资为主的大中型建设工程要严格执行《计价规范》的有关规定，与招标投标法规定的政府投资要进行公开招标是相适应的。

②《计价规范》统一了分部分项工程项目名称，统一了计量单位，统一了工程量计算规则，统一了项目编码，为建立全国统一建设市场和规范计价行为提供了依据。

③《计价规范》没有人工、材料、机械的消耗量，必然促使企业提高管理水平，引导企业学会编制自己的消耗量定额，适应市场需要。

2）市场竞争形成价格。

由于“计价规范”不规定人工、材料、机械消耗量，为企业报价提供了自主空间，投标企业可以结合自身的生产效率、消耗水平和管理能力与已储备的本企业报价资料，按照“计价规范”规定的原则和方法投标报价。工程造价的最终确定，由承、发包双方在市场竞争中按价值规律通过合同确定。

（2）与现行预算定额既有机结合又有所区别的原则。

1）《计价规范》在编制过程中，以现行的《全国统一工程预算定额》为基础，特别是项目划分、计量单位、工程量计算规则等方面，尽可能多地与定额衔接。原因主要是预算定额是我国经过几十年实践的总结，这些内容具有一定的科学性和实用性。

2）与工程预算定额有所区别的主要原因是：预算定额是按照计划经济的要求制定发布贯彻执行的，其中有许多不适应《计价规范》编制指导思想的。主要表现在：

① 定额项目是国家规定以工序为划分项目的原则。

② 施工工艺、施工方法是根据大多数企业的施工方法综合取定的。

③ 工、料、机消耗量是根据“社会平均水平”综合测定的。

④ 取费标准是根据不同地区平均测算的。

因此，企业报价时就会表现为平均主义，企业不能结合项目具体情况、自身技术管理水平自主报价，不能充分调动企业加强管理的积极性。

（3）既考虑我国工程造价管理的现状，又尽可能与国际惯例接轨的原则。

“计价规范”要适应我国社会主义市场经济发展的需要，适应与国际接轨的需要，积极稳妥地推行工程量清单计价。因此，在编制中，既借鉴了世界银行、菲迪克（FIDIC）、英联邦国家以及我国香港地区等的一些做法。同时，也结合了我国现阶段的具体情况。如：实体项目的设置方面，就结合了当前按专业设置的一些情况；有关名词尽量沿用国内习惯，如措施项目就是国内的习惯叫法，国外叫开办项目；措施项目的内容就借鉴了部分国外的做法。

5.3.2 《计价规范》的特点

1. 强制性

强制性主要表现在，一是由建设主管部门按照强制性国家标准的要求批准颁布，规定全部使用国有资金或以国有资金投资为主的大中型建设工程，应按计价规范规定执行；二是明确工程量清单是招标文件的组成部分，并规定了招标单位在编制工程量清单时必须遵守的规则，做到四统一，即统一项目编码、统一项目名称、统一计量单位、统一工程量计算规则。

2. 实用性

附录中工程量清单项目及计算规则的项目名称表现的是工程实体项目，项目名称明确、清晰，工程量计算规则简洁明了，特别还列有项目特征和工程内容，易于编制工程量清单时确定具体项目名称和投标报价。

3. 竞争性

(1)《计价规范》中的措施项目，在工程量清单中只列“措施项目”一栏，具体采用什么措施，如模板、脚手架、临时设施、施工排水等详细内容，由投标单位根据企业的施工组织设计，视具体情况报价。因为这些项目在各个企业间各有不同，是企业竞争项目，是留给企业竞争的空间。

(2)《计价规范》中人工、材料和施工机械没有具体的消耗量，投标企业可以依据企业的定额和市场价格信息，也可以参照建设行政主管部门发布的社会平均消耗量定额进行报价，《计价规范》将报价权交给了企业。

4. 通用性

采用工程量清单计价将与国际惯例接轨，符合工程量计算方法标准化、工程量计算规则统一化、工程造价确定市场化的要求。

5.3.3 《计价规范》相关术语的含义

1. 工程量清单　bills of quantities（BQ）

载明建设工程分部分项工程项目、措施项目、其他项目的名称和相应数量以及规费、税金项目等内容的明细清单。

2. 招标工程量清单　BQ for tendering

招标人依据国家标准、招标文件、设计文件以及施工现场实际情况编制的，随招标文件发布供投标报价的工程量清单，包括其说明和表格。

3. 已标价工程量清单　priced BQ

构成合同文件组成部分的投标文件中已标明价格，经算术性错误修正（如有）且承包人已确认的工程量清单，包括其说明和表格。

4. 分部分项工程　work sections and trades

分部工程是单项或单位工程的组成部分，是按结构部位、路段长度及施工特点或施工任务将单项或单位工程划分为若干分部的工程；分项工程是分部工程的组成部分，是按不同施工方法、材料、工序及路段长度等将分部工程划分为若干个分项或项目的工程。

5. 措施项目　preliminaries

为完成工程项目施工，发生于该工程施工准备和施工过程中的技术、生活、安全、环境保护等方面的项目。

6. 项目编码　item code

分部分项工程和措施项目清单名称的阿拉伯数字标识。

7. 项目特征　item description

构成分部分项工程项目、措施项目自身价值的本质特征。

8. 综合单价　all-in unit rate

完成一个规定清单项目所需的人工费、材料和工程设备费、施工机具使用费和企业管理费、利润以及一定范围内的风险费用。

9. 风险费用　risk allowance

隐含于已标价工程量清单综合单价中，用于化解发、承包双方在工程合同中约定内容和范围内的市场价格波动风险的费用。

10. 工程成本　construction cost

承包人为实施合同工程并达到质量标准，在确保安全施工的前提下，必须消耗或使用的人工、材料、工程设备、施工机械台班及其管理等方面发生的费用和按规定缴纳的规费及税金。

11. 单价合同　unit rate contract

发承包双方约定以工程量清单及其综合单价进行合同价款计算、调整和确认的建设工程施工合同。

12. 总价合同　lump sum contract

发承包双方约定以施工图及其预算和有关条件进行合同价款计算、调整和确认的建设工程施工合同。

13. 成本加酬金合同　cost plus contract

发承包双方约定以施工工程成本再加合同约定酬金进行合同价款计算、调整和确认的建设工程施工合同。

14. 工程造价信息　guidance cost information

工程造价管理机构根据调查和测算发布的建设工程人工、材料、工程设备、施工机械台班的价格信息，以及各类工程的造价指数、指标。

15. 工程造价指数　construction cost index

反映一定时期的工程造价相对于某一固定时期的工程造价变化程度的比值或比率。包括按单位或单项工程划分的造价指数，按工程造价构成要素划分的人工、材料、机械等价格指数。

16. 工程变更 variation order

合同工程实施过程中由发包人提出或由承包人提出经发包人批准的合同工程任何一项工作的增、减、取消或施工工艺、顺序、时间的改变；设计图纸的修改；施工条件的改变；招标工程量清单的错、漏从而引起合同条件的改变或工程量的增减变化。

17. 工程量偏差　discrepancy in BQ quantity

承包人按照合同工程的图纸（含经发包人批准由承包人提

供的图纸）实施，按照现行国家计量规范规定的工程量计算规则计算得到的完成合同工程项目应予计量的工程量与相应的招标工程量清单项目列出的工程量之间出现的量差。

18. 暂列金额　provisional sum

招标人在工程量清单中暂定并包括在合同价款中的一笔款项。用于工程合同签订时尚未确定或者不可预见的所需材料、工程设备、服务的采购，施工中可能发生的工程变更、合同约定调整因素出现时的合同价款调整以及发生的索赔、现场签证确认等的费用。

19. 暂估价　prime cost sum

招标人在工程量清单中提供的用于支付必然发生但暂时不能确定价格的材料、工程设备的单价以及专业工程的金额。

20. 计日工　dayworks

在施工过程中，承包人完成发包人提出的工程合同范围以外的零星项目或工作，按合同中约定的单价计价的一种方式。

21. 总承包服务费　main contractor’s attendance

总承包人为配合协调发包人进行的专业工程发包，对发包人自行采购的材料、工程设备等进行保管以及施工现场管理、竣工资料汇总整理等服务所需的费用。

22. 安全文明施工费　health，safety and environmental provisions

在合同履行过程中，承包人按照国家法律、法规、标准等规定，为保证安全施工、文明施工，保护现场内外环境和搭拆临时设施等所采用的措施而发生的费用。

23. 索赔　claim

在工程合同履行过程中，合同当事人一方因非己方的原因而遭受损失，按合同约定或法律法规规定应由对方承担责任，从而向对方提出补偿的要求。

24. 现场签证　site instruction

发包人现场代表（或其授权的监理人、工程造价咨询人）

与承包人现场代表就施工过程中涉及的责任事件所作的签认证明。

25. 提前竣工（赶工）费　early completion (acceleration) cost

承包人应发包人的要求而采取加快工程进度措施，使合同工程工期缩短，由此产生的应由发包人支付的费用。

26. 期赔偿费　delay damages

承包人未按照合同工程的计划进度施工，导致实际工期超过合同工期（包括经发包人批准的延长工期），承包人应向发包人赔偿损失的费用。

27. 不可抗力　force majeure

发、承包双方在工程合同签订时不能预见的，对其发生的后果不能避免，并且不能克服的自然灾害和社会性突发事件。

28. 工程设备　engineering facility

指构成或计划构成永久工程一部分的机电设备、金属结构设备、仪器装置及其他类似的设备和装置。

29. 缺陷责任期　defect liability period

指承包人对已交付使用的合同工程承担合同约定的缺陷修复责任的期限。

30. 质量保证金　retention money

发、承包双方在工程合同中约定，从应付合同价款中预留，用以保证承包人在缺陷责任期内履行缺陷修复义务的金额。

31. 费用　fee

承包人为履行合同所发生或将要发生的所有合理开支，包括管理费和应分摊的其他费用，但不包括利润。

32. 利润　profit

承包人完成合同工程获得的盈利。

33. 企业定额　corporate rate

施工企业根据本企业的施工技术、机械装备和管理水平而编制的人工、材料和施工机械台班等的消耗标准。

34. 规费　statutory fee

根据国家法律、法规规定，由省级政府或省级有关权力部门规定施工企业必须缴纳的，应计入建筑安装工程造价的费用。

35. 税金　tax

国家税法规定的应计入建筑安装工程造价内的营业税、城市维护建设税、教育费附加和地方教育附加。

36. 发包人　employer

具有工程发包主体资格和支付工程价款能力的当事人，以及取得该当事人资格的合法继承人，本规范有时又称招标人。

37. 承包人　contractor

被发包人接受的具有工程承包资格及能力的当事人，以及取得该当事人资格的合法继承人，有时又称投标人。

38. 工程造价咨询人　cost engineering consultant（quantity surveyor）

取得工程造价咨询资质等级证书，接受委托从事建设工程造价咨询活动的当事人以及取得该当事人资格的合法继承人。

39. 造价员　cost engineer（quantity surveyor）

取得造价员注册证书，在一个单位注册、从事建设工程造价活动的专业人员。

40. 造价员　cost engineering technician

取得全国建设工程造价员资格证书，在一个单位注册、从事建设工程造价活动的专业人员。

41. 单价项目　unit rate project

工程量清单中以单价计价的项目，即根据合同工程图纸（含设计变更）和相关工程现行国家计量规范规定的工程量计算规则进行计量，与已标价工程量清单相应综合单价进行价款计算的项目。

42. 总价项目　lump sum project

工程量清单中以总价计价的项目，即此类项目在相关工程现行国家计量规范中无工程量计算规则，以总价（或计算基础乘费率）计算的项目。

43. 工程计量　measurement of quantities

发、承包双方根据合同约定，对承包人完成合同工程的数量进行的计算和确认。

44. 工程结算　final account

发、承包双方根据合同约定，对合同工程在实施中、终止时、已完工后进行的合同价款计算、调整和确认。包括期中结算、终止结算、竣工结算。

45. 招标控制价　tender sum limit

招标人根据国家或省级、行业建设主管部门颁发的有关计价依据和办法，以及拟定的招标文件和招标工程量清单，结合工程具体情况编制的招标工程的最高投标限价。

46. 投标价　tender sum

投标人投标时响应招标文件要求所报出的对已标价工程量清单汇总后标明的总价。

47. 签约合同价（合同价款）　contract sum

发、承包双方在工程合同中约定的工程造价，即包括了分部分项工程费、措施项目费、其他项目费、规费和税金的合同总金额。

48. 预付款　advance payment

在开工前，发包人按照合同约定，预先支付给承包人用于购买合同工程施工所需的材料、工程设备，以及组织施工机械和人员进场等的款项。

49. 进度款　Interim payment

在合同工程施工过程中，发包人按照合同约定对付款周期内承包人完成的合同价款给予支付的款项，也是合同价款期中结算支付。

50. 合同价款调整　adjustment in contract sum

在合同价款调整因素出现后，发、承包双方根据合同约定，对合同价款进行变动的提出、计算和确认。

51. 竣工结算价　final account at completion

发、承包双方依据国家有关法律、法规和标准规定，按照合同约定确定的，包括在履行合同过程中按合同约定进行的合同价款调整，是承包人按合同约定完成了全部承包工作后，发包人应付给承包人的合同总金额。

52. 工程造价鉴定　construction cost verification

工程造价咨询人接受人民法院、仲裁机关委托，对施工合同纠纷案件中的工程造价争议，运用专门知识进行鉴别、判断和评定，并提供鉴定意见的活动。也称为工程造价司法鉴定。

5.3.4　工程量清单规范的组成

工程量清单规范由两大部分构成，即《计价规范》和相关专业的《工程量计算规范》(以下简称《计量规范》)。

《计价规范》和《计量规范》是规范工程量清单编制、规范工程量清单计价的国家标准。《计价规范》(GB 50500—2013)由 16 个部分内容组成，《计量规范》共分 9 个专业，每个专业工程量计算规范基本上由 5 部分内容组成，如图 5-6 所示。

5.3.5　《计价规范》和《计量规范》的适用范围

《计价规范》和相关专业《计量规范》适用于建设工程发承包及实施阶段的计价活动，包括招标工程量清单、招标控制价、投标报价的编制、工程合同价款的约定、竣工结算的办理及施工过程中的工程计量、合同价款支付、施工索赔与现场签证、合同价款调整和合同价款争议的解决等。

《计价规范》规定：①使用国有资金投资的建设工程发承包，必须采用工程量清单计价；②非国有资金投资的建设工程，宜采用工程量清单计价。

1. 根据《工程建设项目招标范围和规模标准规定》的规定，国有资金投资的工程建设项目包括使用国有资金投资和国家融资投资的工程建设项目。

(1) 使用国有资金投资的项目包括：

① 使用各级财政预算资金的项目。

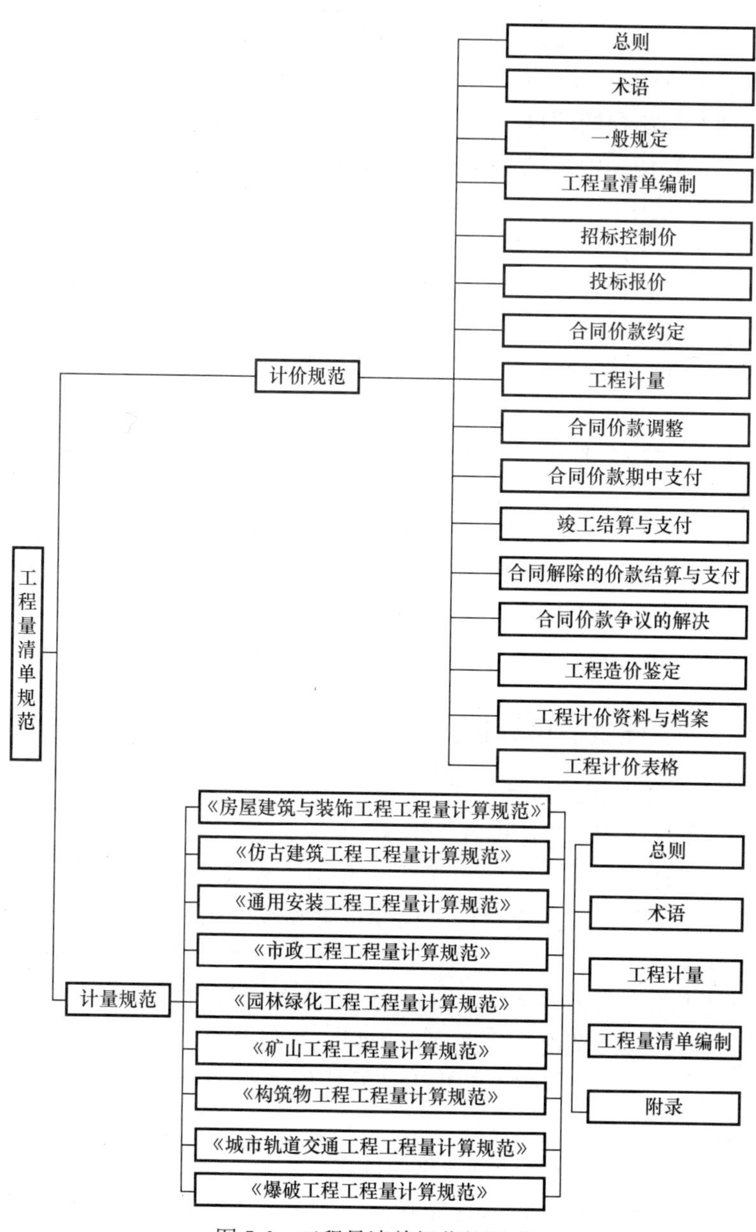

图 5-6　工程量清单规范的组成

② 使用纳入财政管理的各种政府性专项建设资金的项目。

③ 使用国有企事业单位自有资金，并且国有资产投资者实际拥有控制权的项目。

（2）使用国家融资资金投资的项目包括：

① 使用国家发行债券所筹资金的项目。

② 使用国家对外借款或者担保所筹资金的项目。

③ 使用国家政策性贷款的项目。

④ 国家授权投资主体融资的项目。

⑤ 国家特许的融资项目。

（3）国有资金（含国家融资资金）为主的工程建设项目，是指国有资金占投资总额50%以上，或虽不足50%但国有投资者实质上拥有控股权的工程建设项目。

2. 对于非国有资金投资的工程建设项目，没有强制规定必须采用工程量清单计价，具体到项目是否采用工程量清单方式计价，由项目业主自主确定，但13版《计价规范》鼓励采用工程量清单计价方式。

5.4 工程量清单计价表格

5.4.1 工程量清单计价格式

工程量清单与计价宜采用统一的格式。《建设工程工程量清单计价规范》（GB 50500—2013）中对工程量清单计价表格，按工程量清单、招标控制价、投标报价和竣工结算等各个计价阶段共设计了5种封面和22种表格（表5-12）。各省、自治区、直辖市建设行政主管部门和行业建设主管部门可根据本地区、本行业的实际情况，在《建设工程工程量清单计价规范》（GB 50500—2013）规定的工程量清单计价表格的基础上进行补充完善。

5.4.2 工程量清单计价表格的内容

工程量清单计价表应采用统一格式，并应随招标文件发至投标人。工程量清单计价表格包括下列内容。

清单计价表格名称及其适用范围　　表 5-12

序号	表格编号	表格名称		工程量清单	招标控制价	投标报价	竣工结算
01	封-1	封面	工程量清单	●			
02	封-2		招标控制价		●		
03	封-3		投标总价			●	
04	封-4		竣工结算总价				●
05	表 01	总说明		●	●	●	●
06	表-02	汇总表	工程项目招标控制价/投标报价汇总表		●	●	
07	表-03		单项工程招标控制价/投标报价汇总表		●	●	
08	表-04		单位工程招标控制价/投标报价汇总表		●	●	
09	表-05		工程项目竣工结算汇总表				●
10	表-06		单项工程竣工结算汇总表				●
11	表-07		单位工程竣工结算汇总表				●
12	表-08	分部分项工程量清单表	分部分项工程量清单与计价表	●	●	●	●
13	表-09		工程量清单综合单价分析表	●	●	●	●
14	表-10	措施项目清单表	措施项目清单与计价表（一）	●	●	●	●
15	表-11		措施项目清单与计价表（二）	●	●	●	●
16	表-12	其他项目清单表	其他项目清单与计价汇总表	●	●	●	●
17	表-12-1		暂列金额明细表	●	●	●	●
18	表-12-2		材料暂估单价表	●	●	●	●
19	表-12-3		专业工程暂估价表	●	●	●	●
20	表-12-4		计日工表	●	●	●	●
21	表-12-5		总承包服务费计价表	●	●	●	●
22	表-12-6		索赔与现场签证计价汇总表				●
23	表-12-7		费用索赔申请（核准）表				●
24	表-12-8		现场签证表				●
25	表-13	规费、税金项目清单与计价表		●	●		●
26	表-14	工程款支付申请（核准）表					●

1. 工程计价文件封面

（1）招标工程量清单封面（封-1）；

（2）招标控制价封面（封-2）；

（3）投标总价封面（封-3）；

（4）竣工结算书封面（封-4）；

（5）工程造价鉴定意见书封面（封-5）。

2. 工程计价文件扉页

（1）招标工程量清单扉页（扉-1）；

（2）招标控制价扉页（扉-2）；

（3）投标总价扉页（扉-3）；

（4）竣工结算总价扉页（扉-4）；

（5）工程造价鉴定意见书扉页（扉-5）。

3. 工程计价总说明（表-01）

4. 工程计价汇总表

（1）建筑项目招标控制价/投标报价汇总表（表-02）；

（2）单项工程招标控制价/投标报价汇总表（表-03）；

（3）单位工程招标控制价/投标报价汇总表（表-04）；

（4）建设项目竣工结算汇总表（表-05）；

（5）单项工程竣工结算汇总表（表-06）；

（6）单位工程竣工结算汇总表（表-07）。

5. 分部分项工程和措施项目计价表

（1）分部分项工程和单价措施项目清单与计价表（表-08）；

（2）综合单价分析表（表-09）；

（3）综合单价调整表（表-10）；

（4）总价措施项目清单与计价表（表-11）。

6. 其他项目计价表

（1）其他项目清单与计价汇总表（表-12）；

（2）暂列金额明细表（表-12-1）；

（3）材料（工程设备）暂估单价及调整表（表-12-2）；

（4）专业工程暂估价及结算价表（表-12-3）；

（5）计日工表（表-12-4）；
（6）总承包服务费计价表（表-12-5）；
（7）索赔与现场签证计价汇总表（表-12-6）；
（8）费用索赔申请（核准）表（表-12-7）；
（9）现场签证表（表-12-8）。
7. 规费、税金项目计价表（表-13）
8. 工程计量申请（核准）（表-14）
9. 合同价款支付申请（核准）表
（1）预付款支付申请（核准）（表-15）；
（2）总价项目进度款支付分解表（表-16）；
（3）进度款支付申请（核准）表（表-17）；
（4）竣工结算款支付申请（核准）表（表-18）；
（5）最终结清支付申请（核准）表（表-19）。
10. 主要材料、工程设备一览表
（1）发包人提供材料和工程设备一览表（表-20）；
（2）承包人提供主要材料和工程设备一览表（适用于造价信息差额调整法）（表-21）；
（3）承包人提供主要材料和工程设备一览表（适用于价格指数差额调整法）（表-22）。

以上各组成内容的具体格式见《建设工程工程量清单计价规范》（GB 50500—2013）附录B至附录L。

5.4.3 工程量清单计价表格的使用规定

工程计价表宜采用统一格式。各省、自治区、直辖市建设行政主管部门和行业建设主管部门可根据本地区、本行业的实际情况，在《建设工程工程量清单计价规范》（GB 50500—2013）计价表格的基础上补充完善。但工程计价表格的设置应满足工程计价的需要，方便使用。

1. 招标控制价、投标报价、竣工结算的编制规定
（1）使用表格：
① 招标控制价使用的表格，包括封-2、扉-2、表-01、表-02、

表-03、表-04、表-08、表-09、表-11、表-12（不含表 12-6 ~ 表 12-8)、表-13、表-20、表-21 或表-22。

② 投标报价使用的表格，包括封-3、扉-3、表-01、表-02、表-03、表-04、表-08、表-09、表-11、表-12（不含表-12-6 ~ 表-12-8)、表-13、表-16、招标文件提供的表-20、表-21 或表 22。

③ 竣工结算使用的表格，包括封-4、扉-4、表-01、表-05、表-06、表-07、表-08、表-09、表-10、表-11、表-12、表-13、表-14、表-15、表-16、表-17、表-18、表-19、表-20、表-21 或表-22。

（2）扉页应按规定的内容填写、签字、盖章，除承包人自行编制的投标报价和竣工结算外，受委托编制的招标控制价、投标报价、竣工结算，由造价员编制的应有负责审核的造价员签字、盖章及工程造价咨询人盖章。

（3）总说明应按下列内容填写：

① 工程概况：建设规模、工程特征、计划工期、合同工期、实际工期、施工现场及变化情况、施工组织设计的特点、自然地理条件、环境保护要求等。

② 编制依据等。

2. 工程造价鉴定规定

（1）工程造价鉴定使用表格，包括封-5、扉-5、表-01、表-05～表-20、表-21 或表-22。

（2）扉页应按规定内容填写、签字、盖章，应有承担鉴定和负责审核的注册造价员签字、盖执业专用章。

（3）说明应按规范规定填写。

5.4.4 工程量清单计价常用表格

1. 封面

（1）工程量清单（封-1)。

《工程量清单》（封-1）填写说明：

1）本封面由招标人或招标人委托的工程造价咨询人编制工程量清单时填写。

______________________工程

工程量清单

工程造价

招标人：__________	咨询人：__________
（单位盖章）	（单位资质专用章）
法定代表人 或其授权人：__________	法定代表人 或其授权人：__________
（签字或盖章）	（签字或盖章）
编制人：__________	复核人：__________
（造价人员签字盖专用章）	（造价员签字盖专用章）
编制时间：　年　月　日	复核时间：　年　月　日

封-1

2）招标人自行编制工程量清单时，由招标人单位注册的造价人员编制。招标人盖单位公章，法定代表人或其授权人签字或盖章；编制人是造价员的，由其签字盖执业专用章；编制人是造价员的，在编制人栏签字盖专用章，应由造价员复核，并在复核人栏签字盖执业专用章。

3）招标人委托工程造价咨询人编制工程量清单时，由工程造价咨询人单位注册的造价人员编制。工程造价咨询人盖单位资质专用章，法定代表人或其授权人签字或盖章；编制人是造价员的，由其签字盖执业专用章；编制人是造价员的，在编制人栏签字盖专用章，应由造价员复核，并在复核人栏签字盖执业专用章。

（2）招标控制价（封-2）。

<table>
<tr><td colspan="2" align="center">________________________工程</td></tr>
<tr><td colspan="2" align="center">招标控制价</td></tr>
<tr><td colspan="2">招标控制价（小写）：________________________
（大写）：________________________</td></tr>
<tr><td>招标人：________________
（单位盖章）</td><td>工程造价
咨询人：________________
（单位资质专用章）</td></tr>
<tr><td>法定代表人
或其授权人：____________
（签字或盖章）</td><td>复核人：________________
（造价员签字盖专用章）</td></tr>
<tr><td>编制时间：　年　月　日</td><td>复核时间：　年　月　日</td></tr>
</table>

封-2

《招标控制价》（封-2）填写说明：

1）本封面由招标人或招标人委托的工程造价咨询人编制招标控制价时填写。

2）招标人自行编制招标控制价时，由招标人单位注册的造价人员编制。招标人盖单位公章，法定代表人或其授权人签字或盖章；编制人是造价员的，由其签字盖执业专用章；编制人是造价员的，由其在编制人栏签字盖专用章，应由造价员复核，并在复核人栏签字盖执业专用章。

3）招标人委托工程造价咨询人编制招标控制价时，由工程造价咨询人单位注册的造价人员编制。工程造价咨询人盖单位资质专用章，法定代表人或其授权人签字或盖章；编制人是造价员的，由其签字盖执业专用章；编制人是造价员的，在编制人栏签字盖专用章，应由造价员复核，并在复核人栏签字盖执业专用章。

（3）投标总价（封-3）。

投 标 总 价

招　　标　　人：______________________

工　程　名　称：______________________

投标总价（小写）：______________________

　　　　（大写）：______________________

投　　标　　人：______________________

（单位盖章）

法定代表人

或其授权人：______________________

（签字或盖章）

编　　制　　人：______________________

（造价人员签字盖专用章）

编制时间：　年　月　日

封-3

《投标总价》（封-3）填写说明：

1）本封面由投标人编制投标报价时填写。

2）投标人编制投标报价时，由投标人单位注册的造价人员编制。投标人盖单位公章，法定代表人或其授权人签字或盖章；编制的造价人员（造价员或造价员）签字盖执业专用章。

（4）竣工结算总价（封-4）。

______________________工程

竣工结算总价

中标价（小写）：__________ （大写）：__________

结算价（小写）：__________ （大写）：__________

工程造价

发包人：________ 承包人：________ 咨询人：__________

（单位盖章）　（单位盖章）　（单位资质专用章）

法定代表人　法定代表人　法定代表人

或其授权人：______ 或其授权人：______ 或其授权人：______

（签字或盖章）　（签字或盖章）　（签字或盖章）

编制人：______________ 核对人：______________

（造价人员签字盖专用章）　（造价员签字盖专用章）

编制时间：　年　月　日　　核对时间：　年　月　日

封-4

《竣工结算总价》（封-4）填写说明：

1）承包人自行编制竣工结算总价，由承包人单位注册的造价人员编制。承包人盖单位公章，法定代表人或其授权人签字或盖章；编制的造价人员（造价员或造价员）在编制人栏签字盖执业专用章。

2）发包人自行核对竣工结算时，由发包人单位注册的造价员核对。发包人盖单位公章，法定代表人或其授权人签字或盖章，造价员在核对人栏签字盖执业专用章。

3）发包人委托工程造价咨询人核对竣工结算时，由工程造价咨询人单位注册的造价员核对。发包人盖单位公章，法定代表人或其授权人签字或盖章；工程造价咨询人盖单位资质专用章，法定代表人或其授权人签字或盖章，造价员在核对人栏签字盖执业专用章。

4）除非出现发包人拒绝或不答复承包人竣工结算书的特殊情况，竣工结算办理完毕后，竣工结算总价封面发、承包双方的签字、盖章应当齐全。

2. 总说明

总说明见表-01。

总 说 明

工程名称：　　　　　　　　　　　　　　　　　　　　第　页　共　页

表-01

《总说明》(表-01)填写说明:

本表适用于工程量清单计价的各个阶段。对每一阶段中《总说明》(表-01)应包括的内容如下:

(1)工程量清单编制阶段。工程量清单中总说明应包括的内容有:1)工程概况:如建设地址、建设规模、工程特征、交通状况、环保要求等;2)工程发包、分包范围;3)工程量清单编制依据:如采用的标准、施工图纸、标准图集等;4)使用材料设备、施工的特殊要求等;5)其他需要说明的问题。

(2)招标控制价编制阶段。招标控制价中总说明应包括的内容有:1)采用的计价依据;2)采用的施工组织设计;3)采用的材料价格来源;4)综合单价中风险因素、风险范围(幅度);5)其他等。

(3)投标报价编制阶段。投标报价总说明应包括的内容有:1)采用的计价依据;2)采用的施工组织设计;3)综合单价中包含的风险因素、风险范围(幅度);4)措施项目的依据;5)其他有关内容的说明等。

(4)竣工结算编制阶段。竣工结算中总说明应包括的内容有:1)工程概况;2)编制依据;3)工程变更;4)工程价款调整;5)索赔;6)其他等。

3. 汇总表

(1)工程项目招标控制价/投标报价汇总表(表-02)。

《工程项目招标控制价/投标报价汇总表》(表-02)填写说明:

1)由于编制招标控制价和投标价包含的内容相同,只是对价格的处理不同,因此,招标控制价和投标报价汇总表使用同一表格。实践中,对招标控制价或投标报价可分别印制本表格。

2)使用本表格编制投标报价时,汇总表中的投标总价与投标中标函中投标报价金额应当一致。如不一致时,以投标中标函中填写的大写金额为准。

(2)单项工程招标控制价/投标报价汇总表(表-03)。

工程项目招标控制价/投标报价汇总表

工程名称：　　　　　　　　　　　　　　　　　　　　　　第　页　共　页

序号	单项工程名称	金额/元	其中		
			暂估价（元）	安全文明施工费（元）	规费（元）
合计					

注：本表适用于工程项目招标控制价或投标报价的汇总。

表-02

单项工程招标控制价/投标报价汇总表

工程名称：　　　　　　　　　　　　　　　　　　　　　　　　第　页　共　页

序号	单项工程名称	金额/元	其中		
			暂估价（元）	安全文明施工费（元）	规费（元）
合计					

注：本表适用于工程项目招标控制价或投标报价的汇总。

表-03

《单项工程招标控制价/投标报价汇总表》（表-03）填写说明：

本表的填写注意事项同前述《工程项目招标控制价/投标报价汇总表》（表-02）。

（3）单位工程招标控制价/投标报价汇总表（表-04）。

单位工程招标控制价/投标报价汇总表

工程名称：　　　　　　　　　　　　　　　　　　第　页　共　页

序号	汇总内容	金额（元）	其中：暂估价（元）
1	分布分项工程		
1.1			
1.2			
1.3			
1.4			
1.5			
2	措施项目		
2.1	安全文明施工费		
3	其他项目		
3.1	暂列金额		
3.2	专业工程暂估价		
3.3	计日工		
3.4	总承包服务费		
4	规费		
5	税金		
招标控制价合计=1+2+3+4+5			

注：本表适用于单位工程招标控制价或投标报价的汇总，如无单位工程划分，单项工程也使用本表汇总。

表-04

《单位工程招标控制价/投标报价汇总表》（表-04）填写说明：

本表的填写注意事项同前述《工程项目招标控制价/投标报价汇总表》（表-02）。

（4）工程项目竣工结算汇总表（表-05）。

工程项目竣工结算汇总表

工程名称： 第 页 共 页

序号	单项工程名称	金额（元）	其中：暂估价	
			安全文明施工费（元）	规费（元）
合计				

表-05

（5）单项工程竣工结算汇总表（表-06）。

单项工程竣工结算汇总表

工程名称：　　　　　　　　　　　　　　　　　　　　第　页　共　页

序号	单位工程名称	金额（元）	其中	
			安全文明施工费（元）	规费（元）
合计				

表-06

（6）单项工程竣工结算汇总表（表-07）。

单位工程竣工结算汇总表

工程名称：　　　　　　　　　　　　标段：　　　　　　　　　　第　页　共　页

序号	汇总内容	金额（元）
1	分部分项工程	
1.1		
1.2		
1.4		
1.5		
2	措施项目	
2.1	安全文明施工费	
3	其他项目	
3.1	专业工程结算价	
3.2	计日工	
3.3	总承包服务费	
3.4	索赔与现场签证	
4	规费	
5	税金	
竣工结算总价合计=1+2+3+4+5		

注：如无单位工程划分，单项工程也使用本表汇总。

表-07

4. 分部分项工程量清单表

（1）分部分项工程量清单与计价表（表-08）。

《分部分项工程量清单与计价表》（表-08）填写说明：

1）本表是编制工程量清单、招标控制价、投标价和竣工结算的最基本用表。

分部分项工程量清单与计价表

工程名称：　　　　　　　　标段：　　　　　　第　页　共　页

序号	项目编码	项目名称	项目特征描述	计量单位	工程量	其中		
						综合单价	合价	其中：暂估价
本页小计								
合计								

注：根据原建设部、财政部发布的《建筑安装工程费用组成》（建标［2013］44号）的规定，为计取规费等的使用，可在表中增设其中："直接费"、"人工费"或"人工费+机械费"。

表-08

2）编制工程量清单时，使用本表在"工程名称"栏应填写详细具体的工程称谓，对于房屋建筑而言，习惯上并无标段划分，可不填写"标段"栏，但相对于管道敷设、道路施工、则往往以标段划分，此时，应填写"标段"栏，其他各表涉及此类设置，道理相同。"项目编码"栏应按规定另加3位顺序填写。"项目名称"栏应按规定根据拟建工程实际确定填写。"项目特征"栏应按规定根据拟建工程实际予以描述。

3）编制招标控制价时，使用本表"综合单价"、"合计"以及"其中：暂估价"按《建设工程工程量清单计价规范》（GB 50500—2013）的规定填写。

4）编制投标报价时，投标人对表中的"项目编码"、"项目名称"、"项目特征"、"计量单位"、"工程量"均不应作改动。

“综合单价”、“合价”自主决定填写，对其中的“暂估价”栏，投标人应将招标文件中提供了暂估材料单价的暂估价进入综合单价，并应计算出暂估单价的材料在“综合单价”及其“合价”中的具体数额。因此，为更详细反映暂估价情况，也可在表中增设一栏“综合单价”其中的“暂估价”。

5）编制竣工结算时，使用本表可取消“暂估价”。

（2）工程量清单综合单价分析表（表-09）。

工程量清单综合单价分析表

工程名称： 标段： 第 页 共 页

<table>
<tr><td colspan="2">项目编码</td><td colspan="2"></td><td>项目名称</td><td colspan="3"></td><td colspan="2">计量单位</td><td colspan="2"></td></tr>
<tr><td colspan="12">清单综合单价组成明细</td></tr>
<tr><td rowspan="2">定额编号</td><td rowspan="2">定额名称</td><td rowspan="2">定额单位</td><td rowspan="2">数量</td><td colspan="4">单价</td><td rowspan="2">人工费</td><td rowspan="2">材料费</td><td rowspan="2">机械费</td><td rowspan="2">管理费和利润</td></tr>
<tr><td>人工费</td><td>材料费</td><td>机械费</td><td>管理费和利润</td></tr>
<tr><td></td><td></td><td></td><td></td><td></td><td></td><td></td><td></td><td></td><td></td><td></td><td></td></tr>
<tr><td></td><td></td><td></td><td></td><td></td><td></td><td></td><td></td><td></td><td></td><td></td><td></td></tr>
<tr><td colspan="2">人工单价</td><td colspan="4">小计</td><td></td><td></td><td></td><td colspan="3"></td></tr>
<tr><td colspan="2">元/工日</td><td colspan="4">未计价材料费</td><td colspan="6"></td></tr>
<tr><td colspan="6">清单项目综合单价</td><td colspan="6"></td></tr>
<tr><td rowspan="4">材料费明细</td><td colspan="5">主要材料名称、规格、型号</td><td>单位</td><td>数量</td><td>单价/元</td><td>合价/元</td><td>暂估单价/元</td><td>暂估合价/元</td></tr>
<tr><td colspan="5"></td><td></td><td></td><td></td><td></td><td></td><td></td></tr>
<tr><td colspan="7">其他材料费</td><td>—</td><td></td><td>—</td><td></td></tr>
<tr><td colspan="7">材料费小计</td><td>—</td><td></td><td>—</td><td></td></tr>
</table>

注：1. 如不使用省级或行业建设主管部门发布的计价依据，可不填定额项目、编号等。

2. 招标文件提供了暂估单价的材料，按暂估的单价填入表内“暂估单价”栏及“暂估合价”栏。

表-09

《工程量清单综合单价分析表》（表-09）填写说明：

1）工程量清单单价分析表是评标委员会评审和判别综合单价组成和价格完整性、合理性的主要基础，对因工程变更调整综合单价也是必不可少的基础价格数据来源。

2）本表集中反映了构成每一个清单项目综合单价的各个价格要素的价格及主要的“工、料、机”消耗量。投标人在投标报价时，需要对每一个清单项目进行组价，为了使组价工作具有可追溯性（回复评标质疑时尤其需要），需要表明每一个数据的来源。

3）本表一般随投标文件一同提交，作为竞标价的工程量清单的组成部分。以便中标后，作为合同文件的附属文件。投标人须知中需要就分析表提交的方式作出规定，该规定需要考虑是否有必要对分析表的合同地位给予定义。

4）编制招标控制价，使用本表应填写使用的省级或行业建设主管部门发布的计价定额名称。

5）编制投标报价，使用本表可填写使用的省级或行业建设主管部门发布的计价定额，如不使用，不填写。

5. 措施项目清单表

（1）措施项目清单与计价表（一）（表-10）。

措施项目清单与计价表（一）

工程名称：　　　　　　　　　　标段：　　　　　　　　　　第　页　共　页

序号	项目名称	计算基础	费率/%	金额/元
1	安全文明施工费			
2	夜间施工费			
3	二次搬运费			
4	冬雨期施工			
5	大型机械设备进出场及安拆费			
6	施工排水			
7	施工降水			
8	地上、地下设施、建筑物的临时保护设施			

续表

序号	项目名称	计算基础	费率/%	金额/元
9	已完工程及设备保护			
10	各专业工程的措施项目			
11				
12				
13				
合计				

注：1. 本表适用于以“项”计价的措施项目。
2. 根据建设部、财政部发布的《建筑安装工程费用组成》（建标［2013］44号）的规定，“计算基础”可为“直接费”、“人工费”或“人工费+机械费”。

表-10

《措施项目清单与计价表》(一)（表-10）填写说明：

1）编制工程量清单时，表中的项目可根据工程实际情况进行增减。

2）编制招标控制价时，计费基础、费率应按省级或行业建设主管部门的规定计取。

3）编制投标报价时，除“安全文明施工费”必须按《建设工程工程量清单计价规范》（GB 50500—2013）的强制性规定，按省级、行业建设主管部门的规定计取外，其他措施项目均可根据投标施工组织设计自主报价。

（2）措施项目清单与计价表（二）（表-11）。

措施项目清单与计价表（二）

工程名称：　　　　　　　　标段：　　　　　　　　第　页　共　页

序号	项目编码	项目名称	项目特征描述	计量单位	工程量	金额/元	
						综合单价	合价

续表

序号	项目编码	项目名称	项目特征描述	计量单位	工程量	金额/元	
						综合单价	合价
本页小计							
合计							

注：本表适用于以综合单价形式计价的措施项目。

表-11

6. 其他项目清单表

（1）其他项目清单与计价汇总表（表-12）。

其他项目清单与计价汇总表

工程名称：　　　　　　　　　　　　标段：　　　　　　　　　　第　页　共　页

序号	项目名称	计量单位	金额/元	备注
1	暂列金额			明细详见表-12-1
2	暂估价			
2.1	材料暂估价			明细详见表-12-2
2.2	专业工程暂估价			明细详见表-12-3
3	计日工			明细详见表-12-4
4	总承包服务费			明细详见表-12-5

续表

序号	项目名称	计量单位	金额/元	备注
5				
合计				—

注：材料暂估单价进入清单项目综合单价，此处不汇总。

表-12

《其他项目清单与计价汇总表》（表-12）填写说明：

1）编制工程量清单，应汇总“暂列金额”和“专业工程暂估价”，以提供给投标人报价。

2）编制招标控制价，应按有关计价规定估算“计日工”和“总承包服务费”。如工程量清单中未列“暂列金额”和“专业工程暂估价”，应按有关规定编列。

3）编制投标报价，应按招标文件工程量清单提供的“暂列金额”和“专业工程暂估价”填写金额，不得变动。“计日工”、“总承包服务费”自主确定报价。

4）编制或核对竣工结算，“专业工程暂估价”按实际分包结算价填写，“计日工”、“总承包服务费”按双方认可的费用填写，如发生“索赔”或“现场签证”费用，按双方认可的金额计入本表。

（2）暂列金额明细表（表-12-1）。

《暂列金额明细表》（表-12-1）填写说明：

暂列金额在实际履约过程中可能发生，也可能不发生。本表要求招标人能将暂列金额与拟用项目列出明细，但如确实不能详列也可只列暂定金额总额，投标人应将上述暂列金额计入投标总价中。

暂列金额明细表

工程名称：　　　　　　　　　　标段：　　　　　　　　第　页　共　页

序号	项目名称	计量单位	暂定金额（元）	备注
1	暂列金额			
2	暂估价			
3	材料暂估价			
4	专业工程暂估价			
5	计日工			
6	总承包服务费			
7				
8				
9				
10				
11				
12				
13				
14				
15				
16				
17				
合计				—

注：此表由招标人填写，如不能详列，也可只列暂定金额总额，投标人应将上述暂列金额计入投标总价中。

表-12-1

（3）材料暂估单价表（表-12-2）。

材料暂估单价表

工程名称：　　　　　　　　　　标段：　　　　　　　　第　页　共　页

序号	材料名称、规格、型号	计量单位	单价（元）	备注

续表

序号	材料名称、规格、型号	计量单位	单价（元）	备注
合计				

注：1. 此表由招标人填写，并在备注栏说明暂估价的材料拟用在哪些清单项目上，投标人应将上述材料暂估单价计入工程量清单综合单价报价中。
2. 材料包括原材料、燃料、构配件以及按规定应计入建筑安装工程造价的设备。

表-12-2

《材料暂估单价表》（表-12-2）填写说明：

暂估价是在招标阶段预见肯定要发生，只是因为标准不明确或者需要由专业承包人完成，暂时无法确定具体价格。暂估价数量和拟用项目应在本表备注栏给予补充说明。

（4）专业工程暂估价表（表-12-3）。

专业工程暂估价表

工程名称：　　　　　　　　　　标段：　　　　　　　　第　页　共　页

序号	工程名称	工程内容	金额（元）	备注

续表

序号	工程名称	工程内容	金额（元）	备注
合计				—

注：此表由招标人填写，投标人应将上述专业工程暂估价计入投标总价中。

表-12-3

《专业工程暂估价表》（表-12-3）填写说明：

专业工程暂估价应在表内填写工程名称、工程内容、暂估金额，投标人应将上述金额计入投标总价中。

（5）计日工表（表-12-4）。

计日工表

工程名称：　　　　　　标段：　　　　　　第　页　共　页

序号	项目名称	单位	暂定数量	综合单价（元）	合价（元）
一	人工				
1					
2					
3					

续表

序号	项目名称	单位	暂定数量	综合单价（元）	合价（元）
人工小计					
二	材料				
1					
2					
3					
材料小计					
三	施工机械				
1					
2					
3					
施工机械小计					—
总计					

注：此表项目名称、数量由招标人填写，编制招标控制价时，单价由招标人按有关计价规定确定；投标时，单价由投标人自主报价，计入投标总价中。

表-12-4

《计日工表》（表-12-4）填写说明：

1）编制工程量清单时，“项目名称”、“计量单位”、“暂估数量”由招标人填写。

2）编制招标控制价时，人工、材料、机械台班单价由招标人按有关计价规定填写并计算合价。

3）编制投标报价时，人工、材料、机械台班单价由投标人自主确定，按已给暂估数量计算合价计入投标总价中。

（6）总承包服务费计价表（表-12-5）。

《总承包服务费计价表》（表-12-5）填写说明：

1）编制工程量清单时，招标人应将拟定进行专业分包的专业工程、自行采购的材料设备等决定清楚，填写项目名称、服

总承包服务费计价表

工程名称：　　　　　　　　　　　　标段：　　　　　　　　第　页　共　页

序号	工程名称	项目价值（元）	服务内容	费率（%）	金额（元）
1	发包人发包专业工程				
2	发包人供应材料				
合计					

表-12-5

务内容，以便投标人决定报价。

2）编制招标控制价时，招标人按有关计价规定计价。

3）编制投标报价时，由投标人根据工程量清单中的总承包服务内容，自主决定报价。

（7）索赔与现场签证计价汇总表（表-12-6）。

索赔与现场签证计价汇总表

工程名称：　　　　　　　　　　标段：　　　　　　　　第　页　共　页

序号	签证及索赔项目名称	计量单位	数量	单价（元）	合价（元）	索赔及签证依据
本页小计						—
合计						—

注：签证及索赔依据是指经双方认可的签证单和索赔依据的编号。

表-12-6

（8）索赔与现场签证计价汇总表（表-12-7）。

《费用索赔申请（核准）表》（表-12-7）填写说明：

填写本表时，承包人代表应按合同条款的约定，阐述原因，附上索赔证据、费用计算报发包人，经监理工程师复核（按照发包人的授权不论是监理工程师或发包人现场代表均可），经造价员（此处造价员可以是发包人现场管理人员，也可以是发包人委托的工程造价咨询企业的人员）复核具体费用，经发包人审核后生效，该表以在选择栏中“□”内作标识“√”表示。

费用索赔申请（核准）表

工程名称：　　　　　　　　　　　　标段：　　　　　　　　　　第　页　共　页

<table>
<tr><td colspan="2">致：____________________________（发包人全称）
根据施工合同条款第__条的约定，由于________原因，我方要求索赔金额（大写）________元，（小写）______元，请予核准。
附：1. 费用索赔的详细理由和依据：
2. 索赔金额的计算：
3. 证明材料

承包人（章）
承包人代表__________
日　　期__________</td></tr>
<tr><td>复核意见：
根据施工合同条款第____条的约定，你方提出的费用索赔申请经复核：
□不同意此项索赔，具体意见见附件。
□同意此项索赔，索赔金额的计算，由造价员复核。

监理工程师__________
日　　期__________</td><td>复核意见：
根据施工合同条款第____条的约定，你方提出的费用索赔申请经复核，索赔金额为（大写）____元，（小写）____元。

造　价　员__________
日　　期__________</td></tr>
<tr><td colspan="2">审核意见：
□不同意此项索赔。
□同意此项索赔，与本期进度款同期支付。

发包人（章）
发包人代表__________
日　　期__________</td></tr>
</table>

注：1. 在选择栏中的“□”内作标识“√”。
2. 本表一式四份，由承包人填报，发包人、监理人、造价咨询人、承包人各存一份。

表-12-7

（9）现场签证表（表-12-8）。

现场签证表

工程名称： 标段： 第 页 共 页

施工部位		日期	

致：______________________________（发包人全称）

根据______（指令人姓名） 年 月 日的口头指令或你方______（或监理人） 年 月 日的书面通知，我方要求完成此项工作应支付价款金额为（大写）______元，（小写）______元，请予核准。

附：1. 签证事由及原因：

2. 附图及计算公式：

承包人（章）

承包人代表__________

日 期__________

复核意见：	复核意见：
你方提出的此项签证申请经复核： □不同意此项签证，具体意见见附件。 □同意此项签证，签证金额的计算，由造价员复核。 监理工程师__________ 日 期__________	□此项签证按承包人中标的计日工单价计算，金额为（大写）____元，（小写）____元。 □此项签证因无计日工单价，金额为（大写）____元，（小写）____元。 造 价 员__________ 日 期__________

审核意见：

□不同意此项签证。

□同意此项签证，价款与本期进度款同期支付。

发包人（章）

发包人代表__________

日 期__________

注：1. 在选择栏中的"□"内作标识"√"。

2. 本表一式四份，由承包人在收到发包人（监理人）的口头或书面通知后填写，发包人、监理人、造价咨询人、承包人各存一份。

表-12-8

《现场签证表》（表-12-8）填写说明：

本表是对"计日工"的具体化，考虑到招标时，招标人对计日工项目的预估难免会有遗漏，带来实际施工发生后，无相应的计日工单价时，现场签证只能包括单价一并处理，因此，在汇总时，有计日工单价的，可归并于计日工，如无计日工单价，归并于现场签证，以示区别。

7. 规费、税金项目清单与计价表

规费、税金项目清单与计价表（表-13）。

规费、税金项目清单与计价表

工程名称：　　　　　　　　　　　　　标段：　　　　　　　　　第　页　共　页

序号	项目名称	计量基础	费率（%）	金额（元）
1	规费			
1.1	工程排污费			
1.2	社会保障费			
(1)	养老保险费			
(2)	失业保险费			
(3)	医疗保险费			
1.3	住房公积金			
1.4	危险作业意外伤害保险			
1.5	工程定额测定费			
2	税金	分部分项工程费＋措施项目费＋其他项目费＋规费		
合计			—	

注：根据建设部、财政部发布的《建筑安装工程费用组成》（建标［2013］44号）的规定，“计算基础”可为“直接费”、“人工费”或“人工费＋机械费”。

表-13

《规费、税金项目清单与计价表》（表-13）填写说明：

本表按原建设部、财政部印发的《建筑安装工程费用项目组成》（建标［2013］44号）列举的规费项目列项，在施工实践中，有的规费项目，如工程排污费，并非每个工程所在地都要征收，实践中可作为按实计算的费。此外，按照国务院《工伤保险条例》，工伤保险建议列入，与“危险作业意外伤害保险”一并考虑。

8. 工程款支付申请（核准）表

工程款支付申请（核准）表（表-14）。

工程款支付申请（核准）表

工程名称： 标段： 第 页 共 页

致：____________________（发包人全称）

我方于___至___期间已完成了________工作，根据施工合同的约定，现申请支付本期的工程款额为（大写）________元，（小写）________元，请予核准。

序号	名称	金额/元	备注
1	累计已完成的工程价款		
2	累计已实际支付的工程价款		
3	本周期已完成的工程价款		
4	本周期完成的计日工金额		
5	本周期应增加和扣减的变更金额		
6	本周期应增加和扣减的索赔金额		
7	本周期应抵扣的预付款		
8	本周期应扣减的质保金		
9	本周期应增加或扣减的其他金额		
10	本周期实际应支付的工程价款		

承包人（章）

承包人代表__________

日　　期__________

复核意见：

□与实际施工情况不相符，修改意见见附件。

□与实际施工情况相符，具体金额由造价员复核。

监理工程师__________

日　　期__________

复核意见：

你方提出的支付申请经复核，本期间已完成工程款额为（大写）____元，（小写）____元。本期应支付金额为（大写）____元，（小写）____元。

造　价　员__________

日　　期__________

审核意见：

□不同意。

□同意，支付时间为本表签发后的15天内。

发包人（章）

发包人代表__________

日　　期__________

注：1. 在选择栏中的“□”内作标识“√”。

2. 本表一式四份，由承包人填报，发包人、监理人、造价咨询人、承包人各存一份。

表-14

《工程款支付申请（核准）表》（表-14）填写说明：

本表由承包人代表在每个计量周期结束后，向发包人提出，由发包人授权的现场代表复核工程量（本表中设置为监理工程师），由发包人授权的造价员（可以是委托的造价咨询企业）复核应付款项，经发包人批准实施。

第6章　土建工程施工图预算的编制

6.1　施工图预算的编制

6.1.1　施工图预算的编制依据

（1）各专业设计施工图和文字说明、工程地质勘察资料。

（2）当地和主管部门颁布的现行建筑工程和专业安装工程预算定额（基础定额）、单价估价表、地区资料、构（配）件预算价格（或市场价格）、间接费用定额和有关费用规定等文件。

（3）现行的有关设备原价（出厂价或市场价）及运杂费率。

（4）现行的有关其他费用定额、指标和价格。

（5）建设场地中的自然条件和施工条件，并据以确定的施工方案或施工组织设计。

6.1.2　施工图预算的编制方法

1. 工料单价法

工料单价法指分部分项工程量的单价为直接费，直接费以人工、材料、机械的消耗量及其相应价格与措施费确定。间接费、利润、税金按照有关规定另行计算。

（1）传统施工图预算使用工料单价法，其计算步骤如下：

1）准备资料，熟悉施工图。准备的资料包括施工组织设计、预算定额、工程量计算标准、取费标准、地区材料预算价格等。

2）计算工程量。①依据工程内容和定额项目，列出分项工程目录；②依据计算顺序和计算规则列出计算式；③根据图纸上的设计尺寸及有关数据，代入计算式进行计算；④对计算结果进行整理，使之与定额中要求的计量单位保持一致，并予以核对。

3）套工料单价。核对计算结果后，按单位工程施工图预算直接费计算公式求得单位工程人工费、材料费和机械使用费之和。同时注意以下几项内容。

① 分项工程的名称、规格、计量单位必须与预算定额工料单价或单位计价表中所列内容完全一致。以防重套、漏套或错套工料单价而产生偏差。

② 进行局部换算或调整时，换算指定额中已计价的主要材料品种不同而进行的换价，一般不调量；调整指施工工艺条件不同而对人工、机械的数量增减，一般调量不换价。

③ 若分项工程不能直接套用定额、不能换算和调整时，应编制补充单位计价表。

④ 定额说明允许换算与调整以外部分不得任意修改。

4）编制工料分析表。根据各分部分项工程项目实物工程量和预算定额中项目所列的用工及材料数量，计算各分部分项工程所需人工及材料数量，汇总后算出该单位工程所需各类人工、材料的数量。

5）计算并汇总造价。根据规定的税、费率和相应的计取基础，分别计算措施费、间接费、利润、税金等。将上述费用累计后进行汇总，求出单位工程预算造价。

6）复核。对项目填列、工程量计算公式、计算结果、套用的单价、采用的各项取费费率、数字计算、数据精确度等进行全面复核，以便及时发现差错，及时修改，提高预算的准确性。

7）填写封面、编制说明。封面应写明工程编号、工程名称、工程量、预算总造价和单方造价、编制单位名称、负责人和编制日期以及审核单位的名称、负责人和审核日期等。编制说明主要应写明预算所包括的工程内容范围、依据的图纸编号、承包企业的等级和承包方式、有关部门现行的调价文件号、套用单价需要补充说明的问题及其他需说明的问题等。

现在编制施工图预算时特别要注意，所用的工程量和人工、材料量是统一的计算方法和基础定额；所用的单价是地区性的（定额、价格信息、价格指数和调价方法）。由于在市场调价下价格是变动的，要特别重视定额价格的调整。

（2）实物法编制施工图预算的步骤：实物法编制施工图预算是先算工程量、人工、材料量、机械台班（即实物量），然后再计算费用和价格的方法。这种方法适应市场经济条件下编制施工图预算的需要，在改革中应当努力实现这种方法的普遍应用。其编制步骤如下：

1）准备资料，熟悉施工图纸；

2）计算工程量；

3）套基础定额，计算人工、材料、机械数量；

4）根据当时、当地的人工、材料、机械单价，计算并汇总人工费、材料费、机械使用费，得出单位工程直接工程费；

5）计算措施费、间接费、利润和税金，并进行汇总，得出单位工程造价（价格）；

6）复核；

7）填写封面、编写说明。

从上述步骤可见，实物法与定额单价法不同，实物法的关键在于第三步和第四步，尤其是第四步，使用的单价已不是定额中的单价了，而是在由当地工程价格权威部门（主管部门或专业协会）定期发布价格信息和价格指数的基础上，自行确定人工单价、材料单价、施工机械台班单价。这样便不会使工程价格脱离实际，并为价格的调整减少许多麻烦。

2. 综合单价法

综合单价法指分部分项工程量的单价为全费用单价，既包括直接费、间接费、利润（酬金）、税金，也包括合同约定的所有工料价格变化风险等一切费用，是一种国际上通行的计价方式。综合单价法按其所包含项目工作的内容及工程计量方法的不同，又可分为以下三种表达形式：

（1）参照现行预算定额（或基础定额）对应子目所约定的工作内容、计算规则进行报价。

（2）按招标文件约定的工程量计算规则，以及按技术规范规定的每一分部分项工程所包括的工作内容进行报价。

（3）由投标者依据招标图纸、技术规范，按其计价习惯自主报价，即工程量的计算方法、投标价的确定，均由投标者根据自身情况决定。

按照《建筑工程施工发包承包管理办法》的规定，综合单价是由分项工程的直接费、间接费、利润和税金组成的，而直接费是以人工、材料、机械的消耗量及相应价格与措施费确定的。因此计价顺序应当是：

1）准备资料，熟悉施工图纸；

2）划分项目，按统一规定计算工程量；

3）计算人工、材料和机械数量；

4）套综合单价，计算各分项工程造价；

5）汇总得分部工程造价；

6）各分部工程造价汇总得单位工程造价；

7）复核；

8）填写封面、编写说明。

“综合单价”的产生是使用该方法的关键。显然编制全国统一的综合单价是不现实或不可能的，而由地区编制较为可行。理想的是由企业编制“企业定额”产生综合单价。由于在每个分项工程上确定利润和税金比较困难，故可以编制含有直接费和间接费的综合单价，待求出单位工程总的直接费和间接费后，再统一计算单位工程的利润和税金，汇总得出单位工程的造价。《建设工程工程量清单计价规范》（GB 50500—2013）中规定的造价计算方法，就是依据实物计算法原理编制的。

6.2 工程量的计算原则和方法

6.2.1 工程量的计算原则

1. 工程量计算规则要一致

工程量计算必须与定额中规定的工程量计算规则（或计算方法）相一致，才符合定额的要求。预算定额中对分项工程的工程量计算规则和计算方法都作了具体规定，计算时必须严格按规定执行。例如，墙体工程量计算中，外墙长度按外墙中心线长度计算，内墙长度按内墙净长线计算；又如，楼梯面层及台阶面层的工程量按水平投影面积计算。

按施工图纸计算工程量采用的计算规则，必须与本地区现行预算定额计算规则相一致。

各省、自治区、直辖市预算定额的工程量计算规则，其主要内容基本相同，差异不大。在计算工程量时，应按工程所在地预算定额规定的工程量计算规则进行计算。

2. 计算口径要一致

计算工程量时，根据施工图纸列出的工程子目的口径（指工程子目所包括的工作内容），必须与土建基础定额中相应的工程子目的口径相一致。不能将定额子目中已包含了的工作内容拿出来另列子目计算。

3. 计算单位要一致

计算工程量时，所计算工程子目的工程量单位必须与土建基础定额中相应子目的单位相一致。

在土建预算定额中，工程量的计算单位规定为：

（1）以体积计算的为立方米（m^3）。

（2）以面积计算的为平方米（m^2）。

（3）长度为米（m）。

（4）重量为吨或千克（t 或 kg）。

（5）以件（个或组）计算的为件（个或组）。

例如，预算定额中，钢筋混凝土现浇整体楼梯的计量单位为立方米（m^3），而钢筋混凝土预制楼梯段的计量单位为立方米（m^3），在计算工程量时，应注意分清，使所列项目的计量单位与之一致。

4. 计算尺寸的取定要准确

计算工程量时，首先要对施工图尺寸进行核对，并对各子目计算尺寸的取定要准确。

5. 计算的顺序要统一

要遵循一定的顺序进行计算。计算工程量时要遵循一定的计算顺序，依次进行计算，这是为避免发生漏算或重算的重要措施。

6. 计算精确度要统一

工程量的数字计算要准确，一般应精确到小数点后三位，汇总时，其准确度取值要达到：

（1）立方米（m^3）、平方米（m^2）及米（m）以下取两位小数。

（2）吨（t）以下取三位小数。

（3）千克（kg）、件等取整数。

（4）建筑面积一般取整数。

6.2.2 工程量的计算方法

1. 工程量计算的顺序

计算工程量应按照一定的顺序依次进行，既可以节省时间加快计算进度，又可以避免漏算或重复计算。

（1）单位工程计算顺序：

1）按施工顺序计算法。

按施工顺序计算法是按照工程施工的先后次序来计算工程量。如一般民用建筑按照土方、基础、墙体、地面、楼面、屋面、门窗安装、外墙抹灰、内墙抹灰、喷涂、油漆、玻璃等顺序进行计算。

2）按定额顺序计算法。

按定额顺序计算工程量法就是按照计量规则中规定的分部分项工程顺序来计算工程量。这种计算顺序法对初学人员尤为适用。

（2）单个分项工程计算顺序：

1）按照顺时针方向计算法。

按顺时针方向计算法就是先从平面图的左上角开始，自左至右，然后再由上至下，最后转回到左上角为止，按顺时针方向依次进行工程量计算。例如，计算外墙、地面、天棚等分项工程，都可以按照此顺序进行计算。

2）按“先横后竖、先上后下、先左后右”计算法。

此法就是平面图上从左上角开始，按照“先横后竖、先上后下、先左后右”的顺序进行工程量计算。例如，房屋的条形基础土方、基础垫层、砖石基础、砖墙砌筑、门窗过梁、墙面抹灰等分项工程，均可按这种顺序进行计算。

3）按图纸分项编号顺序计算法。

此法就是按照图纸上所注结构构件、配件的编号顺序进行工程量计算。例如，计算混凝土构件、门窗、屋架等分项工程，均可以按照此顺序进行计算。

在计算工程量时，不论采用哪种顺序计算，都不能有漏项或少算或重复多算的现象发生。

2. 工程量计算的步骤

（1）根据工程内容和计算规则中规定的项目列出需要计算工程量的分部分项工程；

（2）根据一定的计算顺序和计算规则列出计算式；

（3）根据施工图纸的要求确定有关数据，代入计算式进行数值计算；

（4）对计算结果的计量单位进行调整，使之与计量规则中规定的相应分部分项工程的计量单位保持一致。

3. 工程量计算的具体方法

（1）熟悉施工图。

1）修正图纸。主要是按照图纸会审记录、设计变更通知单的内容修正、订正全套施工图纸，这样可以避免走“回头路”，造成重复劳动。

2）粗略看图：

① 了解工程的基本概况。如建筑物的层数、高度、基础形式、结构形式和大约的建筑面积等。

② 了解工程所使用的材料及采用的施工方法。

③ 了解施工图中的梁表、柱表、混凝土构件统计表、门窗统计表，要对照施工图进行详细核对。一经核对，在计算相应工程量时就可直接利用。

④ 了解施工图表示方法。

3）看施工图需要弄清的问题：

① 房屋室内外的高差，以便在计算基础和室内挖、填工程量时利用这个数据。

② 建筑物的层高、墙体、楼地面面层、门窗等相应工程内容是否因楼层或段落不同而有所变化（包括尺寸、材料、做法、数量等变化），以便在有关工程量的计算时区别对待。

③ 工业建筑设备基础、地沟等平面布置的大概情况，以利用基础和楼地面工程量的计算。

④ 建筑物构（配）件，如平台、阳台、雨篷和台阶等的设置情况，便于计算其工程量时明确所在部位。

（2）用统筹法计算工程量。

实践表明，每个分项工程量计算虽有着各自的特点，但都离不开计算"线"、"面"之类的基数，它们在整个工程量计算中常常要反复多次使用。因此，根据这个特性和计量规则的规定，运用统筹法原理，对每个分项工程的工程量进行分析，然后根据计算过程的内在联系，按先主后次、统筹安排的计算程序，可简化繁琐的计算，形成统筹计算工程量的计算方法。运用统筹法计算工程量的基本要点是：统筹程序、合理安排；利用基数、连续计算；一次算出、多次应用；结合实际、灵活机动。

运用统筹法计算工程量，首先要根据统筹法原理、工程量计算规则，设计出"计算工程量程序统筹图"。统筹图以"三线一面"作为基数，连续计算与之有共性关系的分项工程量，而与基数无共性关系的分项工程量则按图纸所示尺寸进行计算。

"统筹法计算"为预算工程量的简化计算开辟了一条新路，

虽然它存在一些不足，但其基本原理是适用的。这一方法的计算步骤是：

1）基数计算。

基数是单位工程的工程量计算中反复多次运用的数据，提前把这些数据算出来，可供各分项工程的工程量计算时查用。这些数据是：三线一面。其“三线”计算方法如下：

① 外墙外边线长度 $L_{外}$ = 建筑平面图的外围周长（勒脚以上外墙外边线周长）

② 外墙中心线长度 $L_{中} = L_{外} -$（外墙墙厚×4）

③ 内墙净长线 $L_{内}$ = 建筑平面图中相同厚度内墙长度之和

“三线一面”的主要用途如下：

a. 外墙外边线总长 $L_{外}$：是用来计算外墙装饰工程、挑檐、散水、勒脚、平整场地等分项工程工程量计算的基本尺寸。

b. 外墙中心线总长 $L_{中}$：是用来计算外墙、女儿墙，外墙条形基础、垫层、挖地槽、地梁及外墙圈梁等分项工程工程量计算的基本尺寸。还应注意由于不同厚度墙体的定额单价不同，所以，$L_{中}$ 应按不同墙厚分别计算，如 $L_{中}$ 37、$L_{中}$ 24。

c. 内墙净长线总长 $L_{内}$：是用来计算内墙、内墙条形基础、垫层、挖地槽、地梁及内墙圈梁等分项工程工程量计算的基础尺寸。应注意由于不同厚度墙体单价不同，所以，$L_{内}$ 应按不同墙厚分层计算，如 $L_{内}$ 24、$L_{内}$ 37。

d. 建筑面积 S：是指建筑物的水平投影面积，可用来作为计算垂直运输费、架子工程费等项目的基本数据。

2）按一定的计算顺序计算项目。

这条主要是做到：尽可能使前面项目的计算结果能运用于后面的计算，以减少重复计算。

3）联系实际，灵活机动。

由于工程设计很不一致，对于那些不能用“线”和“面”基数计算的不规则的、较复杂的项目工程量的计算问题，要结合实际，灵活运用下列方法加以解决：

① 分段计算法：如遇外墙的断面不同时，可采取分段法计算工程量。

② 分层计算法：如遇多层建筑物，各楼层的建筑面积不同时，可用分层计算法。

③ 补加计算法：如带有墙柱的外墙，可先计算出外墙体积，然后加上砖柱体积。

④ 补减计算法：如每层楼的地面面积相同，地面构造除一层门厅为水磨面外，其余均为水泥砂浆地面，可先按每层都是水泥砂浆地面计量各楼层的工程量，然后再减去门厅的水磨石地面工程量。

6.3 建筑面积计算

《建筑工程建筑面积计算规范》（GB/T 50353—2013）对建筑工程建筑面积的计算作出了具体的规定和要求，其主要内容包括：

（1）单层建筑物的建筑面积，应按其外墙勒脚以上结构外围水平面积计算，并应符合下列规定：

1）单层建筑物高度在 2.20m 及以上者应计算全面面积；高度不足 2.20m 者应计算 1/2 面积。

2）利用坡屋顶内空间时，净高超过 2.10m 的部位应计算全面积；净高在 1.20m～2.10m 的部位应计算 1/2 面积；净高不足 1.20m 的部位不应计算面积。

注：建筑面积的计算是以勒脚以上外墙结构外边线计算，勒脚是墙根部很矮的一部分墙体加厚，不能代表整个外墙结构，因此要扣除勒脚墙体加厚的部分。

（2）单层建筑物内设有局部楼层者，局部楼层的二层及以上楼层，有维护结构的应按其维护结构外围水平面积计算，无围护结构的应按其结构底板水平面积计算。层高在 2.20m 及以上者应计算全面积；层高不足 2.20m 者应计算 1/2 面积。

注：1. 单层建筑应按不同的高度确定其面积的计算。其高度指室内地

面标高至屋面板板面结构标高之间的垂直距离。遇有以屋面板找坡的平屋顶单层建筑物，其高度指室内地面标高至屋面板最低处板面结构标高之间的垂直距离。

2. 坡屋顶内空间建筑面积计算，可参照《住宅设计规范》的有关规定，将坡屋顶的建筑按不同净高确定其面积的计算。净高指楼面或地面至上部楼板底面或吊顶底面之间的垂直距离。

（3）多层建筑物首层应按其外墙勒脚以上结构外围水平面积计算；二层及以上楼层应按其外墙结构外围水平面积计算。层高在 2.20m 及以上者应计算全面积；层高不足 2.20m 者应计算 1/2 面积。

注：多层建筑物的建筑面积应按不同的层高分别计算。层高是指上下两层楼面结构标高之间的垂直距离。建筑物最底层的层高，有基础底板的指基础底板上表面结构标高至上层楼面的结构标高之间的垂直距离；没有基础底板的指地面标高至上层楼面结构标高之间的垂直距离。最上一层的层高是指楼面结构标高至屋面板板面结构标高之间的垂直距离，遇有以屋面板找坡的屋面，层高指楼面结构标高至屋面板最低处板面结构标高之间的垂直距离。

（4）多层建筑坡屋顶内和场馆看台下，当设计加以利用时净高超过 2.10m 的部位应计算全面积；净高在 1.20m 至 2.10m 的部位应计算 1/2 面积；当设计不利用或室内净高不足 1.20m 时不应计算面积。

注：多层建筑坡屋顶内和场馆看台下的空间应视为坡屋顶内的空间，设计加以利用时，应按其净高确定其面积的计算。设计不利用的空间，不应计算建筑面积。

（5）地下室、半地下室（车间、商店、车站、车库、仓库等），包括相应的有永久性顶盖的出入口，应按其外墙上口（不包括采光井、外墙防潮层及其保护墙）外边线所围水平面积计算。层高在 2.20m 及以上者应计算全面积；层高不足 2.20m 者应计算 1/2 面积。

注：地下室、半地下室应以其外墙上口外边线所围水平面积计算。原计算规则规定按地下室、半地下室上口外墙外围水平面积计算，文字上不甚严密，“上口外墙”容易理解为地下室、半地下室的上一层建筑的外墙。

由于上一层建筑外墙与地下室墙的中心线不一定完全重叠，多数情况是凸出或凹进地下室外墙中心线。

（6）坡地的建筑物吊脚架空层、深基础架空层，设计加以利用并有围护结构的，层高在 2.20m 及以上的部位应计算全面积；层高不足 2.20m 的部位应计算 1/2 面积。设计加以利用、无围护结构的建筑吊脚架空层，应按其利用部位水平面积的 1/2 计算；设计不利用的深基础架空层、坡地吊脚架空层、多层建筑坡屋顶内、场馆看台下的空间不应计算面积。

（7）建筑物的门厅、大厅按一层计算建筑面积。门厅、大厅内设有回廊时，应按其结构底板水平面积计算。层高在 2.20m 及以上者应计算全面积；层高不足 2.20m 者应计算 1/2 面积。

（8）建筑物间有围护结构的架空走廊，应按其围护结构外围水平面积计算。层高在 2.20m 及以上者应计算全面积；层高不足 2.20m 者应计算 1/2 面积。有永久性顶盖无围护结构的应按其结构底板水平面积的 1/2 计算。

（9）立体书库、立体仓库、立体车库，无结构层的应按一层计算，有结构层的应按其结构层面积分别计算。层高在 2.20m 及以上者应计算全面积；层高不足 2.20m 这应计算 1/2 面积。

注：立体车库、立体仓库、立体书库不规定是否有围护结构，均按是否有结构层，应区分不同的层高确定建筑面积计算的范围，改变过去按书架层和货架层计算面积的规定。

（10）有围护结构的舞台灯光控制室，应按其围护结构外围水平面积计算。层高在 2.20m 及以上者应计算全面积；层高不足 2.20m 者应计算 1/2 面积。

（11）建筑物外有围护结构的落地橱窗、门斗、挑廊、走廊、檐廊，应按其围护结构外围水平面积计算。层高在 2.20m 及以上者应计算全面积；层高不足 2.20m 者应计算 1/2 面积。有永久性顶盖无围护结构的应按其结构底板水平面积的 1/2

计算。

（12）有永久性顶盖无围护结构的场馆看台应按其顶盖水平投影面积的 1/2 计算。

注：“场馆”实质上是指“场”（如：足球场、网球场等）看台上有永久性顶盖部分。“馆”应是有永久性顶盖和围护结构的，应按单层或多层建筑相关规定计算面积。

（13）建筑物顶部有围护结构的楼梯间、水箱间、电梯机房等，层高在 2.20m 及以上者应计算全面积；层高不足 2.20m 者应计算 1/2 面积。

注：如遇建筑屋顶的楼梯间是坡屋顶，应按坡屋顶的相关规定计算面积。

（14）设有围护结构不垂直于水平面而超出底板外沿的建筑物，应按其底板面的外围水平面积计算。层高在 2.20m 及以上者应计算全面积；层高不足 2.20m 者应计算 1/2 面积。

注：设有围护结构不垂直于水平面而超出底板外沿的建筑物是指向建筑物外倾斜的墙体，若遇有向建筑物内倾斜的墙体，应视为坡屋顶，应按坡屋顶有关规定计算面积。

（15）建筑物内的室内楼梯间、电梯井、观光电梯井、提物井、管道井、通风排气竖井、垃圾道、附墙烟囱应按建筑物的自然层计算。

注：室内楼梯间的面积计算，应按楼梯依附的建筑物的自然层数计算并在建筑物面积内。遇跃层建筑，其共用的室内楼梯应按自然层计算面积；上下两错层户室共用的室内楼梯，应选上一层的自然层计算面积。

（16）雨篷结构的外边线至外墙结构外边线的宽度超过 2.10m 者，应按雨篷结构板的水平投影面积的 1/2 计算。

注：雨篷均以其宽度超过 2.10m 或不超过 2.10m 衡量，超过 2.10m 者应按雨篷的结构板水平投影面积的 1/2 计算。有柱雨篷和无柱雨篷计算应一致。

（17）有永久性顶盖的室外楼梯，应按建筑物自然层的水平投影面积的 1/2 计算。

注：室外楼梯，最上层楼梯无永久性顶盖，或不能完全遮盖楼梯的雨

篷，上层楼梯不计算面积，上层楼梯可视为下层楼梯的永久性顶盖，下层楼梯应计算面积。

(18) 建筑物的阳台均应按其水平投影面积的1/2计算。

注：建筑物的阳台，不论是凹阳台、挑阳台、封闭阳台、不封闭阳台均按其水平投影面积的一半计算。

(19) 有永久性顶盖无围护结构的车棚、货棚、站台、加油站、收费站等，应按其顶盖水平投影面积的1/2计算。

注：车棚、货棚、站台、加油站、收费站等的面积计算。由于建筑技术的发展，出现许多新型结构，如柱不再是单纯的直立的柱，而出现正V形柱、倒Λ形柱等不同类型的柱，给面积计算带来许多争议。为此，《建筑工程建筑面积计算规范》中不以柱来确定面积的计算，而依据顶盖的水平投影面积计算。在车棚、货棚、站台、加油站、收费站内设有有围护结构的管理室、休息室等，另按相关规定计算面积。

(20) 高低联跨的建筑物，应以高跨结构外边线为界分别计算建筑面积；其高低跨内部连通时，其变形缝应计算在低跨面积内。

(21) 以幕墙作为围护结构的建筑物，应按幕墙外边线计算建筑面积。

(22) 建筑物外墙外侧有保温隔热层的，应按保温隔热层外边线计算建筑面积。

(23) 建筑物内的变形缝，应按其自然层合并在建筑物面积内计算。

注：此处所指建筑物内的变形缝是与建筑物相连通的变形缝，即暴露在建筑物内，在建筑物内可以看得见的变形缝。

(24) 下列项目不应计算面积：

1) 建筑物通道（骑楼、过街楼的底层）。

2) 建筑物内的设备管道夹层。

3) 建筑物内分隔的单层房间，舞台及后台悬挂幕布、布景的天桥、挑台灯。

4) 屋顶水箱、花架、凉棚、露台、露天游泳池等。

5) 建筑物内的操作平台、上料平台、安装箱和罐体的平台。

6）勒脚、附墙柱、垛、台阶、墙面抹灰、装饰面、镶贴块料面层、装饰性幕墙、空调室外机搁板（箱）、飘窗、构件、配件、宽度在2.10m及以内的雨篷以及与建筑物内不相连通的装饰性阳台、挑廊。

注：凸出墙外的勒脚、附墙柱垛、台阶、墙面抹灰、装饰面、镶贴块料面层、装饰性幕墙、空调室外机搁板（箱）、飘窗、构件、配件、宽度在2.10m及以内的雨篷以及与建筑物内不相连通的装饰性阳台、挑廊等均不属于建筑结构、不应计算建筑面积。

7）无永久性顶盖的架空走廊、室外楼梯和用于检修、消防等的室外钢楼梯、爬梯。

8）自动扶梯、自动人行道。

注：自动扶梯（斜步道滚梯），除两端固定在楼层板或梁之外，扶梯本身属于设备，为此扶梯不宜计算建筑面积。水平步道（滚梯）属于安装在楼板上的设备，不应单独计算建筑面积。

9）独立烟囱、烟道、地沟、油（水）罐、气柜、水塔、贮油（水）池、贮仓、栈桥、地下人防通道、地铁隧道。

6.4 综合案例分析

背景：

某钢筋混凝土框架结构建筑物，共四层，首层层高4.2m，第二～四层层高分别为3.9m，首层平面图、柱独立基础配筋图、柱网布置及配筋图、一层顶梁结构图、一层顶板结构图如图6-1～图6-5所示。柱顶的结构标高为15.87m，外墙为240mm厚加气混凝土砌块填充墙，首层墙体砌筑在顶面标高为－0.20m的钢筋混凝土基础梁上，M5.0混合砂浆砌筑。M1为1900mm×3300mm的铝合金平开门；C1为2100mm×2400mm的铝合金推拉窗；C2为1200mm×2400mm的铝合金推拉窗；C3为1800mm×2400mm的铝合金推拉窗；门窗详见图集L03J602；窗台高900mm。门窗洞口上设钢筋混凝土过梁，截面为240mm×180mm，过梁两端各伸入砌体250mm。已知本工程抗震设防烈度为7度，抗震等级为四级（框架结构），梁、板、柱的混凝土均采用C30商品混凝土；钢筋的保护层厚度：板为15mm，梁柱为25mm，基础为35mm。楼板厚有150mm、100mm两种。块料地面的做法为：素水泥浆一遍，25mm厚1∶3干硬性水泥砂浆结合层，800mm×800mm全瓷地面砖，白水泥砂浆擦缝。木质踢脚线高150mm，基层为9mm厚胶合板，面层为红榉木装饰板，上口钉木线。柱面的装饰做法为：木龙骨榉木饰面包方柱，木龙骨为25mm×30mm，中距300mm×300mm，基层为9mm厚胶合板，面层为红榉木装饰板。四周内墙面做法为：20mm厚1∶2.5水泥砂浆抹面。天棚吊顶为轻钢龙骨矿棉板平顶，U形轻钢龙骨中距为450mm×450mm，面层为矿棉吸声板，首层吊顶底标高为3.4m。

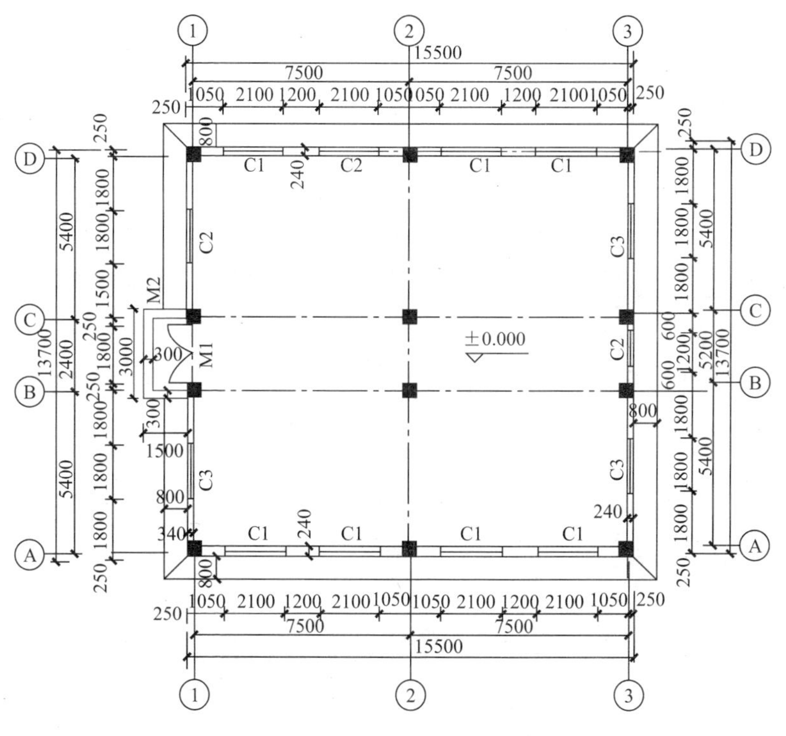

图6-1 首层平面图

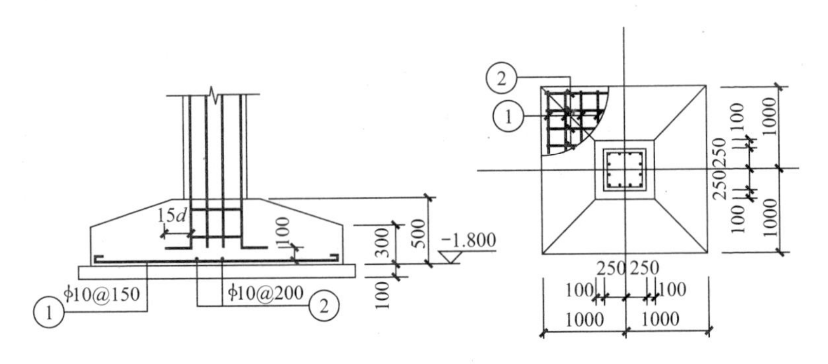

图 6-2　柱独立基础配筋图

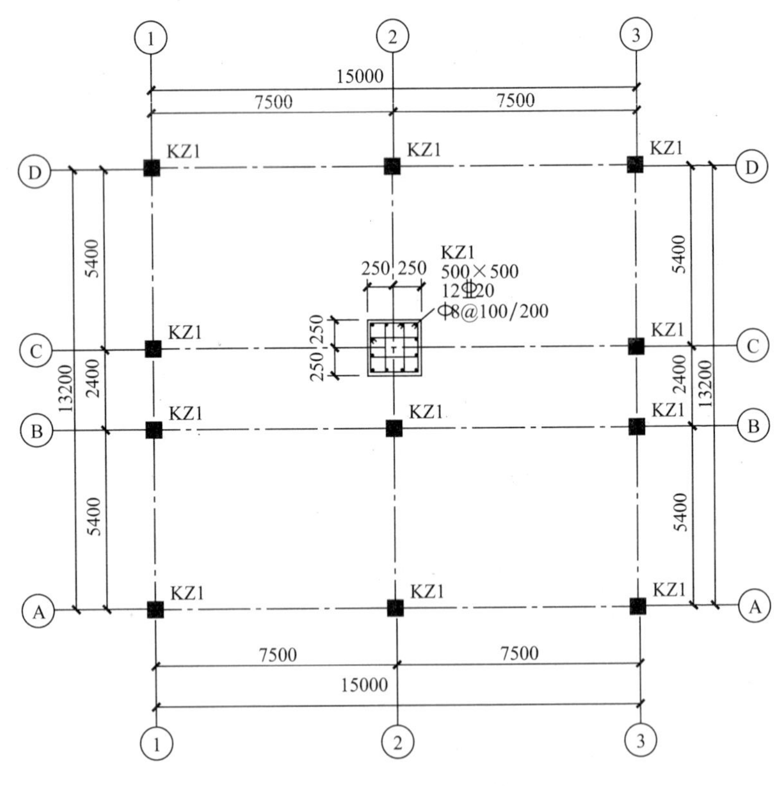

图 6-3　柱网布置及配筋图

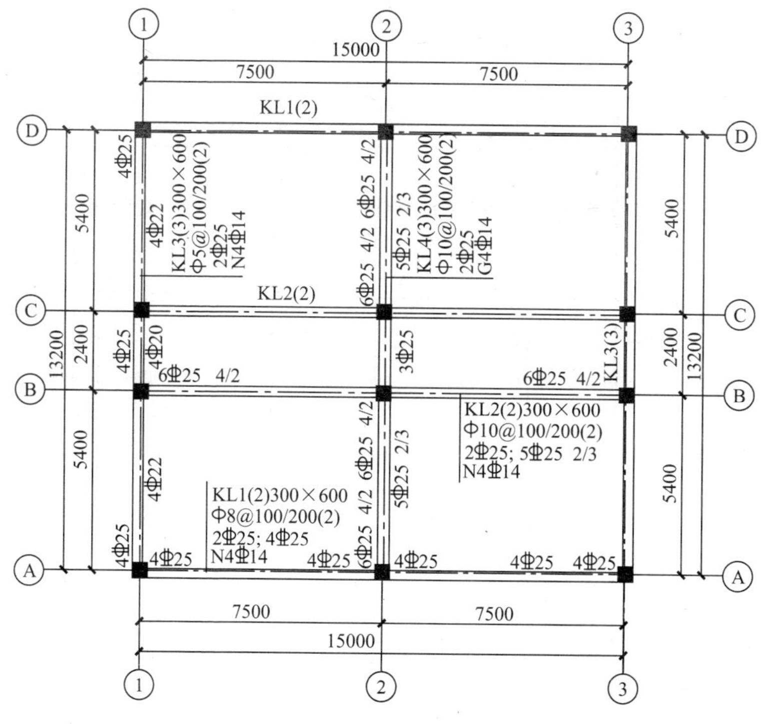

图 6-4　一层梁结构图

问题：

1. 依据《房屋建筑与装饰工程计量规范》（GB 500854—2013）的要求，计算建筑物首层的过梁、填充墙、矩形柱（框架柱）、矩形梁（框架梁）、平板、块料地面、木质踢脚线、墙面抹灰、柱面（包括靠墙柱）装饰、吊顶天棚的工程量。将计算过程及结果填入分部分项工程量计算表 6-1 中。

2. 依据《房屋建筑与装饰工程计量规范》和《建设工程工程量清单计价规范》（GB 50500—2013）编制建筑物首层的过梁、填充墙、矩形柱（框架柱）、矩形梁（框架梁）、平板、块料地面、木质踢脚线、墙面抹灰、柱面（包括靠墙柱）装饰、吊顶天棚的分部分项工程量清单，分部分项工程的统一编码，见表 6-2。

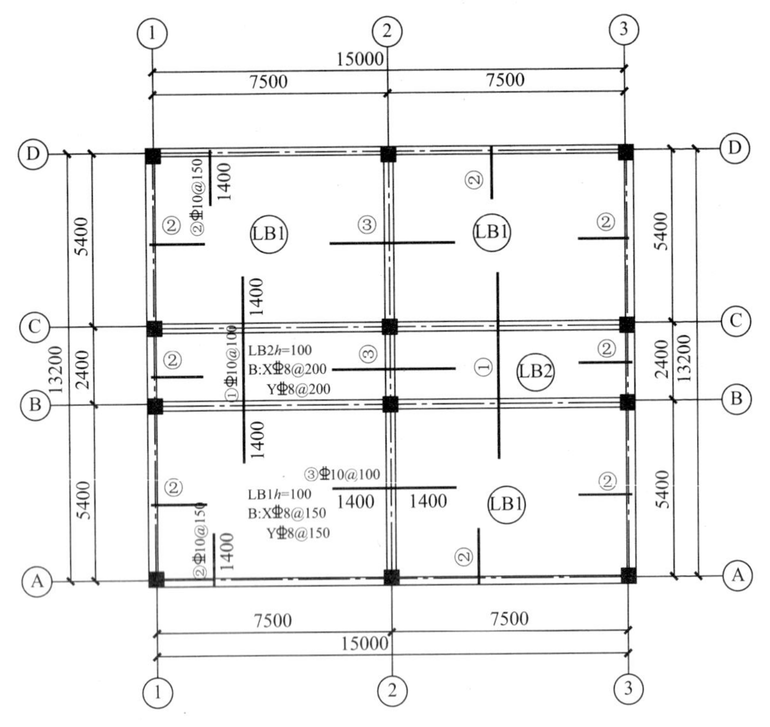

图 6-5　一层顶板结构图

（未注明的板分布筋为 Φ 8@250）

分部分项工程量计算表　　　　表 6-1

序号	项目名称	单位	数量	计算过程

3. 钢筋的理论重量见表 6-3，计算②轴线的 KL4、Ⓒ轴线相交于②轴线的 KZ1 中除了箍筋、腰筋、拉筋之外的其他钢筋工程量以及①～②轴与Ⓐ～Ⓑ轴之间的 LB1 中底部钢筋的工程

量。将计算过程及结果填入钢筋工程量计算表 6-4 中。钢筋的锚固长度为 $40d$，钢筋接头为对头焊接。

分部分项工程量清单项目的统一编码　　　　表 6-2

项目编码	项目名称	项目编码	项目名称
010503005	过梁	011102003	块料地面
010402001	填充墙	011105005	木质踢脚线
010502001	矩形柱	011201001	墙面一般抹灰
010503002	矩形梁	011208001	柱面装饰
010505003	平板	011302001	吊顶天棚

钢筋单位理论质量表　　　　表 6-3

钢筋直径	$\Phi 8$	$\Phi 10$	$\Phi 12$	$\Phi 20$	$\Phi 22$	$\Phi 25$
理论重量（kg/m）	0.395	0.617	0.888	2.466	2.984	3.850

钢筋工程量计算表　　　　表 6-4

位置	型号及直径	钢筋图形	计算公式	根数	总根数	单长（m）	总长（m）	总重（kg）

分析要点：

问题 1：依据《房屋建筑与装饰工程计量规范》对工程量计算的规定，掌握分部分项工程清单工程量的计算方法。

问题 2：依据《房屋建筑与装饰工程计量规范》和《计价规范》的规定和问题（1）的工程量计算结果，编制相应分部分项工程量清单，掌握项目特征描述的内容。

问题 3：按照《全国统一建筑工程预算工程量计算规则》计算各类构件的钢筋的工程量。考核钢筋混凝土结构中柱、梁、板的钢筋平面整体表示方法的识图和计算，识图方法按照《混凝土结构施工图平面整体表示方法制图规则和构造详图》（现浇混凝土框架、剪力墙、梁、板）（11G101-1）的规定，柱插筋在基础中的锚固做法详见《混凝土结构施工图平面整体表示方法制图规则和构造详图》（独立基础、条形基础、筏形基础及桩基承台）（11G101-3）的规定。

答案：

问题1：

解：依据《房屋建筑与装饰工程计量规范》计算建筑物首层的过梁、填充墙、矩形柱（框架柱）、矩形梁（框架梁）、平板、块料地面、木质踢脚线、墙面抹灰、柱面（包括靠墙柱）装饰、吊顶天棚的工程量，计算过程见表6-5。

分部分项工程量计算表　　表6-5

序号	项目名称	单位	数量	计算过程
1	过梁	m^3	1.45	1.1　截面积：$S=0.24\times0.18=0.043$（m^2） 1.2　总长度：$L=(2.1+0.25\times2)\times8+(1.2+0.25\times2)\times1+(1.8+0.25\times2)\times4+1.9\times1=33.60$（m） 1.3　体积：$V=S\times L=0.043\times33.6=1.445$（$m^3$）
2	填充墙	m^3	29.41	2.1　长度：$L=(15.0+13.2)\times2-(0.5\times10)$(扣柱)$=51.40$（m） 2.2　高度：$H=4.2+0.2-0.6$（梁的高度）$=3.80$（m） 2.3　扣洞口面积：$1.9\times3.3\times1+2.1\times2.4\times8+1.2\times2.4\times1+1.8\times2.4\times4=66.75$（$m^2$） 2.4　扣过梁体积：$1.445m^3$ 2.5　墙体体积：$V=(51.40\times3.8-66.75)\times0.24-1.445=29.412$（$m^3$）
3	矩形柱	m^3	16.50	3.1　柱高：$H=4.2+(1.8-0.5)=5.5$（m） 3.2　截面积：$0.5\times0.5=0.25$（m^2） 3.3　数量：$n=12$ 3.4　体积：$V=0.25\times5.5\times12=16.50$（$m^3$）

续表

序号	项目名称	单位	数量	计算过程
4	矩形梁	m^3	16.40	4.1 KL1：0.3×0.6×(15－0.5×2)×2＝5.04（m^3） 4.2 KL2：0.3×0.6×(15－0.5×2)×2＝5.04（m^3） 4.3 KL3：0.3×0.6×(13.2－0.5×3)×2＝4.212（m^3） 4.4 KL4：0.3×0.6×(13.2－0.5×3)＝2.106（m^3） 合计：16.398（m^3）
5	平板	m^3	25.99	5.1 150mm 厚板：（7.5－0.15－0.05）×(5.4－0.15－0.05)×0.15×4＝22.776（m^3） 5.2 100mm 厚板：（7.5－0.15－0.05）×(2.4－0.15－0.05)×0.10×2＝3.212（m^3） 合计：25.988（m^3）
6	块料地面	m^2	199.04	6.1 净面积（15.5－0.24×2）×(13.7－0.24×2)＝198.564（m^2） 6.2 加上门洞开口部分面积：1.9×0.25＝0.475（m^2） 合计＝199.039（m^2）
7	木质踢脚线	m m^2	57.68 8.65	7.1 长度：L＝(15.5－0.24×2＋13.7－0.24×2)×2－1.9＋0.25×2＋(0.5－0.24)×10＝57.68（m） 7.2 高度：H＝0.15（m） 7.3 踢脚线面积：S＝57.68×0.15＝8.652（m^2）
8	墙面一般抹灰	m^2	108.01	8.1 长度：L＝(15.0＋13.2)×2－(0.5×10)(扣柱)＝51.40（m） 8.2 高度：H＝3.4（m）(不扣踢脚线) 8.3 扣洞口面积：1.9×3.3×1＋2.1×2.4×8＋1.2×2.4×1＋1.8×2.4×4＝66.75（m^2） 8.4 墙体抹灰面积：V＝51.40×3.4－66.75＝108.01（m^2）

续表

序号	项目名称	单位	数量	计算过程
9	柱面装饰	m^2	46.38	9.1 独立柱饰面外围周长（0.5+0.03×2）×4=2.24（m） 9.2 角柱饰面外围周长（0.5−0.24+0.03）×2=0.58（m） 9.3 墙柱饰面外围周长（0.5−0.24+0.03）×2+0.56=1.14（m） 9.4 柱饰面高度：H=3.4（m） 9.5 柱饰面面积：S=3.4×(2.24×2+0.58×4+1.14×6)=46.38（m^2）
10	吊顶天棚	m^2	198.56	（15.5−0.24×2）×（13.7−0.24×2）=198.564（m^2）

问题 2：

解： 依据《房屋建筑与装饰工程计量规范》和《计价规范》编制建筑物首层的过梁、填充墙、矩形柱（框架柱）、矩形梁（框架梁）、平板、地面瓷砖、木质踢脚板、墙面一般抹灰、柱面装饰、吊顶天棚的分部分项工程量清单与计价表，见表 6-6。

分部分项工程量清单与计价表 **表 6-6**

序号	项目编码	项目名称	项目特征	计量单位	工程量	金额（元）		
						综合单价	合价	暂估价
1	010503005001	过梁	1. 混凝土种类：商品混凝土 2. 混凝土强度等级：C30	m^3	1.45			
2	010402001001	填充墙	1. 砌块品种、规格：加气混凝土砌块（240mm） 2. 墙体类型：砌块外墙 3. 砂浆强度等级：M5.0 水泥砂浆	m^3	29.41			

续表

序号	项目编码	项目名称	项目特征	计量单位	工程量	金额（元）		
						综合单价	合价	暂估价
3	010502001001	矩形柱	1. 混凝土种类：商品混凝土 2. 混凝土强度等级：C30	m^3	16.50			
4	010503002001	矩形梁	1. 混凝土种类：商品混凝土 2. 混凝土强度等级：C30	m^3	16.40			
5	010505001001	平板	1. 混凝土种类：商品混凝土 2. 混凝土强度等级：C30	m^3	25.99			
6	011102003001	块料地面	1. 结合层：素水泥浆一遍，25mm 厚 1∶3 干硬性水泥砂浆 2. 面层：800mm×800mm 全瓷地面砖 3. 白水泥砂浆擦缝	m^2	199.04			
7	011105005001	木质踢脚线	1. 踢脚线高度：150mm 2. 基层：9mm 厚胶合板 3. 面层：红榉木装饰板，上口钉木线	m^2 m	8.65 57.68			
8	011201001001	墙面一般抹灰	1. 墙体类型：砌块内墙 2. 1∶2.5 水泥砂浆 25mm 厚	m^2	108.01			
9	011208001001	柱面装饰	1. 木龙骨：25mm×30mm，中距 300mm×300mm 2. 基层：9mm 厚胶合板 3. 面层为红榉木装饰板	m^2	46.38			

续表

序号	项目编码	项目名称	项目特征	计量单位	工程量	金额（元）		
						综合单价	合价	暂估价
10	011302001001	吊顶天棚	1. 龙骨：U形轻钢龙骨中距 450mm×450mm 2. 面层：矿棉吸声板	m^2	198.56			

问题3：

解：计算②轴线的KL4、Ⓒ轴线相交于②轴线的KZ1中除了箍筋、腰筋、拉筋之外的其他钢筋工程量以及LB1中的底部钢筋的工程量。钢筋工程量。将计算结果填入钢筋工程量计算表中，见表6-7。

LB1中下部Φ8钢筋的根数：

(5400－150－50＋250－300－50)/150＋1＝35（根）

LB1中下部Φ10钢筋的根数：

(7500－150－50＋250－300－50)/150＋1＝49（根）

钢筋工程量计算表 **表6-7**

位置	筋号及直径	钢筋图形	计算公式	根数	总根数	单长(m)	总长(m)	总重(kg)
KL4								
上部通长筋	Φ25	375 ⌊13650⌋ 375	500－25＋15×d＋(13200－500)＋500－25＋15＋d	2	2	14.40	28.80	110.88
左支座(A轴处)上部第一排钢筋	Φ25	375 ⌈2108	500－25＋15×d＋(5400－500)/3	2	2	2.483	4.966	19.119

续表

位置	筋号及直径	钢筋图形	计算公式	根数	总根数	单长(m)	总长(m)	总重(kg)
左支座(A轴处)上部第二排钢筋	Φ25	375 1700	500−25+15×d+(5400−500)/4	2	2	2.075	4.15	15.978
中间支座(B-C轴处)上部第一排钢筋	Φ25	6167	(5400−500)/3+2400+500+(5400−500)/3	2	2	6.167	12.334	47.486
中间支座(B-C轴处)上部第二排钢筋	Φ25	5350	(5400−500)/4+2400+500+(5400−500)/4	2	2	5.35	10.70	41.195
右支座(D轴处)上部第一排钢筋	Φ25	2108 375	500−25+15×d+(5400−500)/4	2	2	2.483	4.966	19.119
右支座(D轴处)上部第二排钢筋	Φ25	1700 375	500−25+15×d+(5400−500)/4	2	2	2.075	4.15	15.978
左下部(A-B轴处)钢筋	Φ25	375 6375	500−25+15×d+(5400−500)+40×d	5	5	6.75	33.75	129.938
中间支座(B-C轴)下部钢筋	Φ25	3900	40×d+(2400−500)+40×d	3	3	3.90	11.70	45.045
右下部(C-D轴处)钢筋	Φ25	6375 375	500−25+15×d+(5400−500)+40×d	5	5	6.75	33.75	129.938

续表

位置	筋号及直径	钢筋图形	计算公式	根数	总根数	单长（m）	总长（m）	总重（kg）
		KL4 中的Φ25 钢筋合计						574.676
KZ1 竖向钢筋	Φ20	300 ⌊17455⌋ 240	$15\times d$+(1800−100)+(15870−25)+$12\times d$	12	12	18.085	217.02	536.04
LB1 下部钢筋	Φ8	7600	7500+250−150	35	140	7.6	1064	420.28
LB1 下部钢筋	Φ10	5500	5400+250−150	49	196	5.5	1078	665.126

第7章 土建工程基础定额工程量计算

7.1 土石方工程

7.1.1 相关知识

土石方工程主要包括平整场地、人工（机械）挖地槽、挖地坑、挖土方、原土打夯、各种材料和类型的基础及垫层、回填土及运土等工程项目。

（1）平整场地：系指场地挖、填土方厚度在±30cm以内的挖填找平。

（2）挖沟槽：系指底宽在3m以内，且槽长大于槽宽三倍以上的土方。

（3）挖基坑：系指底面积在20m^{2}以内的土方。

（4）挖土方：系指沟槽底宽3m以上，坑底面积20m^{2}以上，平整场地挖土方厚度在±30cm以上的土方。

（5）原土打夯。要在原来较松软的土质上做地坪、道路、球场等，需要对松软的土质进行夯实。这种施工过程叫做原土打夯。它的工作内容包括碎土、平土、找平、洒水、机械打夯。

（6）基础及垫层：

1）基础。常见的基础有砖基础、毛石混凝土基础、钢筋混凝土基础、桩基础等。各种基础均以图示尺寸按立方米计算体积。砖石基础，混凝土基础的长度，外墙墙基按外墙中心线长度计算；内墙墙基按内墙净长计算。

嵌入基础的钢筋、铁件、管子、防潮层、单个面积在0.3m^{2}以内的孔洞以及砖石基础放大脚的T形接头重叠部分，均不扣除。但靠墙暖气沟的挑砖、洞口上的砖平碹亦不另算。

2）垫层。垫层一般为素混凝土。有时也用砂石或碎砖等作垫层。混凝土垫层又分基础混凝土垫层和地面混凝土垫层、路面混凝土垫层，垫层的工程量以图示尺寸按立方米计算。

（7）回填土及运土：

1）回填土。回填土分基础回填土、房心回填土两部分。

2）运土。运土分余土外运和取土回填两种情况。

7.1.2 基础定额工程量计算规则

1. 定额内容及规定

（1）人工土石方

1）定额内容。

① 人工挖土方淤泥流沙工作内容包括：

a. 挖土、装土、修理边底。

b. 挖淤泥、装砂，装淤泥、流沙，修理边底。

② 人工挖沟槽基坑工作内容包括：人工挖沟槽、基坑土方，将土置于槽、坑边 1m 以外自然堆放，沟槽、基坑底夯实。

③ 人工挖孔工作内容包括：挖土方、凿枕石、基岩地基处理，修整边、底、壁，运土、石 100m 以内以及孔内照明、安全架子搭拆等。

④ 人工挖冻土工作内容包括：挖、抛冻土、修整底边、弃土于槽、坑两侧 1m 以外。

⑤ 人工爆破挖冻土工作内容包括：打眼、装药、填充填塞物、爆破、清理、弃土于槽、坑边 1m 以外。

⑥ 回填土、打夯、平整场地工作内容包括：

a. 回填土 5m 以内取土。

b. 原土打夯包括碎土，平土、找平、洒水。

c. 平整场地，标高在±30cm 以内的挖土、找平。

⑦ 土方运输工作内容包括：人工运土方、淤泥，包括装、运、卸土、淤泥及平整。

⑧ 支挡土板工作内容包括：制作、运输、安装及拆除。

⑨ 人工凿石的工作内容包括：

a. 平基：开凿石方、打碎、修边检底。

b. 沟槽凿石：包括打单面槽子、碎石槽壁打直、底检平、石方运出槽边 1m 以外。

c. 基坑凿石：包括打两面槽子、碎石、坑壁打直、底检平、将石方运出坑边 1m 以外。

d. 摊座：在石方爆破的基底上进行摊座、清除石渣。

⑩ 人工打眼爆破石方工作内容包括：布孔、打眼、准备炸药及装药、准备及填充填塞物、安爆破线、封锁爆破区、爆破前后的检查、爆破、清理岩石、撬开及破碎不规则的大石块、修理工具。

⑪ 机械打眼爆破石方工作内容包括：布孔、打眼、准备炸药及装药、准备及填充填塞物、安爆破线、封锁爆破区、爆破前后的检查、爆破、清理岩石、撬开及破碎不规则的大石块、修理工具。

⑫ 石方运输工作内容包括：装、运、卸石方。

2）一般规定。

① 土壤分类：详见“土壤、岩石分类表”（表 7-1）。表列Ⅰ、Ⅱ类为定额中一、二类土壤（普通土）；Ⅲ类为定额中三类土壤（坚土）；Ⅳ类为定额中四类土壤（砂砾坚土）。人工挖地槽、地坑定额深度最深为 6m，超过 6m 时，可另作补充定额。

土壤及岩石（普氏）分类表　　表 7-1

土石分类	普氏分类	土壤及岩石名称	天然湿度下平均容量（kg·m^{-2}）	极限压碎强度（kg·m^{-2}）	用轻钻孔机钻进 1m 耗时（min）	开挖方法及机具	紧固系数 F
一、二类土壤	Ⅰ	砂 砂壤土 腐殖土 泥土	1500 1600 1200 600			用尖锹开挖	0.5～0.6

续表

土石分类	普氏分类	土壤及岩石名称	天然湿度下平均容量（kg·m^{-2}）	极限压碎强度（kg·m^{-2}）	用轻钻孔机钻进1m耗时（min）	开挖方法及机具	紧固系数F
一、二类土壤	Ⅱ	轻壤和黄土类土 潮湿而松散的黄土，软的盐渍土和碱土 平均15mm以内的松散而软的砾石 含有草根的密实腐殖土 含有直径在30mm以内根类的泥炭和腐殖土 掺有卵石、碎石和石屑的砂和腐殖土 含有卵石或碎石杂质的胶结成块的填土 含有卵石、碎石和建筑料杂质的砂壤土	1600 1600 1700 1400 1100 1650 1750 1900			用锹开挖并少数用镐开挖	0.6～0.8
三类土壤	Ⅲ	肥黏土其中包括石炭纪、侏罗纪的黏土和冰黏土 重壤土、粗砾石，粒径为15～40mm的碎石和卵石 干黄土和掺有碎石或卵石的自然含水量黄土 含有直径大于30mm根类的腐殖土或泥炭 掺有卵石或卵石和建筑碎料的土壤	1800 1750 1790 1400 1900			用尖锹并同时用镐开挖（30%）	0.8～1.0
四类土壤	Ⅳ	土含碎石重黏土其中包括侏罗纪和石英纪的硬黏土 含有碎石、卵石、建筑碎料和重达25kg的顽石（总体积10%以内）等杂质的肥黏土和重壤土 冰渍黏土，含有重量在50kg以内的巨砾其含量为总体积10%以内 泥板岩 不含或含有重量达10kg的顽石	1950 1950 2000 2000 1950			用尖锹并同时用镐和撬棍开挖（30%）	1.0～1.5

续表

土石分类	普氏分类	土壤及岩石名称	天然湿度下平均容量（kg·m^{-2}）	极限压碎强度（kg·m^{-2}）	用轻钻孔机钻进1m耗时（min）	开挖方法及机具	紧固系数F
松石	Ⅴ	含有重量在50kg以内的巨砾（占体积10%以上）的冰渍石 砂藻岩和软白垩岩 胶结力弱的砾岩 各种不坚实的片岩 石膏	2100 1800 1900 2600 2200	小于200	小于3.5	部分用手凿工具部分用爆破来开挖	1.5～2.0
次坚石	Ⅵ	凝灰岩和浮石 松软多孔和裂隙严重的石灰岩和介质石灰岩 中等硬变的片岩 中等硬变的泥灰岩	1100 1200 2700 2300	200～400	3.5	用风镐和爆破法来开挖	2～4
	Ⅶ	石灰石胶结的带有卵石和沉积岩的砾石 风化的和有大裂缝的黏土质砂岩 坚实的泥板岩 坚实的泥灰岩	2200 2000 2800 2500	400～600	6.0	用爆破方法开挖	4～6
	Ⅷ	砾质花岗岩 泥灰质石灰岩 黏土质砂岩 砂质云母片岩 硬石膏	2300 2300 2200 2300 2900	600～800	8.5	用爆破方法开挖	6～8
普坚石	Ⅸ	严重风化的软弱的花岗岩、片麻岩和正长岩 滑石化的蛇纹岩 致密的石灰岩 含有卵石、沉积岩的渣质胶结的砾岩砂岩 砂岩 砂质石灰质片岩 菱镁矿	2500 2400 2500 2500 2500 2500 3000	800～100	11.5	用爆破方法开挖	8～10

续表

土石分类	普氏分类	土壤及岩石名称	天然湿度下平均容量(kg·m^{-2})	极限压碎强度(kg·m^{-2})	用轻钻孔机钻进1m耗时(min)	开挖方法及机具	紧固系数F
普坚石	Ⅸ	严重风化的软弱的花岗岩、片麻岩和正长岩 滑石化的蛇纹岩 致密的石灰石 含有卵石、沉积岩的渣质胶结的砾岩砂岩 砂岩 砂质石灰质片岩 菱镁矿	2500 2400 2500 2500 2500 2500 3000	800～1000	11.5	用爆破方法开挖	8～10
	Ⅹ	白云石 坚固的石灰石 大理石 石灰胶结的致密砾石 坚固砂质片岩	2700 2700 2700 2600 2600	1000～1200	15.0	用爆破方法开挖	10～12
	Ⅺ	粗花岗岩 非常坚硬的白云岩 蛇纹岩 石灰质胶结的含有火成岩之卵石的砾石 石英胶结的坚固砂岩 粗粒正长岩	2800 2900 2600 2800 2700 2700	1200～1400	18.5	用爆破方法开挖	12～14
	Ⅻ	具有风化痕迹的安山岩和玄武岩 片麻岩 非常坚固的石灰岩 硅质胶结的含有火成岩之卵石的砾岩 粗石岩	2700 2600 2900 2900 2600	1400～1600	22.0	用爆破方法开挖	14～16
	XIII	中粒花岗岩 坚固的片麻岩 辉绿岩 玢岩 坚固的粗面岩 中粒正长岩	3100 2800 2700 2500 2800 2800	1600～1800	27.5	用爆破方法开挖	16～18

续表

土石分类	普氏分类	土壤及岩石名称	天然湿度下平均容量(kg·m^{-2})	极限压碎强度(kg·m^{-2})	用轻钻孔机钻进1m耗时(min)	开挖方法及机具	紧固系数F
普坚石	XIV	非常坚硬的细粒花岗岩 花岗岩麻岩 闪长岩 高硬度的石灰岩 坚固的玢岩	3300 2900 2900 3100 2700	1800～2000	32.5	用爆破方法开挖	18～20
	XV	安山岩、玄武岩、坚固的角页岩 高硬度的辉绿岩和闪长岩 坚固的辉长岩和石英岩	3100 2900 2800	2000～2500	46.0	用爆破方法开挖	20～25
	XVI	拉长玄武岩和橄榄玄武岩 特别坚固的辉长辉绿岩、石英石和玢岩	3300 3300	大于2500	大于60	用爆破方法开挖	大于25

② 人工土方定额是按干土编制的，如挖湿土时，人工乘以系数1.18。干湿的划分，应根据地质勘测资料以地下常水位为准划分，地下常水位以上为干土，以下为湿土。

③ 人工挖孔桩定额，适用于在有安全防护措施的条件下施工。

④ 本定额未包括地下水位以下施工的排水费用，发生时另行计算。挖土方时如有地表水需要排除时，亦应另行计算。

⑤ 支挡土板定额项目分为密撑和疏撑，密撑是指满支挡土板，疏撑是指间隔支挡土板，实际间距不同时，定额不作调整。

⑥ 在有挡土板支撑下挖土方时，挖实挖体积，人工乘以系数1.43。

⑦ 挖桩间土方时，按实挖体积（扣除桩体占用体积），人工乘以系数1.5。

⑧ 人工挖孔桩，桩内垂直运输方式按人工考虑。如深度超过 12m 时，16m 以内按 12m 项目人工用量乘以系数 1.3；20m 以内乘以系数 1.5 计算。同一孔内土壤类别不同时，按定额加权计算，如遇有流沙、流泥时，另行处理。

⑨ 场地竖向布置挖填土方时，不再计算平整场地的工程量。

⑩ 石方爆破定额是按炮眼法松动爆破编制的，不分明炮、闷炮，但闷炮的覆盖材料应另行计算。

⑪ 石方爆破定额是按电雷管导电起爆编制的，如采用火雷爆破时，雷管应换算，数量不变。扣除定额中的胶质导线，换为导火索，导火索的长度按每个雷管 2.12m 计算。

（2）机械土石方

1）定额内容。

① 推土机推土方工作内容包括：

a. 推土机推土、弃土、平整。

b. 修理边坡。

c. 工作面内排水。

② 铲运机铲运土方工作内容包括：

a. 铲土、运土、卸土及平整。

b. 修理边坡。

c. 工作面内排水。

③ 挖掘机挖土方工作内容包括：

a. 挖土、将土堆放到一边。

b. 清理机下余土。

c. 工作面内的排水。

d. 修理边坡。

④ 挖掘机挖土自卸汽车运土方工作内容包括：

a. 挖土、装土、运土、卸土、平整。

b. 修理边坡、清理机下余土。

c. 工作面内的排水及场内汽车行驶道路的养护。

⑤ 装载机装运土方工作内容包括：

a. 装土、运土、卸土。

b. 修理边坡。

c. 清理机下余土。

⑥ 自卸汽车运土方工作内容包括：

a. 运土、卸土、平整。

b. 场内汽车行驶道路的养护。

⑦ 地基强夯工作内容包括：

a. 机具准备。

b. 按设计要求布置锤位线。

c. 夯击。

d. 夯锤位移。

e. 施工道路平整。

f. 资料记载。

⑧ 场地平整、碾压工作内容包括：

a. 推平、碾压。

b. 工作面内排水。

⑨ 推土机推渣工作内容包括：

a. 推渣、弃渣、平整。

b. 集渣、平渣。

c. 工作面内的道路养护及排水。

⑩ 挖掘机挖渣自卸汽车运渣工作内容包括：

a. 挖渣、集渣。

b. 挖渣、集渣、卸渣。

c. 工作面内的排水及场内汽车行驶道路的养护。

⑪ 井点排水工作内容包括：

a. 打拔井点管。

b. 设备安装拆除。

c. 场内搬运。

d. 临时堆放。

e. 降水。

f. 填井点坑等。

⑫ 抽水机降水工作内容包括：

a. 设备安装拆除。

b. 场内搬运。

c. 降排水。

d. 排水井点维护等。

⑬ 井点降水：

a. 井点降水工作内容包括：

（a）安装，包括井点装配成形、地面试管铺总管、装水泵、水箱、冲水沉管、灌砂、孔口封土、连接试抽。

（b）拆除，包括拆管、清洗、整理、堆放。

（c）使用，包括抽水、值班、井管堵漏。

b. 电渗井点阳极工作内容包括：

（a）制作，包括圆钢画线、切断、车制、堆放。

（b）安装，包括阳极圆钢埋高，弧焊、整流器就位安装，阴阳极电路连接。

（c）拆除，包括拆除井点、整理、堆放。

（d）使用，包括值班及检查用电安全。

c. 水平井点工作内容包括：

（a）安装，包括托架、顶进设备、井管等就位、井点顶进、排管连接。

（b）拆除，包括托架、顶进设备及总管等拆除、井点拔除、清理、堆放。

（c）使用，包括抽水值班、井管堵漏。

2）一般规定。

① 岩石分类，详见“土壤、岩石分类表”（表 7-1）。表列Ⅴ类为定额中松石，Ⅵ～Ⅷ类为定额中次坚石；Ⅸ、Ⅹ类为定额中普坚石；Ⅺ～ⅩⅥ类为特坚石。

② 推土机推土、推石渣，铲运机铲运土重车上坡时，如果坡度大于5%时，其运距按坡度区段斜长乘表 7-2 中系数计算。

坡度系数表　　表 7-2

坡度（%）	5∽10	15 以内	20 以内	25 以内
系数	1.75	2.0	2.25	2.50

③ 汽车、人力车，重车上坡降效因素，已综合在相应的运输定额项目中，不再另行计算。

④ 机械挖土方工程量，按机械挖土方 90%，人工挖土方 10%计算，人工挖土部分按相应定额项目人工乘以系数 2。

⑤ 土壤含水率定额是按天然含水率为准制定：

含水率大于 25%时，定额人工、机械乘以系数 1.15，若含水率大于 40%时另行计算。

⑥ 推土机推土或铲运机铲土土层平均厚度小于 300mm 时，推土机台班用量乘以系数 1.25；铲运机台班用量乘以系数 1.17。

⑦ 挖掘机在垫板上进行作业时，人工、机械乘以系数 1.25，定额内不包括垫板铺设所需的工料、机械消耗。

⑧ 推土机、铲运机，推、铲未经压实的积土时，按定额项目乘以系数 0.73。

⑨ 机械土方定额是按三类土编制的，如实际土壤类别不同时，定额中机械台班量乘以表 7-3 系数。

机械台班系数　　表 7-3

项目	一、二类土壤	四类土壤
推土机推土方	0.84	1.18
铲运机铲运土方	0.84	1.26
自行铲运机铲运土方	0.86	1.09
挖掘机挖土方	0.84	1.14

⑩ 定额中的爆破材料是按炮孔中无地下渗水、积水编制的，炮孔中若出现地下渗水、积水时，处理渗水或积水发生的费用另行计算。定额内未计爆破时所需覆盖的安全网、草袋、架设安全屏障等设施，发生时另行计算。

⑪机械上下行驶坡道土方，合并在土方工程量内计算。

⑫汽车运土运输道路是按一、二、三类道路综合确定的，已考虑了运输过程中道路清理的人工，如需要铺筑材料时，另行计算。

2. 工程量计算规则

(1) 平整场地及碾压工程量计算

1) 土方体积，均以挖掘前的天然密实体积为准计算。如遇有必须以天然密实体积折算时，可按表 7-4 所列数值换算。

土方体积折算表 **表 7-4**

虚方体积	天然密实度体积	夯实后体积	松填体积
1.00	0.77	0.67	0.83
1.30	1.00	0.87	1.08
1.50	1.15	1.00	1.25
1.20	0.92	0.80	1.00

2) 人工平整场地是指建筑场地挖、填土方厚度在 ±30cm 以内及找平。挖、填土方厚度超过 ±30cm 以外时，按场地土方平衡竖向布置图另行计算。

3) 平整场地工程量按建筑物外墙外边线每边各加 2m、以平方米 (m^2) 计算。

4) 建筑场地原土碾压以平方米 (m^2) 计算，填土碾压按图示填土厚度以立方米 (m^3) 计算。

(2) 挖掘沟槽、基坑土方工程量计算

1) 挖土一律以设计室外地坪标高为准计算。

2) 沟槽、基坑划分：

凡图示沟槽底宽在 3m 以内，且沟槽长大于槽宽 3 倍以上的，为沟槽。

凡图示基坑底面积在 $20m^2$ 以内的为基坑。

凡图示沟槽底宽 3m 以外，坑底面积 $20m^2$ 以外，平整场地挖土方厚度在 30cm 以外，均按挖土方计算。

3）计算挖沟槽、基坑、土方工程量需放坡时，放坡系数按表 7-5 规定计算。

放坡系数表 **表 7-5**

土壤类别	放坡起点（m）	人工挖土	机械挖土	
			在坑内作业	在坑上作业
一、二类土	1.20	1∶0.5	1∶0.33	1∶0.75
三类土	1.50	1∶0.33	1∶0.25	1∶0.67
四类土	2.00	1∶0.25	1∶0.10	1∶0.33

注：1. 沟槽、基坑中土的类别不同时，分别按其放坡起点、放坡系数、依不同土的厚度加权平均计算。

2. 计算放坡时，在交接处的重复工程量不予扣除，原槽、坑作基础垫层时，放坡自垫层上表面开始计算。

4）挖沟槽、基坑需支挡土板时，其宽度按图示沟槽、基坑底宽，单面加 10cm，双面加 20cm 计算。挡土板面积，按槽、坑垂直支撑面积计算，支挡土板后，不得再计算放坡。

5）基础施工所需工作面，按表 7-6 规定计算。

基础施工所需工作面宽度计算表 **表 7-6**

基础材料	每边各增加工作面宽度（mm）	基础材料	每边各增加工作面宽度（mm）
砖基础	200	混凝土基础支模板	300
浆砌毛石、条石基础	150	基础垂直面做防水层	800（防水层面）
混凝土基础垫层支模板	300		

6）挖沟槽长度，外墙按图示中心线长度计算；内墙按图示基础底面之间净长线长度计算；内外凸出部分（垛、附墙烟囱等）体积并入沟槽土方工程量内计算。

7）人工挖土方深度超过 1.5m 时，按表 7-7 增加工日。

人工挖土方超深增加工日表（100m^3） **表 7-7**

深 2m 以内	深 4m 以内	深 6m 以内
5.55 工日	17.60 工日	26.16 工日

8）挖管道沟槽按图示中心线长度计算，沟底宽度，设计有规定的，按设计规定尺寸计算，设计无规定的，可按表 7-8 规定宽度计算。

管道地沟沟底宽度计算表（m）　　　**表 7-8**

管径（mm）	铸铁管、钢管、石棉水泥管	混凝土、钢筋混凝土、预应力混凝土管	陶土管
50～70	0.60	0.80	0.70
100～200	0.70	0.90	0.80
250～350	0.80	1.00	0.90
400～450	1.00	1.30	1.10
500～600	1.30	1.50	1.40
700～800	1.60	1.80	
900～1000	1.80	2.00	
1100～1200	2.00	2.30	
1300～1400	2.20	2.60	

注：1. 按上表计算管道沟土方工程量时，各种井类及管道（不含铸铁给排水管）接口等处需加宽增加的土方量不另行计算，底面积大于 $20m^2$ 的井类，其增加工程量并入管沟土方内计算。
2. 铺设铸铁给水排水管道时，其接口等处土方增加量，可按铸铁给水排水管道地沟土方总量的 2.5%计算。

9）沟槽、基坑深度，按图示槽、坑底面至室外地坪深度计算；管道地沟按图示沟底至室外地坪深度计算。

（3）人工挖孔桩土方工程量计算

按图示桩断面积乘以设计桩孔中心线深度计算。

（4）井点降水工程量计算

井点降水区别轻型井点、喷射井点、大口径井点、电渗井点、水平井点按不同井管深度的井安装、拆除，以根为单位计算，使用按套、天计算。

井点套组成：

轻型井点：50 根为 1 套；喷射井点：30 根为 1 套；大口径井点：45 根为 1 套；电渗井点阳极；30 根为 1 套；水平井点：10 根为 1 套。

井管间距应根据地质条件和施工降水要求，依施工组织设计确定，施工组织设计没有规定按轻型井点管距 0.8～1.6m，喷射井点管距 2～3m 确定。

使用天应以每昼夜 24h 为一天，使用天数应按施工组织设计规定的使用天数计。

(5) 岩石开凿及爆破工程量

区别石质按下列规定计算：

1) 人工凿岩石，按图示尺寸以 m^3 计算。

2) 爆破岩石按图示尺寸以 m^3 计算，其沟槽、基坑深度、宽允许超挖量：次坚石为 200mm，特坚石为 150mm，超挖部分岩石并入岩石挖方量之内计算。

(6) 土（石）方回填

回填土区分夯填、松填，按图示回填体积并依下列规定，以 m^3 计算。

1) 沟槽、基坑回填土。沟槽、基坑回填体积以挖方体积减去设计室外地坪以下埋设砌筑物（包括基础垫层、基础等）体积计算。

2) 管道沟槽回填。以挖方体积减去管径所占体积计算。管径在 500mm 以下的不扣除管道所占体积；管径超过 500mm 以上时，按表 7-9 规定扣除管道所占体积计算。

管道扣除土方体积表（m^3） **表 7-9**

管道名称	管道直径（mm）					
	501～600	601～800	801～1000	1001～1200	1201～1400	1401～1600
钢管	0.21	0.44	0.71			
铸铁管	0.24	0.49	0.77			
混凝土管	0.33	0.60	0.92	1.15	1.35	1.55

3) 房心回填土。按主墙之间的面积乘以回填土厚度计算。

4) 余土或取土工程量，可按下式计算：

余土外运体积＝挖土总体积－回填土总体积

式中计算结果为正值时，为余土外运体积，负值时为取土体积。

5）地基强夯按设计图示强夯面积，区分夯击能量，夯击遍数以 m^2 计算。

（7）土方运距计算规则

1）推土机推土运距：按挖方区重心至回填区重心之间的直线距离计算。

2）铲运机运土运距：按挖方区重心至卸土区重心加转向距离 45m 计算。

3）自卸汽车运土运距：按挖方区重心至填土区（或堆放地点）重心的最短距离计算。

7.1.3 清单计价工程量计算规则

1. 说明

（1）土（石）方工程的内容概述。

土（石）方工程共分 3 节 10 个项目。包括土方工程、石方工程、土（石）方回填。适用于建筑物和构筑物的土石方开挖及回填工程。

工程量清单的工程量，按《建设工程工程量清单计价规范》规定，“是拟建工程分项工程的实体数量”。土石方工程除场地、房心填土外，其他土石方工程不构成工程实体。但目前没有一个建筑物或构筑物是不动土可以修建起来的，土石方工程是修建中实实在在的必须发生的施工工序，如果采用基础清单项目内含土石方报价，由于地表以下存在许多不可知的自然条件，势必增加基础项目报价的难度。为此，将土石方单独列项。

（2）有关项目的说明。

1）“平整场地”项目适于建筑场地厚度在±30cm 以内的挖、填、运、找平。应注意：

① 可能出现±30cm 以内的全部是挖方或全部是填方，需外运土方或借土回填时，在工程量清单项目中应描述弃土运距

（或弃土地点）或取土运距（或取土地点），这部分的运输应包括在“平整场地”项目报价内；

② 工程量“按建筑物首层面积计算”，如施工组织设计规定超面积平整场地时，超出部分应包括在报价内。

2）“挖土方”项目适用于±30cm 以外的竖向布置的挖土或山坡切土，是指设计室外地坪标高以上的挖土，并包括指定范围内的土方运输。应注意：

① 由于地形起伏变化大，不能提供平均挖土厚度时应提供方格网法或断面法施工的设计文件。

② 设计标高以下的填土应按“土石方回填”项目编码列项。

3）“挖基础土方”项目适用于基础土方开挖（包括人工挖孔桩土方），并包括指定范围内的土方运输。应注意：

① 根据施工方案规定的放坡、操作工作面和机械挖土进出施工工作面的坡道等的增加的施工量，应包括在挖基础土方报价内。

② 工程量清单“挖基础土方”项目中应描述弃土运距，施工增量的弃土运输包括在报价内。

③ 截桩头包括剔打混凝土、钢筋清理、调查弯钩及清运弃渣、桩头。

④ 深基础的支护结构：如钢板桩、H 钢桩、预制钢筋混凝土板桩、钻孔灌注混凝土排桩挡墙、预制钢筋混凝土排桩挡墙、人工挖孔灌注混凝土排桩挡墙、旋喷桩地下连续墙和基坑内的水平钢支撑、水平钢筋混凝土支撑、锚杆拉固、基坑外拉锚、排桩的圈梁、H 钢桩之间的木挡土板以及施工降水等，应列入工程量清单措施项目费内。

4）“管沟土方”项目适用于管沟土方开挖、回填。应注意：

① 管沟土方工程量不论有无管沟设计均按长度计算。管沟开挖加宽工作面、放坡和接口处加宽工作面，应包括在管沟土方报价内。

② 采用多管同一管沟直埋时，管间距离必须符合有关规范

的要求。

5）“石方开挖”项目适用于人工凿石、人工打眼爆破、机械打眼爆破等，并包括指定范围内的石方清除运输。应注意：

① 设计规定需光面爆破的坡面、需摊座的基底，工程量清单中应进行描述。

② 石方爆破的超挖量，应包括在报价内。

6）“土（石）方回填”项目适用于场地回填、室内回填和基础回填，并包括指定范围内的运输以及借土回填的土方开挖。应注意：

基础土方放坡等施工的增加量，应包括在报价内。

（3）土（石）方共性问题说明。

1）“指定范围内的运输”是指由招标人指定的弃土地点或取土地点的运距；若招标文件规定投标人确定弃土地点或取土地点时，则此条件不必在工程量清单中进行描述。

2）土石方清单项目报价应包括指定范围内的土石一次或多次运输、装卸以及基底夯实、修坡、清理现场等全部施工工序。

3）桩间挖土方工程量不扣除桩所占体积。

4）因地质情况变化或设计变更引起的土（石）方工程量的变更，由业主与承包人双方现场依据合同条件进行调整。

2. 工程量清单项目设置及计算规则

（1）土方工程（编码：010101）。土方工程工程量清单项目设置及工程量计算规则见表 7-10。

土方工程（编码：010101） **表 7-10**

项目编码	项目名称	项目特征	计量单位	工程量计算规则	工程内容
010101001	平整场地	1. 土壤类别 2. 弃土运距 3. 取土运距	m^2	按设计图示尺寸以建筑物首层面积计算	1. 土方挖填 2. 场地找平 3. 运输

续表

项目编码	项目名称	项目特征	计量单位	工程量计算规则	工程内容
010101002	挖土方	1. 土壤类别 2. 挖土平均厚度 3. 弃土运距	m^3	按设计图示尺寸以体积计算	1. 排地表水 2. 土方开挖 3. 挡土板支拆 4. 截桩头 5. 基底钎探 6. 运输
010101003	挖基础土方	1. 土壤类别 2. 基础类型 3. 垫层底宽、底面积 4. 挖土深度、 5. 弃土运距		按设计图示尺寸以基础垫层底面积乘以挖土深度计算	
010101004	冻土开挖	1. 冻土厚度 2. 弃土运距		按设计图示尺寸开挖面积乘以厚度以体积计算	1. 打眼、装药、爆破 2. 开挖 3. 清理 4. 运输
010101005	挖淤泥、流沙	1. 挖掘深度 2. 弃淤泥、流沙距离		按设计图示位置、界限以体积计算	1. 挖淤泥、流沙 2. 弃淤泥、流沙
010101006	管海土方	1. 土壤类别 2. 管外径 3. 挖淘平均深度 4. 弃土石运距 5. 回填要求	m	按设计图示以管道中心线长度计算	1. 排地表水 2. 土方开挖 3. 挡土板支拆 4. 运输 5. 回填

（2）石方工程（编码：010102）。石方工程工程量清单项目设置及工程量计算规则见表 7-11。

石方工程（编码：010102） **表 7-11**

项目编码	项目名称	项目特征	计量单位	工程量计算规则	工程内容
010102001	预裂爆破	1. 岩石类别 2. 单孔深度 3. 单孔装药量 4. 炸药品种、规格 5. 雷管品种、规格	m	按设计图示以钻孔总长度计算	1. 打眼、装药、放炮 2. 处理渗水、积水 3. 安全防护、警卫

续表

项目编码	项目名称	项目特征	计量单位	工程量计算规则	工程内容
0101202002	石方开挖	1. 岩石类别 2. 开凿深度 3. 弃渣运距 4. 光面爆破要求 5. 基底摊座要求 6. 爆破石块直径要求	m^3	按设计图示尺寸以体积计算	1. 打眼、装药、放炮 2. 处理渗水、积水 3. 解小 4. 岩石开凿 5. 摊座 6. 清理 7. 运输 8. 安全防护、警卫
010102003	管沟石方	1. 岩石类别 2. 管外径 3. 开凿深度 4. 弃渣运距 5. 基底摊座要求 6. 爆破石块直径要求	m	按设计图示以管道中心线长度计算	1. 石方开凿、爆破 2. 处理渗水、积水 3. 解小 4. 摊座 5. 清理、运输、回填 6. 安全防护、警卫

(3) 土（石）方运输与回填工程（编码：010103）。土（石）方运输与回填工程量清单项目设置及工程量计算规则见表 7-12。

土石方回填（编码：010103） **表 7-12**

项目编码	项目名称	项目特征	计量单位	工程量计算规则	工程内容
010103001	土（石）方回填	1. 土质要求 2. 密实度要求 3. 粒径要求 4. 夯填（碾压） 5. 松填 6. 运输距离	m^3	按设计图示尺寸以体积计算 注：1. 场地回填：回填面积乘以平均回填厚度 2. 室内回填：主墙间净面积乘以回填厚度 3. 基础回填：挖方体积减去设计室外地坪以下埋设的基础体积（包括基础垫层及其他构筑物）	1. 挖土方 2. 装卸、运输 3. 回填 4. 分层碾压、夯实

3. 工程量清单编制相关问题的处理

（1）土石方体积应按挖掘前的天然密实体积计算。如需按天然密实体积折算时，应按表 7-13 系数计算。

土石方体积折算系数表　　表 7-13

天然密实度体积	虚方体积	夯实后体积	松填体积
1.00	1.30	0.87	1.08
0.77	1.00	0.67	0.83
1.15	1.49	1.00	1.24
0.93	1.20	0.81	1.00

（2）挖土方平均厚度应按自然地面测量标高至设计地坪标高间的平均厚度确定。基础土方、石方开挖深度应按基础垫层底表面标高至交付施工场地标高确定，无交付施工场地标高时，应按自然地面标高确定。

（3）建筑物场地厚度在±30cm 以内的挖、填、运、找平，应按平整场地项目编码列项。±30cm 以外的竖向布置挖土或山坡切土，应按挖土方项目编码列项。

（4）挖基础土方包括带形基础、独立基础、满堂基础（包括地下室基础）及设备基础、人工挖孔桩等的挖方。带形基础应按不同底宽和深度，独立基础和满堂基础应按不同底面积和深度分别编码列项。

（5）管沟土（石）方工程量应按设计图示尺寸以长度计算。有管沟设计时，平均深度以沟垫层底表面标高至交付施工场地标高计算；无管沟设计时，直埋管深度应按管底外表面标高至交付施工场地标高的平均高度计算。

（6）设计要求采用减震孔方式减弱爆破震动波时，应按预裂爆破项目编码列项。

（7）湿土的划分应按地质资料提供的地下常水位为界，地下常水位以下为湿土。

（8）挖方出现流沙、淤泥时，可根据实际情况由发包人与承包人双方认证。

7.2 桩基工程

7.2.1 相关知识

1. 桩基础的构造

桩基础由桩身及承台组成，桩身全部或部分埋入土中，顶部由承台联成一体，在承台上修建上部建筑物，如图 7-1 所示。

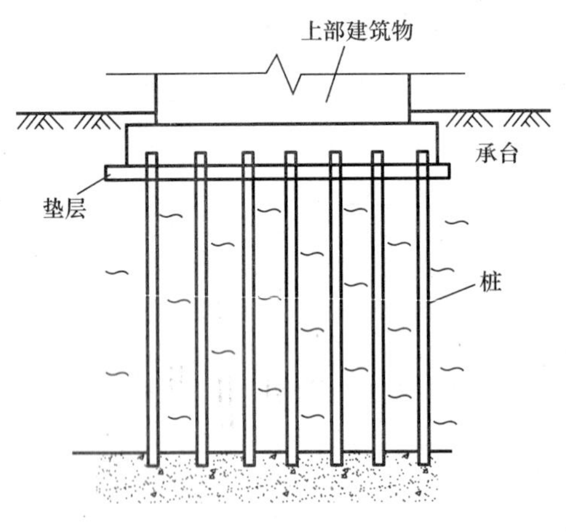

图 7-1 桩基础示意图

(1) 根据《建筑桩基技术规范》(JGJ 94—2008) 的规定，混凝土预制桩的构造要求包括：

1) 混凝土预制桩的截面边长不应小于 200mm；预应力混凝土预制实心桩约截面边长不宜小于 350mm。

2) 混凝土预制桩的桩身配筋应按吊运、打桩及桩在建筑物中受力等条件计算确定。

3) 采用锤击法沉桩时，混凝土预制桩的最小配筋率不宜小于 0.8%；如采用静压法沉桩时，其最小配筋率不宜小于 0.6%。

4) 主筋直径不宜小于 $\Phi14$，打入桩桩顶 (4～5) d 长度范围内箍筋应加密，并应设置钢筋网片。

5) 预制桩的混凝土强度等级不宜低于 C30；预应力混凝土

实心桩的混凝土强度等级不应低于C40；预制桩纵向钢筋的混凝土保护层厚度不宜小于30mm。

6）预制桩的分节长度应根据施工条件及运输条件确定，每根桩的接头不宜超过3个。

7）预制桩的桩尖可将主筋合拢焊接在桩尖辅助钢筋上，如图7-2所示。在密实砂和碎石类土中，可在桩尖处包以钢板桩靴，加强桩尖。

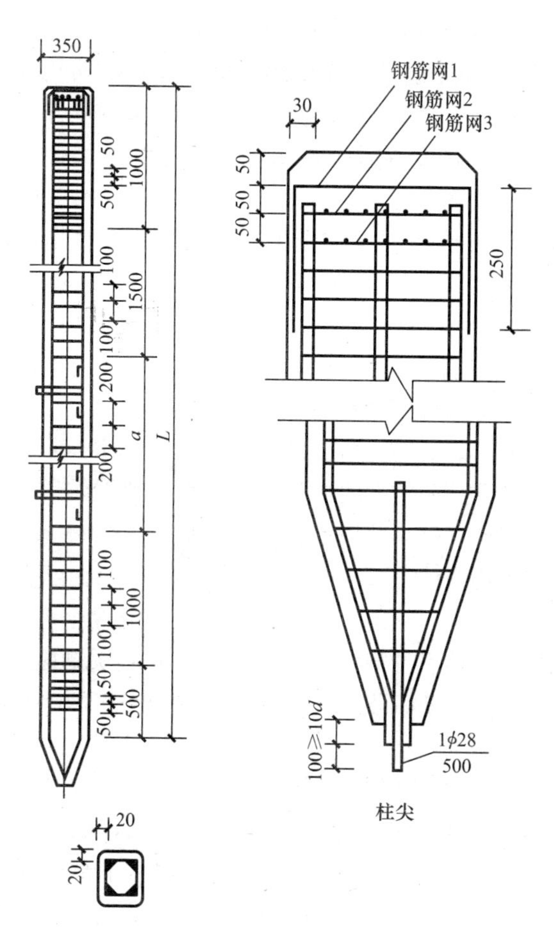

图7-2　混凝土预制桩

（2）按照《建筑桩基技术规范》（JGJ 94—2008）规定，灌注桩应按下列规定配筋：

1）配筋率。当桩身直径 300～2000mm 时，正截面配筋率可取 0.65%～0.2%（小直径桩取高值）；对受荷载特别大的桩、抗拔桩和嵌岩端承桩应根据计算确定配筋率，并不应小于上述值。

2）配筋长度。端承型桩和位于坡地、岸边的基桩应沿桩身等截面或变截面通长配筋；摩擦型灌注桩配筋长度不应小于 2/3 桩长；当受水平荷载时，配筋长度尚不宜小于 $4.0\alpha/$（α 为桩的水平变形系数）；对于受地震作用的基桩，桩身配筋长度应穿过可液化土层和软弱土层，进入稳定土层的深度应符合规定；受负摩阻力的桩、因先成桩后开挖基坑而随地基土回弹的桩，其配筋长度应穿过软弱土层并进入稳定土层，进入的深度不应小于（2～3）d；抗拔桩及因地震作用、冻胀或膨胀力作用而受拔力的桩，应等截面或变截面通长配筋。

3）对于受水平荷载的桩，主筋不应小于 8Φ12；对于抗压桩和抗拔桩，主筋不应少于 6Φ10；纵向主筋应沿桩身周边均匀布置，其净距不应小于 60mm。

4）箍筋应采用螺旋式，直径不应小于 6mm，间距宜为 200～300mm；受水平荷载较大的桩基、承受水平地震作用的桩基以及考虑主筋作用计算桩身受压承载力时，桩顶以下 5d 范围内的箍筋应加密，间距不应大于 100mm；当桩身位于液化土层范围内时，箍筋应加密；当考虑箍筋受力作用时，箍筋配置应符合现行国家标准《混凝土结构设计规范》（GB 50010）的有关规定；当钢筋笼长度超过 4m 时，应每隔 2m 设一道直径不小于 12mm 的焊接加劲箍筋。

2. 桩基础的概念及桩的作用

当地基土上部为软弱土层，且荷载很大，采用浅基础已不能满足地基变形与强度要求时，可利用地基下部较坚硬的土层作为基础。常用的深基础有桩基础、沉井及地下连续墙等。

桩的作用是将上部建筑物的荷载传递到深处承载力较强的土

层上，或将软弱土层挤密实以提高地基土的承载能力和密实度。

7.2.2 基础定额工程量计算规则

1. 定额内容及规定

(1) 定额工作内容。

1) 柴油打桩机打预制钢筋混凝土桩工作内容包括：准备打桩机具、移动打桩机及其轨道、吊桩定位、安卸桩帽校正、打桩。

2) 预制钢筋混凝土桩接桩工作内容包括：准备接桩工具，对接上、下节桩，桩顶垫平，旋转接桩，筒铁、钢板、焊接、焊制、安放、拆卸夹箍等。

3) 液压桩机具工作内容包括：移动液压桩机就位，捆桩身，吊桩找位，安卸桩帽，校正，压桩。

4) 打拔钢板桩工作包括：准备打桩机具、移动打桩机及其轨道、吊桩定位、安卸桩帽、校正打桩、系桩、拔桩、15m 以内临时堆放安装及拆除导向夹具。

注：1. 钢板桩若打入有侵蚀性地下水的土质超过一年或基底为基岩者，拔桩定额另行处理。
2. 打槽钢或钢轨，机械使用量乘以系数 0.77。
3. 定额内未包括钢板桩的矫正、除锈、刷油漆。

5) 打孔灌注混凝土桩工作内容包括：准备打桩机具，移动打桩机及其轨道，用钢管打桩孔，放钢筋笼，运砂石料，过磅、搅拌、运输灌注混凝土、拔钢管、夯实、混凝土养护。

6) 长螺旋钻孔灌注混凝土桩工作内容包括：

① 准备机具、移动桩机、桩位校测、钻孔。

② 安放钢筋骨架，搅拌和灌注混凝土。

③ 清理钻孔余土，并运至 50m 以外指定地点。

7) 潜水钻机钻孔灌注混凝土桩工作内容包括：护筒埋高及拆除、准备钻孔机具、钻孔出渣；加泥浆和泥浆制作；清桩孔泥浆；导管准备及安拆；搅拌及灌注混凝土。

8) 泥浆运输工作内容包括：装卸泥浆、运输、清理场地。

9) 打孔灌注砂（碎石或砂石）桩工作内容包括：准备打桩

机具，移动打桩机及其轨道，安放桩尖，沉管打孔，运砂（碎石或砂石）灌注、拔管、振实。

注：打碎石或砂石桩时，人工工日、碎石（或砂石）用量按相应定额子目中括号内的数量计算。

10）灰土挤密桩工作内容包括：准备机具、移动桩机、打拔桩管成孔、灰土、过筛拌合、30m 以内运输、填充、夯实。

11）桩架 90°调面、超运距移动工作内容包括：铺设轨道、桩架 90°整体调面、桩机整体移动。

（2）一般规定

1）本定额适用于一般工业与民用建筑工程的桩基础，不适用于水工建筑、公路桥梁工程。

2）本定额土的级别划分应根据工程地质资料中的土层构造和土的物理、力学性能的有关指标，参考纯沉桩时间确定。凡遇有砂夹层者，应首先按砂层情况确定土级。无砂层者，按土的物理力学性能指标并参考每米平均纯沉桩时间确定。用土的力学性能指标鉴别土的级别时，桩长在 12m 以内，相当于桩长的 1/3 的土层厚度应达到所规定的指标。12m 以外，按 5m 厚度确定。

3）本定额除静力压桩外，均未包括接桩，如需接桩，除按相应打桩定额项目计算外；按设计要求另计算接桩项目。

4）单位工程打（灌）桩工程量在表 7-14 规定数量以内时，其人工、机械量按相应定额项目乘以 1.25 计算。

单位工程打（灌）桩工程量 **表 7-14**

项目	单位工程的工程量	项目	单位工程的工程量
钢筋混凝土方桩	$150m^3$	打孔灌注混凝土桩	$60m^3$
钢筋混凝土管桩	$50m^3$	打孔灌注砂、石桩	$60m^3$
钢筋混凝土板桩	$50m^3$	钻孔灌注混凝土桩	$100m^3$
钢板桩	50t	潜水钻孔灌注混凝土桩	$100m^3$

5）焊接桩接头钢材用量，设计与定额用量不同时，可按设

计用量换算。

6）打试验桩按相应定额项目的人工、机械乘以系数 2 计算。

7）打桩、打孔，桩间净距小于 4 倍桩径（桩边长）的，按相应定额项目中的人工、机械乘以系数 1.13。

8）定额以打直桩为准，如打斜桩斜度在 1∶6 以内者，按相应定额项目乘以系数 1.25，如斜度大于 1∶6 者，按相应定额项目人工、机械乘以系数 1.43。

9）定额以平地（坡度小于 15°）打桩为准，如在堤坡上（坡度大于 15°）打桩时，按相应定额项目人工、机械乘以系数 1.15。如在基坑内（基坑深度大于 1.5m）打桩或在地坪上打坑槽内（坑槽深度大于 1m）桩时，按相应定额项目人工、机械乘以系数 1.11。

10）定额各种灌注的材料用量中，均已包括表 7-15 规定的充盈系数和材料损耗：其中灌注砂石桩除上述充盈系数和损耗率外，还包括级配密实系数 1.334。

定额各种灌注的材料用量表　　　　表 7-15

项目名称	充盈系数	损耗率（%）
打孔灌注混凝土桩	1.25	1.5
钻孔灌注混凝土桩	1.30	1.5
打孔灌注砂桩	1.30	3
打孔灌注砂石桩	1.30	3

11）在桩间补桩或强夯后的地基打桩时，按相应定额项目人工、机械乘以系数 1.15。

12）打送桩时可按相应打桩定额项目综合工日及机械台班乘以表 7-16 规定系数计算。

送桩深度及系数表　　　　表 7-16

送桩深度	系数	送桩深度	系数
2m 以内 4m 以内	1.25 1.43	4m 以上	1.67

13）金属周转材料中包括桩帽、送桩器、桩帽盖、活瓣桩尖、钢管、料斗等属于周转性使用的材料。

2. 工程量计算规则

1）计算打桩（灌注桩）工程量前应确定下列事项：

① 确定土质级别：依工程地质资料中的土层构造，土的物理、化学性质及每米沉桩时间鉴别适用定额土质级别。

② 确定施工方法、工艺流程，采用机型，桩、土的泥浆运距。

2）打预制钢筋混凝土桩的体积，按设计桩长（包括桩尖，不扣除桩尖虚体积）乘以桩截面面积计算。管桩的空心体积应扣除。如管桩的空心部分按设计要求灌注混凝土或其他填充材料时，应另行计算。

3）接桩：电焊接桩按设计接头，以个计算，硫黄胶泥接桩截面以 m^2 计算。

4）送桩：按桩截面面积乘以送桩长度（即打桩架底至桩顶面高度或自桩顶面至自然地坪面另加 0.5m）计算。

5）打拔钢板桩按钢板桩重量以 t 计算。

6）打孔灌注桩：

① 混凝土桩、砂桩、碎石桩的体积，按设计规定的桩长（包括桩尖，不扣除桩尖虚体积）乘以钢管管箍外径截面面积计算。

② 扩大桩的体积按单桩体积乘以次数计算。

③ 打孔后先埋入预制混凝土桩尖，再灌注混凝土者，桩尖按钢筋混凝土章节规定计算体积，灌注桩按设计长度（自桩尖顶面至桩顶面高度）乘以钢管管箍外径截面面积计算。

7）钻孔灌注桩，按设计桩长（包括桩尖，不扣除桩尖虚体积）增加 0.25m 乘以设计断面面积计算。

8）灌注混凝土桩的钢筋笼制作依设计规定，按钢筋混凝土章节相应项目以 t 计算。

9）泥浆运输工程量按钻孔体积以 m^3 计算。

10）其他：

① 安、拆导向夹具，按设计图纸规定的水平延长米计算。

② 桩架 90°调面只适用于轨道式、走管式、导杆、筒式柴油打桩机，以次计算。

7.2.3 清单计价工程量计算规则

1. 说明

桩及地基基础工程共 3 节 12 个项目。包括混凝土桩、其他桩和地基与边坡的处理，适用于地基与边坡的处理加固。

（1）“预制钢筋混凝土桩”项目适用于预制混凝土方桩、管桩和板桩等。应注意：

1）试桩应按“预制钢筋混凝土桩”项目编码单独列项。

2）试桩与打桩之间间歇时间，机械在现场的停滞，应包括在打试桩报价内。

3）打钢筋混凝土预制板桩是指留滞原位（即不拔出）的板桩，板桩应在工程量清单中描述其单桩垂直投影面积。

4）预制桩刷防护材料应包括在报价内。

（2）“接桩”项目适用于预制钢筋混凝土方桩、管桩和板桩的接桩。应注意：

1）方桩、管桩接桩按接头个数计算；板桩按接头长度计算。

2）接桩应在工程量清单中描述接头材料。

（3）“混凝土灌注桩”项目适用于人工挖孔灌注桩、钻孔灌注桩、爆扩灌注桩、打振动管灌注桩等。应注意：

1）人工挖孔时采用的护壁（如：砖砌护壁、预制钢筋混凝土护壁、现浇钢筋混凝，模周转护壁、竹笼护壁等），应包括在报价内。

2）钻孔固壁泥浆的搅拌运输，泥浆池、泥浆沟槽的砌筑、拆除，应包括在报价内。

（4）“砂石灌注桩”适用于各种成孔方式（振动沉管、锤击沉管等）的砂石灌注桩。应注意：灌注桩的砂石级配、密实系数均应包括在报价内。

（5）“挤密桩”项目适用于各种成孔方式的灰土、石灰、水泥、粉煤灰、碎石等挤密桩。应注意：挤密桩的灰土级配、密实系数均应包括在报价内。

（6）“旋喷桩”项目适用于水泥浆旋喷桩。

（7）“喷粉桩”项目适用于水泥、生石灰粉等喷粉桩。

（8）“地下连续墙”项目适用于各种导墙施工的复合型地下连续墙工程。

（9）“锚杆支护”项目适用于岩石高削坡混凝土支护挡墙和风化岩石混凝土、砂浆护坡。应注意：

1）钻孔、布筋、锚杆安装、灌浆、张拉等搭设的脚手架，应列入措施项目费内。

2）锚杆土钉应按混凝土及钢筋混凝土相关项目编码列项。

（10）“土钉支护”项目适用于土层的锚固（注意事项同锚杆支护）。

（11）桩及地基基础工程各项目适用于工程实体，如：地下连续墙适用于构成建筑物、构筑物地下结构部分的永久性的复合型地下连续墙。作为深基础支护结构，应列入清单措施项目费，在分部分项工程量清单中不反映其项目。

（12）各种桩（除预制钢筋混凝土桩）的充盈量，应包括在报价内。

（13）振动沉管、锤击沉管若使用预制钢筋混凝土桩尖时，应包括在报价内。

（14）爆扩桩扩大头的混凝土量，应包括在报价内。

（15）桩的钢筋（如：灌注桩的钢筋笼、地下连续墙的钢筋网、锚杆支护、土钉支护的钢筋网及预制桩头钢筋等）应按混凝土及钢筋混凝土有关项目编码列项。

2. 工程量清单项目设置及计算规则

（1）混凝土工程（编码：010201）。混凝土桩工程工程量清单项目设置及工程量计算规则见表 7-17。

混凝土桩（编码：010201）　　　**表 7-17**

项目编码	项目名称	项目特征	计量单位	工程量计算规则	工程内容
010201001	预制钢筋混凝土桩	1. 土的级别 2. 单桩长度、根数 3. 桩截面 4. 板桩面积 5. 管桩填充材料种类 6. 桩倾斜度 7. 混凝土强度等级 8. 防护材料种类	m/根	按设计图示尺寸以桩长（包括桩尖）或根数计算	1. 桩制作、运输 2. 打桩、试验桩、斜桩 3. 送桩 4. 管桩填充材料、刷防护材料 5. 清理、运输
010201002	接桩	1. 桩截面 2. 接头长度 3. 接桩材料	个/m	按设计图示规定以接头数量（板桩按接头长度）计算	1. 桩制作、运输 2. 接桩、材料运输
010201003	混凝土灌注桩	1. 土的级别 2. 单桩长度、根数 3. 桩截面 4. 成孔方法 5. 混凝土强度等级	m/根	按设计图示尺寸以桩长（包括桩尖）或根数计算	1. 成孔、固壁 2. 混凝土制作、运输、灌注、振捣、养护 3. 泥浆池及沟槽砌筑、拆除 4. 泥浆制作、运输 5. 清理、运输

（2）其他桩工程（编码：010202）。其他桩工程工程量清单项目设置及工程量计算规则见表 7-18。

其他桩（编码：010202）　　　**表 7-18**

项目编码	项目名称	项目特征	计量单位	工程量计算规则	工程内容
010202001	砂石灌柱桩	1. 土的级别 2. 桩长 3. 桩截面 4. 成孔方法 5. 砂石级配	m	按设计图示尺寸以桩长（包括桩尖）计算	1. 成孔 2. 砂石运输 3. 填充 4. 振实

续表

项目编码	项目名称	项目特征	计量单位	工程量计算规则	工程内容
010202002	灰土挤密桩	1. 土的级别 2. 桩长 3. 桩截面 4. 成孔方法 5. 灰土级配	m	按设计图示尺寸以桩长（包括桩尖）计算	1. 成孔 2. 灰土拌和、运输 3. 填充 4. 夯实
010202003	旋喷桩	1. 桩长 2. 桩截面 3. 水泥强度等级	m	按设计图示尺寸以桩长（包括桩尖）计算	1. 成孔 2. 水泥浆制作、运输 3. 水泥浆旋喷
010202004	喷粉桩	1. 桩长 2. 桩截面 3. 粉体种类 4. 水泥强度等级 5. 石灰粉要求			1. 成孔 2. 粉体运输 3. 喷粉固化

（3）地基与边坡处理工程（编码：010203）。地基与边坡处理工程工程量清单项目设置及工程量计算规则见表 7-19。

地基与边坡处理（编码：010203） **表 7-19**

项目编码	项目名称	项目特征	计量单位	工程量计算规则	工程内容
010203001	地下连续墙	1. 墙体厚度 2. 成槽深度 3. 混凝土强度等级	m^3	按设计图示墙中心线长乘以厚度乘以槽深以体积计算	1. 挖土成槽、余土运输 2. 导墙制作、安装 3. 锁口管吊拔 4. 浇筑混凝土连续墙 5. 材料运输
010203002	振冲灌注碎石	1. 振冲深度 2. 成孔直径 3. 碎石级配		按设计图示孔深乘以孔截面积以体积计算	1. 成孔 2. 碎石运输 3. 灌注、振实
010203003	地基强夯	1. 夯击能量 2. 夯击遍数 3. 地耐力要求 4. 夯填材料种类	m^2	按设计图示尺寸以面积计算	1. 铺夯填材料 2. 强夯 3. 夯填材料运输

续表

项目编码	项目名称	项目特征	计量单位	工程量计算规则	工程内容
010203004	锚杆支护	1. 锚孔直径 2. 锚孔平均深度 3. 锚固方法、浆液种类 4. 支护厚度、材料种类 5. 混凝土强度等级 6. 砂浆强度等级	m^2	按设计图示尺寸以支护面积计算	1. 钻孔 2. 浆液制作、运输、压浆 3. 张拉锚固 4. 混凝土制作、运输、喷射、养护 5. 砂浆制作、运输、喷射、养护
010203005	土钉支护	1. 支护厚度、材料种类 2. 混凝土强度等级 3. 砂浆强度等级	m^2	按设计图示尺寸以支护面积计算	1. 钉土钉 2. 挂网 3. 混凝土制作、运输、喷射、养护 4. 砂浆制作、运输、喷射、养护

7.3 砌筑工程

7.3.1 相关知识

砌筑工程按材料、承重体系、使用特点和工作状态的不同可分为不同的类别，具体如下所述。

1. 按材料分类

根据块体材料不同，砌体结构可分为砖砌体、砌块砌体、石材砌体、配筋砌体等砌体结构。

（1）砖砌体。采用标准尺寸的烧结普通砖、黏土空心砖及非烧结硅酸盐砖与砂浆砌筑成的砖砌体，有墙或柱。墙厚：120mm、240mm、370mm、490mm、620mm 等，特殊要求时可有 180mm、300mm 和 420mm 等。砖柱：240mm×370mm、370mm×370mm、490mm×490mm、490mm×620mm 等。

墙体砌筑方式有：一顺一丁、三顺一丁等。砌筑的要求是铺砌均匀，灰浆饱满，上下错缝，受力均衡。黏土砖已被限用或禁用，非黏土砖是发展方向。

（2）石材砌体。采用天然料石或毛石与砂浆砌筑的砌体称为天然石材砌体。天然石材具有强度高、抗冻性强和导热性好的特点，是带形基础、挡土墙及某些墙体的理想材料。毛石墙的厚度不宜小于350mm，柱截面较小边长不宜小于400mm。当有振动荷载时，不宜采用毛石砌体。

（3）砌块砌体。砌块砌体是用中小型混凝土砌块或硅酸盐砌块与砂浆砌筑而成的砌体，可用于定型设计的民用房屋及工业厂房的墙体。目前国内使用的小型砌块高度，一般为180～350mm，称为混凝土空心小型砌块砌体；中型砌块高度，一般为360～900mm，分别有混凝土空心中型砌块砌体和硅酸盐实心中型砌块砌体。空心砌块内加设钢筋混凝土芯柱者，称为钢筋混凝土芯柱砌块砌体，可用于有抗震设防要求的多层砌体房屋或高层砌体房屋。

砌块砌体设计和砌筑的要求是：规格宜少、重量适中、孔洞对齐、铺砌严密。

（4）空斗墙砌体。空斗墙是由实心砖砌筑的空心的砖砌体。可节省材料，减轻重量，提高隔热保温性能。但是，空斗墙整体稳定性差，因此，在有振动、潮湿环境、管道较多的房屋或地震烈度为7度及7度以上的地区不宜建造空斗墙房屋。

由砌体结构所用材料可见，其主要优点是易于就地取材，节约水泥、钢材和木材，造价低廉，有良好的耐火性和耐久性，有较好的保温隔热性能。主要缺点是强度低，自重大，砌筑工程量繁重，抗震性能差等，因而限制了它的使用范围。今后，砌筑制品应向高强、多孔、薄壁、大块和配筋等方向发展。

（5）配筋砌体。在砌体水平灰缝中配置钢筋网片或在砌体外部预留沟槽，槽内设置竖向粗钢筋并灌注细石混凝土（或水泥砂浆）的组合砌体称为配筋砌体。这种砌体可提高强度，减小构件截面，加强整体性，增加结构延性，从而改善结构抗震能力。

2. 按承重体系分类

结构体系是指建筑物中的结构构件按一定规律组合成的一种承受和传递荷载的骨架系统。在混合结构承重体系中，以砌体结构的受力特点为主要标志，根据屋（楼）盖结构布置的不同，一般可分为三种类型：

（1）横墙承重体系。横墙承重体系是指多数横向轴线处布置墙体，屋（楼）面荷载通过钢筋混凝土楼板传给各道横墙，横墙是主要承重墙，纵墙主要承受自重，侧向支承横墙，保证房屋的整体性和侧向稳定性。横墙承重体系的优点是屋（楼）面构件简单，施工方便，整体刚度好；缺点是房间布置不灵活，空间小，墙体材料用量大。主要用于5～7层的住宅、旅馆、小开间办公楼。

（2）纵墙承重体系。纵墙承重体系是指屋（楼）盖梁（板）沿横向布置，楼面荷载主要传给纵墙。纵墙是主要承重墙。横墙承受自重和少量竖向荷载，侧向支承纵墙。主要用于进深小而开间大的教学楼、办公楼、试验室、车间、食堂、仓库和影剧院等建筑物。

（3）内框架承重体系。内框架承重体系是指建筑物内部设置钢筋混凝土柱，柱与两端支于外墙的横梁形成内框架。外纵墙兼有承重和围护作用。它的优点是内部空间大，布置灵活，经济效果和使用效果均佳。但因其由两种性质不同的结构体系合成，地震作用下破坏严重，外纵墙尤甚。地震区宜慎用。

除以上常见的三种承重体系外，还有纵、横墙双向承重体系和其他派生的砌体结构承重体系，如底层框—剪力墙砌体结构等。

合理的结构体系必须受力明确，传力直接，结构先进。在砌体结构设计中，必须判明荷载在结构体系中的传递途径，才能得出正确的结构承重体系的分析结果。

3. 按使用特点和工作状态分类

随着人类社会的发展和物质与精神文明的进步，建筑出现丰富多彩的形式，其应用异常广泛，工作状况更为复杂。砌体结构按其使用特点和工作状态可作如下分类：

（1）一般砌体结构。一般砌体结构是指用于正常使用状况下的工业与民用建筑。如供人们生活起居的住宅、宿舍、旅馆、招待所等居住建筑和供人们进行社会公共活动用的公共建筑。工业建筑则有为一般工业生产服务的单层厂房和多层工业建筑。

（2）特殊用途的构筑物。特殊用途的构筑物，通常称为特殊结构，或特种结构，如烟囱、水塔、料仓及小型水池、涵洞和挡土墙等。

（3）特殊工作状态的建筑物，特殊工作状态的砌体结构有三种：

1）处于特殊环境和介质中的建筑物。该类建筑物为保证结构的可靠性和满足建筑使用功能的要求，对建筑结构提出各种防护要求，如防水抗渗、防火耐热、防酸抗腐、防爆炸、防辐射等。

2）处于特殊作用下工作的建筑物，如有抗震设防要求的建筑结构和在核爆炸荷载作用下的防空地下建筑等。

3）具有特殊工作空间要求的建筑物，如底层框架和多层内框架砖房以及单层空旷房屋等。

7.3.2 基础定额工程量计算规则

1. 定额内容及规定

（1）砌砖

1）砖基础、砖墙工作内容。①砖基础工作内容包括：调运砂浆、铺砂浆、运砖、清理基槽坑、砌砖等。②砖墙工作内容包括：调、运、铺砂浆，运砖；砌砖包括窗台虎头砖、腰线、门窗套；安放木砖、铁件等。

2）空斗墙、空花墙工作内容包括：①调、运、铺砂浆，运砖。②砌砖包括窗台虎头砖、腰线、门窗套。③安放木砖、铁件等。

3）填充墙、贴砌砖工作内容包括：①调、运、铺砂浆，运砖。②砌砖包括窗台虎头砖、腰线、门窗套。③安放木砖、铁件等。

4）砌块墙工作内容包括：①调、运、铺砂浆，运砖。②砌砖包括窗台虎头砖、腰线、门窗套。③安放木砖、铁件等。

5）围墙工作内容包括：调、运、铺砂浆，运砖。

6）砖柱工作内容包括：①调、运、铺砂浆，运砖。②砌砖。③安放木砖、铁件等。

7）砖烟囱、水塔工作内容包括：①砖烟囱筒身工作内容包括：调运砂浆、砍砖、砌砖、原浆勾缝、支模出檐、安爬梯、烟囱帽抹灰等。②砖烟囱内衬、砖烟道工作内容包括：调、运砂浆、砍砖、砌砖、内部灰缝刮平及填充隔热材料等。③砖水塔工作内容包括：调运砂浆、砍砖、砌砖及原浆勾缝；制作安装及拆除门窗、胎模等。

8）其他砖砌体工作内容。①砖平碹、钢筋砖过梁工作内容包括：调运砂浆、铺砂浆、运砂、砌砖、模板制作安装、拆除、钢筋制作安装。②挖孔桩砖护壁工作内容包括：调、运、铺砂浆、运砖、砌砖。

9）砌砖的一般规定。

① 定额中砖的规格，是按标准砖编制的；砌块、多孔砖规格是按常用规格编制的。规格不同时，可以换算。

② 砖墙定额中已包括先立门窗框的调直用工以及腰线、窗台线、挑檐等一般出线用工。

③ 砖砌体均包括了原浆勾缝用工，加浆勾缝时，另按相应定额计算。

④ 填充墙以填炉渣、炉渣混凝土为准，如实际使用材料与定额不同时允许换算，其他不变。

⑤ 墙体必需放置的拉结钢筋，应按钢筋混凝土章节另行计算。

⑥ 硅酸盐砌块、加气混凝土砌块墙，是按水泥混合砂浆编制的，如设计使用水玻璃矿渣等胶粘剂为胶合料时，应按设计要求另行换算。

⑦ 圆形烟囱基础按砖基础定额执行，人工乘以系数 1.2。

⑧ 砖砌挡土墙，2 砖以上执行砖基础定额；2 砖以内执行砖墙定额。

⑨ 零星项目系指砖砌小便池槽、明沟、暗沟、隔热板带砖墩、地板墩等。

⑩ 项目中砂浆系按常用规格、强度等级列出，如与设计不同时，可以换算。

（2）砌石

1）基础、勒脚工作内容包括：运石、调、运铺砂浆、砌筑。

2）墙、柱工作内容包括：

① 运石、调、运铺砂浆。

② 砌筑、平整墙角及门窗洞口处的石料加工等。

③ 毛石墙身包括墙角、门窗洞口处的石料加工。

3）护坡工作内容包括：调、运砂浆、砌石、铺砂、勾缝等。

4）其他石砌体工作内容包括：

① 翻楞子、天地座打平、运石，调、运铺砂浆，安铁梯及清理石渣；洗石料；基础夯实、扁钻缝、安砌等。

② 剔缝、洗刷、调运砂浆、勾缝等。

③ 画线、扁光、打钻路、钉麻石等。

5）砌石的一般规定。

① 定额中粗、细料石（砌体）墙按 400mm×220mm×200mm，柱按 450mm×220mm×200mm，踏步石按 400mm×200mm×100mm 规格编制的。

② 毛石墙镶砖墙身按内背镶 1/2 砖编制的，墙体厚度为 600mm。

③ 毛石护坡高度超过 4m 时，定额人工乘以系数 1.15。

④ 砌筑圆弧形石砌体基础、墙（含砖石混合砌体）按定额项目人工乘以系数 1.1。

2. 工程量计算规则

（1）砖基础工程量计算规则

1）基础与墙身（柱身）的划分。

① 基础与墙（柱）身使用同一种材料时，以设计室内地面为界（有地下室者，以地下室室内设计地面为界），以下为基础，以上为墙（柱）身。

② 基础与墙身使用不同材料时，位于设计室内地面±300mm以内时，以不同材料为分界线，超过±300mm 时，以设计室内地面为分界线。

③ 砖、石围墙，以设计室外地坪为界线，以下为基础，以上为墙身。

2）基础长度。

① 外墙墙基按外墙中心线长度计算，内墙墙基按内墙基净长计算。基础大放脚 T 形接头处的重叠部分以及嵌入基础的钢筋、铁件、管道、基础防潮层及单个面积在 0.3m^2 以内孔洞所占体积不予扣除，但靠墙暖气沟的挑檐亦不增加。附墙垛基础宽出部分体积应并入基础工程量内。内墙基净长如图 7-3 所示。

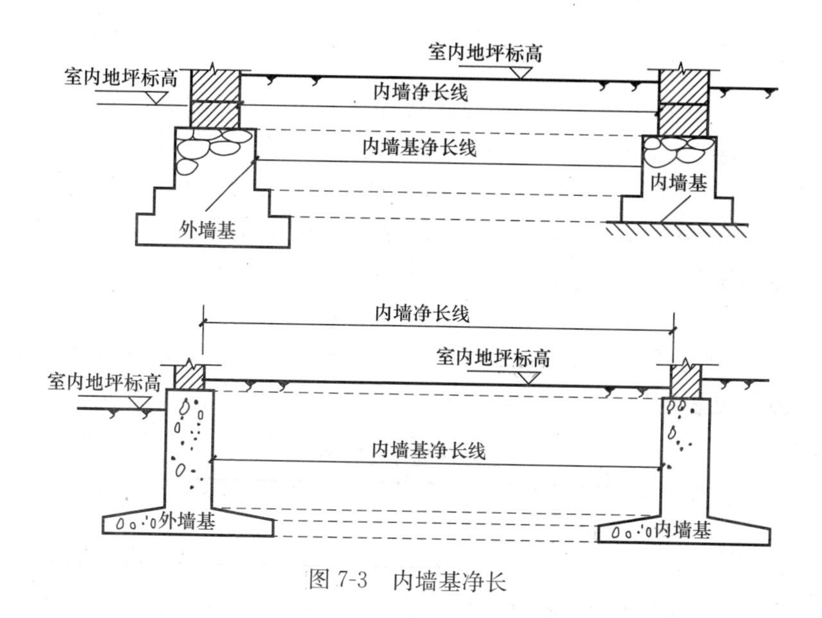

图 7-3 内墙基净长

② 砖砌挖孔桩护壁工程量按实砌体积计算。

(2) 砖砌体工程量计算规则

1) 砖砌体工程量计算一般规则。

① 计算墙体时，应扣除门窗口、过人洞、空圈、嵌入墙身的钢筋混凝土柱、梁（包括过梁、圈梁、挑梁）、砖砌平拱和暖气包壁龛及内墙板头的体积，不扣除梁头、外墙板头、檩头、垫木、木楞头、沿椽木、木砖、门窗走头、砖墙内的加固钢筋、木筋、铁件、钢管及每个面积在 $0.3m^2$ 以下的孔洞等所占的体积，凸出墙面的窗台虎头砖、压顶线、山墙泛水、烟囱根、门窗套及三皮以内的腰线和挑檐等体积亦不增加。

② 砖垛、三皮砖以上的腰线和挑檐等体积，并入墙身体积内计算。

③ 附墙烟囱（包括附墙通风道、垃圾道）按其外形体积计算，并入所依附的墙体积内，不扣除每一个孔洞横截面在 $0.1m^2$ 以下的体积，但孔洞内的抹灰工程量亦不增加。

④ 女儿墙高度，自外墙顶面至图示女儿墙顶面高度，分别不同墙厚并入外墙计算。

⑤ 砖砌平拱、平砌砖过梁按图示尺寸以 m^3 计算。如设计无规定时，砖砌平拱按门窗洞口宽度两端共加 100mm，乘以高度（门窗洞口宽小于 1500mm 时，高度为 240mm，大于 1500mm 时，高度为 365mm）计算；平砌砖过梁按门窗洞口宽度两端共加 500mm，高度按 440mm 计算。

2) 砌体厚度计算。

① 标准砖以 240mm×115mm×53mm 为准，其砌体计算厚度，见表 7-20。

标准砖墙厚计算表 表 7-20

砖数/厚度	1/4	1/2	3/4	1	1.5	2	2.5	3
计算厚度（mm）	53	115	180	240	365	490	615	740

② 使用非标准砖时，其砌体厚度应按砖实际规格和设计厚

度计算。

3）墙的长度。外墙长度按外墙中心线长度计算，内墙长度按内墙净长线计算。

4）墙身高度的计算。

① 外墙墙身高度：斜（坡）屋面无檐口顶棚者算至屋面板底（图 7-4）；有屋架，且室内外均有顶棚者，算至屋架下弦底面另加 200mm（图 7-5）；无顶棚者算至屋架下弦底加 300mm；出檐宽度超过 600mm 时，应按实砌高度计算；平屋面算至钢筋混凝土板底（图 7-6）。

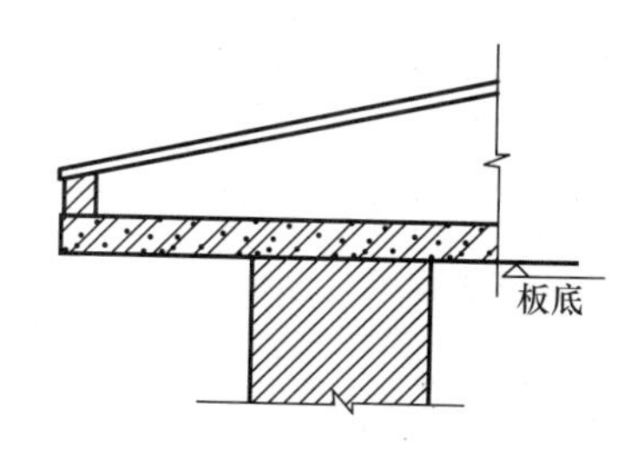

图 7-4　斜（坡）屋面无檐口顶棚者墙身高度计算

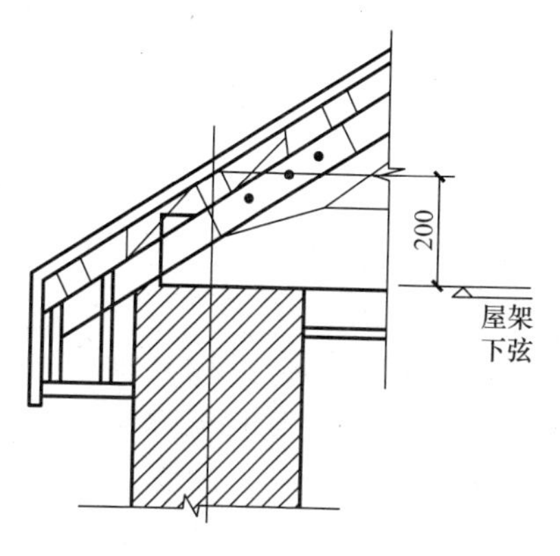

图 7-5　有屋架，且室内外均地顶棚者墙身高度计算

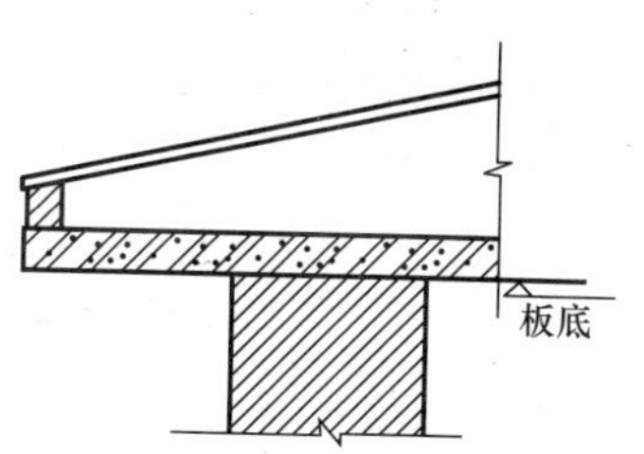

图 7-6　无顶棚者墙身高度计算

② 内墙墙身高度：位于屋架下弦者，其高度算至屋架底；无屋架者算至顶棚底另加 100mm；有钢筋混凝土楼板隔层者算至板底；有框架梁时算至梁底面。

③ 内、外山墙墙身高度：按其平均高度计算。

5）框架间砌体工程量计算。分别内外墙以框架间的净空面积乘以墙厚计算，框架外表镶贴砖部分亦并入框架间砌体工程量内计算。

6）空花墙计算。按空花部分外形体积以 m^3 计算，空花部分不予扣除，其中实体部分以 m^3 另行计算。

7）空斗墙工程量计算。空斗墙按外形尺寸以 m^3 计算。

墙角、内外墙交接处，门窗洞口立边，窗台砖及屋檐处的实砌部分已包括在定额内，不另行计算，但窗间墙、窗台下、楼板下、梁头下等实砌部分，应另行计算，套零星砌体定额项目。

8）多孔砖、空心砖计算。按图示厚度以 m^3 计算，不扣除其孔、空心部分体积。

9）填充墙工程量计算。填充墙按外形尺寸以 m^3 计算，其中实砌部分已包括在定额内，不另计算。

10）加气混凝土墙工程量计算。硅酸盐砌块墙、小型空心砌块墙，按图示尺寸以 m^3 计算。按设计规定需要镶嵌砖砌体部分已包括在定额内，不另计算。

11）其他砖砌体工程量计算。

① 砖砌锅台、炉灶，不分大小，均按图示外形尺寸以 m^3 计算，不扣除各种空洞的体积。

② 砖砌台阶（不包括梯带）按水平投影面积以 m^3 计算。

③ 厕所蹲台、水槽腿、灯箱、垃圾箱、台阶挡墙或梯带、花台、花池、地垄墙及支撑地楞的砖墩，房上烟囱、屋面架空隔热层砖墩及毛石墙的门窗立边，窗台虎头砖等实砌体积，以 m^3 计算，套用零星砌体定额项目。

④ 检查井及化粪池不分壁厚均以 m^3 计算，洞口上的砖平拱等并入砌体体积内计算。

⑤ 砖砌地沟不分墙基、墙身合并以 m^3 计算。石砌地沟按其中心线长度以延长线计算。

（3）砖构筑物工程量计算规则

1）砖烟囱工程量计算。

① 筒身，圆形、方形均按图示筒壁平均中心线周长乘以厚度并扣除筒身各种孔洞、钢筋混凝土圈梁、过梁等体积以 m^3 计算，其筒壁周长不同时可按下式分段计算：

$$V = \sum H \cdot C \cdot \pi D$$

式中 V——筒身体积；

H——每段筒身垂直高度；

C——每段筒壁厚度；

D——每段筒壁中心线的平均直径。

② 烟道、烟囱内衬按不同内衬材料并扣除孔洞后，以图示实体积以 m^3 计算。

③ 烟囱内壁表面隔热层，按筒身内壁并扣除各种孔洞后的面积以 m^2 计算；填料按烟囱内衬与筒身之间的中心线平均周长乘以图示宽度和筒高，并扣除各种孔洞所占体积（但不扣除连接横砖及防沉带的体积）后以 m^3 计算。

④ 烟道砌砖：烟道与炉体的划分以第一道闸门为界，炉体内的烟道部分列入炉体工程量计算。

2）砖砌水塔工程量计算。

① 水塔基础与塔身划分：以砖砌体的扩大部分顶面为界，以上为塔身，以下为基础，分别套相应基础砌体定额。

② 塔身以图示实砌体积计算，并扣除门窗洞口和混凝土构件所占的体积，砖平拱碹及砖出檐等并入塔身体积内计算，套水塔砌筑定额。

③ 砖水箱内外壁，不分壁厚，均以图示实砌体积计算，套相应的内外砖墙定额。

3）砌体内钢筋加固。应按设计规定，以 t 计算，套钢筋混凝土中相应项目。

7.3.3 清单计价工程量计算规则

1. 说明

砌筑工程共 6 节 25 个项目。包括砖基础、砖砌体、砖构筑物、砌块砌体、石砌体、砖散水、地坪、地沟。适用于建筑物、构筑物的砌筑工程。

(1) 基础垫层包括在各类基础项目内，垫层的材料种类、厚度、材料的强度等级、配合比，应在工程量清单中进行描述。

(2)“砖基础”项目适用于各种类型砖基础：柱基础、墙基础、烟囱基础、水塔基础、管道基础等。应注意：对基础类型应在工程量清单中进行描述。

(3)“实心砖墙”项目适用于各种类型实心砖墙，可分为外墙、内墙、围墙、双面混水墙、双面清水墙、单面清水墙、直形墙、弧形墙以及不同的墙厚，砌筑砂浆分水泥砂浆、混合砂浆以及不同的强度，不同的砖强度等级，加浆勾缝、原浆勾缝等，应在工程量清单项目中一一进行描述。应注意：

1) 不论三皮砖以下或三皮砖以上的腰线、挑檐凸出墙面部分均不计算体积（与《全国统建设工程基础定额》不同）。

2) 内墙算至楼板隔层板顶（与《基础定额》不同）。

3) 女儿墙的砖压顶、围墙的砖压顶凸出墙面部分不计算体积，压顶顶面凹进墙面的部分也不扣除（包括一般围墙的抽屉檐、棱角檐、仿瓦砖檐等）。

4) 墙内砖平碹、砖拱碹、砖过梁的体积不扣除，应包括在报价内。

(4)“空斗墙”项目适用于各种砌法的空斗墙。应注意：空斗墙工程量以空斗墙外形体积计算，包括墙角、内外墙交接处、门窗洞口立边、窗台砖、层檐实砌部分的体积；窗间墙、窗台下、楼板下、梁头下的实砌部分，应另行计算。按零星砌砖项目编码列项。

(5)“空花墙”项目适用于各种类型空花墙。应注意：

1)“空花部分的外形体积计算”应包括空花的外框。

2) 使用混凝土花格砌筑的空花墙，分实砌墙体与混凝土花格分别计算工程量，混凝土花格按混凝土及钢筋混凝土预制零星构件编码列项。

(6) “实心砖柱”项目适用于各种类型柱（矩形柱、异形柱、圆柱、包柱等）。应注意：工程量应扣除混凝土及钢筋混凝土梁垫、梁头、板头所占体积（与《基础定额》不同）。

（7）“零星砌砖”项目适用于台阶、台阶挡墙、梯带、锅台、炉灶、蹲台等。应注意：

1）台阶工程量可按水平投影面积计算（不包括梯带或台阶挡墙）。

2）小型池槽、锅台、炉灶可按个计算，以“长×宽×高”顺序标明外形尺寸。

3）砖砌小便槽等可按长度计算。

（8）“砖烟囱、水塔”、“砖烟道”项目适用于各种类型砖烟囱、水塔和烟道。应注意：

1）烟囱内衬和烟道内衬以及隔热填充材料可与烟囱外壁、烟道外壁分别编码（第五级编码）列项。

2）烟囱、水塔爬梯按钢构件中相关项目编码列项。

3）砖水箱内外壁可按砖砌体中相关项目编码列项。

（9）“砖窨井、检查井”、“砖水池、化粪池”项目适用于各类砖砌窨井、检查井、砖水池、化粪池、沼气池、公厕生化池等。应注意：

1）工程量的“座”计算包括挖土、运输、回填、井池底板、池壁、井池盖板、池内隔断、隔墙、搁栅小梁、隔板、滤板等全部工程。

2）井、池内爬梯按钢构件中相关项目编码列项，构件内的钢筋按混凝土及钢筋混凝土相关项目编码列项。

（10）“空心砖墙、砌块墙”项目适用于各种规格的空心砖和砌块砌筑的各种类型的墙体。

应注意：嵌入空心砖墙、砌块墙的实心砖不扣除。

（11）“空心砖柱、砌块柱”项目适用于各种类型柱（矩形柱、方柱、异形柱、圆柱、包柱等）。应注意：

1）工程量“扣除混凝土及钢筋混凝土梁头、梁垫、板头所占体积”（与《基础定额》不同）。

2）梁头、板头下镶嵌的实心砖体积不扣除。

（12）“石基础”项目适用于各种规格（条石、块石等）、各种材质（砂石、青石等）和各种类型（柱基、墙基、直形、弧形等）基础。应注意：

1）包括剔打石料天、地座荒包等全部工序。

2）包括搭拆简易起重架。

（13）“石勒脚”、“石墙”项目适用于各种规格（条石、块石等）、各种材质（砂石、青石、大理石、花岗石等）和各种类型（直形、弧形等）勒脚和墙体。应注意：

1）石料天、地座打平、拼缝打平、打扁口等工序包括在报价内。

2）石表面加工：打钻路、钉麻石、剁斧、扁光等。

（14）“石挡土墙”项目适用于各种规格（条石、块石、毛石、卵石等）、各种材质（砂石、青石、石灰石等）和各种类型（直形、弧形、台阶形等）挡土墙。应注意：

1）变形缝、泄水孔、压顶抹灰等应包括在项目内。

2）挡土墙若有滤水层要求的应包括在报价内。

3）包括搭、拆简易起重架。

（15）“石柱”项目适用于各种规格、各种石质、各种类型的石柱。应注意：工程量应扣除混凝土梁头、板头和梁垫所占体积。

（16）“石栏杆”项目适用于无雕饰的一般石栏杆。

（17）“石护坡”项目适用于各种石质和各种石料（如：条石、片石、毛石、块石、卵石等）的护坡。

（18）“石台阶”项目包括石梯带（垂带），不包括石梯膀，石梯膀按石挡墙项目编码列项。

2．工程量清单项目设置及工程量计算规则

（1）砖基础工程（编码：010301）。砖基础工程工程量清单项目设置及工程量计算规则见表 7-21。

砖基础（编码：010301）　　表 7-21

项目编码	项目名称	项目特征	计量单位	工程量计算规则	工程内容
010301001	砖基础	1. 垫层材料种类、厚度 2. 砖品种、规格、强度等级 3. 基础类型 4. 基础深度 5. 砂浆强度等级	m^3	按设计图示尺寸以体积计算。包括附墙垛基础宽出部分体积，扣除地梁（圈梁）、构造柱所占体积，不扣除基础大放脚 T 形接头处的重叠部分及嵌入基础内的钢筋、铁件、管道、基础砂浆防潮层和单个面积 0.3m^2 以内的孔洞所占体积，靠墙暖气沟的挑檐不增加。 基础长度：外墙按中心线，内墙按净长线计算	1. 砂浆制作、运输 2. 铺设垫层 3. 砌砖 4. 防潮层铺设 5. 材料运输

（2）砖砌体工程（编码：010302）。砖砌体工程工程量清单项目设置及工程量计算规则见表 7-22。

砖砌体（编码：010302）　　表 7-22

项目编码	项目名称	项目特征	计量单位	工程量计算规则	工程内容
010302001	实心砖墙	1. 砖品种、规格、强度等级 2. 墙体类型 3. 墙体厚度 4. 墙体高度 5. 勾缝要求 6. 砂浆强度等级、配合比	m^3	按设计图示尺寸以体积计算。扣除门窗洞口、过人洞、空圈、嵌入墙内的钢筋混凝土柱、梁、圈梁、挑梁、过梁及凹进墙内的壁龛、管槽、暖气槽、消火栓箱所占体积。不扣除梁头、板头、檩头、垫木、木楞头、沿椽木、木砖、门窗走头、砖墙内加固钢筋、木筋、铁件、钢管及单个面积 0.3m^2 以内的孔洞所占体积。凸出墙面的腰线、挑檐：压顶、窗台线、虎头砖、门窗套的体积亦不增加。凸出墙面的砖垛并入墙体体积内计算 1. 墙长度：外墙按中心线，内墙按净长计算	1. 砂浆制作、运输 2. 砌砖 3. 勾缝 4. 砖压顶砌筑 5. 材料运输

续表

项目编码	项目名称	项目特征	计量单位	工程量计算规则	工程内容
010302001	实心砖墙	1. 砖品种、规格、强度等级 2. 墙体类型 3. 墙体厚度 4. 墙体高度 5. 勾缝要求 6. 砂浆强度等级、配合比	m^3	2. 墙高度 (1) 外墙：斜（坡）屋面无檐口天棚者算至屋面板底；有屋架且室内外均有天棚者算至屋架下弦底另加200mm；无天棚者算至屋架下弦底另加300mm，出檐宽度超过600mm时按实砌高度计算；平屋面算至钢筋混凝土板底 (2) 内墙：位于屋架下弦者，算至屋架下弦底；无屋架者算至天棚底另加100mm；有钢筋混凝土楼板隔层者算至楼板顶；有框架梁时算至梁底 (3) 女儿墙：从屋面板上表面算至女儿墙顶面（如有混凝土压顶时算至压顶下表面） (4) 内、外山墙：按其平均高度计算 3. 围墙：高度算至压顶上表面（如有混凝土压顶时算至压顶下表面），围墙柱并入围墙体积内	1. 砂浆制作、运输 2. 砌砖 3. 勾缝 4. 砖压顶砌筑 5. 材料运输
010302002	空斗墙	1. 砖品种、规格、强度等级 2. 墙体类型 3. 墙体厚度 4. 勾缝要求 5. 砂浆强度等级、配合比	m^3	按设计图示尺寸以空斗墙外形体积计算。墙角、内外墙交接处、门窗洞口立边、窗台砖、层檐处的实砌部分体积并入空斗墙体积内	1. 砂浆制作、运输 2. 砌砖 3. 装填充料 4. 勾缝 5. 材料运输
010302003	空花墙	1. 砖品种、规格、强度等级 2. 墙体类型 3. 墙体厚度 4. 勾缝要求 5. 砂浆强度等级		按设计图示尺寸以空花部分外形体积计算，不扣除空洞部分体积	

续表

项目编码	项目名称	项目特征	计量单位	工程量计算规则	工程内容
010302004	填充墙	1. 砖品种、规格、强度等级 2. 墙体厚度 3. 填充材料种类 4. 勾缝要求 5. 砂浆强度等级	m^3	按设计图示尺寸以填充墙外形体积计算	1. 砂浆制作、运输 2. 砌砖 3. 装填充料 4. 勾缝 5. 材料运输
010302005	实心砖柱	1. 砖品种、规格、强度等级 2. 桩类型 3. 桩截面 4. 柱高 5. 勾缝要求 6. 砂浆强度等级、配合比		按设计图示尺寸以体积计算。扣除混凝土及钢筋混凝土梁垫、梁头、板头所占体积	1. 砂浆制作、运输 2. 砌砖 3. 勾缝 4. 材料运输
010302006	零星砌砖	1. 零星砌砖名称、部位 2. 勾缝要求 3. 砂浆强度等级、配合比	m^3 (m^2、m、个)		

（3）砖构筑物工程（编码：010303）。砖构筑物工程工程量清单项目设置及工程量计算规则见表 7-23。

砖构筑物（编码：010303） **表 7-23**

项目编码	项目名称	项目特征	计量单位	工程量计算规则	工程内容
010303001	砖烟囱、水塔	1. 筒身高度 2. 砖品种、规格、强度等级 3. 耐火砖品种、规格 4. 耐火泥品种 5. 隔热材料种类 6. 勾缝要求 7. 砂浆强度等级、配合比	m^3	按设计图示筒壁平均中心线周长乘以厚度乘以高度以体积计算。扣除各种孔洞、钢筋混凝土圈梁、过梁等的体积	1. 砂浆制作、运输 2. 砌砖 3. 涂隔热层 4. 装填充料 5. 砌内衬 6. 勾缝 7. 材料运输

续表

项目编码	项目名称	项目特征	计量单位	工程量计算规则	工程内容
010303002	砖烟道	1. 烟道截面形状、长度 2. 砖品种、规格、强度等级 3. 耐火砖品种规格 4. 耐火泥品种 5. 勾缝要求 6. 砂浆强度等级、配合比	m^3	按图示尺寸以体积计算	1. 砂浆制作、运输 2. 砌砖 3. 涂隔热层 4. 装填充料 5. 砌内衬 6. 勾缝 7. 材料运输
010303003	砖窨井、检查井	1. 井截面 2. 垫层材料种类、厚度 3. 底板厚度 4. 勾缝要求 5. 混凝土强度等级 6. 砂浆强度等级、配合比 7. 防潮层材料种类	座	按设计图示数量计算	1. 土方挖运 2. 砂浆制作、运输 3. 铺设垫层 4. 底板混凝土制作、运输、浇筑、振捣、养护 5. 砌砖 6. 勾缝 7. 井池底、壁抹灰 8. 抹防潮层 9. 回填 10. 材料运输
010303004	砖水池、化粪池	1. 池截面 2. 垫层材料种类、厚度 3. 底板厚度 4. 勾缝要求 5. 混凝土强度等级 6. 砂浆强度等级、配合比			

(4) 砌块砌体工程（编码：010304）。砌块砌体工程工程量清单项目设置及工程量计算规则见表 7-24。

砌块砌体（编码：010304） **表 7-24**

项目编码	项目名称	项目特征	计量单位	工程量计算规则	工程内容
010304001	空心砖墙、砌块墙	1. 墙体类型 2. 墙体厚度 3. 空心砖、砌块品种、规格、强度等级 4. 勾缝要求 5. 砂浆强度等级、配合比	m^3	按设计图示尺寸以体积计算。扣除门窗洞口、过人洞、空圈、嵌入墙内的钢筋混凝土柱、梁、圈梁、挑梁、过梁及凹进墙内的壁龛、管槽、暖气槽、消火栓箱所占体积，不扣除梁头、板头、檩头、垫木、木楞头、沿缘木、木砖、门窗走头、砖墙内加固钢筋、木筋、铁件、钢管及单个面积 $0.3m^2$ 以内的孔洞所占体积，凸出墙面的腰线、挑檐、压顶、窗台线、虎头砖、门窗套的体积不增加，凸出墙面的砖垛并入墙体体积内 1. 墙长度：外墙按中心线，内墙按净长计算 2. 墙高度： （1）外墙：斜（坡）屋面无檐口天棚者算至屋面板底；有屋架且室内外均有天棚者算至屋架下弦底另加 200mm；无天棚者算至屋架下弦底另加 300mm，处檐宽度超过 600mm 时按实砌高度计算，平屋面算至钢筋混凝土板底 （2）内墙：位于屋架下弦者，算至屋架下弦底；无屋架者算至天棚底另加 100mm；有钢筋混凝土楼板隔层者算至楼板顶；有框架梁时算至梁底	1. 砂浆制作、运输 2. 砌砖、砌块 3. 勾缝 4. 材料运输

续表

项目编码	项目名称	项目特征	计量单位	工程量计算规则	工程内容
010304001	空心砖墙、砌块墙	1. 墙体类型 2. 墙体厚度 3. 空心砖、砌块品种、规格、强度等级 4. 勾缝要求 5. 砂浆强度等级、配合比	m^3	(3) 女儿墙：从屋面板上表面算至女儿墙顶面（如有压顶时算至压顶下表面） (4) 内、外山墙：按其平均高度计算 3. 围墙：高度算至压顶上表面（如有混凝土压顶时算至压顶下表面），围墙柱并入围墙体积内	1. 砂浆制作、运输 2. 砌砖、砌块 3. 勾缝 4. 材料运输
010304002	空心砖柱、砌块柱	1. 柱高度 2. 柱截面 3. 空心砖、砌块品种、规格、强度等级 4. 勾缝要求 5. 砂浆强度等级、配合比	m^3	按设计图示尺寸以体积计算。扣除混凝土及钢筋混凝土梁垫、梁头、板头所占体积	1. 砂浆制作、运输 2. 砌砖、砌块 3. 勾缝 4. 材料运输

（5）石砌体工程（编码：010305）。石砌体工程工程量清单项目设置及工程量计算规则见表 7-25。

石砌体（编码：010305）　　**表 7-25**

项目编码	项目名称	项目特征	计量单位	工程量计算规则	工程内容
010305001	石墙基	1. 垫层材料种类、厚度 2. 石料种类、规格 3. 基础深度 4. 基础类型 5. 砂浆强度等级、配合比	m^3	按设计图示尺寸以体积计算。包括附墙垛基础宽出部分体积，不扣除基础砂浆防潮层及单个面积 $0.3m^2$ 以内的孔洞所占体积，靠墙暖气沟的挑檐不增加体积。基础长度：外墙按中心线，内墙按净长计算	1. 砂浆制作、运输 2. 砌石 3. 石表面加工 4. 勾缝 5. 材料运输
010305002	石勒脚	1. 石料种类、规格 2. 石表面加工要求 3. 勾缝要求 4. 砂浆强度等级、配合比			

续表

<table>
<tr><th>项目编码</th><th>项目名称</th><th>项目特征</th><th>计量单位</th><th>工程量计算规则</th><th>工程内容</th></tr>
<tr><td>010305003</td><td>石墙</td><td>1. 石料种类、规格
2. 墙厚
3. 石表面加工要求
4. 勾缝要求
5. 砂浆强度等级、配合比</td><td>m³</td><td>工程量计算规则可参考空心砖墙、砌块墙中的相应内容</td><td>1. 砂浆制作、运输
2. 砌石
3. 石表面加工
4. 勾缝
5. 材料运输</td></tr>
<tr><td>010305004</td><td>石挡土墙</td><td>1. 石料种类、规格
2. 墙厚
3. 石表面加工要求
4. 勾缝要求
5. 砂浆强度等级、配合比</td><td rowspan="2">m³</td><td rowspan="2">按设计图示尺寸以体积计算</td><td>1. 砂浆制作、运输
2. 砌石
3. 压顶抹灰
4. 勾缝
5. 材料运输</td></tr>
<tr><td>010305005</td><td>石柱</td><td rowspan="2">1. 石料种类、规格
2. 柱截面
3. 石表面加工要求
4. 勾缝要求
5. 砂浆强度等级、配合比</td><td rowspan="2">1. 砂浆制作、运输
2. 砌石
3. 石表面加工
4. 勾缝
5. 材料运输</td></tr>
<tr><td>010305006</td><td>石栏杆</td><td>m</td><td>按设计图示以长度计算</td></tr>
<tr><td>010305007</td><td>石护坡</td><td rowspan="3">1. 垫层材料种类、厚度
2. 石料种类、规格
3. 护坡厚度、高度
4. 石表面加工要求
5. 勾缝要求
6. 砂浆强度等级、配合比</td><td rowspan="2">m³</td><td rowspan="2">按设计图示尺寸以体积计算</td><td>1. 砂浆制作、运输
2. 砌石
3. 压顶抹灰
4. 勾缝
5. 材料运输</td></tr>
<tr><td>010305008</td><td>石台阶</td><td rowspan="2">1. 铺设垫层
2. 石料加工
3. 砂浆制作、运输
4. 砌石
5. 石表面加工
6. 勾缝
7. 材料运输</td></tr>
<tr><td>010305009</td><td>石坡道</td><td>m²</td><td>按设计图示尺寸以水平投影面积计算</td></tr>
</table>

续表

项目编码	项目名称	项目特征	计量单位	工程量计算规则	工程内容
010305010	石地沟、石明沟	1. 沟截面尺寸 2. 垫层种类、厚度 3. 石料种类、规格 4. 石表面加工要求 5. 勾缝要求 6. 砂浆强度等级、配合比	m	按设计图示以中心线长度计算	1. 土石挖运 2. 砂浆制作、运输 3. 铺设垫层 4. 砌石 5. 石表面加工 6. 勾缝 7. 回填 8. 材料运输

（6）砖散水、地坪、地沟（编码：010306）。砖散水、地坪、地沟工程量清单项目设置及工程量计算规则见表 7-26。

砖散水、地坪、地沟（编码：010306） **表 7-26**

项目编码	项目名称	项目特征	计量单位	工程量计算规则	工程内容
010306001	砖散水、地坪	1. 垫层材料种类、厚度 2. 散水、地坪厚度 3. 面层种类、厚度 4. 砂浆强度等级、配合比	m^2	按设计图示尺寸以面积计算	1. 地基找平、夯实 2. 铺设垫层 3. 砌砖散水、地坪 4. 抹砂浆面层
010306002	砖地沟、明沟	1. 沟截面尺寸 2. 垫层材料种类、厚度 3. 混凝土强度等级 4. 砂浆强度等级、配合比	m	按设计图示以中心线长度计算	1. 挖运土石 2. 铺设垫层 3. 底板混凝土制作、运输、浇筑、振捣、养护 4. 砌砖 5. 勾缝、抹灰 6. 材料运输

3. 工程量清单编制相关问题的处理

（1）基础垫层包括在基础项目内。

（2）标准砖尺寸应为 240mm×115mm×53mm。

（3）砖基础与砖墙（身）划分应以设计室内地坪为界（有地下室的按地下室室内设计地坪为界），以下为基础，以上为墙（柱）身。基础与墙身使用不同材料，位于设计室内地坪±300mm以内时以不同材料为界，超过±300mm，应以设计室内地坪为界。砖围墙应以设计室外地坪为界，以下为基础，以上为墙身。

（4）框架外表面的镶贴砖部分，应单独按砖砌体工程工程量清单项目设置及工程量计算规则中相关零星项目编码列项。

（5）附墙烟囱、通风道、垃圾道，应按设计图示尺寸以体积（扣除孔洞所占体积）计算，并入所依附的墙体体积内。当设计规定孔洞内需抹灰时，应按装饰装修工程工程量清单项目及计算规则中墙、柱面工程中相关项目编码列项。

（6）空斗墙的窗间墙、窗台下、楼板下的实砌部分，应按砖砌体工程工程量清单项目设置及工程量计算规则中零星砌砖项目编码列项。

（7）台阶、台阶挡墙、梯带、锅台、炉灶、蹲台、池槽、池槽腿、花台、花池、楼梯栏板、阳台栏板、地垄墙、屋面隔热板下的砖墩、0.3m^2孔洞填塞等，应按零星砌砖项目编码列项。砖砌锅台与炉灶可按外形尺寸以个计算，砖砌台阶可按水平投影面积以平方米（m^2）计算，小便槽、地垄墙可按长度计算，其他工程量按立方米（m^3）计算。

（8）砖烟囱应按设计室外地评为界，以下为基础，以上为筒身。

（9）砖烟道与炉体的划分应按第一道闸门为界。

（10）水塔基础与塔身划分应以砖砌体的扩大部分顶面为界，以上为塔身，以下为基础。

（11）石基础、石勒脚、石墙身的划分：基础与勒脚应以设计室外地坪为界，勒脚与墙身应以设计室内地坪为界。石围墙内外地坪标高不同时，应以较低地坪标高为界，以下为基础；内外标高之差为挡土墙时，挡土墙以上为墙身。

（12）石梯带工程量应计算在石台阶工程量内。

（13）石梯膀应按石砌体工程工程量清单设置及工程量计算规则石挡土墙项目编码列项。

（14）砌体内加筋的制作、安装，应按混凝土及钢筋混凝土工程工程量清单项目及计算规则中相关项目编码列项。

7.4 脚手架工程

7.4.1 相关知识

1. 脚手架

为建筑施工而搭设的上料、堆料与施工作业用的临时结构架。有单排脚手架、双排脚手架、结构脚手架、装修脚手架等。

2. 阻燃密目安全网

用来防止人、物坠落，或用来避免、减轻坠落及物击伤害，有阻燃功能的网具。安全网一般由网体、边绳、系绳等构件组成。

3. 脚手架种类

（1）按使用材料划分：钢管脚手架、木脚手架、竹脚手架。

（2）按施工功能划分：砌筑脚手架、装饰脚手架。

（3）按所处部位划分：外脚手架、里脚手架。

（4）按设立方式划分：单排脚手架、双排脚手架、满堂脚手架、悬空脚手架、上料平台、架子斜道。

7.4.2 基础定额工程量计算规则

1. 定额内容及规定

（1）分部工程主要内容

1）砌筑脚手架。

2）现浇钢筋混凝土脚手架。

3）装饰工程脚手架。

4）其他脚手架。

5）安全网。

（2）调查收集计算依据

1）了解本工程采用的脚手架类别。

因现行定额是按单项脚手架编制的，各适用一定范围，故首先应确定脚手架的类别。

① 查阅一下内外墙的砌筑脚手架有否特殊要求。一般来说，内外墙脚手架若没有特殊要求，均可按规则确定计算内外脚手架。

② 检查内外墙及棚顶的装饰脚手架有否特殊要求，若没有特殊要求可按规则确定计算项目。

③ 审视框架结构与框间砖墙的脚手架有否特殊要求，以便确认计算内容。

2）了解脚手架的材质。

现行定额一般项目均按木、竹、钢3种材质制定的。本工程采用何种材质脚手架，由施工单位依据具体情况选择。如果不能确定材质时，可先暂按钢管脚手架进行计算，待决算时再进行调整。

3）了解脚手架所采用的安全设施。

如外架封闭、安全网、防护架等，并要了解其使用部位或具体尺寸，以便计算工程量。

（3）查阅图纸确定计算项目

1）查阅内外墙的计算高度，以便确定计算编号。

2）查阅顶棚的装饰高度，以便确定计算内容。

3）检查其他脚手架的使用范围。

2. 工程量计算规则

（1）砌筑脚手架

1）不论何种砌体，凡砌筑高度超过1.2m者，均需计算脚手架。

2）砌筑脚手架的计算按墙面（单面）垂直投影面积以平方米（m^2）计算。

3）计算脚手架工程量时，门窗洞口及穿过建筑物的车辆通道空洞面积等，均不扣除。

4）外墙脚手架按外墙外围长度（应计凸阳台两侧的长度，不计凹阳台两侧的长度），乘以室外地坪至砌体中心线顶面或女儿墙顶面高度，有山墙的，加山墙面积，再乘以 1.05 系数计算其工程量。

5）天井四周墙砌筑，如需搭外架时：①天井短边净宽 $b \leqslant$ 2.5m 时，按长边净宽乘以高度再乘以系数 1.2 计算外脚手架工程量；②天井短边净长 2.5m$<b \leqslant$3.5m 时，按长边净宽乘以高度再乘以系数 1.5 计算外脚手架工程量；③天井短边净宽 $b>$ 3.5m 时，按一般外脚手架计算。

6）独立砖柱、凸出屋面的烟囱脚手架按其外围周长加 3.6m 后乘以高度计算。

7）如遇下列情况者，按单排外脚手架计算：①外墙檐高在 16m 以内，并无施工组织设计规定时；②独立砖柱与凸出屋面的烟囱；③砌砖围墙。

8）如遇下列情况者，按双排外脚手架计算：①外墙檐高超过 16m 者；②框架结构间砌外墙；③外墙面带有复杂艺术形式者（艺术形式部分的面积占外墙总面积的 30%以上），或外墙勒脚以上抹灰面积（包括门窗洞口面积在内）占外墙总面积 25%以上，或门窗洞口面积占外墙总面积 40%以上者；④空斗墙（不分内外墙）；⑤片石墙（含挡土墙、片石围墙）、大孔混凝土砌块墙，墙高超过 1.2m 者；⑥施工组织设计有明确规定者。

9）同一栋建筑物内：有不同高度时，应分别按不同高度计算外脚手架；不同高度间的分隔墙，按相应高度的建筑物计算外脚手架；如从楼面或天面搭起的，应从楼面或天面起开始计算。

10）凡厚度在两砖（490mm）以上的砖墙，均按双面搭设脚手架计算，如果无施工组织设计规定时：高度在 3.6m 以内的外墙，一面按单排外脚手架计算，另一面按里脚手架计算；高度在 3.6m 以上的外墙，外面按双排外脚手架计算，内面按里脚手架计算；内墙按双面计算相应高度的里脚手架。

11）在旧有的建筑物上加层：加层在二层以内时，其外墙脚手架按本条第 4）款规定乘以系数 0.5 计算；加层在二层以上时，按上述办法计算，不乘以系数。

12）内墙按内墙净长乘以实砌高度计算里脚手架工程量。下列情况者，也按相应高度计算里脚手架工程量。

① 砖砌基础深度超过 3m 时（室外地坪以下），或四周无土砌筑基础，高度超过 1.2m 时。

② 单层地下室外墙（高度从地下室室内地坪标高算起）。

13）电梯井按井底板面至顶板面高度，套用相应定额子目以座计算。

（2）现浇混凝土脚手架

1）现浇混凝土需用脚手架时，应与砌筑脚手架综合考虑。如果确实不能利用砌筑脚手架者，而定额子目中又无脚手架工料，则可按施工组织设计规定或按实际搭设的脚手架计算。

2）两层及二层以上地下室的外墙脚手架按双排外脚手架计算。

3）现浇混凝土基础运输道的计算如下。

① 深度大于 3m（3m 以内不得计算）的带形基础按基槽底面积计算。

② 满堂基础运输道适用于满堂式基础、箱形基础、基础底宽度大于 3m 的柱基础及宽度大于 3m 的设备基础，其工程量按基础底面积计算。

4）现浇混凝土框架运输道，适用于楼层为预制板的框架柱、梁，其工程量按框架部分的建筑面积计算。

5）现浇混凝土楼板运输道，适用于框架柱、墙、梁、板整体浇捣工程，工程量按浇捣部分的建筑面积计算；如果以预制板为主，局部浇捣的混凝土楼板（厕所、浴室），不得计算楼板运输道费用；砖混结构工程的现浇楼板按相应定额子目乘以系数 0.5 计算。

6）计算现浇混凝土运输道，采用泵送混凝土时应按如下规定计算。

① 基础混凝土不予计算。

② 框架结构、框架—剪力墙结构、筒体结构的工程，定额

须乘以系数0.5。

③ 砖混结构工程，定额乘以系数0.25。

7）装配式构件安装，两端搭在柱上，需搭设脚手架时，其工程量按柱周长加3.6m乘以柱高度计算，并按相应高度的单排外脚手架定额的50％计算。

8）现浇钢筋混凝土独立柱，如果无脚手架利用时，按（柱外围周长＋3.6m）×柱高度按相应外脚手架计算。

9）单独浇捣的梁，如果无脚手架利用时，应按（梁宽＋2.4m）×梁的跨度套相应高度（梁底高度）的满堂脚手架计算。

10）当采用满堂脚手架时套用《装饰装修工程消耗量分册》B.7脚手架工程相应定额子目。

（3）构筑物脚手架

1）烟囱、水塔、独立筒仓脚手架，分不同内径，按室外地坪至顶面高度，套相应定额子目。水塔、独立筒仓脚手架按相应的烟囱脚手架，人工乘以系数1.11，其他不变。

2）钢筋混凝土烟囱内衬的脚手架，按烟囱内衬砌体的面积，套单排脚手架。

3）贮水（油）池外池壁高度在3m以内者，按单排外脚手架计算；超过3m时可按施工组织设计规定计算，如果无施工组织设计时，可按双排外脚手架计算；池底钢筋混凝土运输道参照基础运输道；池顶钢筋混凝土运输道参照楼板运输道。

4）贮仓及漏斗：如需搭脚手架时，按本分册相应子目计算。

5）预制支架不得计算脚手架。

6）设备基础脚手架按其外形周长乘以地坪至外形顶面边线之间高度以平方米（m^2）计算。

（4）其他

1）外脚手架安全维护网按实挂面积以平方米（m^2）计算。

2）围尼龙编织布按实搭面积以平方米（m^2）计算。

7.4.3 清单计价工程量计算规则

脚手架工程在工程量清单中列为措施项目。

7.5 楼地面工程

7.5.1 相关知识

楼地面系房屋建筑物底层地面（即地面）和楼层地面（即楼面）的总称，它是构成房屋建筑各层的水平结构层，即水平方向的承重构件。楼层地面按使用要求把建筑物水平方向分割成若干楼层数，各自承受本楼层的荷载，底层地面则承受底层的荷载。

楼地面主要由基层和面层两大基本构造层组成（图 7-7）。基层部分包括结构层和垫层，而底层地面的结构层是基土，楼层地面的结构层则是楼板；而结构层和垫层往往结合在一起又统称为垫层，它起着承受和传递来自面层的荷载作用，因此基层应具有一定的强度和刚度。面层部分即地面与楼面的表面层，将根据生产、工作、生活特点和不同的使用要求做成整体面层、板块面层和木竹面层等各种面层，它直接承受表面层的各种荷载，因此面层不仅具有一定的强度，还要满足各种功能性要求，如耐磨、耐酸、耐碱、防潮等。

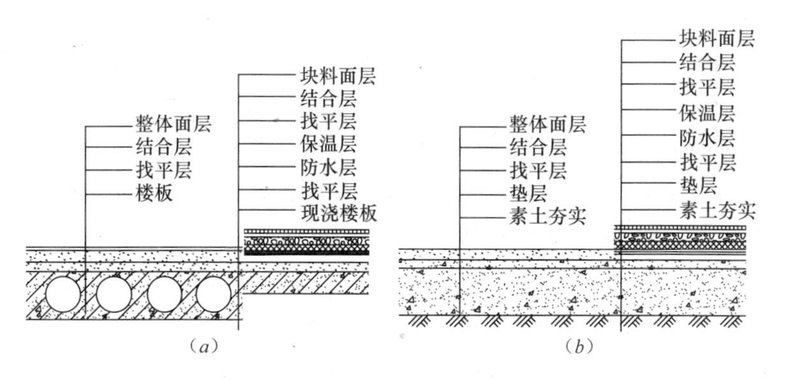

图 7-7 楼地面的构造
(*a*) 楼面；(*b*) 地面

楼地面面层按所用的材料和施工方法不同，分为整体面层和块料面层（又叫镶贴面层）。整体面层和块料面层如图 7-8 所示。

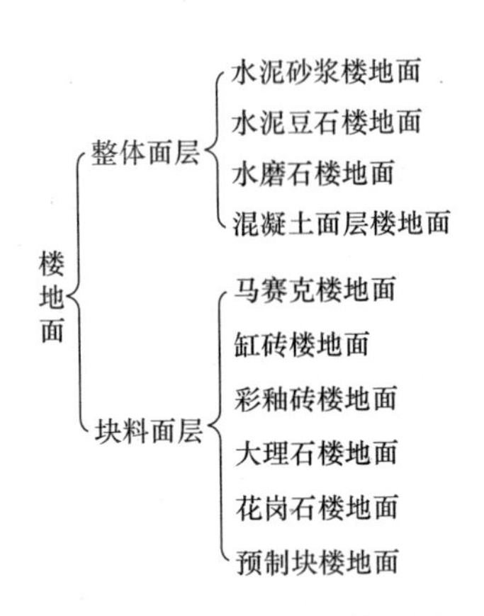

图 7-8　楼地面（整体面层与块料面层）

7.5.2　基础定额工程量计算规则

1. 定额内容及规定

（1）楼地面定额工作内容。

1）垫层工作内容包括：

① 拌合、铺设、找平、夯实。

② 调制砂浆、灌缝。

③ 混凝土搅拌、捣固、养护。

注：混凝土垫层按不分格考虑，分格者另行处理。

2）找平层工作内容包括：

① 清理基层、调运砂浆、抹平、压实。

② 清理基层、混凝土搅拌、捣平、压实。

③ 刷素水泥浆。

3）整体面层工作内容包括：

① 清理基层、调运砂浆、刷素水泥浆、抹面、压光、养护。

注：水泥砂浆楼地面面层厚度每增减 5mm，按水泥砂浆找平层每增减 5mm 项目执行。

② 清扫基层、调制石子浆、刷素水泥浆、找平抹面、磨光、补砂眼、理光、上草酸、打蜡、擦光、嵌条、调色，彩色镜面水磨石还包括油石抛光。

注：彩色镜面磨石系指高级水磨石，除质量要求达到规范要求外，其操作工序一般应按“五浆五磨”研磨，七道“抛光”工序施工。

③ 清理基层、调制石子浆、刷素水泥浆、找平抹面、磨光、补砂眼、理光、上草酸打蜡、擦光、调色。

④ 清理基层、调运砂浆、刷素水泥浆、抹面。

⑤ 明沟包括土方、混凝土垫层、砌砖或浇捣混凝土、水泥砂浆面层。

⑥ 清理基层、浇捣混凝土、面层抹灰压实。菱苦土地面包括调制菱苦土砂浆、打蜡等。

⑦ 金属嵌条包括画线、定位；金属防滑条包括钻眼、打木楔、安装；金刚砂、缸砖包括搅拌砂浆、敷设。

4）一般块料面层工作内容包括：

① 清理基层、锯板磨边、贴块料、拼花、勾缝、擦缝、清理净面。

② 调制水泥砂浆或胶粘剂、刷素水泥浆及成品保护。

5）镭射玻璃、块料面酸洗打蜡工作内容包括：清理基层、调制水泥砂浆、刷素水泥浆、贴面层、净面、清理表面、上草酸、打蜡、磨光及成品保护。

6）塑料、橡胶板工作内容包括：

① 清理基层、刮腻子、涂刷胶粘剂、贴面层、净面。

② 制作及预埋木砖、安装卡具及踏脚板。

7）地毯及附件工作内容包括：

① 清扫基层、拼缝、铺设、修边、净面、刷胶、钉压条。

② 清扫基层、拼接、铺平、钉压条、修边、净面、钻眼、套管、安装。

8）木地板工作内容包括：

① 木楼板、龙骨、横撑、垫木制作、安装、打磨、净面、涂防腐油、填炉渣、埋铁件等。

注：毛地板按一等松木板计算，如为杉木板者，其用量不变。

② 清理基层、刷胶、铺设、打磨净面。龙骨、毛地板制作、涂防腐剂。踢脚线埋木砖等。

9）防静电活动地板工作内容包括：清理基层、定位、安支架、横梁、地板、净面等。

10）铝合金、不锈钢管扶手工作内容包括：放样、下料、铆接、玻璃安装、打磨抛光。

11）塑料、钢管扶手工作内容包括：焊接、安装，弯头制作、安装。

12）靠墙扶手工作内容包括：制作、安装、支托煨弯、打洞、堵混凝土。

（2）楼地面定额规定。

1）本章水泥砂浆、水泥石子浆、混凝土等的配合比，如设计规定与定额不同时，可以换算。

2）整体面层、块料面层中的楼地面项目，均不包括踢脚板工料；楼梯不包括踢脚板、侧面及板底抹灰，另按相应定额项目计算。

3）踢脚板高度是按 150mm 编制的。超过时材料用量可以调整，人工、机械用量不变。

4）菱苦土地面、现浇水磨石定额项目已包括酸洗打蜡工料，其余项目均不包括酸洗打蜡。

5）扶手、栏杆、栏板适用于楼梯、走廊、回廊及其他装饰性栏杆、栏板。扶手不包括弯头制安，另按弯头单项定额计算。

6）台阶不包括牵边、侧面装饰。

7）定额中的“零星装饰”项目，适用于小便池、蹲位、池槽等。本定额未列的项目，可按墙、柱面中相应项目计算。

8）木地板中的硬、衫、松木板，是按毛料厚度 25mm 编制的，设计厚度与定额厚度不同时，可以换算。

9）地面伸缩缝按《基础定额》第九章相应项目及规定计算。

10）碎石、砾石灌沥青垫层按《基础定额》第十章相应项目计算。

11）钢筋混凝土垫层按混凝土垫层项目执行，其钢筋部分按《基础定额》第五章相应项目及规定计算。

12）各种明沟平均净空断面（深×宽），均按 190mm×260mm 计算的，断面不同时允许换算。

2. 工程量计算规则

（1）地面垫层按室内主墙间净空面积乘以设计厚度以立方米（m^3）计算。应扣除凸出地面的构筑物、设备基础、室内管道、地沟等所占体积，不扣除柱、垛、间壁墙、附墙烟囱及面积在 0.3m^2 以内孔洞所占体积。

（2）整体面层、找平层均按主墙间净空面积以平方米（m^2）计算。应扣除凸出地面构筑物、设备基础、室内管道、地沟等所占面积，不扣除柱、垛、间壁墙、附墙烟囱及面积在0.3m^2以内的孔洞所占面积，但门洞、空圈、暖气包槽、壁龛的开口部分亦不增加。

（3）块料面层，按图示尺寸实铺面积以平方米（m^2）计算，门洞、空圈、暖气包槽和壁龛的开口部分的工程量并入相应的面层内计算。

（4）楼梯面层（包括踏步、平台以及小于500mm宽的楼梯井）按水平投影面积计算。

（5）台阶面层（包括踏步及最上一层踏步沿加300mm）按水平投影面积计算。

（6）其他：

1）踢脚板按延长米（m）计算，洞口、空圈长度不予扣除，洞口、空圈、垛、附墙烟囱不增加。

2）散水、防滑坡道按图示尺寸，以平方米（m^2）计算。

3）栏杆、扶手包括弯头长度，按延长米（m）计算。

4）防滑条按楼梯踏步两端距离减300mm，以延长米（m）计算。

5）明沟按图示尺寸，以延长米计算。

7.5.3 清单计价工程量计算规则

1. 说明

楼地面工程共9节42个项目。包括整体面层、块料面层、橡塑面层、其他材料面层、踢脚线、楼梯装饰、扶手、栏杆、栏板装饰、台阶装饰、零星装饰等项目。适用于楼地面、楼梯、台阶等装饰工程。

（1）零星装饰适用于小面积（0.5m^2以内）少量分散的楼地面装饰，其工程部位或名称应在清单项目中进行描述。

（2）楼梯、台阶侧面装饰，可按零星装饰项目编码列项，并在清单项目中进行描述。

（3）扶手、栏杆、栏板适用于楼梯、阳台、走廊、回廊及其他装饰性扶手栏杆、栏板。

（4）楼地面是指构成的基层（楼板、夯实土基）、垫层（承受地面荷载并均匀传递给基层的构造层）、填充层（在建筑楼地面上起隔声、保温、找坡或敷设暗管、暗线等作用的构造层）、隔离层（起防水、防潮作用的构造层）、找平层（在垫层、楼板上或填充层上起找平、找坡或加强作用的构造层）、结合层（面层与下层相结合的中间层）、面层（直接承受各种荷载作用的表面层）等。

（5）垫层是指混凝土垫层、砂石人工级配垫层、天然级配砂石垫层、灰、土垫层、碎石、碎砖垫层、三合土垫层、炉渣垫层等材料垫层。

（6）找平层是指水泥砂浆找平层，有比较特殊要求的可采用细石混凝土、沥青砂浆、沥青混凝土找平层等材料铺设。

（7）隔离层是指卷材、防水砂浆、沥青砂浆或防水涂料等隔离层。

（8）填充层是指轻质的松散（炉渣、膨胀蛭石、膨胀珍珠岩等）或块体材料（加气混凝土、泡沫混凝土、泡沫塑料、矿棉、膨胀珍珠岩、膨胀蛭石块和板材等）以及整体材料（沥青膨胀珍珠岩、沥青膨胀蛭石、水泥膨胀珍珠岩、膨胀蛭石等）填充层。

（9）面层是指整体面层（水泥砂浆、现浇水磨石、细石混凝土、菱苦土等面层）、块料面层（石材、陶瓷地砖、橡胶、塑料、竹、木地板）等面层。

（10）面层中其他材料：

① 防护材料是耐酸、耐碱、耐臭氧、耐老化、防火、防油渗等材料。

② 嵌条材料是用于水磨石的分格、作图案等的嵌条，如：玻璃嵌条、铜嵌条、铝合金嵌条、不锈钢嵌条等。

③ 压线条是指地毯、橡胶板、橡胶卷材铺设的压线条，如：铝合金、不锈钢、铜压线条等。

④ 颜料是用于水磨石地面、踢脚线、楼梯、台阶和块料面层勾缝所需配制石子浆或砂浆内加添的颜料（耐碱的矿物颜料）。

⑤ 防滑条是用于楼梯、台阶踏步的防滑设施，如：水泥玻

璃屑，水泥钢屑，铜、钢防滑条等。

⑥ 地毡固定配件是用于固定地毡的压棍脚和压棍。

⑦ 扶手固定配件是用于楼梯、台阶的栏杆柱、栏杆、栏板与扶手相连接的固定件；靠墙扶手与墙相连接的固定件。

⑧ 酸洗、打蜡磨光，磨石、菱苦土、陶瓷块料等，均可用酸洗（草酸）清洗油渍、污渍，然后打蜡（蜡脂、松香水、鱼油、煤油等按设计要求配合）和磨光。

（11）“不扣除间壁墙和面积在 0.3m^2 以内的柱、垛、附墙烟囱及孔洞所占面积”，与《基础定额》不同。

（12）单跑楼梯不论其中间是否有休息平台，其工程量与双跑楼梯同样计算。

（13）台阶面层与平台面层是同一种材料时，平台计算面层后，台阶不再计算最上一层踏步面积，如台阶计算最上一层踏步（加 30cm），平台面层中必须扣除该面积。

（14）包括垫层的地面和不包括垫层的楼面应分别计算工程量，分别编码（第五级编码）列项。

2. 工程量清单项目设置及工程量计算规则

（1）整体面层（编码：020101）。整体面层工程量清单项目设置及工程量计算规则见表 7-27。

整体面层（编码：020101）　　**表 7-27**

项目编码	项目名称	项目特征	计量单位	工程量计算规则	工程内容
020101001	水泥砂浆楼地面	1. 垫层材料种类、厚度 2. 找平层厚度、砂浆配合比 3. 防水层厚度、材料种类 4. 面层厚度、砂浆配合比	m^3	按设计图示尺寸以面积计算。扣除凸出地面构筑物、设备基础、室内管道、地沟等所占面积，不扣除间壁墙和 0.3m^2 以内的柱、垛、附墙烟囱及孔洞所占面积。门洞、空圈、暖气包槽、壁龛的开口部分不增加面积	1. 基层清理 2. 垫层铺设 3. 抹找平层 4. 防水层铺设 5. 抹面层 6. 材料运输

续表

项目编码	项目名称	项目特征	计量单位	工程量计算规则	工程内容
1020101002	现浇水磨石楼地面	1. 垫层材料种类、厚度 2. 找平层厚度、砂浆配合比 3. 防水层厚度、材料种类 4. 面层厚度、水泥石子浆配合比 5. 嵌条材料种类、规格 6. 石子种类、规格、颜色 7. 颜料种类、颜色 8. 图案要求 9. 磨光、酸洗、打蜡要求	m^3	按设计图示尺寸以面积计算。扣除凸出地面构筑物、设备基础、室内管道、地沟等所占面积，不扣除间壁墙和 $0.3m^2$ 以内的柱、垛、附墙烟囱及孔洞所占面积。门洞、空圈、暖气包槽、壁龛的开口部分不增加面积	1. 基层清理 2. 垫层铺设 3. 抹找平层 4. 防水层铺设 5. 面层铺设 6. 嵌缝条安装 7. 磨光、酸洗、打蜡 8. 材料运输
020101003	细石混凝土楼地面	1. 垫层材料种类、厚度 2. 找平层厚度、砂浆配合比 3. 防水层厚度，材料种类 4. 面层厚度、混凝土强度等级	m^2	按设计图示尺寸以面积计算。扣除凸出地面构筑物、设备基础、室内管道、地沟等所占面积，不扣除间壁墙和 $0.3m^2$ 以内的柱、垛、附墙烟囱及孔洞所占面积。门洞、空圈、暖气包槽、壁龛的开口部分不增加面积	1. 基层清理 2. 垫层铺设 3. 抹找平层 4. 防水层铺设 5. 面层铺设 6. 材料运输
020101004	菱苦土楼地面	1. 垫层材料种类、厚度 2. 找平层厚度、砂浆配合比 3. 防水层厚度、材料种类 4. 面层厚度 5. 打蜡要求			1. 清理基层 2. 垫层铺设 3. 抹找平层 4. 防水层铺设 5. 面层铺设 6. 打蜡 7. 材料运输

（2）块料面层（编码：020102）。块料面层工程量清单项目设置及工程量计算规则见表 7-28。

块料面层（编码：020102）　　表 7-28

项目编码	项目名称	项目特征	计量单位	工程量计算规则	工程内容
020102001	石材楼地面	1. 垫层材料种类、厚度 2. 找平层厚度、砂浆配合比 3. 防水层、材料种类 4. 填充材料种类、厚度 5. 结合层厚度、砂浆配合比 6. 面层材料品种、规格、品牌、颜色 7. 嵌缝材料种类 8. 防护层材料种类 9. 酸洗、打蜡要求	m^2	按设计图示尺寸以面积计算。扣除凸出地面构筑物、设备基础、室内管道、地沟等所占面积，不扣除间壁墙和 $0.3m^2$ 以内的柱、垛、附墙烟囱及孔洞所占面积。门洞、空圈、暖气包槽、壁龛的开口部分不增加面积	1. 基层清理、铺设垫层、抹找平层 2. 防水层铺设、填充层 3. 面层铺设 4. 嵌缝 5. 刷防护材料 6. 酸洗、打蜡 7. 材料运输
020102002	块料楼地面				

（3）橡塑面层（编码：020103）。橡塑面层清单项目设置及工程量计算规则见表 7-29。

橡塑面层（编码：020103）　　表 7-29

项目编码	项目名称	项目特征	计量单位	工程量计算规则	工程内容
020103001	橡胶板楼地面	1. 找平层厚度、砂浆配合比， 2. 填充材料种类、厚度 3. 粘结层厚度、材料种类 4. 面层材料品种、规格、品牌、颜色 5. 压线条种类	m^2	按设计图示尺寸以面积计算。门洞、空圈、暖气包槽、壁龛的开口部分并入相应的工程量内	1. 基层清理、抹找平层 2. 铺设填充层 3. 面层铺贴 4. 压缝条装钉 5. 材料运输
020103002	橡胶卷材楼地面				
020103003	塑料板楼地面				
020103004	塑料卷材楼地面				

（4）其他材料面层（编码：020104）。其他材料面层工程量清单项目设置及工程量计算规则见表 7-30。

其他材料面层（编码：020104）　　表 7-30

项目编码	项目名称	项目特征	计量单位	工程量计算规则	工程内容
020104001	楼地面地毯	1. 找平层厚度、砂浆配合比 2. 填充材料种类、厚度 3. 面层材料品种、规格、品牌、颜色 4. 防护材料种类 5. 粘结材料种类 6. 压线条种类	m^2	按设计图示尺寸以面积计算。门洞、空圈、暖气包槽、壁龛的开口部分并入相应的工程量内	1. 基层清理、抹找平层 2. 铺设填充层 3. 铺贴面层 4. 刷防护材料 5. 装钉压条 6. 材料运输
020104002	竹木地板	1. 找平层厚度、砂浆配合比 2. 填充材料种类、厚度、找平层厚度、砂浆配合比 3. 龙骨材料种类、规格、铺设间距 4. 基层材料种类、规格 5. 面层材料品种、规格、品牌、颜色 6. 粘结材料种类 7. 防护材料种类 8. 油漆品种、刷漆遍数			1. 基层清理、抹找平层 2. 铺设填充层 3. 龙骨铺设 4. 铺设基层 5. 面层铺贴 6. 刷防护材料 7. 材料运输
020104003	防静电活动地板	1. 找平层厚度、砂浆配合比 2. 填充材料种类、厚度，找平层厚度、砂浆配合比 3. 支架高度、材料种类 4. 面层材料品种、规格、品牌、颜色 5. 防护材料种类	m^2	按设计图示尺寸以面积计算。门洞、空圈、暖气包槽、壁龛的开口部分并入相应的工程量内	1. 清理基层、抹找平层 2. 铺设填充层 3. 固定支架安装 4. 活动面层安装 5. 刷防护材料 6. 材料运输
020104004	金属复合地板	1. 找平层厚度、砂浆配合比 2. 填充材料种类、厚度，找平层厚度、砂浆配合比 3. 龙骨材料种类、规格、铺设间距 4. 基层材料种类、规格 5. 面层材料品种、规格、品牌 6. 防护材料种类			1. 清理基层、抹找平层 2. 铺设填充层 3. 龙骨铺设 4. 基层铺设 5. 面层铺贴。 6. 刷防护材料 7. 材料运输。

（5）踢脚线（编码：020105）。踢脚线工程量清单项目设置及工程量计算规则见表 7-31。

踢脚线（编码：020105）　　表 7-31

项目编码	项目名称	项目特征	计量单位	工程量计算规则	工程内容
020105001	水泥砂浆踢脚线	1. 踢脚线高度 2. 底层厚度、砂浆配合比 3. 面层厚度、砂浆配合比	m²	按设计图示长度乘以高度以面积计算	1. 基层清理 2. 底层抹灰 3. 面层铺贴 4. 勾缝 5. 磨光、酸洗、打蜡 6. 刷防护材料 7. 材料运输
020105002	石材踢脚线	1. 踢脚线高度 2. 底层厚度、砂浆配合比 3. 粘贴层厚度、材料种类 4. 面层材料品种、规格、品牌、颜色 5. 勾缝材料种类 6. 防护材料种类			
020105003	块料踢脚线				
020105004	现浇水磨石踢脚线	1. 踢脚线高度 2. 底层厚度、砂浆配合比 3. 面层厚度、水泥石子浆配合比 4. 石子种类、规格、颜色 5. 颜料种类、颜色 6. 磨光、酸洗、打蜡要求	m²	按设计图示长度乘以高度以面积计算	1. 基层清理 2. 底层抹灰 3. 面层铺贴 4. 勾缝 5. 磨光、酸洗、打蜡 6. 刷防护材料 7. 材料运输
020105005	塑料板踢脚线	1. 踢脚线高度 2. 底层厚度、砂浆配合比 3. 粘结层厚度、材料种类 4. 面层材料种类、规格、品牌、颜色			
020105006	木质踢脚线	1. 踢脚线高度 2. 底层厚度、砂浆配合比 3. 基层材料种类、规格 4. 面层材料品种、规格、品牌、颜色 5. 防护材料种类 6. 油漆品种、刷漆遍数			1. 基层清理 2. 底层抹灰 3. 基层铺贴 4. 面层铺贴 5. 刷防护材料 6. 刷油漆 7. 材料运输
020105007	金属踢脚线				
020105008	防静电踢脚线				

（6）楼梯装饰（编码：020106）。楼梯装饰工程量清单项目设置及工程量计算规则见表 7-32。

楼梯装饰（编码：020106）　　　　表 7-32

项目编码	项目名称	项目特征	计量单位	工程量计算规则	工程内容
020106001	石材楼梯面层	1. 找平层厚度、砂浆配合比 2. 贴结层厚度、材料种类 3. 面层材料品种、规格、品牌、颜色 4. 防滑条材料种类、规格 5. 勾缝材料种类 6. 防护层材料种类 7. 酸洗、打蜡要求	m^2	按设计图示尺寸以楼梯（包括踏步、休息平台及 500mm 以内的楼梯井）水平投影面积计算。楼梯与楼地面相连时，算至梯口梁内侧边沿：无梯口梁者，算至最上一层踏步边沿加 300mm	1. 基层清理 2. 抹找平层 3. 面层铺贴 4. 贴嵌防滑条 5. 勾缝 6. 刷防护材料 7. 酸洗、打蜡 8. 材料运输
020106002	块料楼梯面层				
020106003	水泥砂浆楼梯面层	1. 找平层厚度、砂浆配合比 2. 面层厚度、砂浆配合比 3. 防滑条材料种类、规格			1. 基层清理 2. 抹找平层 3. 抹面层 4. 抹防滑条 5. 材料运输
020106004	现浇水磨石楼梯面层	1. 找平层厚度、砂浆配合比 2. 面层厚度、水泥石子浆配合比 3. 防滑条材料种类、规格 4. 石子种类、规格、颜色 5. 颜料种类、颜色 6. 磨光、酸洗、打蜡要求			1. 基层清理 2. 抹找平层 3. 抹面层 4. 贴嵌防滑条 5. 磨光、酸洗、打蜡 6. 材料运输

续表

项目编码	项目名称	项目特征	计量单位	工程量计算规则	工程内容
020106005	地毯楼梯面层	1. 基层种类 2. 找平层厚度、砂浆配合比 3. 面层材料品种、规格、品牌、颜色 4. 防护材料种类 5. 粘结材料种类 6. 固定配件材料种类、规格	m^2	按设计图示尺寸以楼梯（包括踏步、休息平台及 500mm 以内的楼梯井）水平投影面积计算。楼梯与楼地面相连时，算至梯口梁内侧边沿；无梯口梁者，算至最上一层踏步边沿加 300mm	1. 基层清理 2. 抹找平层 3. 铺贴面层 4. 固定配件安装 5. 刷防护材料 6. 材料运输
020106006	木板楼梯面层	1. 找平层厚度、砂浆配合比 2. 基层材料种类、规格 3. 面层材料品种、规格、品牌、颜色 4. 粘结材料种类 5. 防护材料种类、规格 6. 油漆品种、刷漆遍数			1. 基层清理 2. 抹找平层 3. 基层铺贴 4. 面层铺贴 5. 刷防护材料、油漆 6. 材料运输

（7）扶手、栏杆、栏板装饰（编码：020107）。扶手、栏杆、栏板装饰工程量清单项目设置及工程量计算规则见表 7-33。

扶手、栏杆、栏板装饰（编码：020107） **表 7-33**

项目编码	项目名称	项目特征	计量单位	工程量计算规则	工程内容
020107001	金属扶手带栏杆、栏板	1. 扶手材料种类、规格、品牌、颜色 2. 栏杆材料种类、规格、品牌、颜色 3. 栏板材料种类、规格、品牌、颜色 4. 固定配件种类 5. 防护材料种类 6. 油漆品种、刷漆遍数	m	按设计图示尺寸，以扶手中心线长度（包括弯头长度）计算	1. 制作 2. 运输 3. 安装 4. 刷防护材料 5. 刷油漆
020107002	硬木扶手带栏杆、栏板				
020107003	塑料扶手带栏杆、栏板				

续表

项目编码	项目名称	项目特征	计量单位	工程量计算规则	工程内容
020107004	金属靠墙扶手	1. 扶手材料种类、规格、品牌、颜色 2. 固定配件种类 3. 防护材料种类 4. 油漆品种、刷漆遍数	m	按设计图示尺寸，以扶手中心线长度（包括弯头长度）计算	1. 制作 2. 运输 3. 安装 4. 刷防护材料 5. 刷油漆
020107005	硬木靠墙扶手				
020107006	塑料靠墙扶手				

注：楼梯、阳台、走廊、回廊及其他的装饰性扶手、栏杆、栏板，应按本表项目编码列项。

（8）台阶装饰（编码：020108）。台阶装饰工程量清单项目设置及工程量计算规则见表 7-34。

台阶装饰（编码：020108） **表 7-34**

项目编码	项目名称	项目特征	计量单位	工程量计算规则	工程内容
020108001	石材台阶面	1. 垫层材料种类、厚度 2. 找平层厚度、砂浆配合比 3. 粘结层材料种类 4. 面层材料品种、规格、品牌、颜色 5. 勾缝材料种类 6. 防滑条材料种类、规格 7. 防护材料种类	m^2	按设计图示尺寸以台阶（包括最上层踏步边沿加 300mm）水平投影面积计算	1. 基层清理 2. 铺设垫层 3. 抹找平层 4. 面层铺贴 5. 贴嵌防滑条 6. 勾缝 7. 刷防护材料 8. 材料运输
020108002	块料台阶面				
020108003	水泥砂浆台阶面	1. 垫层材料种类、厚度 2. 找平层厚度、砂浆配合比 3. 面层厚度、砂浆配合比 4. 防滑条材料种类	m^2	按设计图示尺寸以台阶（包括最上层踏步边沿加 300mm）水平投影面积计算	1. 清理基层 2. 铺设垫层 3. 抹找平层 4. 抹面层 5. 抹防滑条 6. 材料运输

续表

项目编码	项目名称	项目特征	计单位	工程量计算规则	工程内容
020108004	现浇水磨石台阶面	1. 垫层材料种类、厚度 2. 找平层厚度、砂浆配合比 3. 面层厚度、水泥石子浆配合比 4. 防滑条材料种类、规格 5. 石子种类、规格、颜色 6. 颜料种类、颜色 7. 磨光、酸洗、打蜡要求	m^2	按设计图示尺寸以台阶（包括最上层踏步边沿加300mm）水平投影面积计算	1. 清理基层 2. 铺设垫层 3. 抹找平层 4. 抹面层 5. 贴嵌防滑条 6. 打磨、酸洗、打蜡 7. 材料运输
020108005	剁假石台阶面	1. 垫层材料种类、厚度 2. 找平层厚度、砂浆配合比 3. 面层厚度、砂浆配合比 4. 剁假石要求			1. 清理基层 2. 铺设垫层 3. 抹找平层 4. 抹面层 5. 剁假石 6. 材料运输

（9）零星装饰项目（编码：020109）。零星装饰项目工程量清单项目设置及工程量计算规则见表7-35。

零星装饰项目（编码：020109） **表7-35**

项目编码	项目名称	项目特征	计量单位	工程量计算规则	工程内容
020109001	石材零星项目	1. 工程部位 2. 找平层厚度、砂浆配合比 3. 贴结合层厚度、材料种类 4. 面层材料品种、规格、品牌、颜色 5. 勾缝材料种类 6. 防护材料种类 7. 酸洗、打蜡要求	m^2	按设计图示尺寸以面积计算	1. 清理基层 2. 抹找平层 3. 面层铺贴 4. 勾缝 5. 刷防护材料 6. 酸洗、打蜡 7. 材料运输
020109002	碎拼石材零星项目				
020109003	块料零星项目				
020109004	水泥砂浆零星项目	1. 工程部位 2. 找平层厚度、砂浆配合比 3. 面层厚度、砂浆厚度			1. 清理基层 2. 抹找平层 3. 抹面层 4. 材料运输

注：楼梯、台阶侧面装饰，$0.5m^2$以内少量分散的楼地面装修，应按本表中项目编码列项。

7.6 屋面及防水工程

7.6.1 相关知识

屋面的形式由于使用要求及地区气候条件的不同而多种多样。屋面的主要作用是挡风、防寒、遮雨和隔热。

1. 坡屋面

坡屋面多以各种小块瓦为防水材料，按照屋面瓦品种不同可分为青瓦屋面、平瓦屋面、筒瓦屋面、石棉水泥瓦屋面、玻璃钢波形瓦屋面、铁皮屋面等。

2. 平屋面

平屋面一般是在屋面板上做防水层，其基本构造有两种，一种有隔气层，另一种无隔气层，其基本构造形式如图 7-9 所示。

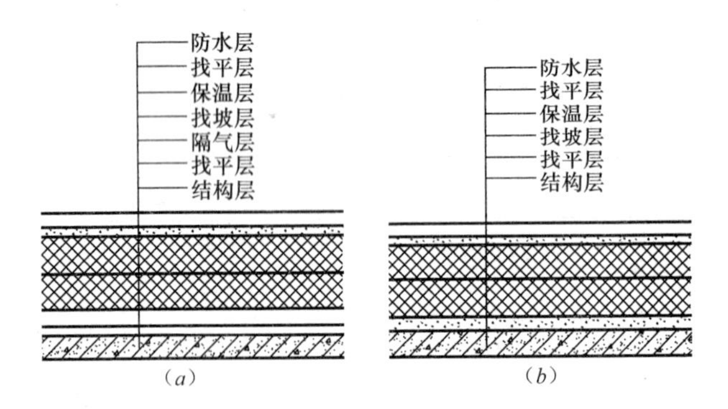

图 7-9 平屋面防水结构基本构造

(*a*) 有隔气层；(*b*) 无隔气层

7.6.2 基础定额工程量计算规则

1. 定额内容及规定

(1) 屋面

1) 屋面工作内容。

① 瓦屋面项目包括了铺瓦、调制砂浆、安脊瓦、檐口梢头坐灰。水泥瓦或黏土瓦如果穿钢丝、钉钢钉，每 100m 檐瓦增加

2.2 工日，20 号钢丝 0.7kg，钢钉 0.49kg。

② 小波、大波石棉瓦项目包括了檩条上铺钉石棉瓦、安脊瓦。

③ 金属压型板屋面项目包括了构件变形修理、临时加固、吊装、就位、找正、螺栓固定。

④ 油毡卷材屋面项目包括了熬制沥青玛㧟脂、配制冷底子油、贴附加层、铺贴卷材收头。

⑤ 三元乙丙橡胶卷材冷贴、再生橡胶卷材冷贴、氯丁橡胶卷材冷贴、氯化聚乙烯—橡胶共混卷材冷贴、氯磺化聚乙烯卷材冷贴等高分子卷材屋面项目均包括了清理基层、找平层分格缝嵌油膏、防水薄弱处刷涂膜附加层；刷底胶、铺贴卷材、接缝嵌油膏、做收头；涂刷着色剂保护层两遍。

⑥ 热贴满铺防水柔毡项目包括了清理基层、熔化粘胶、涂刷粘胶、铺贴柔毡、做收头、铺撒白石子保护层。

⑦ 聚氯乙烯防水卷材铝合金压条项目包括了清理基层、铺卷材、钉压条及射钉、嵌密封膏、收头。

⑧ 冷贴满铺 SBC120 复合卷材项目包括了找平层嵌缝、刷聚氨酯涂膜附加层；用掺胶水泥浆贴卷材、聚氨酯胶接缝搭接。

⑨ 屋面满涂塑料油膏项目包括了油膏加热、屋面满涂油膏。

⑩ 屋面板塑料油膏嵌缝项目包括了油膏加热、板缝嵌油膏。嵌缝取定纵缝断面；空心板 7.5cm^2，大形屋面板 9cm^2；如果断面不同于定额取定断面，以纵缝断面比例调整人工、材料数量。

⑪ 塑料油膏玻璃纤维布屋面项目包括了刷冷底子油、找平层分格缝嵌油膏、贴防水附加层、铺贴玻璃纤维布、表面撒粗砂保护层。

⑫ 屋面分格缝项目包括了支座处干铺油毡一层、清理缝、熬制油膏、油膏灌缝、沿缝上做二毡三油一砂。

⑬ 塑料油膏贴玻璃布盖缝项目包括了熬制油膏、油膏灌缝、缝上铺贴玻璃纤维布。

⑭ 聚氨酯涂膜防水屋面项目包括了涂刷聚氨酯底胶、刷聚

氨酯防水层两遍、撒石渣做保护层（或刚性连接层）。聚氨酯如果掺缓凝剂，应增加磷酸 0.30kg；如果掺促凝剂，应增加二月桂酸二丁基锡 0.25kg。

⑮ 防水砂浆、镇水粉隔离层等项目包括了清理基层、调制砂浆、铺抹砂浆养护、筛铺镇水粉、铺隔离纸。

⑯ 氯丁冷胶涂膜防水屋面项目包括了涂刷底胶、做一布一涂附加层于防水薄弱处、冷胶贴聚酯布防水层、表层撒细砂保护层。

⑰ 薄钢板排水项目包括了薄钢板截料、制作安装。

⑱ 铸铁落水管项目包括了切管、埋管卡、安水管、合灰捻口。

⑲ 铸铁雨水口、铸铁水斗（或称接水口）、铸铁弯头（含箅子板）等项目均包括了就位、安装。

⑳ 单屋面玻璃钢排水管系统项目包括了埋设管卡箍、截管、涂胶、接口。

㉑ 屋面阳台玻璃钢排水管系统项目包括了埋设管卡箍、截管、涂胶、安三通、伸缩节、管等。

㉒ 玻璃钢水斗（带罩）项目包括了细石混凝土填缝、涂胶、接口。

㉓ 玻璃钢弯头（90°）、短管项目包括了涂胶、接口。

2）屋面定额一般规定。

① 水泥瓦、黏土瓦、小青瓦、石棉瓦规格与定额不同时，瓦材数量可以换算，其他不变。

② 高分子卷材厚度，再生橡胶卷材按 1.5mm；其他均按 1.2mm 取定。

（2）防水

1）防水工作内容。

① 玛瑞脂卷材防水项目包括了配制、涂刷冷底子油、熬制玛瑞脂、防水薄弱处贴附加层、铺贴玛瑞脂卷材。

② 玛瑞脂（或沥青）玻璃纤维布防水等项目包括了基层清

理、配制、涂刷冷底子油、熬制玛瑞脂、防水薄弱处贴附加层、铺贴玛瑞脂（或沥青）玻璃纤维布。

③ 高分子卷材项目包括了涂刷基层处理剂、防水薄弱处涂聚氨酯涂膜加强、铺贴卷材、卷材接缝贴卷材条加强、收头。

④ 苯乙烯涂料、刷冷底子油等涂膜防水项目包括了基层清理、刷涂料。

⑤ 焦油玛瑞脂、塑料油膏等涂膜防水项目包括了配制、涂刷冷底子油、熬制玛瑞脂或油膏、涂刷油膏或玛碲脂。

⑥ 氯偏共聚乳胶涂膜防水项目包括了成品涂刷。

⑦ 聚氨酯涂膜防水项目包括了涂刷底胶及附加层、刷聚氨酯两道、盖石渣保护层（或刚性连接层）。聚氨酯如果掺缓凝剂，应增加磷酸 0.30kg；如果掺促凝剂，应增加二月桂酸二丁基锡 0.25kg。

⑧ 石油沥青（或石油沥青玛瑞脂）涂膜防水等项目包括了熬制石油沥青（或石油沥青玛瑞脂）、配制、涂刷冷底子油、涂刷沥青（或石油沥青玛瑞脂）。

⑨ 防水砂浆涂膜防水项目包括了基层清理、调制砂浆、抹水泥砂浆。

⑩ 水乳型普通乳化沥青涂料、水乳型水性石棉质沥青、水乳型再生胶沥青聚酯布、水乳型阴离子合成胶乳化沥青聚酯布、水乳型阳离子氯丁胶乳化沥青聚酯布、溶剂型再生胶沥青聚酯布涂膜防水等项目均包括了基层清理、调配涂料、铺贴附加层、贴布（聚酯布或玻璃纤维布）、刷涂料（最后两遍掺水泥作保护层）。

2）防水定额一般规定。

① 防水工程也适用于楼地面、墙基、墙身、构筑物、水池、水塔及室内厕所、浴室等防水，建筑物±0.00m 以下的防水、防潮工程按防水工程相应项目计算。

② 三元乙丙丁基橡胶卷材屋面防水，按相应三元丙橡胶卷材屋面防水项目计算。

③ 氯丁冷胶“二布三涂”项目，其“三涂”是指涂料构成

防水层数并非指涂刷遍数；每一层“涂层”刷两遍至数遍不等。

④ 本定额中沥青、玛𤅢脂均指石油沥青、石油沥青玛𤅢脂。

（3）变形缝

1）变形缝工作内容。

① 油浸麻丝填变形缝项目包括了熬制沥青、配制沥青麻丝、填塞沥青麻丝。

② 油浸木丝板填变形缝项目包括了熬制沥青、浸木丝板、油浸木丝板嵌缝。

③ 石灰麻刀填变形缝项目包括了调制石灰麻刀、石灰麻刀嵌缝、缝上贴二毡二油毡条一层。

④ 建筑油膏、沥青砂浆填变形缝等项目包括了熬制油膏、沥青、拌合沥青砂浆、沥青砂浆或建筑油膏嵌缝。

⑤ 氯丁橡胶片止水带项目包括了清理用乙酸乙酯洗缝、隔纸、用氯丁胶粘剂贴氯丁橡胶片、最后在氯丁橡胶片上涂胶铺砂。

⑥ 预埋式紫铜板止水带项目包括了铜板剪裁、焊接成形、铺设。

⑦ 聚氯乙烯胶泥变形缝项目包括了清缝、水泥砂浆勾缝、垫牛皮纸、熬灌聚氯乙烯胶泥。

⑧ 涂刷式一布二涂氯丁胶贴玻璃纤维布止水片项目包括了基层清理、刷底胶、缝上粘贴350mm宽一布二涂氯丁胶贴玻璃纤维布、在缝中心贴150mm宽一布二涂氯丁胶贴玻璃纤维布、止水片干后表面涂胶并粘粗砂。

⑨ 预埋式橡胶、塑料止水带项目包括了止水带制作、接头及安装。

⑩ 木板盖缝板项目包括了平面板材加工、板缝一侧涂胶粘、立面埋木砖、钉木盖板。

⑪ 铁皮盖缝板项目包括了平面（屋面）埋木砖、钉木条、木条上钉铁皮；立面埋木砖、木砖上钉铁皮。

2）变形缝定额的一般规定。

① 变形缝填缝：建筑油膏聚氯乙烯胶泥断面取定3cm×

2cm；油浸木丝板取定为 2.5cm×15cm；紫铜板止水带系 2mm 厚，展开宽 45cm；氯丁橡胶宽 30cm，涂刷式氯丁胶贴玻璃纤维布止水片宽 35cm。其余均为 15cm×3cm。如设计断面不同时，用料可以换算。

② 盖缝：木板盖缝断面为 20cm×2.5cm，如设计断面不同时，用料可以换算，人工不变。

③ 屋面砂浆找平层，面层按楼地面相应定额项目计算。

2. 工程量计算规则

(1) 瓦屋面、金属压型板屋面

瓦屋面、金属压型板（包括挑檐部分）均按图 7-10 中尺寸的水平投影面积乘以屋面坡度系数（表 7-36）以 m^2 计算。不扣除房上烟囱、风帽底座、风道、屋面小气窗、斜沟等所占面积，屋面小气窗的出檐部分亦不增加。

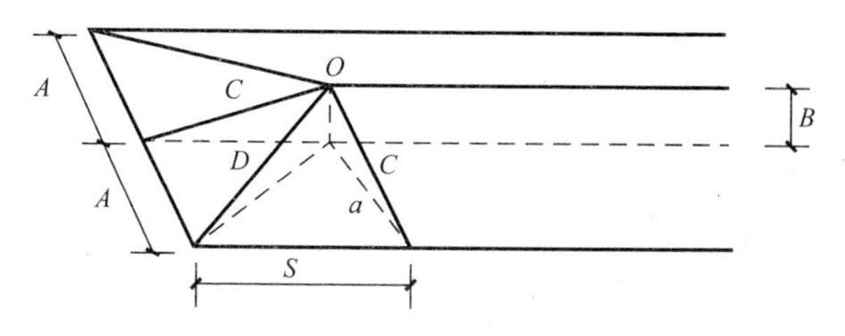

图 7-10　瓦屋面、金属压型板工程量计算示意图

屋面坡度系数表　　**表 7-36**

坡度			延尺系数 C	隅延尺系数 D
$B/A(A=l)$	$B/2A$	角度 a		
1	1/2	45°	1.4142	1.7321
0.75		36°52′	1.2500	1.6008
0.70		35°	1.2207	1.5779
0.666	1/3	33°40′	1.2015	1.5620
0.65		33°01′	1.1926	1.5564
0.60		30°58′	1.1662	1.5362
0.577		30°	1.1547	1.5270

续表

坡度			延尺系数 C	隅延尺系数 D
$B/A(A=l)$	$B/2A$	角度 a		
0.55		28°49′	1.1413	1.5170
0.50	1/4	26°34′	1.1180	1.5000
0.45		24°14′	1.0966	1.4839
0.40	1/5	21°48′	1.0770	1.4697
0.35		19°17′	1.0594	1.4569
0.30		16°42′	1.0440	1.4457
0.25		14°02′	1.0308	1.4362
0.20	1/10	11°19′	1.0198	1.4283
0.15		8°32′	1.0112	1.4221
0.125		7°8′	1.0078	1.4191
0.100	1/20	5°42′	1.0050	1.4177
0.083		4°45′	1.0035	1.4166
0.066	1/30	3°49′	1.0022	1.4157

注：1. $A=A'$，且 $S=0$ 时，为等两坡屋面；$A=A'=S$ 时，等四坡屋面。

2. 屋面斜铺面积=屋面水平投影面积×C。

3. 等两坡屋面山墙泛水斜长：$A\times C$。

4. 等四坡屋面斜脊长度：$A\times D$。

（2）卷材屋面

1）卷材屋面按图示尺寸的水平投影面积乘以规定的坡度系数，以平方米（m^2）计算。

但不扣除房上烟囱、风帽底座、风道、屋面小气窗和斜沟所占的面积，屋面的女儿墙、伸缩缝和天窗等处的弯起部分，按图示尺寸并入屋面工程量计算。如图纸无规定时，伸缩缝、女儿墙的弯起部分可按 250mm 计算，天窗弯起部分可按 500mm 计算。

2）卷材屋面的附加层、接缝、收头、找平层的嵌缝、冷底子油已计入定额内，不另计算。

（3）涂膜屋面

涂膜屋面的工程量计算同卷材屋面。涂膜屋面的油膏嵌缝、玻璃布盖缝、屋面分格缝，以延长米计算。

（4）屋面排水

1）铁皮排水按图示尺寸以展开面积计算，如图纸没有注明尺寸时，可按表 7-37 计算。咬口和搭接等已计入定额项目中，不另计算。

铁皮排水单体零件折算表　　　表 7-37

<table>
<tr><th colspan="2">名称</th><th>单位</th><th>水落管
（m）</th><th>檐沟
（m）</th><th>水斗
（个）</th><th>漏斗
（个）</th><th>下水口
（个）</th><th></th><th></th></tr>
<tr><td rowspan="3">铁皮排水</td><td>水落管、檐沟、水斗、漏斗、下水口</td><td>m²</td><td>0.32</td><td>0.30</td><td>0.40</td><td>0.16</td><td>0.45</td><td></td><td></td></tr>
<tr><td rowspan="2">天沟、斜沟、天窗窗台泛水、天窗侧面泛水、烟囱泛水、通气管泛水、滴水檐头泛水、滴水</td><td rowspan="2">m²</td><td>天沟
（m）</td><td>斜沟天窗窗台泛水
（m）</td><td>天窗侧面泛水
（m）</td><td>烟囱泛水
（m）</td><td>通气管泛水
（m）</td><td>滴水檐头泛水
（m）</td><td>滴水
（m）</td></tr>
<tr><td>1.30</td><td>0.50</td><td>0.70</td><td>0.80</td><td>0.22</td><td>0.24</td><td>0.11</td></tr>
</table>

2）铸铁、玻璃钢水落管区别不同直径按图示尺寸以延长米计算，雨水口、水斗、弯头、短管以个计算。

（5）防水工程

1）建筑物地面防水、防潮层，按主墙间净空面积计算，扣除凸出地面的构筑物、设备基础等所占的面积，不扣除柱、垛、间壁墙、烟囱及 0.3m² 以内孔洞所占面积。与墙面连接处高度在 500mm 以内者展开面积计算，并入平面工程量内，超过 500mm 时，按立面防水层计算。

2）建筑物墙基防水、防潮层，外墙长度按中心线，内墙按净长乘以宽度以平方米（m²）计算。

3）构筑物及建筑物地下室防水层，按实铺面积计算，但不扣除 0.3m² 以内的孔洞面积。平面与立面交接处的防水层，其上卷高度超过 500mm 时，按立面防水层计算。

4）防水卷材的附加层、接缝、收头、冷底子油等人工材料均已计入定额内，不另计算。

5）变形缝按延长米（m）计算。

7.6.3 清单计价工程量计算规则

1. 说明

（1）屋面及防水工程内容。

屋面及防水工程共3节12个项目。包括瓦、型材屋面、屋面防水、墙、地面防水、防潮。适用于建筑物屋面工程。

1）“瓦屋面”项目适用于小青瓦、平瓦、筒瓦、石棉水泥瓦、玻璃钢波形瓦等。应注意：

① 屋面基层包括檩条、椽子、木屋面板、顺水条、挂瓦条等。

② 木屋面板应明确企口、错口、平口接缝。

2）“型材屋面”项目适用于压型钢板、金属压型夹心板、阳光板、玻璃钢等。应注意：型材屋面的钢檩条或木檩条以及骨架、螺栓、挂钩等应包括在报价内。

3）“膜结构屋面”项目适用于膜布屋面。应注意：

① 工程量的计算按设计图示尺寸以需要覆盖的水平投影面积计算（图7-11）。

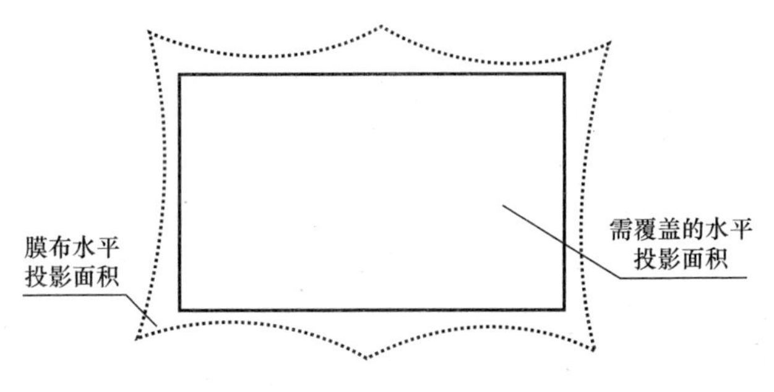

图7-11 膜结构屋面工程量计算图

② 支撑和拉固膜布的钢柱、拉杆、金属网架、钢丝绳、锚固的锚头等应包括在报价内。

③ 支撑柱的钢筋混凝土的柱基、锚固的钢筋混凝土基础以及地脚螺栓等按混凝土及钢筋混凝土相关项目编码列项。

4）“屋面卷材防水”项目适用于利用胶结材料粘贴卷材进行防水的屋面。应注意：

① 抹屋面找平层、基层处理（清理修补、刷基层处理剂）等应包括在报价内。

② 檐沟、天沟、水落口、泛水收头、变形缝等处的卷材附加层应包括在报价内。

③ 浅色、反射涂料保护层、绿豆砂保护层、细砂、云母及蛭石保护层应包括在报价内。

④水泥砂浆保护层、细石混凝土保护层可包括在报价内，也可按相关项目编码列项。

5）“屋面涂膜防水”项目适用于厚质涂料、薄质涂料和有加增强材料或无加增强材料的涂膜防水屋面。应注意：

① 抹屋面找平层，基层处理（清理修补、刷基层处理剂等）应包括在报价内。

② 需加强材料的应包括在报价内。

③ 檐沟、天沟、落水口、泛水收头、变形缝等处的附加层材料应包括在报价内。

④ 浅色、反射涂料保护层、绿豆砂保护层、细砂、云母、蛭石保护层应包括在报价内。

⑤ 水泥砂浆、细石混凝土保护层可包括在报价内，也可按相关项目编码列项。

6）“屋面刚性防水”项目适用于细石混凝土、补偿收缩混凝土、块体混凝土、预应力混凝土和钢纤维混凝土刚性防水层面。应注意：刚性防水屋面的分格缝、泛水、变形缝部位的防水卷材、密封材料、背衬材料、沥青麻丝等应包括在报价内。

7）“屋面排水管”项目适用于各种排水管材（PVC 管、玻璃钢管、铸铁管等）。应注意：

① 排水管、雨水口、箅子板、水斗等应包括在报价内。

② 埋设管卡箍、裁管、接（嵌）缝应包括在报价内。

8）“屋面天沟、檐沟”项目适用于水泥砂浆天沟、细石混凝土天沟、预制混凝土天沟板、卷材天沟、玻璃钢天沟、镀锌薄钢板天沟等；塑料檐沟、镀锌薄钢板檐沟、玻璃钢天沟等。应注意：

①天沟、檐沟固定卡件、支撑件应包括在报价内。

②天沟、檐沟的接缝、嵌缝材料应包括在报价内。

9）“卷材防水，涂膜防水”项目适用于基础、楼地面、墙面等部位的防水。应注意：

①抹找平层、刷基础处理剂、刷胶粘剂、胶粘防水卷材应包括在报价内。

②特殊处理部位（如：管道的通道部位）的嵌缝材料、附加卷材衬垫等应包括在报价内。

③永久保护层（如：砖墙、混凝土地坪等）应按相关项目编码列项。

10）“砂浆防水（潮）”项目适用于地下、基础、楼地面、墙面等部位的防水防潮。应注意：防水、防潮层的外加剂应包括在报价内。

11）“变形缝”项目适用于基础、墙体、屋面等部位的抗震缝、温度缝（伸缩缝）、沉降缝。应注意：止水带安装、盖板制作、安装应包括在报价内。

12）“瓦屋面”、“型材屋面”、“膜结构屋面”的钢檩条、钢支撑（柱、网架等）和拉结结构需刷防护材料时，可按相关项目单独编码列项，也可包括在“瓦屋面”、“型材屋面”、“膜结构屋面”项目报价内。

（2）有关名词的解释。

膜结构，也称索膜结构，是一种以膜布与支撑（柱、网架等）和拉结结构（拉杆、钢丝绳等）组成的屋盖、篷顶结构。

2. 工程量清单项目设置及工程量计算规则

（1）瓦、型材屋面（编码：010701）。瓦、型材屋面工程量清单项目设置及工程量计算规则见表7-38。

瓦、型材屋面（编码：010701）　　**表 7-38**

项目编码	项目名称	项目特征	计量单位	工程量计算规则	工程内容
010701001	瓦屋面	1. 瓦品种、规格、品牌、颜色 2. 防水材料种类 3. 基层材料种类 4. 檩条种类、截面 5. 防护材料种类	m²	按设计图示尺寸以斜面积计算，不扣除房上烟囱、风帽底座、风道、小气窗、斜沟等所占面积，小气窗的出檐部分不增加面积	1. 檩条、椽子安装 2. 基层铺设 3. 铺防水层 4. 安顺水条和挂瓦条 5. 安瓦 6. 刷防护材料
010701002	型材屋面	1. 型材品种、规格、品牌、颜色 2. 骨架材料品种、规格 3. 接缝、嵌缝材料种类			1. 骨架制作、运输、安装 2. 屋面型材安装 3. 接缝、嵌缝
010701003	膜结构屋面	1. 膜布品种、规格、颜色 2. 支柱（网架）钢材品种、规格 3. 钢丝绳品种、规格 4. 油漆品种、刷漆遍数		按设计图示尺寸以需要覆盖的水平面积计算	1. 膜布热压胶接 2. 支柱（网架）制作、安装 3. 膜布安装 4. 穿钢丝绳、锚头锚固 5. 刷油漆

（2）屋面防水（编码：010702）。屋面防水工程工程量清单项目设置及工程量计算规则见表 7-39。

屋面防水（编码：010702）　　**表 7-39**

项目编码	项目名称	项目特征	计量单位	工程量计算规则	工程内容
010702001	屋面卷材防水	1. 卷材品种、规格 2. 防水层做法 3. 嵌缝材料种类 4. 防护材料种类	m²	按设计图示尺寸以面积计算 1. 斜屋顶（不包括平屋顶找坡）按斜面积计算，平屋顶按水平投影面积计算 2. 不扣除房上烟囱、风帽底座、风道、屋面小气窗和斜沟所占面积 3. 屋面的女儿墙、伸缩缝和天窗等处的弯起部分，并入屋面工程量内	1. 基层处理 2. 抹找平层 3. 刷底油 4. 铺油毡卷材、接缝、嵌缝 5. 铺保护层
010702002	屋面涂膜防水	1. 防水膜品种 2. 涂膜厚度、遍数、增强材料种类 3. 嵌缝材料种类 4. 防护材料种类			1. 基层处理 2. 抹找平层 3. 涂防水膜 4. 铺保护层

续表

项目编码	项目名称	项目特征	计量单位	工程量计算规则	工程内容
010702003	屋面刚性防水	1. 防水层厚度 2. 嵌缝材料种类 3. 混凝土强度等级	m^2	按设计图示尺寸以面积计算。不扣除房上烟囱、风帽底座、风道等所占面积	1. 基层处理 2. 混凝土制作、运输、铺筑、养护
010702004	屋面排水管	1. 排水管品种、规格、品牌、颜色 2. 接缝、嵌缝材料种类 3. 油漆、品种、刷漆遍数	m	按设计图示尺寸以长度计算。如设计未标注尺寸，以檐口至设计室外散水上表面垂直距离计算	1. 排水管及配件安装、固定 2. 雨水斗、雨水箅子安装 3. 接缝、嵌缝
010702005	屋面天沟、沿沟	1. 材料品种 2. 砂浆配合比 3. 宽度、坡度 4. 接缝、嵌缝材料种类 5. 防护材料种类	m^2	按设计图示尺寸以面积计算。铁皮和卷材天沟按展开面积计算	1. 砂浆制作、运输 2. 砂浆找坡、养护 3. 天沟材料铺设 4. 天沟配件安装 5. 接缝、嵌缝 6. 刷防护材料

（3）墙、地面防水、防潮（编码：010703）。墙、地面防水、防潮工程量清单项目设置及工程量计算规则见表7-40。

墙、地面防水、防潮（编码：010703） **表7-40**

项目编码	项目名称	项目特征	计量单位	工程量计算规则	工程内容
010703001	卷材防水	1. 卷材、涂膜品种 2. 涂膜厚度、遍数、增强材料种类 3. 防水部位 4. 防水做法 5. 接缝、嵌缝材料种类 6. 防护材料种类	m^2	按设计图示尺寸以面积计算 1. 地面防水：按主墙间净空面积计算，扣除凸出地面的构筑物、设备基础等所占面积，不扣除间壁墙及单个0.3m^2以内的柱、垛、烟囱和孔洞所占面积 2. 墙基防水：外墙按中心线，内墙按净长乘以宽度计算	1. 基层处理 2. 抹找平层 3. 刷胶粘剂 4. 铺防水卷材 5. 铺保护层 6. 接缝、嵌缝
010703002	涂膜防水				1. 基层处理 2. 抹找平层 3. 刷基层处理剂 4. 铺涂膜防水层 5. 铺保护层

续表

项目编码	项目名称	项目特征	计量单位	工程量计算规则	工程内容
010703003	砂浆防水（潮）	1. 防水（潮）部位 2. 防水（潮）厚度、层数 3. 砂浆配合比 4. 外加剂材料种类	m^2	按设计图示尺寸以面积计算 1. 地面防水：按主墙间净空面积计算，扣除凸出地面的构筑物、设备基础等所占面积，不扣除间壁墙及单个 0.3m^2 以内的柱、垛、烟囱和孔洞所占面积 2. 墙基防水：外墙按中心线，内墙按净长乘以宽度计算	1. 基层处理 2. 挂钢丝网片 3. 设置分格缝 4. 砂浆制作、运输、摊铺、养护
010703004	变形缝	1. 变形缝部位 2. 嵌缝材料种类 3. 止水带材料种类 4. 盖板材料 5. 防护材料种类	m	按设计图示以长度计算	1. 清缝 2. 填塞防水材料 3. 止水带安装 4. 盖板制作 5. 刷防护材料

7.7 厂库房门、特种门及木结构工程

7.7.1 相关知识

1. 门窗工程

(1) 钢门窗的基本构造

1）钢门的形式有半玻璃钢板门（也可为全部玻璃，仅留下部少许钢板，常称为落地长窗）、满镶钢板门（为安全和防火之用）。实腹钢门框一般用 32mm 或 38mm 钢料，门扇大的可采用后者。门芯板用 2～3mm 厚的钢板，门芯板与门梃、冒头的连接，可于四周镶扁钢或钢皮线脚焊牢；或做双面钢板与门的钢料相平。钢门须设下槛，不设中框，两扇门关闭时，合缝应严密，插销应装在门梃外侧合缝内。

2）钢窗从构造类型上有“一玻”及“一玻一纱”之分。实腹钢窗料的选择一般与窗扇面积、玻璃大小有关，通常25mm钢料用于550mm宽度以内的窗扇；32mm钢料用于700mm宽的窗扇，38mm钢料用于700mm宽的窗扇。钢窗一般不做窗头线（即贴脸板），如做窗头线则须先做筒子板，均用木材制作，也可加装木纱窗。钢窗如加装铁纱窗时一窗扇外开，而铁纱窗固定于内侧。大面积钢窗，可用各式标准窗拼接组装而成。其拼条连接方式有扁钢（一）；型钢（L、T、I）；钢管（○）及空腹薄壁钢（凸、□）等形式。钢窗五金以钢质居多，也有表面镀铬或上烘漆的。撑头用于开窗时固定窗扇，有单杆式撑头、双根滑动牵筋、套栓撑挡或螺钉匣式牵筋等，均可调整窗扇开启大小与通风量。执手在钢窗关闭时兼作固定之用，有钩式与旋转式两种，钩式可装纱窗，旋转式不可装纱窗。

（2）铝合金门窗的基本构造

1）铝合金门窗的特点。铝合金门窗与普通木门窗、钢门窗相比主要特点是：

① 轻。铝合金门窗用材省、重量轻，平均耗用铝型材重量只有8～12kg/m^2（钢门窗耗钢材重量平均为17～20kg/m^2），较钢木门窗轻50%左右。

② 性能好。铝合金门窗较木门窗、钢门窗突出的优点是密封性能好，气密性、水密性、隔声性好。

③ 色调美观。铝合金门窗框料型材表面经过氧化着色处理，可着银白色、古铜色、暗色、黑色等柔和的颜色或带色的花纹。制成的铝合金门窗表面光洁、外观美丽、色泽牢固，增加了建筑物立面和内部的美观。

④ 耐腐蚀，使用维修方便。铝合金门窗不需要涂漆，不褪色、不脱落，表面不需要维护；铝合金门窗强度高，刚性好，坚固耐用，开闭轻便灵活，无噪声，现场安装工作量较小，施工速度快。

⑤ 便于进行工业化生产。铝合金门窗从框料型材加工、配

套零件及密封件的制作，到门窗装配试验都可以在工厂内进行大批量工业化生产，有利于实现门窗产品设计标准化、产品系列化、零配件通用化，有利于实现门窗产品商品化。

2）铝合金门窗的类型。铝合金门窗按其结构与开闭方式可分为推拉窗（门）、平开窗（门）、固定窗、悬挂窗、回转窗（门）、百叶窗、纱窗等。所谓推拉窗，是窗扇可沿左右方向推拉启闭的窗；平开窗是窗扇绕合页旋转启闭的窗；固定窗是固定不开启的窗。

（3）涂色镀锌钢板门窗的基本构造

涂色镀锌钢板门窗原材料一般为合金化镀锌卷板，经脱脂、化学辊涂预处理后，再辊涂环氧底漆、聚酯面漆和罩光漆。颜色有红、绿、棕、蓝和乳白等数种；门窗玻璃用4mm平板玻璃或双层中空保温玻璃；配件采用五金喷塑铰链并用塑料盒装饰，连接采用塑料插接件螺钉，把手为锌基合金三位把手、五金镀铬把手或工程塑料把手；密封采用橡胶密封条和密封胶。制品出厂时，其玻璃、密封胶条和零附件均已安装齐全，现场施工简便易行。按构造的不同，目前有两种类型，即带副框或不带副框的门、窗。

涂色镀锌钢板门窗的选用比较简单，这是因为彩板门窗的窗形（或门形）设计与普通钢门窗基本相仿，而其材料中空腔室又不像塑料门窗挤出异形材那样复杂。一般情况下，彩板门窗的造型，也模仿钢门窗的方法进行造型（或门窗）。

2. 木结构工程

（1）木门的基本构造

门是由门框（门樘）和门扇两部分组成的。当门的高度超过2.1m时，还要增加门上窗（又称亮子或幺窗）；门的各部分名称如图7-12所示。各种门的门框构造基本相同，但门扇却各不一样。

（2）木窗的基本构造

木窗由窗框、窗扇组成，在窗扇上按设计要求安装玻璃（图7-13）。

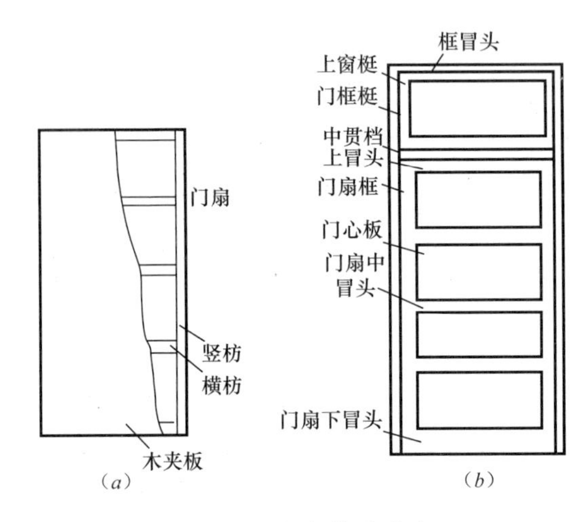

图 7-12　门的构造形式

(a) 蒙板门；(b) 镶板门

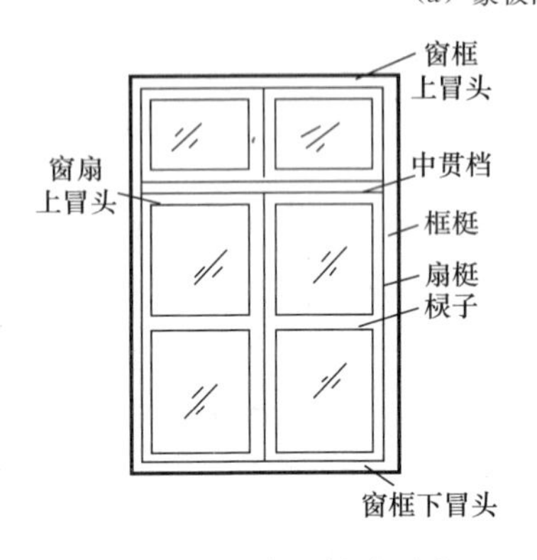

图 7-13　木窗的构造形式

1）窗框。窗框由梃、上冒头、下冒头等组成，有上窗时，要设中贯横挡。

2）窗扇。窗扇由上冒头、下冒头、扇梃、扇棂等组成。

3）玻璃。玻璃安装于冒头、窗扇梃、窗棂之间。

4）连接构造。木窗的连接构造与门的连接构造基本相同，都是采用榫结合。按照规矩，是在梃上凿眼，冒头上开榫。如果采用先立窗框再砌墙的安装方法，应在上、下冒头两端留出走头（延长端头），走头长 120mm。

窗梃与窗棂的连接，也是在梃上凿眼，窗棂上做榫。

7.7.2　基础定额工程量计算规则

1. 定额内容及规定

(1) 门窗

1）门窗定额工作内容。

① 普通木门工作内容包括：

a. 制作安装门框、门扇及亮子，刷防腐油，装配门扇，亮子玻璃及小五金。

b. 制作安装纱门扇、纱亮子、钉铁纱。

② 厂库房大门、特种门工作内容包括：

a. 制作安装门扇、装配玻璃及五金零件、固定铁脚、制作安装便门扇。

b. 铺油毡和毛毡、安密缝条。

c. 制作安装门樘框架和筒子板、刷防腐油。

注：本定额不包括固定铁件的混凝土垫块及门樘或梁柱内的预埋铁件。

③ 普通木窗工作内容包括：制作安装窗框、窗扇、刷防腐油、堵塞麻刀石灰浆、装配玻璃、铁纱及小五金。

④ 铝合金门窗制作、安装工作内容包括：

a. 制作：型材矫正、放样下料，切割断料、钻孔组装、制作搬运。

b. 安装：现场搬运、安装、校正框扇、裁（安）玻璃、五金配件、周边塞口清扫等。

c. 定位、弹线、安装骨架、钉木基层、粘贴不锈钢片面层、清扫等全部操作过程。

注：木骨架枋材 40mm×45mm，设计与定额不符时可以换算。

⑤ 铝合金、不锈钢门窗安装工作内容包括：

a. 现场搬运、安装框扇、校正、安装玻璃及配件、周边塞口、清扫等。

注：地弹门、双扇全玻地弹门包括不锈钢上下帮地弹门、拉手、玻璃胶及安装所需辅助材料。

b. 卷闸门、支架、直轨、附件、门锁安装、试开等全部操作过程。

⑥ 彩板组角钢门窗安装工作内容包括：校正框扇、安装玻璃、装配五金，焊接接件、周边塞缝等。

注：采用附框安装时，扣除门窗安装子目中的膨胀螺栓、密封膏用量

及其他材料费。

⑦ 塑料门窗安装工作内容包括：校正框扇、安装门窗、裁安玻璃、装配五金配件，周边塞缝等。

⑧ 钢门窗安装工作内容包括：

a. 解捆、画线定位、调直、凿洞、吊正、埋铁件、塞缝、安纱门窗、纱门扇、拼装组合、钉胶条、小五金安装等全部操作过程。

注：1. 钢门窗安装按成品考虑（包括五金配件和铁脚在内）。

2. 钢天窗安装角钢横挡型形及连接件，设计与定额用量不同时，可以调整，损耗按6%。

3. 实腹式或空腹式钢门窗均执行本定额。

4. 组合窗、钢天窗为拼装缝需满刮油灰时，每100m^{2}洞口面积增加人工5.54工日，油灰58.5kg。

5. 钢门窗安玻璃，如采用塑料、橡胶条，按门窗安装工程量每100m^{2}计算压条736m。

b. 放样、画线、裁料、平直、钻孔、拼装、焊接、成品校正，刷防锈漆及成品堆放。

2）门窗定额规定。

① 定额所附普通木门窗小五金表，仅作备料参考。

② 弹簧门、厂库大门、钢木大门及其他特种门，定额所附五金铁件表均按标准图用量计算列出，仅作备料参考。

③ 保温门的填充料与定额不同时，可以换算，其他工料不变。

④ 厂库房大门及特种门的钢骨架制作，以钢材重量表示，已包括在定额项目中，不再另列项目计算。定额中不包括固定铁件的混凝土垫块及门樘或梁柱内的预埋铁件。

⑤ 木门窗不论现场或附属加工厂制作，均执行本定额，现场外制作点至安装地点的运输另行计算。

⑥ 本定额普通木门窗，天窗，按框制作、框安装、扇制作、扇安装分列项目；厂库房大门，钢木大门及其他特种门按扇制作、扇安装分列项目。

⑦ 定额中普通木窗、钢窗、铝合金窗、塑料窗、彩板组角

钢窗等适用于平开式，推拉式，中转式，上、中、下悬式。双层玻璃窗小五金按普通木窗不带纱窗乘 2 计算。

⑧ 铝合金门窗制作兼安装项目，是按施工企业附属加工厂制作编制的。加工厂至现场堆放点的运输，另行计算。木骨架枋材 40mm×45mm，设计与定额不符时可以换算。

⑨ 铝合金地弹门制作（框料）型材是按 101.6mm × 44.5mm，厚 1.5mm 方管编制的；单扇平开门、双扇平开窗是按 38 系列编制的；推拉窗按 90 系列编制的。如型材断面尺寸及厚度与定额规定不同时，可按附表调整铝合金型材用量，附表中“（）”内数量为定额取定量。地弹门、双扇全玻地弹门包括不锈钢上下帮地弹簧、玻璃门、拉手、玻璃胶及安装所需辅助材料。

⑩ 铝合金卷闸门（包括卷筒、导轨）、彩板组角钢门窗、塑料门窗、钢门窗安装以成品安装编制的。由供应地至现场的运杂费，应计入预算价格中。

⑪ 玻璃厚度、颜色、密封油膏，软填料，如设计与定额不同时可以调整。

⑫ 铝合金门窗、彩板组角钢门窗、塑料门窗和钢门窗成品安装，如每 100m^2 门窗实际用量超过定额含量 1%以上时，可以换算，但人工、机械用量不变。门窗成品包括五金配件在内。采用附框安装时，扣除门窗安装子目中的膨胀螺栓、密封膏用量及其他材料费。

⑬ 钢门，钢材含量与定额不同时，钢材用量可以换算，其他不变。

a. 钢门窗安装按成品件考虑（包括五金配件和铁脚在内）。

b. 钢天窗安装角钢横挡型形及连接件，设计与定额用量不同时，可以调整，损耗按 6%。

c. 实腹式或空腹式钢门窗均执行本定额。

d. 组合窗、钢天窗为拼装缝需满刮油灰时，每 100m^2 洞口面积增加人工 5.54 工日，油灰 58.5kg。

e. 钢门窗安玻璃，如采用塑料、橡胶条，按门窗安装工程量每 100m^2 计算压条 736m。

⑭ 铝合金门窗制作、安装综合机械台班是以机械折旧费 68.26 元、大修理费 5 元、经常修理费 12.83 元、电力 183.94kW·h 组成。

38 系列，外框 0.408kg/m，中框 0.676kg/m，压线 0.176kg/m。

型材 76.2×44.5×1.5，方管 0.975kg/m，压线 15kg/m。

（2）木结构

1）定额工作内容。

① 木屋架工作内容包括：木材部分：屋架制作、拼装、安装、装配钢铁件、锚定、梁端刷防腐油。

② 屋面木基层工作内容包括：

a. 制作安装檩木、檩托木（或垫木），伸入墙内部分及垫木刷防腐油。

b. 屋面板制作。

c. 檩木上钉屋面板。

d. 檩木上钉椽板。

③ 木楼梯、木柱、木梁工作内容包括：

a. 制作：放样、选料、运料、錾剥、刨光、画线、起线、凿眼、挖底拔灰、锯榫。

b. 安装：安装、吊线、校正、临时支撑、伸入墙内部分刷水柏油。

④ 其他工作内容包括：门窗贴脸、披水条、盖口条、明式暖气罩、木搁板、木格踏板等项目均包括制作、安装。

2）定额一般规定。

① 本定额是按机械和手工操作综合编制的，因此不论实际采取何种操作方法，均按定额执行。

② 本定额木材木种分类如下：

一类：红松、水桐木、樟子松。

二类：白松（方杉、冷杉）、杉木、杨木、柳木、椴木。

三类：青松、黄花松、秋子木、马尾松、东北榆木、柏木、苦楝木、梓木、黄菠萝、椿木、楠木、柚木、樟木。

四类：栎木（柞木）、檀木、色木、槐木、荔木、麻栗木（麻栎、青刚）、桦木、荷木、水曲柳、华北榆木。

③ 本章木材木种均以一、二类木种为准，如采用三、四类木种时，分别乘以下列系数：木门窗制作，按相应项目人工和机械乘系数 1.3；木门窗安装，按相应项目的人工和机械乘系数 1.16；其他项目按相应项目人工和机械乘系数 1.35。

④ 定额中木材以自然干燥条件下含水率为准编制的，需人工干燥时，其费用可列入木材价格内，由各地区另行确定。

⑤ 本定额板、方材规格，分类见表 7-41。

板材规格表 **表 7-41**

项目	按宽厚尺寸比例分类	按板材厚度、方材宽、厚乘积				
板材	宽≥3×厚	名称	薄板	中板	厚板	特厚板
		厚度（mm）	<18	19～35	36～65	≥66
方材	宽<3×厚	名称	小方	中方	大方	特大方

⑥ 定额中所注明的木材断面或厚度均以毛料为准。如设计图纸注明的断面或厚度为净料时，应增加刨光损耗；板、方材一面刨光增加 3mm；两面刨光增加 5mm；圆木每立方米（m^3）材积增加 0.05m^3。

⑦ 定额中木门窗框、扇断面取定如下：

无纱镶板门框：60mm×100mm；有纱镶板门框：60mm×120mm；无纱窗框：60mm×90mm；有纱窗框：60mm×110mm；无纱镶板门扇；45mm×100mm；有纱镶板门扇：45mm×100mm+35mm×100mm；无纱窗扇：45mm×60mm；有纱窗扇 145mm×60mm+35mm×60mm；胶合板门窗：38mm×60mm。

定额取定的断面与设计规定不同时，应按比例换算。框断面以边框断面为准（框裁口如为钉条者加贴条的断面）；扇料以主梃断面为准。

2. 工程量计算规则

（1）门窗

1）各类门、窗制作、安装工程量均按门、窗洞口面积计算。

① 门、窗盖口条、贴脸、披水条，按图示尺寸以延长米计算，执行木装修项目。

② 普通窗上部带有半圆窗的工程量应分别按半圆窗和普通窗计算。其分界线以普通窗和半圆窗之间的横框上裁口线为分界线。

③ 门窗扇包镀锌薄钢板，按门、窗洞口面积以平方米（m^2）计算；门窗框包镀锌薄钢板、钉橡皮条、钉毛毡按图示门窗洞口尺寸以延长米（m）计算。

2）铝合金门窗制作、安装，铝合金、不锈钢门窗、彩板组角钢门窗、塑料门窗、钢门窗安装，均按设计门窗洞口面积计算。

3）卷闸门安装按洞口高度增加 600mm 乘以门实际宽度以平方米（m^2）计算。电动装置安装以套计算，小门安装以个计算。

4）不锈钢片包门框，按框外表面面积以平方米（m^2）计算；彩板组角钢门窗附框安装，按延长米（m）计算。

（2）木结构

1）木结构工程量，按以下规定计算：

① 木屋架制作安装均按设计断面竣工木料以立方米（m^3）计算，其后备长度及配制损耗均不另计算。

② 方木屋架一面刨光时增加 3mm，两面刨光时增加 5mm，圆木屋架按屋架刨光时木体积每立方米增加 0.05m^3 计算。附属于屋架的夹板、垫木等已并入相应的屋架制作项目中，不另计算；与屋架连接的挑檐木、支撑等，其工程量并入屋架竣工木料体积内计算。

③ 屋架的制作安装应区别不同跨度，其跨度应以屋架上下弦杆的中心线交点之间的长度为准。带气楼的屋架并入所依附屋架的体积内计算。

④ 屋架的马尾、折角和正交部分半屋架，应并入相连接屋架的体积内计算。

⑤ 钢木屋架区分圆、方木，按竣工木料以立方米（m^3）计算。

2）圆木屋架连接的挑檐木、支撑等如为方木时，其方木部分应乘以系数1.7，折合成圆木并入屋架竣工木料内，单独的方木挑檐，按矩形檩木计算。

3）檩木按竣工木料以立方米（m^3）计算。简支檩条长度按设计规定计算，如设计无规定者，按屋架或山墙中距增加200mm计算，如两端出山，檩条长度算至博风板；连续檩条的长度按设计长度计算，其接头长度按全部连续檩木总体积的5%计算。檩条托木已计入相应的檩木制作项目中，不另计算。

7.7.3 清单计价工程量计算规则

1. 说明

（1）门窗工程。门窗工程共9节57个项目。包括木门、金属门、金属卷帘门、其他门、木窗、金属窗、门窗套、窗帘盒、窗帘轨、窗台板。

厂库房大门、特种门、木结构工程共3节11个项目。包括厂库房大门、特种门、木屋架、木构件。适用于建筑物、构筑物的特种门和木结构工程。

1）木门窗五金包括：折页、插锁、风钩、弓背拉手、搭扣、弹簧折页、管子拉手、地弹簧、滑轮、门轧头、铁角、木螺钉等。

2）铝合金门窗五金包括：卡销、滑轮、铰拉、执手、拉把、拉手、风撑、角码、牛角制、地弹簧、门销、门插、门铰等。

3）其他五金包括：L形执手锁、球形执手锁、地锁、防盗门扣、门眼、门碰珠、电子锁（磁卡锁）、闭门器、装饰拉手等。

4）门窗框与洞口之间缝的填塞，应包括在报价内。

5）实木装饰门项目也适用于竹压板装饰门。

6）转门项目适用于电子感应和人力推动转门。

7）“特殊五金”项目指贵重五金及业主认为应单独列项的五金配件。

8）项目特征中的门窗类型是指带亮子或不带亮子、带纱或不带纱、单扇、双扇或三扇、半百叶或全百叶、半玻或全玻、全玻自由门或半玻自由门、带门框或不带门框、单独门框和开启方式（平开、推拉、折叠）等。

9）框截面尺寸（或面积）指边立梃截面尺寸或面积。

10）凡面层材料有品种、规格、品牌、颜色要求的，应在工程量清单中进行描述。

11）特殊五金名称是指拉手、门锁、窗锁等，用途是指具体使用的门或窗，应在工程量清单中进行描述。

12）门窗套、贴脸板、筒子板和窗台板项目，包括底层抹灰，如底层抹灰已包括在墙、柱面底层抹灰内，应在工程量清单中进行描述。

13）“木板大门”项目适用于厂库房的平开、推拉、带观察窗、不带观察窗等各类型木板大门。应注意：

① 工程量按樘数计算（与《基础定额》不同）。

② 需描述每樘门所含门扇数和有框或无框。

14）“钢木大门”项目适用于厂库房的平开、推拉、单面铺木板、双单铺木板、防风型、保暖型等各类型钢木大门。应注意：

① 钢骨架制作安装包括在报价内。

② 防风型钢木门应描述防风材料或保暖材料。

15）“全钢板门”项目适用于厂库房的平开、推拉、折叠、单面铺钢板、双面铺钢板等各类型全钢板门。

16）“特种门”项目适用于各种防射线门、密闭门、保温门、隔声门、冷藏库门、冷藏冻结间门等特殊使用功能门。

17）“围墙钢丝门”项目适用于钢管骨架钢丝门、角钢骨架钢丝门、木骨架钢丝门等。

（2）木结构工程

1）“木屋架”项目适用于各种方木、圆木屋架。应注意：

① 与屋架相连接的挑檐木应包括在木屋架报价内。

② 钢夹板构件、连接螺栓应包括在报价内。

2）“钢木屋架”项目适用于各种方木、圆木的钢木组合屋架。应注意：钢拉杆（下弦拉杆）、受拉腹杆、钢夹板、连接螺栓应包括在报价内。

3）“木柱”、“木梁”项目适用于建筑物各部位的柱、梁。应注意：接地、嵌入墙内部分的防腐应包括在报价内。

4）“木楼梯”项目适用于楼梯和爬梯。应注意：

① 楼梯的防滑条应包括在报价内。

② 楼梯栏杆（栏板）、扶手，应按装饰装修工程工程量清单项目及计算规则中栏杆、扶手柱板装饰中相关项目编码列项。

5）“其他木构件”项目适用于斜撑，传统民居的垂花、花牙子、封檐板、博风板等构件。应注意：

① 封檐板、博风板工程量按延长米计算。

② 博风板带大刀头时，每个大刀头增加长度 50cm。

2. 工程量清单项目设置及工程量计算规则

（1）门窗工程

1）木门（编码：020401）。木门工程量清单项目设置及工程量计算规则见表 7-42。

木门（编码：020401） **表 7-42**

项目编码	项目名称	项目特征	计量单位	工程量计算规则	工程内容
020401001	镶板木门	1. 门类型 2. 框截面尺寸、单扇面积 3. 骨架材料种类 4. 面层材料品种、规格、品牌、颜色 5. 玻璃品种、厚度、五金材料、品种、规格 6. 防护层材料种类 7. 油漆品种、刷漆遍数	樘	按设计图示数量计算	1. 门制作、运输、安装 2. 五金、玻璃安装 3. 刷防护材料、油漆
020401002	企口木板门				
020401003	实木装饰门				
020401004	胶合板门				

续表

项目编码	项目名称	项目特征	计量单位	工程量计算规则	工程内容
020401005	夹板装饰门	1. 门类型 2. 框截面尺寸、单扇面积 3. 骨架材料种类 4. 防火材料种类 5. 门纱材料品种、规格 6. 面层材料品种、规格、品牌、颜色 7. 玻璃品种、厚度、五金材料、品种、规格 8. 防护材料种类 9. 油漆品种、刷漆遍数	樘	按设计图示数量计算	1. 门制作、运输、安装 2. 五金、玻璃安装 3. 刷防护材料、油漆
020401006	木质防火门				
020401007	木纱门				
020401008	连窗门	1. 门窗类型 2. 框截面尺寸、单扇面积 3. 骨架材料种类 4. 面层材料品种、规格、品牌、颜色 5. 玻璃品种、厚度、五金材料、品种、规格 6. 防护材料种类 7. 油漆品种、刷漆遍数			

2）厂库房大门、特种门（编码：010501）。厂库房大门、特种门工程量清单项目设置及工程量计算规则见表 7-43。

厂库房大门、特种门（编码：010501）　　**表 7-43**

项目编码	项目名称	项目特征	计量单位	工程量计算规则	工程内容
010501001	木板大门	1. 开启方式 2. 有框、无框 3. 含门扇数 4. 材料品种、规格 5. 五金种类、规格 6. 防护材料种类 7. 油漆品种、刷漆遍数	樘	按设计图示数量计	1. 门（骨架）制作、运输 2. 门、五金配件安装 3. 刷防护材料、油漆
010501002	钢木大门				
010501003	全钢板大门				
010501004	特种门				
010501005	围墙铁丝门				

3）金属门（编码：020402）。金属门工程量清单项目设置及工程量计算规则见表 7-44。

金属门（编码：020402） 表 7-44

项目编码	项目名称	项目特征	计量单位	工程量计算规则	工程内容
020402001	金属平开门	1. 门类型 2. 框材质、外围尺寸 3. 扇材质、外围尺寸 4. 玻璃品种、厚度、五金材料品种、规格 5. 防护材料种类 6. 油漆品种、刷漆遍数	樘	按设计图示数量计算	1. 门制作、运输、安装 2. 五金、玻璃安装 3. 刷防护材料、油漆
020402002	金属推拉门				
020402003	金属地弹门				
020402004	彩板门				
020402005	塑钢门				
020402006	防盗门				
020402007	钢质防火门				

4）金属卷帘门（编码：020403）。金属卷帘门工程量清单项目设置及工程量计算规则见表 7-45。

金属卷帘门（编码：020403） 表 7-45

项目编码	项目名称	项目特征	计量单位	工程量计算规则	工程内容
020403001	金属卷闸门	1. 门材质、框外围尺寸 2. 启动装置品种、规格、品牌 3. 五金材料、品种、规格 4. 刷防护材料种类 5. 油漆品种、刷漆遍数	樘	按设计图示数量计算	1. 门制作、运输、安装 2. 启动装置、五金安装 3. 刷防护材料、油漆
020403002	金属格栅门				
020403003	防火卷帘门				

5）其他门（编码：020404）。其他门工程量清单项目设置及工程量计算规则见表 7-46。

其他门（编码：020404）　　　　**表 7-46**

项目编码	项目名称	项目特征	计量单位	工程量计算规则	工程内容
020404001	电子感应门	1. 门材质：品牌、外围尺寸 2. 玻璃品种、厚度、五金材料品种、规格 3. 电子配件品种、规格、品牌 4. 防护材料种类 5. 油漆品种、刷漆遍数	樘	按设计图示数量计算	1. 门制作、运输、安装 2. 五金、电子配件安装 3. 刷防护材料、油漆
020404002	转门				
020404003	电子对讲门				
020404004	电动伸缩门				
020404005	全玻门（带扇框）	1. 门类型 2. 五框材质：外围尺寸 3. 扇材质、外围尺寸 4. 玻璃品种、厚度、五金材料、品种、规格 5. 防护材料种类 6. 油漆品种、刷漆遍数			1. 门制作、运输、安装 2. 五金安装 3. 刷防护材料、油漆
020404006	全玻自由门（无扇框）				
020404007	半玻门（带扇框）				1. 门扇骨架及基层制作、运输、安装 2. 包面层 3. 五金安装 4. 刷防护材料
020404008	镜面不锈钢饰面门				

6）木窗（编码：020405）。木窗工程量清单项目设置及工程量计算规则见表 7-47。

木窗（编码：020405）　　　　**表 7-47**

项目编码	项目名称	项目特征	计量单位	工程量计算规则	工程内容
020405001	木质平开窗	1. 窗类型 2. 框材质、外围尺寸 3. 扇材质、外围尺寸 4. 玻璃品种、厚度、五金材料、品种、规格 5. 防护材料种类 6. 油漆品种、刷漆遍数	樘	按设计图示数量计算	1. 窗制作、运输、安装 2. 五金、玻璃安装 3. 刷防护材料、油漆
020405002	木质推拉窗				
020405003	矩形木百叶窗				
020405004	异形木百叶窗				
020405005	木组合窗				
020405006	木天窗				
020405907	矩形木固定窗				
020405008	异形木固定窗				
020405009	装饰空花木窗				

7）金属窗（编码：020406）。金属窗工程量清单项目设置及工程量计算规则见表 7-48。

金属窗（编码：020406） **表 7-48**

项目编码	项目名称	项目特征	计量单位	工程量计算规则	工程内容
020406001	金属推拉窗	1. 窗类型 2. 框材质、外围尺寸 3. 扇材质、外围尺寸 4. 玻璃品种、厚度、五金材料、品种、规格 5. 防护材料种类 6. 油漆品种、刷漆遍数	樘	按设计图示数量计算	1. 窗制作、运输、安装 2. 五金、玻璃安装。 3. 刷防护材料、油漆
020406002	金属平开窗				
020406003	金属固定窗				
020406004	金属百叶窗				
020406005	金属组合窗				
020406006	彩板窗				
020406007	塑钢窗				
020406008	金属防盗窗				
020406009	金属格栅窗				
020406010	特殊五金	1. 五金名称、用途 2. 五金材料、品种、规格	个/套	按设计图示数量计算	1. 五金安装 2. 刷防护材料、油漆

8）门窗套（编码：020407）。门窗套工程量清单项目设置及工程量计算规则见表 7-49。

门窗套（编码：020407） **表 7-49**

项目编码	项目名称	项目特征	计量单位	工程量计算规则	工程内容
020407001	木门窗套	1. 底层厚度、砂浆配合比 2. 立筋材料种类、规格 3. 基层材料种类 4. 面层材料品种、规格、品种、品牌、颜色 5. 防护材料种类 6. 油漆品种、刷油遍数	m^2	按设计图示尺寸以展开面积计算	1. 清理基层 2. 底层抹灰 3. 立筋制作、安装 4. 基层板安装 5. 面层铺贴 6. 刷防护材料、油漆
020407002	金属门窗套				
020407003	石材门窗套				
020407004	门窗木贴脸				
020407005	硬木筒子板				
020407006	饰面夹板筒子板				

9）窗帘盒、窗帘轨（编码：020408）。窗帘盒、窗帘轨工程量清单项目设置及工程量计算规则见表 7-50。

窗帘盒、窗帘轨（编码：020408）　　**表 7-50**

项目编码	项目名称	项目特征	计量单位	工程量计算规则	工程内容
020408001	木窗帘盒	1. 窗帘盒材质、规格、颜色 2. 窗帘轨材质、规格 3. 防护材料种类 4. 油漆种类、刷漆遍数	m	按设计图示尺寸以长度计算	1. 制作、运输、安装 2. 刷防护材料、油漆
020408002	饰面夹板、塑料窗帘盒				
020408003	铝合金窗帘盒				
020408004	窗帘轨				

10）窗台板（编码：020409）。窗台板工程量清单项目设置及工程量计算规则见表 7-51。

窗台板（编码：020409）　　**表 7-51**

项目编码	项目名称	项目特征	计量单位	工程量计算规则	工程内容
020409001	木窗台板	1. 找平层厚度、砂浆配合比 2. 窗台板材质、规格、颜色 3. 防护材料种类 4. 油漆种类、刷漆遍数	m	按设计图示尺寸以长度计算	1. 基层清理 2. 抹找平层 3. 窗台板制作、安装 4. 刷防护材料、油漆
020409002	铝塑窗台板				
020409003	石材窗台板				
020409004	金属窗台板				

（2）木结构工程

1）木屋架（编码：010502）。木屋架工程量清单项目设置及工程量计算规则见表 7-52。

木屋架（编码：010502）　　**表 7-52**

项目编码	项目名称	项目特征	计量单位	工程量计算规则	工程内容
010502001	木屋架	1. 跨度 2. 安装高度 3. 材料品种、规格 4. 刨光要求 5. 防护材料种类 6. 油漆品种、刷漆遍数	榀	按设计图示数量计算	1. 制作、运输 2. 安装 3. 刷防护材料、油漆
010502002	钢木屋架				

2）木构件（编码：010503）。木构件工程量清单项目设置及工程量计算规则见表7-53。

木构件（编码：010503）　　表7-53

项目编码	项目名称	项目特征	计量单位	工程量计算规则	工程内容
010503001	木柱	1. 构件高度、长度 2. 构件截面 3. 木材种类 4. 刨光要求 5. 防护材料种类 6. 油漆品种、刷漆遍数	m^3	按设计图示尺寸以体积计算	1. 制作 2. 运输 3. 安装 4. 刷防护材料、油漆
010503002	木梁				
010503003	木楼梯	1. 木材种类 2. 刨光要求 3. 防护材料种类 4. 油漆品种、刷漆遍数	m^2	按设计图示尺寸以水平投影面积计算。不扣除宽度小于300mm的楼梯井，伸入墙内部分不计算	
010503004	其他木构件	1. 构件名称 2. 构件截面 3. 木材种类 4. 刨光要求 5. 防护材料种类 6. 油漆品种、刷漆遍数	m^3/m	按设计图示尺寸以体积或长度计算	

7.8 混凝土及钢筋混凝土工程

7.8.1 相关知识

1. 钢筋混凝土

（1）钢筋混凝土：普通混凝土能承受很大的压力，但抵抗拉力的能力却很低，受拉时很容易断裂，如果在构件的受拉部位配上一种抗拉能力很强的材料——钢筋，并且使钢筋和混凝土形成一个整体，共同受力，使它们发挥各自的特长，即能受压又能受拉。这种配有钢筋的混凝土，就称作钢筋混凝土。

（2）钢筋混凝土的强度标准值见表 7-54 及表 7-55。

钢筋强度标准值　　　　表 7-54

种类		f_{yk}或 f_{pyk}或 f_{ptk}（N/mm²）
热轧钢筋	HPB235 级（Q235A. Q235AY）	235
	HRB335 级（20mnSi. 20MnNb（b）） $d \leqslant 25$ $d = 28 \sim 40$	335 315
	HRB400 级（24MnSi）	370
	RRB400 级（40Si2MnV、45Si2MnV、45Si2MnTi）	540
冷拉钢筋	HPB235 级（$d \leqslant 12$）	280
	HRB335 级（$d \leqslant 25$） $d = 28 \sim 40$	450 435
	HRB400 级	500
	RRB400 级	700
热处理钢筋	40Si2Mn（$d=6$） 48Si2Mn（$d=8.2$） 45Si2Cr（$d=10$）	1470

注：f_{yk}——普通钢筋强度标准值；

f_{pyk}——预应力钢筋强度标准值；

f_{ptk}——用作预应力钢筋的乙级冷拔低碳素钢丝、刻痕钢丝．钢绞线、甲级冷拔低碳钢丝和热处理钢筋，其极限抗拉强度标准值。

钢丝、钢绞线强度标准值　　　　表 7-55

种类		f_{stk}或 f_{ptk}（N/mm²）
碳素钢丝	Φ4 Φ5	1670 1570
冷拔碳素钢丝	甲级： Φ4 Φ5	Ⅰ组　Ⅱ组 700　650 650　600
	乙级：Φ3～Φ5	550
刻痕钢丝	Φ5	1470

续表

种类		f_{stk}或f_{ptk} (N/mm²)
钢绞线	d=9.0（7Φ3） d=12.0（7Φ4） d=15.0（7Φ5）	1670 1570 1470

注：f_{stk}——表示乙级冷拔低碳钢丝极限抗拉强度标准值。

2. 混凝土

以水泥、沥青或合成材料（如树脂、合成纤维）作胶结材料、水（或其他液体）、细集料砂和粗集料碎（砾）石经合理混合硬化后而成的材料，总称为混凝土。这种混凝土，按照胶结材料的不同，可分别称为水泥混凝土、沥青混凝土、聚合物混凝土和纤维混凝土。

(1) 混凝土强度标准值见表7-56。

混凝土强度标准值　　表7-56

强度种类	符号	混凝土强度等级（N/mm²）					
		C7.5	C10	C15	C20	C25	C30
轴心抗压	f_{ck}	5.0	6.7	10	13.5	17	20
弯曲抗压	f_{cmk}	5.5	7.5	11	15	18.5	22
抗拉	f_{tk}	0.75	0.9	1.2	1.5	1.75	2
强度种类	符号	混凝土强度等级					
		C35	C40	C45	C50	C55	C60
轴心抗压	f_{ck}	23.5	27	29.5	32	34	36
弯曲抗压	f_{cmk}	26	29.5	32.5	35	37.5	39.5
抗　拉	f_{tk}	2.25	2.45	2.6	2.75	2.85	2.95

(2) 混凝土构件按材料分为无筋混凝土构件和钢筋混凝土构件。钢筋混凝土构件是最常用的主要构件，按施工方法和程序的不同分为现浇构件和预制构件两大类。

3. 模板

（1）模板的作用和要求：模板系统包括模板、支架和紧固件三个部分。它是保证混凝土在浇筑过程中保持正确的形状和尺寸，在硬化过程中进行防护和养护的工具。

（2）模板按其所用的材料不同，分为：木模板、钢模板、钢木模板、铝合金模板、塑料模板、胶合板模板、玻璃钢模板和预应力混凝土薄板等。

（3）按其形式不同，可分为整体式模板、定型模板、工具式模板、滑升模板、胎模等。

7.8.2 基础定额工程量计算规则

1. 定额内容及规定

（1）模板

1）模板的定额工作内容。

① 现浇混凝土模板工作内容包括：

a. 木模板制作。

b. 模板安装、拆除、整理、堆放及场内外运输。

c. 清理模板粘结物及模内杂物、刷隔离剂等。

② 预制混凝土模板工作内容包括：

a. 工具式钢模板、复合木模板安装。

b. 木模板制作、安装。

c. 清理模板、刷隔离剂。

d. 拆除模板、整理堆放，装箱运输。

③ 构筑物混凝土模板。

a. 烟囱工作内容包括：安装拆除平台、模板、液压、供电通信设备、中间改模、激光对中、设置安全网、滑模拆除后清洗、刷油、堆放及场内外运输。

b. 水塔工作内容包括：制作、清理、刷隔离剂、拆除、整理及场内外运输。

c. 倒锥壳水塔工作内容包括：

（a）安装拆除钢平台、模板及液压、供电、供水设备。

（b）制作、安装、清理、刷隔离剂，拆除、整理、堆放及场内外运输。

（c）水箱提升。

d. 贮水（油）池模板工作内容包括：

（a）木模板制作。

（b）模板安装、拆除、整理堆放及场内外运输。

（c）清理模板粘结物及模内杂物、刷隔离剂等。

e. 贮仓模板工作内容。

包括：制作、安装、清理、刷隔离剂，拆除、整理、堆放及场内外运输。

f. 筒仓模板工作内容。

包括：安装拆除平台、模板、液压、供电通信设备、中间改模、激光对中、设备安全网，滑模拆除后清洗、刷油、堆放及场内外运输。

2）模板定额的一般规定。

① 现浇混凝土模板按不同构件，分别以组合钢模板、钢支撑、木支撑，复合木模板、钢支撑、木支撑，木模板、木支撑配制，模板不同时，可以编制补充定额。

② 预制钢筋混凝土模板，按不同构件分别以组合钢模板、复合木模板、木模板、定型钢模、长线台钢拉模，并配制相应的砖地模、砖胎模、长线台混凝土地模编制的，使用其他模板时，可以换算。

③ 本定额中框架轻板项目，只适用于全装配式定型框架轻板住宅工程。

④ 模板工作内容包括：清理、场内运输：安装、刷隔离剂、浇筑混凝土时模板维护、拆模、集中堆放、场外运输。木模板包括制作（预制包括刨光，现浇不刨光），组合钢模板、复合木模板包括装箱。

⑤ 现浇混凝土梁、板、柱、墙是按支模高度（地面至板底）3.6m 编制的，超过 3.6m 时按超过部分工程量另按超高的项目

计算。

⑥ 用钢滑升模板施工的烟囱、水塔及贮仓是按无井架施工计算的，并综合了操作平台。不再计算脚手架及竖井架。

⑦ 用钢滑升模板施工的烟囱、水塔、提升模板使用的钢爬杆用量是按100%摊销计算的，贮仓是按50%摊销计算的，设计要求不同时，另行换算。

⑧ 倒锥壳水塔塔身钢滑升模板项目，也适用于一般水塔塔身滑升模板工程。

⑨ 烟囱钢滑升模板项目均已包括烟囱筒身、牛腿、烟道口；水塔钢滑升模板均已包括直筒、门窗洞口等模板用量。

⑩ 组合钢模板、复合木模板项目，未包括回库维修费用。应按定额项目中所列摊销量的模板、零星夹具材料价格的8%计入模板预算价格之内。回库维修费的内容包括：模板的运输费、维修的人工、机械、材料费用等。

（2）钢筋

1）钢筋的定额工作内容：

① 现浇（预制）构件钢筋工作内容包括：钢筋制作、绑扎、安装。

② 先（后）张法预应力钢筋工作内容包括：钢筋制作、张拉、放张、切断等。

③ 铁件及电渣压力焊接工作内容包括：安装埋设、焊接固定。

2）钢筋定额的一般规定：

① 钢筋工程按钢筋的不同品种、不同规格，按现浇构件钢筋、预制构件钢筋、预应力钢筋及箍筋分别列项。

② 预应力构件中的非预应力钢筋按预制钢筋相应项目计算。

③ 设计图纸未注明的钢筋接头和施工损耗的，已综合在定额项目内。

④ 绑扎铁丝、成形点焊和接头焊接用的电焊条已综合在定额项目内。

⑤ 钢筋工程内容包括制作、绑扎、安装以及浇筑混凝土时

维护钢筋用工。

⑥ 现浇构件钢筋以手工绑扎，预制构件钢筋以手工绑扎、点焊分别列项，实际施工与定额不同时，不再换算。

⑦ 非预应力钢筋不包括冷加工，如设计要求冷加工时，另行计算。

⑧ 预应力钢筋如设计要求人工时效处理时，应另行计算。

⑨ 预制构件钢筋，如用不同直径钢筋点焊在一起时，按直径最小的定额项目计算，如粗细筋直径比在两倍以上时，其人工乘以系数1.25。

⑩ 后张法钢筋的锚固是按钢筋帮条焊、U形插垫编制的，如采用其他方法锚固时，应另行计算。

⑪表7-57所列的构件，其钢筋可按表列系数调整人工、机械用量。

钢筋调整人工、机械系数表　　　　表7-57

项目	预制钢筋		现浇钢筋		构筑物			
系数范围	拱梯形屋架	托架梁	小型构件	小型池槽	烟囱	水塔	贮仓	
							矩形	圆形
人工、机械调整系数	1.16	1.05	2	2.52	1.7	1.7	1.25	1.50

（3）混凝土

1）混凝土的定额工作内容：

① 混凝土水平（垂直）运输。

② 混凝土搅拌、捣固、养护。

③ 成品堆放。

④ 混凝土搅拌站工作内容包括：筛洗石子，砂石运至搅拌点，混凝土搅拌，装运输车。

⑤ 混凝土搅拌输送车工作内容包括：将搅拌好混凝土在运输中进行搅拌，并运送到施工现场、自动卸车。

⑥ 混凝土（搅拌站）输送泵工作内容包括：将搅拌好的混

凝土输送浇筑点，进行捣固，养护。

注：输送高度30m时，输送泵台班用量乘以1.10；输送高度超过50m时，输送泵台班用量乘以1.25。

2）混凝土的定额一般规定：

① 毛石混凝土，系按毛石占混凝土体积20％计算的。如设计要求不同时，可以换算。

② 小型混凝土构件，系指每件体积在0.05m^3以内的未列出定额项目的构件。

③ 预制构件厂生产的构件，在混凝土定额项目中考虑了预制厂内构件运输、堆放、码垛、装车运出等的工作内容。

④ 构筑物混凝土按构件选用相应的定额项目。

⑤ 轻板框架的混凝土梅花柱按预制异形柱；叠合梁按预制异形梁；楼梯段和整间大楼板按相应预制构件定额项目计算。

⑥ 现浇钢筋混凝土柱、墙定额项目，均按规范规定综合了底部灌注1∶2水泥砂浆的用量。

⑦ 混凝土已按常用列出强度等级，如与设计要求不同时，可以换算。

2. 工程量计算规则

（1）现浇混凝土及钢筋混凝土

1）混凝土的工作内容包括：筛砂子、筛洗石子、后台运输、搅拌、前台运输、清理、润湿模板、浇筑、捣固、养护。

2）毛石混凝土，系按毛石占混凝土体积20％计算的。如设计要求不同时，可以换算。

3）小型混凝土构件，系指每件体积在0.05m^3以内的未列出定额项目的构件。

4）预制构件厂生产的构件，在混凝土定额项目中考虑了预制厂内构件运输、堆放、码垛、装车运出等的工作内容。

5）构筑物混凝土按构件选用相应的定额项目。

6）轻板框架的混凝土梅花柱按预制异形柱；叠合梁按预制异形梁；楼梯段和整间大楼板按相应预制构件定额项目计算。

7）现浇钢筋混凝土柱、墙定额项目，均按规范规定综合了底部灌注1∶2水泥砂浆的用量。

8）混凝土已按常用列出强度等级，如与设计要求不同时，可以换算。

9）承台桩基础定额中已考虑了凿桩头用工。

10）集中搅拌、运输、泵输送混凝土参考定额中，当输送高度超过30m时，输送泵台班用量乘以系数1.10，输送高度超过50m时，输送泵台班用量乘以系数1.25。

11）现浇混凝土及钢筋混凝土模板工程量，除另有规定者外，均应区别模板的不同材质、按混凝土与模板接触面的面积，以m^2计算。

12）现浇钢筋混凝土柱、梁、板、墙的支模高度（即室外地坪至板底或板面至板底之间的高度）以3.6m以内为准，超过3.6m以上部分，另按超过部分计算增加支撑工程量。

13）现浇钢筋混凝土墙、板上单孔面积在$0.3m^2$以内的孔洞，不予扣除，洞侧壁模板亦不增加；单孔面积在$0.3m^2$以外时，应予扣除，洞侧壁模板面积并入墙、板模板工程量之内计算。

14）现浇钢筋混凝土框架分别按梁、板、柱、墙有关规定计算，附墙柱，并入墙内工程量计算。

15）杯形基础杯口高度大于杯口大边长度的，套高杯基础定额项目。

16）柱与梁、柱与墙、梁与梁等连接的重叠部分以及伸入墙内的梁头、板头部分，均不计算模板面积。

17）构造柱外露面均应按图示外露部分计算模板面积。构造柱与墙接触面不计算模板面积。

18）现浇钢筋混凝土悬挑板（雨篷、阳台）按图示外挑部分尺寸的水平投影面积计算。挑出墙外的牛腿梁及板边模板不另计算。

19）现浇钢筋混凝土楼梯，以图示露明面尺寸的水平投影面积计算，不扣除小于500mm楼梯井所占面积。楼梯的踏步、踏步板、平台梁等侧面模板，不另计算。

20）混凝土台阶不包括梯带，按图示台阶尺寸的水平投影面积计算，台阶端头两侧不另计算模板面积。

21）现浇混凝土小型池槽按构件外围体积计算，池槽内、外侧及底部的模板不应另计算。

22）混凝土工程量除另有规定者外，均按图示尺寸实体体积以 m^3 计算。不扣除构件内钢筋、预埋铁件及墙、板中 $0.3m^2$ 内的孔洞所占体积。

23）基础：

① 有肋带形混凝土基础，其肋高与肋宽之比在 4：1 以内的按有肋带形基础计算。超过 4：1 时，其基础底按板式基础计算，以上部分按墙计算。

② 箱式满堂基础应分别按无梁式满堂基础、柱、墙、梁、板有关规定计算，套相应定额项目。

③ 设备基础除块体以外，其他类型设备基础分别按基础、梁、柱、板、墙等有关规定计算，套相应的定额项目计算。

24）柱：按图示断面尺寸乘以柱高，以 m^3 计算。柱高按下列规定确定：

① 有梁板的柱高，应自柱基上表面（或楼板上表面）至上一层楼板上表面之间的高度计算。

② 无梁板的柱高，应自柱基上表面（或楼板上表面）至柱帽下表面之间的高度计算。

③ 框架柱的柱高应自柱基上表面至柱顶高度计算。

④ 构造柱按全高计算，与砖墙嵌接部分的体积并入柱身体积内计算。

⑤ 依附柱上的牛腿，并入柱身体积内计算。

25）梁：按图示断面尺寸乘以梁长，以 m^3 计算，梁长按下列规定确定：

① 梁与柱连接时，梁长算至柱侧面；

② 主梁与次梁连接时，次梁长算至主梁侧面。

伸入墙内梁头，梁垫体积并入梁体积内计算。

26）板：按图示面积乘以板厚，以 m^3 计算，其中：

① 有梁板包括主、次梁与板，按梁、板体积之和计算。

② 无梁板按板和柱帽体积之和计算。

③ 平板按板实体体积计算。

④ 现浇挑檐天沟与板（包括屋面板、楼板）连接时，以外墙为分界线，与圈梁（包括其他梁）连接时，以梁外边线为分界线。外墙边线以外或梁外边线以外为挑檐天沟。

⑤ 各类板伸入墙内的板头并入板体积内计算。

27）墙：按图示中心线长度乘以墙高及厚度，以 m^3 计算，应扣除门窗洞口及 $0.3m^2$ 以外孔洞的体积，墙垛及凸出部分并入墙体积内计算。

28）整体楼梯包括休息平台，平台梁、斜梁及楼梯的连接梁，按水平投影面积计算，不扣除宽度小于 500mm 的楼梯井，伸入墙内部分不另增加。

29）阳台、雨篷（悬挑板），按伸出外墙的水平投影面积计算，伸出外墙的牛腿不另计算。带反挑檐的雨篷按展开面积并入雨篷内计算。

30）栏杆按净长度以延长米计算。伸入墙内的长度已综合在定额内。栏板以 m^3 计算，伸入墙内的栏板，合并计算。

31）预制板补现浇板缝时，按平板计算。

32）预制钢筋混凝土框架柱现浇接头（包括梁接头），按设计规定的断面和长度，以 m^3 计算。

33）钢筋混凝土构件接头灌缝：包括构件坐浆、灌缝、堵板孔、塞板梁缝等。均按预制钢筋混凝土构件实体积，以 m^3 计算。

34）柱与柱基的灌缝，按首层柱体积计算；首层以上柱灌缝按各层柱体积计算。

35）空心板堵孔的人工材料，已包括在定额内。如不堵孔时每 $10m^3$ 空心板体积应扣除 $0.23m^3$ 预制混凝土块和 2.2 工日。

(2) 预制钢筋混凝土

1) 预制钢筋混凝土模板工程量，除另有规定者外均按混凝土实体体积，以 m^3 计算。

2) 小型池槽按外形体积，以 m^3 计算。

3) 预制桩尖按虚体积（不扣除桩尖虚体积部分）计算。

4) 混凝土工程量均按图示尺寸实体体积，以 m^3 计算，不扣除构件内钢筋，铁件及小于 300mm×300mm 以内孔洞面积。

5) 预制桩按桩全长（包括桩尖）乘以桩断面（空心桩应扣除孔洞体积），以 m^3 计算。

6) 混凝土与钢杆件组合的构件，混凝土部分按构件实体积，以 m^3 计算，钢构件部分按 t 计算，分别套相应的定额项目。

(3) 构筑物钢筋混凝土

1) 构筑物工程的模板工程量，除另有规定者外，区别现浇、预制和构件类别，分别按现浇和预制混凝土及钢筋混凝土模板工程量计算规定中有关规定计算。

2) 大型池槽等分别按基础、墙、板、梁、柱等有关规定计算并套相应定额项目。

3) 液压滑升钢模板施工的烟筒、水塔塔身、贮仓等，均按混凝土体积，以 m^3 计算。

4) 预制倒圆锥形水塔罐壳模板按混凝土体积，以 m^3 计算。预制倒圆锥形水塔罐壳组装、提升、就位，按不同容积以座计算。

5) 构筑物混凝土除另规定者外，均按图示尺寸扣除门窗洞口及 $0.3m^2$ 以外孔洞所占体积以实体体积计算。

6) 水塔：

① 筒身与槽底以槽底连接的圈梁底为界，以上为槽底，以下为筒身。

② 筒式塔身及依附于筒身的过梁、雨篷挑檐等并入筒身体积内计算；柱式塔身，柱、梁合并计算。

③ 塔顶及槽底，塔顶包括顶板和圈梁，槽底包括底板挑出

的斜壁板和圈梁等合并计算。

7）贮水池不分平底、锥底、坡底均按池底计算，壁基梁、池壁不分圆形壁和矩形壁，均按池壁计算；其他项目均按现浇混凝土部分相应项目计算。

（4）钢筋

1）钢筋工程，应区别现浇、预制构件、不同钢种和规格，分别按设计长度乘以单位重量，以吨计算。

2）计算钢筋工程量时，设计已规定钢筋搭接长度的，按规定搭接长度计算；设计未规定搭接长度的，已包括在钢筋的损耗率之内，不另计算搭接长度。钢筋电渣压力焊接、套筒挤压等接头，以个计算。

3）先张法预应力钢筋，按构件外形尺寸计算长度，后张法预应力钢筋按设计图规定的预应力钢筋预留孔道长度，并区别不同的锚具类型，分别按下列规定计算：

① 低合金钢筋两端采用螺杆锚具时，预应力的钢筋按预留孔道的长度减 0.35m，螺杆另行计算。

② 低合金钢筋一端采用镦头插片，另一端螺杆锚具时，预应力钢筋长度按预留孔道长度计算，螺杆另行计算。

③ 低合金钢筋一端采用镦头插片，另一端采用帮条锚具时，预应力钢筋增加 0.15m，两端均采用帮条锚具时，预应力钢筋共增加 0.3m 计算。

④ 低合金钢筋采用后张混凝土自锚时，预应力钢筋长度增加 0.35m 计算。

⑤ 低合金钢筋或钢绞线采用 JM、XM、QM 型锚具，孔道长度在 20m 以内时，预应力钢筋长度增加 1m；孔道长度 20m 以上时预应力钢筋长度增加 1.8m 计算。

⑥ 碳素钢丝采用锥形锚具，孔道长在 20m 以内时，预应力钢筋长度增加 1m；孔道长在 20m 以上时，预应力钢筋长度增加 1.8m。

⑦ 碳素钢丝两端采用镦粗头时，预应力钢丝长度增加 0.35m 计算。

4）钢筋混凝土构件预埋铁件工程量按设计图示尺寸，以 t 计算。

5）固定预埋螺栓、铁件的支架，固定双层钢筋的铁马凳、垫铁件，按审定的施工组织设计规定计算，套相应定额项目。

7.8.3 清单计价工程量计算规则

1. 说明

混凝土及钢筋混凝土工程共 17 节 69 个项目。包括现浇混凝土基础、现浇混凝土柱、现浇混凝土梁、现浇混凝土墙、现浇混凝土板、现浇混凝土楼梯、现浇混凝土其他构件、后浇带、预制混凝土柱、预制混凝土梁、预制混凝土屋架、预制混凝土板、预制混凝土楼梯、其他预制构件、混凝土构筑物、钢筋工程、螺栓铁件等。适用于建筑物、构筑物的混凝土工程。

（1）“带形基础”项目适用于各种带形基础，墙下的板式基础包括浇筑在一字排桩上面的带形基础。应注意：工程量不扣除浇入带形基础体积内的桩头所占体积。

（2）“独立基础”项目适用于块体柱基、杯基、柱下的板式基础、无筋倒圆台基础、壳体基础、电梯井基础等。

（3）“满堂基础”项目适用于地下室的箱式、筏式基础等。

（4）“设备基础”项目适用于设备的块体基础、框架基础等。应注意：螺栓孔灌浆包括在报价内。

（5）“桩承台基础”项目适用于浇筑在组桩（如：梅花桩）上的承台，应注意：工程量不扣除浇入承台体积内的桩头和所占体积。

（6）“矩形柱”、“异形柱”项目适用于各类型柱，除无梁板柱的高度计算至柱帽下表面，其他柱都计算全高。应注意：

1）单独的薄壁柱根据其截面形状，确定以异形柱或矩形柱编码列项。

2）柱帽的工程量计算在无梁板体积内。

3）混凝土柱上的钢牛腿按钢构件工程量清单项目设置中零

星钢构件编码列项。

（7）各种梁项目的工程量主梁与次梁连接时，次梁长算至主梁侧面，简而言之：截面小的梁长度计算至截面大的梁侧面。

（8）“直形墙”、“弧形墙”项目也适用于电梯井。应注意：与墙相连接的薄壁柱按项目编码列项。

（9）混凝板采用浇筑复合高强薄型空心管时，其工程量应扣除管所占体积，复合高强薄型空心管应包括在报价内。采用轻质材料浇筑在有梁板内，轻质材料应包括在报价内。

（10）单跑楼梯的工程量计算与直形楼梯、弧形楼梯的工程量计算相同，单跑楼梯如无中间休息平台时，应在工程量清单中进行描述。

（11）“其他构件”项目中的压顶、扶手工程量可按长度计算，台阶工程量可按水平投影面积计算。

（12）“电缆沟、地沟”“散水、坡道”需抹灰时，应包括在报价内。

（13）“后浇带”项目适用于梁、墙、板的后浇带。

（14）有相同截面、长度的预制混凝土柱的工程量可按根数计算。

（15）有相同截面、长度的预制混凝土梁的工程量可按根数计算。

（16）同类型、相同跨度的预制混凝土屋架的工程量可按榀数计算。

（17）同类型相同构件尺寸的预制混凝土板工程可按块数计算。

（18）同类型相同构件尺寸的预制混凝土沟盖板的工程量可按块数计算；混凝土井圈、井盖板工程量可按套数计算。

（19）水磨石构件需要打蜡抛光时，包括在报价内。

（20）滑模筒仓按“贮仓”项目编码列项。

（21）滑模烟囱按“烟囱”项目编码列项。

（22）混凝土的供应方式（现场搅拌混凝土、商品混凝土）以招标文件确定。

（23）购入的商品构（配）件以商品价进入报价。

（24）附录要求分别编码列项的项目（如：箱式满堂基础、框架式设备基础等）。

（25）预制构件的吊装机械（如：履带式起重机、轮胎式起重机、汽车式起重机、塔式起重机等）不包括在项目内，应列入措施项目费。

（26）滑模的提升设备（如：千斤顶、液压操作台等）应列在模板及支撑费内。

（27）钢网架在地面组装后的整体提升、倒锥壳水箱在地面就位预制后的提升设备（如：液压千斤顶及操作台等）应列在垂直运输费内。

（28）项目特征内的构件标高（如：梁底标高、板底标高等）、安装高度，不需要每个构件都注上标高和高度，而是要求选择关键部件注明，以便投标人选择吊装机械和垂直运输机械。

2. 工程量清单项目设置及工程量计算规则

（1）现浇混凝土基础工程（编码：010401）。现浇混凝土基础工程工程量清单项目设置及工程量计算规则见表7-58。

现浇混凝土基础（编码：010401）　　**表7-58**

项目编码	项目名称	项目特征	计量单位	工程量计算规则	工程内容
010401001	带形基础	1. 垫层材料种类、厚度 2. 混凝土强度等级 3. 混凝土拌合料要求 4. 砂浆强度等级	m^3	按设计图示尺寸以体积计算。不扣除构件内钢筋、预埋铁件和伸入承台基础的桩头所占体积	1. 铺设垫层 2. 混凝土制作、运输、浇筑、振捣、养护 3. 地脚螺栓二次灌浆
010401002	独立基础				
010401003	满堂基础				
010401004	设备基础				
010401005	桩承台基础				

（2）现浇混凝土柱（编码：010402）。现浇混凝土柱工程量清单项目设置及工程量计算规则见表7-59。

现浇混凝土柱（编码：010402）　　**表 7-59**

项目编码	项目名称	项目特征	计量单位	工程量计算规则	工程内容
010402001	矩形柱	1. 柱高度 2. 柱截面尺寸 3. 混凝土强度等级 4. 混凝土拌合料要求	m^3	按设计图示尺寸以体积计算。不扣除构件内钢筋、预埋铁件所占体积柱高： 1. 有梁板的柱高，应自柱基上表面（或楼板上表面）至上一层楼板上表面之间的高度计算 2. 无梁板的柱高，应自柱基上表面（或楼板上表面）至柱帽下表面之间的高度计算 3. 框架柱的柱高，应自柱基上表面至柱顶高度计算 4. 构造柱按全高计算，嵌接墙体部分并入柱身体积 5. 依附柱上的牛腿和升板的柱帽，并入柱身体积计算	混凝土制作、运输、浇筑、振捣、养护
010402002	异形柱				

(3) 现浇混凝土梁（编码：010403）。现浇混凝土梁工程量清单项目设置及工程量计算规则见表 7-60。

现浇混凝土梁（编码：010403）　　**表 7-60**

项目编码	项目名称	项目特征	计量单位	工程量计算规则	工程内容
010403001	基础梁	1. 梁底标高 2. 梁截面 3. 混凝土强度等级 4. 混凝土拌合料要求	m^3	按设计图示尺寸以体积计算。不扣除构件内钢筋、预埋铁件所占体积，伸入墙内的梁头、梁垫并入梁体积内梁长： 1. 梁与柱连接时，梁长算至柱侧面 2. 主梁与次梁连接时，次梁长算至主梁侧面	混凝土制作、运输、浇筑、振捣、养护
010403002	矩形梁				
010403003	异形梁				
010403004	圈梁				
010403005	过梁				
010403006	弧形、拱形梁				

(4) 现浇混凝土墙（编码：010404）。现浇混凝土墙工程量清单项目设置及工程量计算规则见表 7-61。

现浇混凝土墙（编码：010404） **表 7-61**

项目编码	项目名称	项目特征	计量单位	工程量计算规则	工程内容
010404001	直形墙	1. 墙类型 2. 墙厚度 3. 混凝土强度等级 4. 混凝土拌合料要求	m^3	按设计图示尺寸以体积计算。不扣除构件内钢筋、预埋铁件所占体积，扣除门窗洞口及单个面积 $0.3m^2$ 以外的孔洞所占体积，墙垛及凸出墙面部分并入墙体体积内计算	混凝土制作、运输、浇筑、振捣、养护
010404002	弧形墙				

（5）现浇混凝土板（编码：010405）。现浇混凝板工程量清单项目设置及工程量计算规则见表 7-62。

现浇混凝土板（编码：010405） **表 7-62**

项目编码	项目名称	项目特征	计量单位	工程量计算规则	工程内容
010405001	有梁板	1. 板底标高 2. 板厚度 3. 混凝土强度等级 4. 混凝土拌合料要求	m^3	按设计图示尺寸以体积计算。不扣除构件内钢筋、预埋铁件及单个面积 $0.3m^2$ 以内的孔洞所占体积。有梁板（包括主、次梁与板）按梁、板体积之和计算，无梁板按板和柱帽体积之和计算，各类板伸入墙内的板头并入板体积内计算，薄壳板的肋、基梁并入薄壳体积内计算	混凝土制作、运输、浇筑、振捣、养护
010405002	无梁板				
010405003	平板				
010405004	拱板				
010405005	薄壳板				
010405006	栏板	1. 混凝土强度等级 2. 混凝土拌合料要求		按设计图示尺寸以体积计算	
010405007	天沟、挑檐板			按设计图示尺寸以墙外部分体积计算。包括伸出墙外的牛腿和雨篷反挑檐的体积	
010405008	雨篷、阳台板			按设计图示尺寸以体积计算	
010405009	其他板				

（6）现浇混凝土楼梯（编码：010406）。现浇混凝土楼梯工程量清单项目设置及工程量计算规则见表7-63。

现浇混凝土楼梯（编码：010406）　　表7-63

项目编码	项目名称	项目特征	计量单位	工程量计算规则	工程内容
010406001	直形楼梯	1. 混凝土强度等级 2. 混凝土拌合料要求	m^2	按设计图示尺寸以水平投影面积计算。不扣除宽度小于500mm的楼梯井，伸入墙内部分不计算	混凝土制作、运输、浇筑、振捣、养护
010406002	弧形楼梯				

（7）现浇混凝土其他构件（编码：010407）。现浇混凝土其他构件工程量清单项目设置及工程量计算规则见表7-64。

现浇混凝土其他构件（编码：010407）　　表7-64

项目编码	项目名称	项目特征	计量单位	工程量计算规则	工程内容
010407001	其他构件	1. 构件的类型 2. 构件规格 3. 混凝土强度等级 4. 混凝土拌合料要求	m^3（m^2、m）	按设计图示尺寸以体积计算。不扣除构件内钢筋、预埋铁件所占体积	混凝土制作、运输、浇筑、振捣、养护
010407002	散水、坡道	1. 垫层材料种类、厚度 2. 面层厚度 3. 混凝土强度等级 4. 混凝土拌合料要求 5. 填塞材料种类	m^2	按设计图示尺寸以面积计算。不扣除单个0.3m^2以内的孔洞所占面积	1. 地基夯实 2. 铺设垫层 3. 混凝土制作、运输、浇筑、振捣、养护 4. 变形缝填塞
010407003	电缆沟、地沟	1. 沟截面 2. 垫层材料种类、厚度 3. 混凝土强度等级 4. 混凝土拌合料要求 5. 防护材料种类	m	按设计图示以中心线长度计算	1. 挖运土石 2. 铺设垫层 3. 混凝土制作、运输、浇筑、振捣、养护 4. 刷防护材料

（8）后浇带（编码：010408）。后浇带工程量清单项目设置及工程量计算规则见表7-65。

后浇带（编码：010408） **表 7-65**

项目编码	项目名称	项目特征	计量单位	工程量计算规则	工程内容
010408001	后浇带	1. 部位 2. 混凝土强度等级 3. 混凝土拌合料要求	m^3	按设计图示尺寸以体积计算	混凝土制作、运输、浇筑、振捣、养护

（9）预制混凝土柱（编码：010409）。预制混凝土柱工程量清单项目设置及工程量计算规则见表 7-66。

预制混凝土柱（编码：010409） **表 7-66**

项目编码	项目名称	项目特征	计量单位	工程量计算规则	工程内容
010409001	矩形柱	1. 柱类型 2. 单件体积 3. 安装高度 4. 混凝土强度等级 5. 砂浆强度等级	m^3（根）	1. 按设计图示尺寸以体积计算。不扣除构件内钢筋、预埋铁件所占体积 2. 按设计图示尺寸以“数量”计算	1. 混凝土制作、运输、浇筑、振捣、养护 2. 构件制作、运输 3. 构件安装 4. 砂浆制作、运输 5. 接头灌缝、养护
010409002	异形柱				

（10）预制混凝土梁（编码：010410）。预制混凝土梁工程量清单项目设置及工程量计算规则见表 7-67。

预制混凝土梁（编码：010410） **表 7-67**

项目编码	项目名称	项目特征	计量单位	工程量计算规则	工程内容
010410001	矩形梁	1. 单件体积 2. 安装高度 3. 混凝土强度等级 4. 砂浆强度等级	m^3（根）	按设计图示尺寸以体积计算。不扣除构件内钢筋、预埋铁件所占体积	1. 混凝土制作、运输、浇筑、振捣、养护 2. 构件制作、运输 3. 构件安装 4. 砂浆制作、运输 5. 接头灌缝、养护
010410002	异形梁				
010410003	过梁				
010410004	拱形梁				
010410005	鱼腹式吊车梁				
010410006	风道梁				

（11）预制混凝土屋架（编码：010411）。预制混凝土屋架工程量清单项目设置及工程计算规则见表 7-68。

预制混凝土屋架（编码：010411）　　**表 7-68**

项目编码	项目名称	项目特征	计量单位	工程量计算规则	工程内容
010411001	折线形屋架	1. 屋架的类型、跨度 2. 单件体积 3. 安装高度 4. 混凝土强度等级 5. 砂浆强度等级	m^3（榀）	按设计图示尺寸以体积计算。不扣除构件内钢筋、预埋铁件所占体积	1. 混凝土制作、运输、浇筑、振捣、养护 2. 构件制作、运输 3. 构件安装 4. 砂浆制作、运输 5. 接头灌缝、养护
010411002	组合屋架				
010411003	薄腹屋架				
010411004	门式刚架、屋架				
010411005	天窗架、屋架				

（12）预制混凝土板（编码：010412）。预制混凝土板工程量清单项目设置及工程量计算规则见表 7-69。

预制混凝土板（编码：010412）　　**表 7-69**

项目编码	项目名称	项目特征	计量单位	工程量计算规则	工程内容
010412001	平板	1. 构件尺寸 2. 安装高度 3. 混凝土强度等级 4. 砂浆强度等级	m^3（块）	按设计图示尺寸以体积计算。不扣除构件内钢筋、预埋铁件及单个尺寸 300mm×300mm 以内的孔洞所占体积，扣除空心板空洞体积	1. 混凝土制作、运输振捣、养护 2. 构件制作、运输 3. 构件安装 4. 升板提升 5. 砂浆制作、运输 6. 接头灌缝、养护
010412002	空心板				
010412003	槽形板				
010412004	网架板				
010412005	折线板				
010412006	带肋板				
010412007	大型板				
010412008	沟盖板、井盖板、井圈	1. 构件尺寸 2. 安装高度 3. 混凝土强度等级 4. 砂浆强度等级	m^3（块、套）	按设计图示尺寸以体积计算。不扣除构件内钢筋、预埋铁件所占体积	1. 混凝土制作、运输振捣、养护 2. 构件制作、运输 3. 构件安装 4. 砂浆制作、运输 5. 接头灌缝、养护

（13）预制混凝土楼梯（编码：010413）。预制混凝土楼梯工程量清单项目设置及工工程量计算规则见表7-70。

预制混凝土楼梯（编码：010413）　　**表7-70**

项目编码	项目名称	项目特征	计量单位	工程量计算规则	工程内容
010413001	楼梯	1. 楼梯类型 2. 单件体积 3. 混凝土强度等级 4. 砂浆强度等级	m^3	按设计图示尺寸以体积计算。不扣除构件内钢筋、预埋铁件所占体积，扣除空心踏步板空洞体积	1. 混凝土制作、运输、浇筑、振捣、养护 2. 构件制作、运输 3. 构件安装 4. 砂浆制作、运输 5. 接头灌缝、养护

（14）其他预制构件（编码：010414）。其他预制构件工程量清单项目设置及工程量计算规则见表7-71。

其他预制构件（编码：010414）　　**表7-71**

项目编码	项目名称	项目特征	计量单位	工程量计算规则	工程内容
010414001	烟道、垃圾道、通风道	1. 构件类型 2. 单件体积 3. 安装高度 4. 混凝土强度等级 5. 砂浆强度等级	m^3	按设计图示尺寸以体积计算。不扣除构件内钢筋、预埋铁件及单个尺寸300mm×300mm以内的孔洞所占体积，扣除烟道、垃圾道、通风道的孔洞所占体积	1. 混凝土制作、运输、浇筑、振捣、养护 2.（水磨石）构件制作、运输 3. 构件安装 4. 砂浆制作、运输 5. 接头灌缝、养护 6. 酸洗、打蜡
010414002	其他构件	1. 构件的类型 2. 单件体积 3. 水磨石面层厚度 4. 安装高度 5. 混凝土强度等级 6. 水泥石子浆配合比 7. 石子品种、规格、颜色 8. 酸洗、打蜡要求			
010414003	水磨石构件				

（15）混凝土构筑物（编码：010415）。混凝土构筑物工程量清单项目设置及工程量计算规则见表7-72。

混凝土构筑物（编码：010415）　　表 7-72

项目编码	项目名称	项目特征	计量单位	工程量计算规则	工程内容
010415001	贮水(油)池	1. 池类型 2. 池规格 3. 混凝土强度等级 4. 混凝土拌合料要求	m^3	按设计图示尺寸以体积计算。不扣除构件内钢筋、预埋铁件及单个面积 0.3m^2 以内的孔洞所占体积	混凝土制作、运输、浇筑、振捣、养护
010415002	贮仓	1. 类型、高度 2. 混凝土强度等级 3. 混凝土拌合料要求			
010415003	水塔	1. 类型 2. 支筒高度、水箱容积 3. 倒圆锥形罐壳厚度、直径 4. 混凝土强度等级 5. 混凝土拌合料要求 6. 砂浆强度等级			1. 混凝土制作、运输、浇筑、振捣、养护 2. 预制倒圆锥形罐壳、组装、提升、就位 3. 砂浆制作、运输 4. 接头灌缝、养护
010415004	烟囱	1. 高度 2. 混凝土强度等级 3. 混凝土拌合料要求			混凝土制作、运输、浇筑、振捣、养护

（16）钢筋工程（编码：010416）。钢筋工程工程量清单项目设置及工程量计算规则见表 7-73。

钢筋工程（编码：010416）　　表 7-73

项目编码	项目名称	项目特征	计量单位	工程量计算规则	工程内容
010416001	现浇混凝土钢筋	钢筋种类、规格	t	按设计图示钢筋（网）长度（面积）乘以单位理论质量计算	1. 钢筋（网、笼）制作、运输 2. 钢筋（网、笼）安装
010416002	预制构件钢筋				
010416003	钢筋网片				
010416004	钢筋笼				

续表

项目编码	项目名称	项目特征	计量单位	工程量计算规则	工程内容
010416005	先张法预应力钢筋	1. 钢筋种类、规格 2. 锚具种类	t	按设计图示钢筋长度乘以单位理论质量计算	1. 钢筋制作、运输 2. 钢筋张拉
010416006	后张法预应力钢筋	1. 钢筋种类、规格 2. 钢丝束种类、规格 3. 钢绞线种类、规格 4. 锚具种类 5. 砂浆强度等级	t	按设计图示钢筋（丝束、绞线）长度乘以单位理论质量计算。 1. 低合金钢筋两端均采用螺杆锚具时，钢筋长度按孔道长度减 0.35m 计算，螺杆另行计算 2. 低合金钢筋一端采用镦头插片、另一端采用螺杆锚具时，钢筋长度按孔道长度计算，螺杆另行计算 3. 低合金钢筋一端采用镦头插片、另一端采用帮条锚具时，钢筋增加 0.15m 计算；两端均采用帮条锚具时，钢筋长度按孔道长度增加 0.3m 计算 4. 低合金钢筋采用后张混凝土自锚时，钢筋长度按孔道长度增加 0.3m 计算 5. 低合金钢筋（钢绞线）采用 JM、XM、QM 型锚具，孔道长度在 20m 以内时，钢筋长度增加 1m 计算，孔道长度 20m 以外时，钢筋（钢绞线）长度按孔道长度增加 1.8m 计算 6. 碳素钢丝采用锥形锚具，孔道长度在 20m 以内时，钢丝束长度按孔道长度增加 1m 计算；孔道长在 20m 以上时，钢丝束长度按孔道长度增加 1.8m 计算 7. 碳素钢丝束采用镦头锚具时，钢丝束长度按孔道长度增加 0.35m 计算	1. 钢筋、钢丝束、钢绞线制作、运输 2. 钢筋、钢丝束、钢绞线安装 3. 预埋管孔道铺设 4. 锚具安装 5. 砂浆制作、运输 6. 孔道压浆、养护
010416007	预应力钢丝				
010416008	预应力钢绞线				

（17）螺栓、铁件（编码：010417）。螺栓、铁件工程量清单项目设置及工程量计算规则见表7-74。

螺栓、铁件（编码：010417）　　表7-74

项目编码	项目名称	项目特征	计量单位	工程量计算规则	工程内容
010417001	螺栓	1. 钢材种类、规格 2. 螺栓长度 3. 铁件尺寸	t	按设计图示尺寸以质量计算	1. 螺栓（铁件）制作、运输 2. 螺栓（铁件）安装
010417002	预埋铁件				

7.9 装饰工程

7.9.1 相关知识

1. 抹灰工程

（1）抹灰工程分类。抹灰工程分为一般抹灰和装饰抹灰。

1）一般抹灰。石灰砂浆、水泥混合砂浆、水泥砂浆、聚合物水泥砂浆、麻刀灰、纸筋石灰、粉刷膏等。

2）装饰抹灰。水刷石、斩假石、干粘石、假面砖等。

（2）抹灰的组成。

1）通常抹灰分为底层、中层及面层，各层厚度和使用砂浆品种应视基层材料、部位、质量标准以及各地气候情况而定。

2）抹灰层的平均总厚度要求，应小于下列数值：

① 顶棚：板条、现浇混凝土和空心砖为15mm；预制混凝土为18mm；金属网为20mm。

② 内墙：普通抹灰为18mm；中级抹灰为20mm；高级抹灰为25mm。

③ 外墙为20mm；勒脚及凸出墙面部分为25mm。

④ 石墙为35mm。

3）抹灰工程一般应分遍进行，以使粘结牢固，并能起到找平和保证质量的作用，如果一次抹得太重，由于内外收水快慢不同，易产生开裂，甚至起鼓脱落，每遍抹灰厚度一般控制如下：

① 抹水泥砂浆每遍厚度为5～7mm。

② 抹石灰砂浆或混合砂浆每遍厚度为7～9mm。

③ 抹灰面层用麻刀灰、纸筋灰、石膏灰、粉刷石膏等罩面时，经赶平、压实后，其厚度麻刀灰不大于3mm；纸筋灰、石膏灰不大于2mm；粉刷石膏不受限制。

④ 混凝土内墙面和楼板平整光滑的底面，可采用腻子刮平。

⑤ 板条、金属网用麻刀灰、纸筋灰抹灰的每遍厚度为3～6mm。

水泥砂浆和水泥混合砂浆的抹灰层，应待前一层抹灰层凝结后，方可涂抹后一层；石灰砂浆抹灰层，应待前一层7～8成干后，方可涂抹后一层。

2. 油漆、涂料及裱糊工程

油漆、涂料是一种涂于物体表面能形成连续性的物质。在建筑装饰中，以满足人们对建筑装饰日益提高的要求，达到建筑工程防水、防腐、防锈等特殊要求。

油漆、涂料不仅是使建筑物的内外整齐美观，保护被涂覆的建筑材料，还可以延长建筑的使用寿命，改善建筑物室内外使用效果。

油漆、涂料工程分项为木材面油漆（基层处理、清漆、聚氨酯清漆、硝基清漆、聚酯漆、防火漆、防火涂料），涂料、乳胶漆（刮腻子高级乳胶漆、普通乳胶漆、水泥漆、外墙涂料、喷塑、喷涂），裱糊（墙面、梁、柱面、顶棚）。

3. 顶棚装饰工程

顶棚是楼板层的下覆盖层，又称吊顶、天花板、平顶，是室内空间的顶界面，也是室内装修部分之一。作为顶棚，要求表面光洁、美观，且能起反射光照的作用，以改善室内的亮度。对某些有特殊要求的房间，还要求顶棚具有隔声、防水、保温、隔热等功能。

顶棚按构造的不同方式，一般有两种：一种是直接式顶棚，一种是悬吊式顶棚。按设置位置分为屋架下顶棚和混凝土板下顶棚。按主要材料可分为板材顶棚、轻钢龙骨顶棚、铝合金板顶棚、玻璃顶棚。按面层材料可分为抹灰顶棚、装饰顶棚。

顶棚常见装饰分项为顶棚龙骨（顶棚对剖圆木龙骨、顶棚方木龙骨、装配式U形轻钢龙骨、装配式T形铝合金（烤漆）龙骨、铝合金方板龙骨、铝合金条板、格式龙骨），顶棚吊顶封板，顶棚面层及饰面，龙骨及饰面，送（回）风口。

7.9.2 基础定额工程量计算规则

1. 定额内容及规定

（1）墙、柱面装饰工程

1）墙、柱面装饰工程定额工作内容。

① 石灰砂浆、水泥砂浆、混合砂浆及其他砂浆的抹灰，包括了清理、修补、湿润基层表面、堵墙眼、调运砂浆、清扫落地灰；分层抹灰找平、刷浆、洒水湿润、罩面压光（包括门窗洞口侧壁及护角线抹灰）。

② 砖石墙面勾缝、假面砖项目包括了清扫墙面、修补湿润、堵墙眼、调运砂浆、翻脚手架、清扫落地灰；刻瞎缝、勾缝、墙角修补等全过程；分层抹灰找平、洒水湿润、弹线、饰面砖。假饰面砖中的红土粉，如用矿物颜料者品种可以调整，用量不变。

③ 装饰抹灰中的水刷石、干粘石、斩假石、水磨石及拉条灰、甩毛灰包括清理、修补、湿润基层表面、堵墙眼、调运砂浆、清扫落地灰、翻移脚手架。

水刷石还包括了分层抹灰、找平、刷浆、起线、拍平、压实、刷面（包括门窗洞口侧壁抹灰）。

干粘石还包括了分层抹灰、找平、刷浆、起线、粘石、拍平、压实（包括门窗洞口侧壁抹灰）。

斩假石还包括了分层抹灰、找平、刷浆、起线、压平、压实、刷面（包括门窗洞口侧壁抹灰）。

水磨石还包括了分层抹灰、找平、刷浆、配色抹面、起线、压平、压实、磨光（包括门窗洞口侧壁抹灰）。

拉条灰、甩毛灰还包括了分层抹灰、找平、刷浆、罩面、分格、甩毛、拉条（包括门窗洞口侧壁抹灰）。

④ 分格嵌缝项目包括了玻璃条制作安装、画线分格、清扫基层、涂刷素水泥浆。

⑤ 挂贴大理石、花岗石、汉白玉均包括了清理修补基层表面、刷浆、预埋铁件、制作安装钢筋网、电焊固定；选料湿水、钻孔成槽、镶贴面层及阴阳角、穿丝固定；调运砂浆、磨光打蜡、擦缝、养护。

⑥ 拼碎大理石、花岗石均包括了清理基层、调运砂浆、打底刷浆；镶贴块料面层、砂浆勾缝（灌缝）；磨光、擦缝、打蜡、养护。

⑦ 粘贴大理石、花岗石、汉白玉均包括了清理基层、调运砂浆、打底刷浆；镶贴块料面层、刷胶粘剂、切割面料；磨光、擦缝、打蜡、养护。

⑧ 干挂大理石、花岗石均包括了清理基层、清洗大理石或花岗石、钻孔戚槽、安铁件（螺栓）、挂大理石或花岗石；刷胶、打蜡、清洁面层。

⑨ 挂贴预制水磨石包括了清理基层、清洗水磨石、钻孔成槽、安铁件（螺栓）、挂水磨石；刷胶、打蜡、清洁面层。

⑩ 粘贴预制水磨石包括了清理基层、调运砂浆、打底刷浆；镶贴块料面层、刷胶粘剂、砂浆勾缝；磨光、擦缝、打蜡、养护。

⑪ 粘贴凸凹假麻石包括了清理基层、调运砂浆、砂浆找平；选料、抹结合层砂浆、贴凸凹面、擦缝。

⑫ 粘贴陶瓷锦砖、玻璃马赛克、瓷板、釉面砖、劈离砖、金属面砖均包括了清理修补基层表面、打底抹灰、砂浆找平；选料、抹结合层砂浆、贴块料、擦缝、清洁面层。

⑬ 墙、柱面木龙骨基层包括了定位、下料、打眼剔洞、埋木砖、安装龙骨、刷防腐油等。

⑭ 墙、柱面轻钢、铝合金、型钢、石膏等龙骨均包括了定位、弹线、安装龙骨。

⑮ 墙、柱面镜面玻璃、镭射玻璃面层包括了安装玻璃面层、

玻璃磨砂打边、钉压条。

⑯ 墙、柱面贴或钉人造革、丝绒、塑料板、胶合板、硬木板条、石膏板及竹片等均包括了贴或钉面层、钉压条、清理等全部操作过程；人造革、胶合板、硬木板条还包括了踢脚线部分。

⑰ 电化铝板、铝合金装饰板、镀锌铁皮、纤维板、刨花板、松木薄板及木丝板墙面、墙裙均包括了贴或钉面层、钉压条、清理等全部操作过程。如采用乳胶粘贴者，减去定额中铁钉用量，增加乳胶 30kg。

⑱ 石棉板、柚木皮墙面均包括了贴或钉面层、清理等。

⑲ 不锈钢柱饰面包括了定位、弹线、截割龙骨、安装龙骨、铺装夹板、面层材料、清扫等全部操作过程；定位下料、木骨架安装、钉夹板、安装面板、清扫、预埋木砖等。

⑳ 铝合金茶色玻璃幕墙、铝合金玻璃隔墙均包括了型材矫正、放样下料、切割断料、钻孔、安装框料、玻璃配件、周边塞扣、清扫；水泥砂浆找平、清理基层、调运砂浆、清理残灰落地灰、定位、弹线、选料、下料、打孔剔洞、安装龙骨。

㉑ 木骨架玻璃隔墙、铝合金装饰隔断均包括了定位、弹线、选料、下料、打孔剔洞、木骨架制作安装、装玻璃、钉面板。

㉒ 柱面包镁铝曲板、浴厕木隔断均包括了定位、钉木基层、封夹板、贴面层；选料、下料、钉木楞、钉面板、刷防腐油、安装小五金配件。

㉓ 玻璃砖隔断、活动塑料隔断均包括了定位画线、安装预埋铁件、铁架、搅拌运浆、运玻璃砖、砌玻璃砖墙、勾缝、钢筋绑扎、玻璃砖砌体面清理；截割路轨、安装路槽、塑料隔断。

㉔ 压条、金属装饰条、木装饰条、木装饰压角条均包括了定位、弹线、下料、钻孔、加榫、刷胶、安装、固定等。

㉕ 硬塑料线条、石膏条、镜面玻璃条、镁铝曲板条均包括了定位、弹线、下料、刷胶、安装、固定等。软塑料线条者，其人工乘以系数 0.5。

㉖ 硬木窗台板、硬木筒子板均包括了选料、制作、安装、

剔砖打洞、下木砖、立木筋、起缝、对缝、钉压条等全部操作过程。

㉗ 塑料、硬木窗帘盒均包括了制作、安装、剔砖打洞、铁件制作、固定盖板、组装塑料窗帘盒等全部操作过程。

㉘ 明装式铝合金窗帘轨、钢筋窗帘杆均包括了组配铝合金窗帘轨、安装支撑及校正清理；铁件制作、安装、钢筋下料、套丝、试配螺母、安装校正等。

2）墙柱面装饰工程定额规定。

① 本章定额凡注明砂浆种类、配合比、饰面材料型号规格的（含型材）如与设计规定不同时，可按设计规定调整，但人工数量不变。

② 墙面抹石灰砂浆分两遍、三遍、四遍，其标准如下：

a. 两遍：一遍底层，一遍面层。

b. 三遍：一遍底层，一遍中层，一遍面层。

c. 四遍：一遍底层，一遍中层，两遍面层。

③ 抹灰等级与抹灰遍数、工序、外观质量的对应关系见表 7-75。

抹灰等级与抹灰遍数、工序、外观质量的对应关系　　表 7-75

名称	普通抹灰	中级抹灰	高级抹灰
遍数	两遍	三遍	四遍
主要工序	分层找平、修整、表面压光	阳角找方、设置标筋、分层找平、修整、表面压光	阳角找方、设置标筋、分层找平、修整、表面压光
外观质量	表面光滑、洁净、接槎平整	表面光滑、洁净、接槎平整、压线、清晰、顺直	表面光滑、洁净、颜色均匀、无抹纹压线、平直方正、清晰美观

④ 抹灰厚度，如设计与定额取定不同时，除定额项目有注明可以换算外，其他一律不作调整，抹灰厚度，按不同的砂浆

分别列在定额项目中，同类砂浆列总厚度，不同类砂浆分别列出厚度，如定额项目中 18+6（mm）即表示两种不同砂浆的各自厚度。

⑤ 圆弧形、锯齿形、不规则墙面抹灰、镶贴块料、饰面，按相应项目人工乘以系数 1.15。

⑥ 外墙贴块料釉面砖、劈离砖和金属面砖项目灰缝宽，分密缝、10mm 以内和 20mm 以内列项，其人工、材料已综合考虑。如灰缝超过 20mm 以上者，其块料及灰缝材料用量允许调整，其他不变。

⑦ 定额木材种类除注明者外，均以一、二类木种为准，如采用三、四类木种，其人工及木工机械乘以系数 1.3。

⑧ 面层、隔墙（间壁）、隔断定额内，除注明者外均未包括压条、收边、装饰线（板），如设计要求时，应按本章相应定额计算。

⑨ 面层、木基层均未包括刷防火涂料，如设计要求时，另按相应定额计算。

⑩ 幕墙、隔墙（间壁）、隔断所用的轻钢、铝合金龙骨，如设计要求与定额规定不同时允许按设计调整，但人工不变。

⑪ 块料镶贴和装饰抹灰的“零星项目”适用于挑檐、天沟、腰线、窗台线、门窗套、压顶、栏板、扶手、遮阳板、雨篷周边等。一般抹灰的“零星项目”适用于各种壁柜、碗柜、过人洞、暖气壁龛、池槽、花台以及 $1m^2$ 以内的抹灰。抹灰的“装饰线条”适用于门窗套、挑檐、腰线、压顶、遮阳板、楼梯边梁、宣传栏边框等凸出墙面或灰面展开宽度小于 300mm 以内的竖、横线条抹灰。超过 300mm 的线条抹灰按“零星项目”执行。

⑫ 压条、装饰条以成品安装为准。如在现场制作木压条者，每 10m 增加 0.25 工日。木材按净断面加刨光损耗计算。如在木基层天棚面上钉压条、装饰条者，其人工乘以系数 1.34；在轻钢龙骨天棚板面钉压装饰条者，其人工乘以系数 1.68，木装饰条做图案者，人工乘以系数 1.8。

⑬ 木龙骨基层是按双向计算的，设计为单向时，材料、人工用量乘以系数 0.55；木龙骨基层用于隔断、隔墙时，每 100m² 木砖改按木材 0.07m³ 计算。

⑭ 玻璃幕墙、隔墙如设计有平、推拉窗者，扣除平、推拉窗面积另按门窗工程相应定额执行。

⑮ 木龙骨如采用膨胀螺栓固定者，均按定额执行。

⑯ 墙柱面积灰，装饰项目均包括 3.6m 以下简易脚手架的搭设及拆除。

（2）天棚装饰工程

1）天棚装饰工程定额工作内容。

① 混凝土面天棚、钢板网天棚、板条及其他木质面天棚、装饰线等抹灰项目，包括了清扫修补基层表面、堵眼、调运砂浆、清扫落地灰；抹灰、找平、罩面、压光，包括小圆角抹光。

② 混凝土面天棚砂浆拉毛项目包括了清扫修补基层表面、堵眼、调运砂浆、清扫落地灰；抹灰、找平、罩面、拉毛。

③ 天棚对剖圆木楞包括了定位、弹线、选料、下料、制作安装、吊装及刷防腐油等。

④ 方木楞天棚龙骨吊在人字屋架或砖墙上的项目包括了制作、安装木楞（包括检查孔）；搁在砖墙及吊在屋架上的楞头、木砖刷防腐油等。

⑤ 方木楞天棚龙骨吊在混凝土板下或梁下的项目包括了制作、安装木楞（包括检查孔）；混凝土板下、梁下的木楞刷防腐油等。

⑥ 天棚轻钢龙骨项目包括了吊件加工、安装；定位、弹线、射钉；选料、下料、定位杆控制高度、平整、安装龙骨及横撑附件、孔洞预留等；临时加固、调整、校正；灯箱风口封边、龙骨设置；预留位置、整体调整。

⑦ 天棚铝合金龙骨项目包括了定位、弹线、射钉、膨胀螺栓及吊筋安装；选料、下料组装、吊装；安装龙骨及横撑、临时固定支撑；孔洞预留、安、封边龙骨；调整、校正。

⑧ 天棚各种面层项目均包括了安装天棚面层、玻璃磨砂打边。

⑨ 铝栅假天棚、雨篷底吊铝骨架铝条天棚、铝合金扣板雨篷龙骨及饰面项目均包括了定位、弹线、选料、下料、安装龙骨、拼装或安装面层等。

⑩ 铝结构、钢结构中空玻璃及钢化玻璃采光天棚项目均包括了定位、弹线、选料、下料、安装龙骨、放胶垫、装玻璃、上螺栓。

⑪ 柚木、铝合金送（回）风口项目包括了对口、号眼、安装木框条、过滤网及风口校正、上螺栓、固定等。

⑫ 木方格吊顶天棚项目包括了截料、弹线、拼装搁栅、钉铁钉、安装铁钩及不锈钢管等。

2）天棚装饰工程定额规定。

① 本定额凡注明了砂浆种类和配合比、饰面材料型号规格的，如与设计不同时，可按设计规定调整。

② 本章龙骨是按常用材料及规格组合编制的，如与设计规定不同时，可以换算，人工不变。

③ 定额中木龙骨规格，大龙骨为 50mm×70mm，中、小龙骨为 50mm×50mm，吊木筋为 50mm×50mm，设计规格不同时，允许换算，人工及其他材料不变。

④ 天棚面层在同一标高者为一级天棚；天棚面层不在同一标高者，且高差在 200mm 以上者为二级或三级天棚。

⑤ 天棚骨架、天棚面层分别列项，按相应项目配套使用。对于二级或三级以上造型的天棚，其面层人工乘以系数 1.3。

⑥ 吊筋安装，如在混凝土板上钻眼、挂筋者，按相应项目每 100m^2 增加人工 3.4 工日；如在砖墙上打洞搁放骨架者，按相应天棚项目 100m^2 增加人工 1.4 工日；上人型天棚骨架吊筋为射钉者，每 100m^2 减少人工 0.25 工日，吊筋 3.8kg；增加钢板 27.6kg，射钉 585 个。

⑦ 装饰天棚顶项目已包括 3.6m 以下简易脚手架搭设及拆除。

（3）油漆、喷涂、裱糊工程

1）油漆、喷涂、裱糊工程定额工作内容。

① 木材面油漆包括了清扫、磨砂纸、点漆片、润油粉、刮腻子、刷底油、油色、刷理漆片、调和漆、磁漆、磨退出亮、磁漆罩面、硝基清漆、补嵌腻子、刷广（生）漆、醇酸清漆、丙烯酸清漆、过氯乙烯底漆、防火漆、聚氨酯漆、色聚氨酯漆、酚醛清漆、碾颜料、过筛、调色、刷地板漆、烫硬腊、擦腊、刷臭油水，其中调和漆、清漆、醇酸磁漆、醇酸清漆、丙烯酸清漆、过氯乙烯底漆、防火漆、聚氨酯漆，刷聚氨酯漆、酚醛清漆、刷广（生）漆等可根据设计要求遍数，进行增减调整。

② 金属油漆包括了清扫、除锈、清除油污、磨光、补缝、刮腻子、喷漆、刷臭油水、磷化底漆、锌黄底漆、刷调和漆、醇酸清漆、过氯乙烯底漆、红丹防锈漆、银粉漆、防火漆，其中刷调和漆、醇酸清漆、过氯乙烯底漆、红丹防锈漆、银粉漆、防火漆等可根据设计要求遍数，进行增减调整。

③ 抹灰面油漆包括了清扫、刮腻子、磨砂纸、刷底油、磨光、做花纹、调和漆、乳胶漆、刷熟桐油，其中刷调和漆、乳胶漆、刷熟桐油等可根据设计要求遍数，进行增减调整。

④ 墙、柱、梁及天棚面一塑三油包括了清扫、清铲、补墙面、门窗框贴粘合带、遮盖门窗口、调制、刷底油、喷塑、胶辘、压平、刷面油等。

⑤ 外墙 JH801 涂料、彩砂喷涂、砂胶涂料均包括了基层清理、补小孔洞、调料、遮盖不应喷处、喷涂料、压平、清铲、清理被喷污的位置等。

⑥ 仿瓷涂料包括了基层清理、补小孔洞、配料、刮腻子、磨砂纸、仿瓷涂料二遍。

⑦ 抹灰面多彩涂料包括了清扫灰土、刮腻子、磨砂纸、刷底涂一遍、喷多彩面涂一遍、遮盖不应喷涂部位等。

⑧ 抹灰面 106、803 涂料、刷普通水泥浆、刮腻子、刷可赛银浆均包括了清扫、配浆、刮腻子、磨砂纸、刷浆等。

⑨ 108胶水泥彩色地面、777涂料席纹地面、177涂料乳液罩面均包括了清理、找平、配浆、刮腻子、磨砂纸、刷浆、打蜡、擦光、养护等。

⑩ 刷白水泥、刷石灰油浆、刷红土子浆均包括了清扫、配浆、刷涂料等。

⑪ 抹灰面喷刷石灰浆、刷石灰大白浆、刮腻子刷大白浆均包括了清扫、刮腻子、磨砂纸、刷涂料等。

⑫ 墙面贴装饰纸包括了清扫、执补、刷底油、刮腻子、磨砂纸、配制贴面材料、裱糊刷胶、裁墙纸（布）、贴装饰面等。

2）油漆、喷涂、裱糊工程定额规定。

① 本定额刷涂、刷油采用手工操作，喷塑、喷涂、喷油采用机械操作，操作方法不同时不另调整。

② 油漆浅、中、深各种颜色已综合在定额内，颜色不同，不另调整。

③ 本定额在同一平面上的分色及门窗内外分色已综合考虑。如需做美术图案者另行计算。

④ 定额规定的喷、涂、刷遍数，如与设计要求不同时，可按每增加一遍定额项目进行调整。

⑤ 喷塑（一塑三油）：底油、装饰漆、面油，其规格划分如下：

a. 大压花：喷点压平，点面积在 $1.2cm^2$ 以上。

b. 中压花：喷点压平，点面积在 $1\sim1.2cm^2$。

c. 喷中点、幼点：喷点面积在 $1cm^2$ 以下。

2. 工程量计算规则

（1）墙、柱面装饰工程

1）内墙抹灰工程量计算规定：

① 内墙抹灰面积，应扣除门窗洞口和空圈所占的面积，不扣除踢脚板、挂镜线，$0.3m^2$ 以内的孔洞和墙与构件交接处的面积，洞口侧壁和顶面亦不增加。墙垛和附墙烟囱侧壁面积与内墙抹灰工程量合并计算。

② 内墙面抹灰的长度，以主墙间的图示净长尺寸计算。其

高度确定如下：

a. 无墙裙的，其高度按室内地面或楼面至顶棚底面之间距离计算。

b. 有墙裙的，其高度按墙裙顶至顶棚底面之间距离计算。

c. 钉板条顶棚的内墙面抹灰，其高度按室内地面或楼面至顶棚底面另加 100mm 计算。

③ 内墙裙抹灰面积按内墙净长乘以高度计算。应扣除门窗洞口和空圈所占的面积，门窗洞口和空圈的侧壁面积不另增加，墙垛、附墙烟囱侧壁面积并入墙裙抹灰面积内计算。

2）外墙抹灰工程量计算规定：

① 外墙抹灰面积，按外墙面的垂直投影面积以 m^2 计算。应扣除门窗洞口，外墙裙和大于 0.3m^2 孔洞所占面积，洞口侧壁面积不另增加。附墙垛、梁、柱侧面抹灰面积并入外墙面抹灰工程量内计算。栏板、栏杆、窗台线、门窗套、扶手、压顶、挑檐、遮阳板、凸出墙外的腰线等，另按相应规定计算。

② 外墙裙抹灰面积按其长度乘高度计算，扣除门窗洞口和大于 0.3m^2 孔洞所占的面积，门窗洞口及孔洞的侧壁不增加。

③ 窗台线、门窗套、挑檐、腰线、遮阳板等展开宽度在 300mm 以内者，按装饰线以延长米计算。如展开宽度超过 300mm 以上时，按图示尺寸以展开面积计算，套零星抹灰定额项目。

④ 栏板、栏杆（包括立柱、扶手或压顶等）抹灰按立面垂直投影面积乘以系数 2.2，以 m^2 计算。

⑤ 阳台底面抹灰按水平投影面积，以 m^2 计算，并入相应顶棚抹灰面积内。阳台如带悬臂梁者，其工程量乘系数 1.30。

⑥ 雨篷底面或顶面抹灰分别按水平投影面积，以 m^2 计算，并入相应顶棚抹灰面积内。雨篷顶面带反檐或反梁者；其工程量乘系数 1.20，底面带悬臂梁者，其工程量乘以系数 1.20。雨篷外边线按相应装饰或零星项目执行。

⑦ 墙面勾缝按垂直投影面积计算，应扣除墙裙和墙面抹灰

的面积，不扣除门窗洞口、门窗套、腰线等零星抹灰所占的面积，附墙柱和门窗洞口侧面的勾缝面积亦不增加。独立柱、房上烟囱勾缝，按图示尺寸以 m^2 计算。

3）外墙装饰抹灰工程量计算规定：

① 外墙各种装饰抹灰均按图示尺寸以实抹面积计算。应扣除门窗洞口空圈的面积，其侧壁面积不另增加。

② 挑檐、天沟、腰线、栏杆、栏板、门窗套、窗台线、压顶等均按图示尺寸展开面积以 m^2 计算，并入相应的外墙面积内。

4）块料面层工程量计算规定：

① 墙面贴块料面层均按图示尺寸以实贴面积计算。

② 墙裙以高度在 1500mm 以内为准，超过 1500mm 时按墙面计算，高度低于 300mm 时，按踢脚板计算。

5）木隔墙、墙裙、护壁板。均按图示尺寸长度乘高度按实铺面积以 m^2 计算。

6）玻璃隔墙。按上横挡顶面至下横挡底面之间的高度乘宽度（两边立挺外边线之间）以 m^2 计算。

7）浴厕木隔断。按下横挡底面至上横挡顶面高度乘图示长度以 m^2 计算，门扇面积并入隔断面积内计算。

8）铝合金、轻钢隔墙、幕墙。按四周框外围面积计算。

9）独立柱：

① 一般抹灰、装饰抹灰、镶贴块料按结构断面周长乘柱的高度，以 m^2 计算。

② 柱面装饰按柱外围饰面尺寸乘柱的高，以 m^2 计算。

10）各种“零星项目”。均按图示尺寸以展开面积计算。

（2）天棚装饰工程

1）顶棚抹灰工程量计算规定：

① 顶棚抹灰面积，按主墙间的净面积计算，不扣除间壁墙、垛、柱、附墙烟囱、检查口和管道所占的面积。带梁顶棚，梁两侧抹灰面积，并入顶棚抹灰工程量内计算。

② 密肋梁和井字梁顶棚抹灰面积，按展开面积计算。

③ 顶棚抹灰如带有装饰线时，区别按三道线以内或五道线以内按延长米计算，线角的道数以一个凸出的棱角为一道线。

④ 檐口顶棚的抹灰面积，并入相同的顶棚抹灰工程量内计算。

⑤ 顶棚中的折线、灯槽线，圆弧形线、拱形线等艺术形式的抹灰，按展开面积计算。

2）各种吊顶顶棚龙骨。按主墙间净空面积计算，不扣除间壁墙、检查口、附墙烟囱、柱、垛和管道所占面积。但顶棚中的折线、跌落等圆弧形，高低吊灯槽等面积也不展开计算。

3）顶棚面装饰工程量计算规定：

① 顶棚装饰面积，按主墙间实铺面积以 m^2 计算，不扣除间壁墙、检查口、附墙烟囱、附墙垛和管道所占面积，应扣除独立柱及与顶棚相连的窗帘盒所占的面积。

② 顶棚中的折线、跌落等圆弧形、拱形、高低灯槽及其他艺术形式的顶棚面层均按展开面积计算。

（3）油漆、涂料、裱糊工程

1）楼地面、顶棚面、墙、柱、梁面的喷（刷）涂料、抹灰面、油漆及裱糊工程，均按楼地面、顶棚面、墙、柱、梁面装饰工程相应的工程量计算规则规定计算。

2）木材面、金属面油漆的工程量分别按表 7-76～表 7-84 规定计算，并乘以表列系数以 m^2 计算。

① 木材面油漆（表 7-76～表 7-80）。

单层木门工程量系数表 **表 7-76**

项目名称	系数	工程量计算方法
单层木门	1.00	按单面洞口面积
双层（一玻一纱）木门	1.36	
双层（单裁口）木门	2.00	
单层全玻门	0.83	
木百叶门	1.25	
厂库房大门	1.10	

单层木窗工程量系数表 **表 7-77**

项目名称	系数	工程量计算方法
单层玻璃窗	1.00	按单面洞口面积
双层（一玻一纱）窗	1.36	
双层（单裁口）窗	2.00	
三层（二玻一纱）窗	2.60	
单层组合窗	0.83	
双层组合窗	1.13	
木百叶窗	1.50	

木扶手（不带托板）工程量系数表 **表 7-78**

项目名称	系数	工程量计算方法
木扶手（不带托板）	1.00	按延长米
木扶手（带托板）	2.60	
窗帘盒	2.04	
封檐板、顺水板	1.74	
挂衣板、黑板框	0.52	
生活园地框、挂镜线、窗帘棍	0.35	

其他木材面工程量系数表 **表 7-79**

项目名称	系数	工程量计算方法
木板、纤维板、胶合板顶棚、檐口	1.00	长×宽
清水板条顶棚、檐口	1.07	
木方格吊顶顶棚	1.20	
吸声板墙面、顶棚面	0.87	
鱼鳞板墙	2.48	
木护墙、墙裙	0.91	
窗台板、筒子板、盖板	0.82	
暖气罩	1.28	
屋面板（带檩条）	1.11	斜长×宽
木间壁、木隔断	1.90	单面外围面积
玻璃间壁露明墙筋	1.65	
木栅栏、木栏杆（带扶手）	1.82	
木屋架	1.79	跨度(长)×中高×1/2
衣柜、壁柜	0.91	投影面积（不展开）
零星木装修	0.87	展开面积

木地板工程量系数表 **表 7-80**

项目名称	系数	工程量计算方法
木地板、木踢脚线	1.00	长×宽
木楼梯（不包括底面）	2.30	水平投影面积

② 金属面油漆（表 7-81、表 7-82）。

单层钢门窗工程量系数表 **表 7-81**

项目名称	系数	工程量计算方法
单层钢门窗 双层（一玻一纱）钢门窗 钢百叶钢门 半截百叶钢门 满钢门或包铁皮门 钢折叠门 射线防护门	1.00 1.48 2.74 2.22 1.63 2.30 2.96	洞口面积
厂库房平开、推拉门 钢丝网大门	1.70 0.81	框（扇）外围面积
间壁	1.85	长×宽
平板屋面 瓦垄板屋面	0.74 0.89	斜长×宽 斜长×宽
排水、伸缩缝盖板	0.78	展开面积
吸气罩	1.63	水平投影面积

其他金属面工程量系数表 **表 7-82**

项目名称	系数	工程量计算方法
钢屋架、天窗架、挡风架、屋架梁、支撑、檩条 墙架（空腹式） 墙架（格板式） 钢柱、吊车梁、花式梁柱、空花构件 操作台、走台、制动梁、钢梁车挡 钢栅栏门、栏杆、窗栅 钢爬梯 轻型屋架 踏步式钢扶梯 零星铁件	1.00 0.50 0.82 0.63 0.71 1.71 1.18 1.42 1.05 1.32	重量/t

③ 抹灰面油漆、涂料（表 7-83、表 7-84）。

平板屋面涂刷磷化、锌黄底漆工程量系数表　　表 7-83

项目名称	系数	工程量计算方法
平板屋面 瓦垄板屋面	1.00 1.20	斜长×宽
排水、伸缩缝盖板	1.05	展开面积
吸气罩	2.20	水平投影面积
包镀锌薄钢板门	2.20	洞口面积

抹灰面工程量系数表　　表 7-84

项目名称	系数	工程量计算方法
槽形底板、混凝土折板 有梁底板 密肋、井字梁底板	1.30 1.10 1.50	长×宽
混凝土平板式楼梯底	1.30	水平投影面积

7.9.3　清单计价工程量计算规则

1. 定额内容及规定

（1）墙、柱面工程。墙、柱面工程共 10 节 25 个项目。包括墙面抹灰、柱面抹灰、零星抹灰、墙面镶贴块料、柱面镶贴块料、零星镶贴块料，墙饰面、柱（梁）饰面、隔断、幕墙等工程。适用于一般抹灰、装饰抹灰工程。

1）一般抹灰包括：石灰砂浆、水泥混合砂浆、水泥砂浆、聚合物水泥砂浆、膨胀珍珠岩水泥砂浆和麻刀灰、纸筋石灰、石膏灰等。

2）装饰抹灰包括：水刷石、水磨石、斩假石（剁斧石）、干粘石、假面砖、拉条灰、拉毛灰、甩毛灰、扒拉石、喷毛灰、喷涂、喷砂、滚涂、弹涂等。

3）柱面抹灰项目、石材柱面项目、块料柱面项目适用于矩形柱、异形柱（包括圆形柱、半圆形柱等）。

4）零星抹灰和零星镶贴块料面层项目适用于小面积（0.5m^2）以内少量分散的抹灰和块料面层。

5）设置在隔断、幕墙上的门窗，可包括在隔墙、幕墙项目报价内，也可单独编码列项，并在清单项目中进行描述。

6）主墙的界定以《建设工程工程量清单计价规范》附录A“建筑工程工程量清单项目及计算规则”解释为准。

7）墙体类型指砖墙、石墙、混凝土墙、砌块墙以及内墙、外墙等。

8）底层、面层的厚度应根据设计规定（一般采用标准设计图）确定。

9）勾缝类型指清水砖墙、砖柱的加浆勾缝（平缝或凹缝），石墙、石柱的勾缝（如：平缝、平凹缝、平凸缝、半圆凹缝、半圆凸缝和三角凸缝等）。

10）块料饰面板是指石材饰面板（天然花岗石、大理石、人造花岗石、人造大理石、预制水磨石饰面板等），陶瓷面砖（内墙彩釉面瓷砖、外墙面砖、陶瓷锦砖、大型陶瓷锦面板等），玻璃面砖（玻璃锦砖、玻璃面砖等），金属饰面板（彩色涂色钢板、彩色不锈钢板、镜面不锈钢饰面板、铝合金板、复合铝板、铝塑板等），塑料饰面板（聚氯乙烯塑料饰面板、玻璃钢饰面板、塑料贴面饰面板、聚酯装饰板、复塑中密度纤维板等），木质饰面板（胶合板、硬质纤维板、细木工板、刨花板、建筑纸面草板、水泥木屑板、灰板条等）。

11）挂贴方式是对大规格的石材（大理石、花岗石、青石等）使用先挂后灌浆的方式固定于墙、柱面。

12）干挂方式是指直接干挂法，是通过不锈钢膨胀螺栓、不锈钢挂件、不锈钢连接件、不锈钢钢针等，将外墙饰面板连接在外墙墙面；间接干挂法，是通过固定在墙、柱、梁上的龙骨，再通过各种挂件固定外墙饰面板。

13）嵌缝材料指嵌缝砂浆、嵌缝油膏、密封胶封水材料等。

14）防护材料指石材等防碱背涂处理剂和面层防酸涂剂等。

15）基层材料指面层内的底板材料，如：木墙裙、木护墙、木板隔墙等，在龙骨上，粘贴或铺钉一层加强面层的底板。

16）墙面抹灰不扣除与构件交接处的面积，是指墙与梁的交接处所占面积，不包括墙与楼板的交接。

17）外墙裙抹灰面积，按其长度乘以高度计算，是指按外墙裙的长度。

18）柱的一般抹灰和装饰抹灰及勾缝，以柱断面周长乘以高度计算，柱断面周长是指结构断面周长。

19）装饰板柱（梁）面按设计图示外围饰面尺寸乘以高度（长度）以面积计算，外围饰面尺寸是饰面的表面尺寸。

20）带肋全玻璃幕墙是指玻璃幕墙带玻璃肋，玻璃肋的工程量应合并在玻璃幕墙工程量内计算。

（2）天棚装饰工程。

天棚工程共 3 节 9 个项目。包括顶棚抹灰、顶棚吊顶、顶棚其他装饰，适用于顶棚装饰工程。

1）顶棚的检查孔、顶棚内的检修走道、灯槽等应包括在报价内。

2）顶棚吊顶的平面、跌级、锯齿形、阶梯形、吊挂式、藻井式以及矩形、型形、拱形等应在清单项目中进行描述。

3）采光顶棚和顶棚设置保温、隔热、吸声层时，按《规范》附录 A 相关项目编码列项。

4）“顶棚抹灰”项目基层类型是指混凝土现浇板、预制混凝土板、木板条等。

5）龙骨类型指上人或不上人，以及平面、跌级、锯齿形、阶梯形、吊挂式、藻井式及矩形、圆弧形、拱形等类型。

6）基层材料，指底板或面层背后的加强材料。

7）龙骨中距，指相邻龙骨中线之间的距离。

8）顶棚面层适用于：石膏板（包括装饰石膏板、纸面石膏板、吸声穿孔石膏板、嵌装式装饰石膏等）、埃特板、装饰吸声罩面板（包括矿棉装饰吸声板、贴塑矿（岩）棉吸声板、膨胀珍珠岩石装饰吸声制品、玻璃棉装饰吸声板等）、塑料装饰罩面板（钙塑泡沫装饰吸声板、聚苯乙烯泡沫塑料装饰吸声板、聚氯乙烯塑料顶棚等）、纤维水泥加压板（包括穿孔吸声石棉水泥板、轻质硅酸钙吊顶板等）、金属装饰板（包括铝合金罩面板、金属微孔吸声板、铝合金单体构件等）、木质饰板（胶合板、薄板、板条、水泥木丝板、刨花板等）、玻璃饰面（包括镜面玻璃、镭射玻璃等）。

9）格栅吊顶面层适用于木格栅、金属格栅、塑料格栅等。

10）吊筒吊顶适用于木（竹）质吊筒、金属吊筒、塑料吊筒以及圆形、矩形、扁钟形吊筒等。

11）灯带格栅有不锈钢格栅、铝合金格栅、玻璃类格栅等。

12）送风口、回风口适用于金属、塑料、木质风口。

13）顶棚抹灰与顶棚吊顶工程量计算规则有所不同：顶棚抹灰不扣除柱垛所占面积，顶棚吊顶不扣除柱垛所占面积，但应扣除独立柱所占面积。柱垛是指与墙体相连的柱而凸出墙体部分。

14）顶棚吊顶应扣除与顶棚吊顶相连的窗帘盒所占的面积。

15）格栅吊顶、吊筒吊顶、藤条造型悬挂吊顶、织物软吊顶、网架（装饰）吊顶均按设计图示的吊顶尺寸水平投影面积计算。

16）有关工程内容说明。“抹装饰线条”线角的道数以一个凸出的棱角为一道线，应在报价时注意。

（3）油漆、喷涂、裱糊工程。

油漆、涂料、裱糊工程共 9 节 29 个项目。包括门油漆，窗油漆，扶手、板条面、线条面、木材面油漆，金属面油漆，抹灰面油漆，喷刷涂料、裱糊等。适用于门窗油漆、金属、抹灰面油漆工程。

1）门类型应分镶板门、木板门、胶合板门、装饰实木门、木纱门、木质防火门、连窗门、平开门、推拉门、单扇门、双扇门、带纱门、全玻门（带木扇框）、半玻门、半百叶门、全百叶门以及带亮子、不带亮子、有门框、无门框和单独门框等油漆。

2）窗类型应分平开窗、推拉窗、提拉窗、固定窗、空花窗、百叶窗以及单扇窗、双扇窗、多扇窗、单层窗、双层窗、带亮子、不带亮子等。

3）腻子种类分石膏油腻子（熟桐油、石膏粉、适量水）、胶腻子（大门、色粉、羧甲基纤维素）、漆片腻子（漆片、酒精、石膏粉、适量色粉）、油腻子（矾石粉、桐油、脂肪酸、松香）等。

4）刮腻子要求，分刮腻子遍数（道数）或满刮腻子或找补腻子等。

5）楼梯木扶手工程量按中心线斜长计算，弯头长度应计算在扶手长度内。

6）博风板工程量按中心线斜长计算，有大刀头的每个大刀头增加长度 50cm。

7）木板、纤维板、胶合板油漆，单面油漆按单面面积计算，双面油漆按双面面积计算。

8）木护墙、木墙裙油漆按垂直投影面积计算。

9）台板、筒子板、盖板、门窗套、踢脚线油漆按水平或垂直投影面积（门窗套的贴脸板和筒子板垂直投影面积合并）计算。

10）清水板条顶棚、檐口油漆、木方格吊顶顶棚油漆以水平投影面积计算，不扣除空洞面积。

11）暖气罩油漆，垂直面按垂直投影面积计算，突出墙面的水平面按水平投影面积计算，不扣除空洞面积。

12）工程量以面积计算的油漆、涂料项目，线角、线条、压条等不展开。

2. 工程量清单项目设置及工程量计算规则

（1）墙柱面装饰工程。

1）墙面抹灰（编码：020201）。墙面抹灰工程工程量清单项目设置及工程量计算规则见表 7-85。

墙面抹灰（编码：020201） **表 7-85**

<table>
<tr><th>项目编码</th><th>项目名称</th><th>项目特征</th><th>计量单位</th><th>工程量计算规则</th><th>工程内容</th></tr>
<tr><td>020201001</td><td>墙面一般抹灰</td><td rowspan="2">1. 墙体类型
2. 底层厚度、砂浆配合比
3. 面层厚度、砂浆配合比
4. 装饰面材料种类
5. 分格缝宽度、材料种类</td><td rowspan="3">m²</td><td rowspan="3">按设计图示尺寸以面积计算。扣除墙裙、门窗洞口及单个 0.3m² 以外的孔洞面积，不扣除踢脚线、挂镜线和墙与构件交接处的面积，门窗洞口和孔洞的侧壁及顶面不增加面积。附墙柱、梁、垛、烟囱侧壁并入相应的墙面面积内
1. 外墙抹灰面积按外墙垂直投影面积计算
2. 外墙裙抹灰面积按其长度乘以高度计算
3. 内墙抹灰面积按主墙间的净长乘以高度计算
（1）无墙裙的，高度按室内楼地面至天棚底面计算
（2）有墙裙的，高度按墙裙顶至天棚底面计算
4. 内墙裙抹灰面按内墙净长乘以高度计算</td><td rowspan="2">1. 基层清理
2. 砂浆制作、运输
3. 底层抹灰
4. 抹面层
5. 抹装饰面
6. 勾分格缝</td></tr>
<tr><td>020201002</td><td>墙面装饰抹灰</td></tr>
<tr><td>020201003</td><td>墙面勾缝</td><td>1. 墙体类型
2. 勾缝类型
3. 勾缝材料种类</td><td>1. 基层清理
2. 砂浆制作、运输
3. 勾缝</td></tr>
</table>

注：1. 石灰砂浆、水泥砂浆、水泥混合砂浆、聚合物水泥砂浆、麻刀石灰、纸筋石灰、石膏灰等的抹灰应按表中一般抹灰项目编码列项；水刷石、斩假石（剁斧石、剁假石）、干粘石、假面砖等的抹灰应按表中装饰抹灰项目编码列项。

2. 0.5m² 以内少量分散的抹灰，应按表中相关项目编码列项。

2）柱面抹灰（编码：020202）。柱面抹灰工程工程量清单项目设置及工程量计算规则见表 7-86。

柱面抹灰（编码：020202） **表 7-86**

<table>
<tr><th>项目编码</th><th>项目名称</th><th>项目特征</th><th>计量单位</th><th>工程量计算规则</th><th>工程内容</th></tr>
<tr><td>020202001</td><td>柱面一般抹灰</td><td rowspan="2">1. 柱体类型
2. 底层厚度、砂浆配合比
3. 面层厚度、砂浆配合比
4. 装饰面材料种类
5. 分格缝宽度、材料种类</td><td rowspan="3">m²</td><td rowspan="3">按设计图示柱断面周长乘以高度以面积计算</td><td rowspan="2">1. 基层清理
2. 砂浆制作、运输
3. 底层抹灰
4. 抹面层
5. 抹装饰面
6. 勾分格缝</td></tr>
<tr><td>020202002</td><td>柱面装饰抹灰</td></tr>
<tr><td>020202003</td><td>柱面勾缝</td><td>1. 墙体类型
2. 勾缝类型
3. 勾缝材料种类</td><td>1. 基层清理
2. 砂浆制作、运输
3. 勾缝</td></tr>
</table>

3）零星抹灰（编码：020203）。零星抹灰工程工程量清单项目设置及工程量计算规则见表 7-87。

零星抹灰（编码：020203） **表 7-87**

<table>
<tr><th>项目编码</th><th>项目名称</th><th>项目特征</th><th>计量单位</th><th>工程量计算规则</th><th>工程内容</th></tr>
<tr><td>020203001</td><td>零星项目一般抹灰</td><td rowspan="2">1. 墙体类型
2. 底层厚度、砂浆配合比
3. 面层厚度、砂浆配合比
4. 装饰面材料种类
5. 分格缝宽度、材料种类</td><td rowspan="2">m²</td><td rowspan="2">按设计图示尺寸以面积计算</td><td rowspan="2">1. 基层清理
2. 砂浆制作、运输
3. 底层抹灰
4. 抹面层
5. 抹装饰面
6. 勾分格缝</td></tr>
<tr><td>020203002</td><td>零星项目装饰抹灰</td></tr>
</table>

4）墙面镶贴块料（编码：020204）。墙面镶贴块料工程量清单项目设置及工程量计算规则见表 7-88。

墙面镶贴块料（编码：020204） **表 7-88**

项目编码	项目名称	项目特征	计量单位	工程量计算规则	工程内容
020204001	石材墙面	1. 墙体类型 2. 底层厚度、砂浆配合比 3. 贴结层厚度、材料种类 4. 挂贴方式 5. 干挂方式（膨胀螺栓、钢龙骨） 6. 面层材料品种、规格、品牌、颜色 7. 缝宽、嵌缝材料种类 8. 防护材料种类 9. 磨光、酸洗、打蜡要求	m^2	按设计图示尺寸以面积计算	1. 基层清理 2. 砂浆制作、运输 3. 底层抹灰 4. 结合层铺贴 5. 面层铺贴 6. 面层挂贴 7. 面层干挂 8. 嵌缝 9. 刷防护材料 10. 磨光、酸洗、打蜡
020204002	碎拼石材墙面				
020204003	块料墙面				
020204004	干挂石材钢骨架	1. 骨架种类、规格 2. 油漆品种、刷油遍数	t	按设计图示尺寸以质量计算	1. 骨架制作、运输、安装 2. 骨架油漆

5）柱面镶贴块料（编码：020205）。柱面镶贴块料工程量清单项目设置及工程量计算规则见表 7-89。

柱面镶贴块料（编码：020205） **表 7-89**

项目编码	项目名称	项目特征	计量单位	工程量计算规则	工程内容
020205001	石材柱面	1. 柱体材料 2. 柱截面类型、尺寸 3. 底层厚度、砂浆配合比 4. 粘结层厚度、材料种类 5. 挂贴方式 6. 干贴方式 7. 面层材料品种、规格、品牌、颜色 8. 缝宽、嵌缝材料种类 9. 防护材料种类 10. 磨光、酸洗、打蜡要求	m^2	按设计图示尺寸以面积计算	1. 基层清理 2. 砂浆制作、运输 3. 底层抹灰 4. 结合层铺贴 5. 面层铺贴 6. 面层挂贴 7. 面层干挂 8. 嵌缝 9. 刷防护材料 10. 磨光、酸洗、打蜡
020205002	拼碎石材柱面				
020205003	块料柱面				

续表

项目编码	项目名称	项目特征	计量单位	工程量计算规则	工程内容
020205004	石材梁面	1. 底层厚度、砂浆配合比 2. 粘结层厚度、材料种类 3. 面层材料品种、规格、品牌、颜色 4. 缝宽、嵌缝材料种类 5. 防护材料种类 6. 磨光、酸洗、打蜡要求	m^2	按设计图示尺寸以面积计算	1. 基层清理 2. 砂浆制作、运输 3. 底层抹灰 4. 结合层铺贴 5. 面层铺贴 6. 面层挂贴 7. 嵌缝 8. 刷防护材料 9. 磨光、酸洗、打蜡
020205005	块料梁面				

6）零星镶贴块料（编码：020206）。零星镶贴块料工程量清单项目设置及工程量计算规则见表 7-90。

零星镶贴块料（编码：020206） **表 7-90**

项目编码	项目名称	项目特征	计量单位	工程量计算规则	工程内容
020206001	石材零星项目	1. 柱、墙体类型 2. 底层厚度、砂浆配合比 3. 粘结层厚度、材料种类 4. 挂贴方式 5. 干挂方式 6. 面层材料品种、规格、品牌、颜色 7. 缝宽、嵌缝材料种类 8. 防护材料种类 9. 磨光、酸洗、打蜡要求	m^2	按设计图示尺寸以面积计算	1. 基层清理 2. 砂浆制作、运输 3. 底层抹灰 4. 结合层铺贴 5. 面层铺贴 6. 面层挂贴 7. 面层干挂 8. 嵌缝 9. 刷防护材料 10. 磨光、酸洗、打蜡
020206002	拼碎石材零星项目				
020206003	块料零星项目				

注：0.5m^2 以内少量分散的镶贴块料面层，应按表中相关项目编码列项。

7）墙饰面（编码：020207）。墙饰面工程量清单项目设置及工程量计算规则见表 7-91。

墙饰面（编码：020207）　　**表 7-91**

项目编码	项目名称	项目特征	计量单位	工程量计算规则	工程内容
020207001	装饰板墙面	1. 墙体类型 2. 底层厚度、砂浆配合比 3. 龙骨材料种类、规格、中距 4. 隔离层材料种类、规格 5. 基层材料种类、规格 6. 面层材料品种、规格、品牌、颜色 7. 压条材料种类、规格 8. 防护材料种类 9. 油漆品种、刷漆遍数	m^2	按设计图示墙净长乘以净高以面积计算。扣除门窗洞口及单个 $0.3m^2$ 以上的孔洞所占面积	1. 基层清理 2. 砂浆制作、运输 3. 底层抹灰 4. 龙骨制作、运输、安装 5. 钉隔离层 6. 基层铺钉 7. 面层铺贴 8. 刷防护材料、油漆

8）柱（梁）饰面（编码：020208）。柱（梁）饰面工程量清单项目设置及工程量计算规则见表 7-92。

柱（梁）饰面（编码：020208）　　**表 7-92**

项目编码	项目名称	项目特征	计量单位	工程量计算规则	工程内容
020208001	柱（梁）面装饰	1. 柱（梁）体类型 2. 底层厚度、砂浆配合比 3. 龙骨材料种类、规格、中距 4. 隔离层材料种类 5. 基层材料种类、规格 6. 面层材料品种、规格、品牌、颜色 7. 压条材料种类、规格 8. 防护材料种类 9. 油漆品种、刷漆遍数	m^2	按设计图示饰面外围尺寸以面积计算。柱帽、柱墩并入相应柱饰面工程量内	1. 清理基层 2. 砂浆制作、运输 3. 底层抹灰 4. 龙骨制作、运输、安装； 5. 钉隔离层 6. 基层铺钉 7. 面层铺贴 8. 刷防护材料、油漆

9）隔断（编码：020209）。隔断工程量清单项目设置及工程量计算规则见表 7-93。

隔断（编码：020209）　　表 7-93

项目编码	项目名称	项目特征	计量单位	工程量计算规则	工程内容
020209001	隔断	1. 骨架、边框材料种类、规格 2. 隔板材料品种、规格、品牌、颜色 3. 嵌缝、塞口材料品种 4. 压条材料种类 5. 防护材料种类 6. 油漆品种、刷漆遍数	m^2	按设计图示框外围尺寸以面积计算。扣除单个 $0.3m^2$ 以上的孔洞所占面积；浴厕门的材质与隔断相同时，门的面积并入隔断面积内	1. 骨架及边框制作、运输、安装 2. 隔板制作、运输、安装 3. 嵌缝、塞口 4. 装订压条 5. 刷防护材料、油漆

10）幕墙（编码：0202010）。幕墙工程工程量清单项目设置及工程量计算规则见表 7-94。

幕墙（编码：0202010）　　表 7-94

项目编码	项目名称	项目特征	计量单位	工程量计算规则	工程内容
020210001	带骨架幕墙	1. 骨架材料种类、规格、中距 2. 面层材料品种、规格、品种、颜色 3. 面层固定方式 4. 嵌缝、塞口材料种类	m^2	按设计图示框外围尺寸以面积计算。与幕墙同种材质的窗所占面积不扣除	1. 骨架制作、运输、安装 2. 面层安装 3. 嵌缝、塞口 4. 清洗
020210002	全玻璃幕墙	1. 玻璃品种、规格、品牌、颜色 2. 粘结塞口材料种类 3. 固定方式		按设计图示尺寸以面积计算。带肋全玻璃墙按展开面积计算	1. 幕墙安装 2. 嵌缝、塞口 3. 清洗

（2）天棚装饰工程。

1）天棚抹灰（编码：020301）。天棚抹灰工程量清单项目设置及工程量计算规则见表 7-95。

天棚抹灰（编码：020301） **表 7-95**

项目编码	项目名称	项目特征	计量单位	工程量计算规则	工程内容
020301001	天棚抹灰	1. 基层类型 2. 抹灰厚度、材料种类 3. 装饰线条道数 4. 砂浆配合比	m^2	按设计图示尺寸以水平投影面积计算。不扣除间壁墙、垛、柱、附墙烟囱、检查口和管道所占的面积，带梁天棚、梁两侧抹灰面积并入天棚面积内，板式楼梯底面抹灰，按斜面积计算，锯齿形楼梯底板抹灰按展开面积计算	1. 基层清理 2. 底层抹灰 3. 抹面层 4. 抹装饰线条

2）天棚吊顶（编码：020302）。天棚吊顶工程量清单项目设置及工程量计算规则见表 7-96。

天棚吊顶（编码：020302） **表 7-96**

项目编码	项目名称	项目特征	计量单位	工程量计算规则	工程内容
020302001	天棚吊顶	1. 吊顶疥式 2. 龙骨类型、材料种类、规格、中距 3. 基层材料种类 i 规格 4. 面层材料品种、规格、品牌、颜色 5. 压条材料种类、规格 6. 嵌缝材料种类 7. 防护材料种类 8. 油漆品种、刷漆遍数	m^2	按设计图示尺寸以水平投影面积计算。天棚面中的灯槽及跌级、锯齿形、吊挂式、藻井式天棚面积不展开计算。不扣除间壁墙、检查口、附墙烟囱、柱垛和管道所占面积，扣除单个 $0.3m^2$ 以外的孔洞、独立柱及与天棚相连的窗帘盒所占的面积	1. 基层清理 2. 龙骨安装 3. 基层板铺贴 4. 面层铺贴 5. 嵌缝 6. 刷防护材料、油漆

续表

项目编码	项目名称	项目特征	计量单位	工程量计算规则	工程内容
020302002	格栅吊顶	1. 龙骨类型、材料种类、规格、中距 2. 基层材料种类、规格 3. 面层材料品种、规格、品牌、颜色 4. 防护材料种类 5. 油漆品种、刷漆遍数	m^2	按设计图示尺寸以水平投影面积计算	1. 基层清理 2. 底层抹灰 3. 安装龙骨 4. 基层板铺贴 5. 面层铺贴 6. 刷防护材料、油漆
020302003	吊筒吊顶	1. 底层厚度、砂浆配合比 2. 吊筒形状、规格、颜色、材料种类 3. 防护材料种类 4. 油漆品种、刷漆遍数			1. 基层清理 2. 底层抹灰 3. 吊筒安装 4. 刷防护材料、油漆
020302004	藤条造型悬挂吊顶	1. 底层厚度、砂浆配合比 2. 骨架材料种类、规格 3. 面层材料品种、规格、颜色 4. 防护层材料种类 5. 油漆品种、刷漆遍数			1. 基层清理 2. 底层抹灰 3. 龙骨安装 4. 铺贴面层 5. 刷防护材料、油漆
020302005	织物软雕吊顶				
020302006	网架（装饰）吊预	1. 底层厚度、砂浆配合比 2. 面层材料品种、规格、颜色 3. 防护材料品种 4. 油漆品种、刷漆遍数			1. 基层清理 2. 底层抹灰 3. 面层安装 4. 刷防护材料、油漆

3）天棚其他装饰（编码：020303）。天棚其他装饰工程量清单项目设置及工程量计算规则见表 7-97。

天棚其他装饰（编码：020303）　　　　**表 7-97**

项目编码	项目名称	项目特征	计量单位	工程量计算规则	工程内容
020303001	灯带	1. 灯带形式，尺寸 2. 格栅片材料品种、规格、品牌、颜色 3. 安装固定方式	m^2	按设计图示尺寸以框外围面积计算	安装、固定
020303002	送风口、回风口	1. 风口材料品种、规格、品牌、颜色 2. 安装固定方式 3. 防护材料种类	个	按设计图示数量计算	1. 安装、固定 2. 刷防护材料

（3）油漆、喷涂、裱糊工程。

1）门油漆（编码：020501）。门油漆工程量清单项目设置及工程量计算规则见表 7-98。

门油漆（编码：020501）　　　　**表 7-98**

项目编码	项目名称	项目特征	计量单位	工程量计算规则	工程内容
020501001	门油漆	1. 门类型 2. 腻子种类 3. 刮腻子要求 4. 防护材料种类 5. 油漆品种、刷漆遍数	樘	按设计图示数量计算	1. 基层清理 2. 刮腻子 3. 刷防护材料、油漆

2）窗油漆（编码：020502）。窗油漆工程量清单项目设置及工程量计算规则见表 7-99。

窗油漆（编码：020502）　　　　**表 7-99**

项目编码	项目名称	项目特征	计量单位	工程量计算规则	工程内容
120502001	窗油漆	1. 窗类型 2. 腻子种类 3. 刮腻子要求 4. 防护材料种类 5. 油漆品种、刷漆遍数	樘	按设计图示数量计算	1. 基层清理 2. 刮腻子 3. 刷防护材料、油漆

3）木扶手及其他板条、线条油漆（编码：020503）。木扶手及其他板条线条油漆工程量清单项设置及工程量计算规则见表 7-100。

木扶手及其他板条线条油漆（编码：020503）　　**表 7-100**

项目编码	项目名称	项目特征	计量单位	工程量计算规则	工程内容
020503001	木扶手油漆	1. 腻子种类 2. 刮腻子要求 3. 油漆体单位展开面积 4. 油漆体长度 5. 防护材料种类 6. 油漆品种、刷漆遍数	m	按设计图示尺寸以长度计算	1. 基层清理 2. 刮腻子 3. 刷防护材料、油漆
020503002	窗帘盒油漆				
020503003	封檐板、顺水板油漆				
020503004	挂衣板、黑板框油漆				
020503005	挂镜线、窗帘棍、单独木线油漆				

4）木材面油漆（编码：020504）。木材面油漆工程量清单项目设置及工程量计算规则见表 7-101。

木材面油漆（编码：020504）　　**表 7-101**

项目编码	项目名称	项目特征	计量单位	工程量计算规则	工程内容
020504001	木板、纤维板、胶合板、油漆	1. 腻子种类 2. 刮腻子要求 3. 防护材料种类 4. 油漆品种、刷漆遍数	m^2	按设计图示尺寸以面积计算	1. 基层清理 2. 刮腻子 3. 刷防护材料、油漆
020504002	木护墙、木墙裙油漆				
020504003	窗台板、筒子板、盖板、门窗套、踢脚线油漆				
020504004	清水板条天棚、檐口油漆				
020504005	木方格吊顶天棚油漆				
020504006	吸声板墙面、天棚面油漆				
020504007	暖气罩油漆				

续表

项目编码	项目名称	项目特征	计量单位	工程量计算规则	工程内容
020504008	木间壁、木隔断油漆	1. 腻子种类 2. 刮腻子要求 3. 防护材料种类 4. 油漆品种、刷漆遍数	m²	按设计图示尺寸以单面外围面积计算	1. 基层处理 2. 刮腻子 3. 刷防护材料、油漆
020504009	玻璃间壁露明墙筋油漆				
020504010	木栅栏、木栏杆（带扶手）油漆				
020504011	衣柜、壁柜油漆			按设计图示尺寸以油漆部分展开面积计算	
020504012	梁柱饰面油漆				
020504013	零星木装修油漆				
020504014	木地板油漆				
020504015	木地板烫硬蜡面	1. 硬蜡品种 2. 面层处理要求		按设计图示尺寸以面积计算。空洞、空圈、暖气包槽、壁龛的开口部分并入相应的工程量内	1. 基层清理 2. 烫蜡

5）金属面油漆（编码：020505）。金属面油漆工程量清单项目设置及工程量计算规则见表 7-102。

金属面油漆（编码：020505） **表 7-102**

项目编码	项目名称	项目特征	计量单位	工程量计算规则	工程内容
0120505001	金属面油漆	1. 腻子种类 2. 刮腻子要求 3. 防护材料种类 4. 油漆品种、刷漆遍数	t	按设计图示尺寸以质量计算	1. 基层清理 2. 刮腻子 3. 刷防护材料、油漆

6）抹灰面油漆（编码：020506）。抹灰面油漆工程量清单项目设置及工程量计算规则见表 7-103。

抹灰面油漆（编码：020506） **表 7-103**

项目编码	项目名称	项目特征	计量单位	工程量计算规则	工程内容
020506001	抹灰面油漆	1. 基层类型 2. 线条宽度、道数 3. 腻子种类 4. 刮腻子要求 5. 防护材料种类 6. 油漆品种、刷漆遍数	m^2	按设计图示尺寸以面积计算	1. 基层清理 2. 刮腻子 3. 刷防护材料、油漆
020506002	抹灰线条油漆		m	按设计图示尺寸以长度计算	

7）喷刷涂料（编码：020507）。喷刷涂料工程量清单项目设置及工程量计算规则见表 7-104。

喷刷涂料（编码：020507） **表 7-104**

项目编码	项目名称	项目特征	计量单位	工程量计算规则	工程内容
020507001	刷喷涂料	1. 基层类型 2. 腻子种类 3. 刮腻子要求 4. 涂料品种、刷喷遍数	m^2	按设计图示尺寸以面积计算	1. 基层清理 2. 刮腻子 3. 刷、喷涂料

8）花饰、线条刷涂料（编码：020508）。花饰、线条刷涂料工程量清单项目设置及工程量计算规则见表 7-105。

花饰、线条刷涂料（编码：020508） **表 7-105**

项目编码	项目名称	项目特征	计量单位	工程量计算规则	工程内容
020508001	空花格、栏杆刷涂料	1. 腻子种类 2. 线条宽度 3. 刮腻子要求 4. 涂料品种、刷喷遍数	m^2	按设计图示尺寸以单面外围面积计算	1. 基层清理 2. 刮腻子 3. 刷、喷涂料
020508002	线条刷涂料		m	按设计图示尺寸以长度计算	

9）裱糊（编码：020509）。裱糊工程工程量清单项目设置及工程量计算规则见表 7-106。

裱糊（编码：020509） 表 7-106

项目编码	项目名称	项目特征	计量单位	工程量计算规则	工程内容
020509001	墙纸裱糊	1. 基层类型 2. 裱糊构件部位 3. 腻子种类 4. 刮腻子要求 5. 粘结材料种类 6. 防护材料种类 7. 面层材料品种、规格、品牌、颜色	m^2	按设计图示尺寸以面积计算	1. 基层清理 2. 刮腻子 3. 面层铺粘 4. 刷防护材料
020509002	织锦缎裱糊				

7.10 防腐、保温、隔热工程

7.10.1 相关知识

保温隔热屋面，是一种集防水和保温隔热于一体的防水屋面，防水是基本功能，同时兼顾保温隔热。

保温层可采用松散材料保温层、板状保温层或整体保温层；隔热层可采用架空隔热层、蓄水隔热层、种植隔热层等。

保温隔热材料的品种、性能及适用范围见表 7-107。

保温隔热材料的品种、性能及适用范围 表 7-107

材料名称	主要性能及特点	适用范围
炉渣	炉渣为工业废料，可就地取材，使用方便 炉渣有高炉炉渣、水渣及锅炉炉渣。使用粒径 5～40mm，表观密度为 500～1000kg/m³，导热系数为 0.163～0.25W/(m·K) 炉渣不能含有有机杂质和未烧尽的煤块，以及白灰块、土块等物。如粒径过大应先破碎再使用	屋面找平、找坡层
浮石	浮石为一种天然资源，在我国分布较广，蕴藏量较大，内蒙古、山西、黑龙江均是著名浮石产地 浮石堆积密度一般在 500～800kg/m³，孔隙率为 45%～56%，浮石混凝土的导热系数为 0.116～0.21W/(m·K)	屋面保温层

续表

材料名称	主要性能及特点	适用范围
膨胀蛭石	膨胀蛭石是以蛭石为原料，经烘干、破碎、熔烧而成，为一种金黄色或灰白色颗粒状物料 膨胀蛭石堆积密度约为80～300kg/m^3，导热系数应小于0.14W/(m·K) 膨胀蛭石为无机物，因此不受菌类侵蚀，不腐烂、不变质，但耐碱不耐酸，因此不宜用于有酸性侵蚀处	屋面保温隔热层
膨胀珍珠岩	膨胀珍珠岩是以珍珠岩（松脂岩、黑曜岩）矿石为原料，经过破碎、熔烧而成一种白色或灰白色的砂状材料 膨胀珍珠岩呈蜂窝状泡沫，堆积密度＜120kg/m^3，导热系数＜0.07W/（m·K），具有容重轻、保温性能好，无毒、无味、不腐、不燃、耐酸、耐碱等特点	屋面保温隔热层
泡沫塑料	保温、吸声、防震材料。它的种类较多，有聚苯乙烯泡沫塑料、聚乙烯泡沫塑料、聚氯乙烯泡沫塑料等 特点为质轻、隔热、保温、吸声、吸水性小、耐酸、耐碱、防露性能好	屋面保温隔热层
微孔硅酸钙	微孔硅酸钙是以二氧化硅粉状材料、石灰、纤维增强材料和水经搅拌，凝胶化成形、蒸压养护、干燥等工序制作而成 它具有容重轻、导热系数小，耐水性好，防火性能强等特点	用作房屋内墙、外墙、平顶的防火覆盖材料
泡沫混凝土	泡沫混凝土为一种人工制造的保温隔热材料。一种是水泥加入泡沫剂和水，经搅拌、成形、养护而成。另一种是用粉煤灰加入适量石灰、石膏及泡沫剂和水拌制而成，又称为硅酸盐泡沫混凝土。这两种混凝土具有多孔、轻质、保温、隔热、吸声等性能。其表观密度为350～400kg/m^3，抗压强度0.3～0.5MPa，导热系数在0.088～0.116W/(m·K)	屋面保温隔热层

7.10.2 基础定额工程量计算规则

1. 定额内容及规定

（1）耐酸防腐

1）定额工作内容。

① 水玻璃耐酸混凝土、耐酸沥青砂浆整体防腐面层项目包括了清扫基层、底层或施工缝刷稀胶泥、调运砂浆胶泥、混凝土、浇灌混凝土。

② 耐酸沥青混凝土、碎土灌沥青整体防腐面层项目包括了清扫基层、熬沥青、填充料加热、调运胶泥、刷胶泥、搅拌沥青混凝土、摊铺并压实沥青混凝土。

③ 硫黄混凝土、环氧砂浆整体防腐面层项目包括了清扫基层、熬制硫黄、烘干粉集料、调运混凝土、砂浆、胶泥。

④ 环氧稀胶泥、环氧煤焦油砂浆整体防腐面层项目包括了清扫基层、调运胶泥、刷稀胶泥。

⑤ 环氧呋喃砂浆、邻苯型不饱和聚酯砂浆、双酚 A 型不饱和聚酯砂浆、邻苯型聚酯稀胶泥、铁屑砂浆等整体防腐面层项目包括了清扫基层、打底料、调运砂浆、摊铺砂浆。

⑥ 不发火沥青砂浆、重晶石混凝土、重晶石砂浆。酸化处理等整体防腐面层项目包括了清扫基层、调运砂浆、摊铺砂浆。

⑦ 玻璃钢防腐面层底漆、刮腻子项目包括了材料运输、填料干燥、过筛、胶浆配制、涂刷、配制腻子及嵌刮。

⑧ 玻璃钢防腐面层项目包括了清扫基层、调运胶泥、胶浆配制、涂刷、贴布一层。

⑨ 软聚氯乙烯塑料防腐地面项目包括了清扫基层、配料、下料、涂胶、铺贴、滚压、养护、焊接缝、整平、安装压条、铺贴踢脚板。

⑩ 耐酸沥青胶泥卷材、耐酸沥青胶泥玻璃布等隔离层项目包括了清扫基层、熬沥青、填充料加热、调运胶泥、基层涂冷底子油、铺设油毡。

⑪ 沥青胶泥、一道冷底子油二道热沥青等隔离层项目包括了清扫基层、熬沥青胶泥、铺设沥青胶泥。

⑫ 树脂类胶泥平面砌块料面层项目包括了清扫基层、运料、清洗块料、调制胶泥、砌块料。

⑬ 水玻璃胶泥平面砌块料面层项目包括了清扫基层、运料、清洗块料、调制胶泥、砌块料。

⑭ 硫黄胶泥平面砌块料面层项目包括了清扫基层、运料、清洗块料、调制胶泥、砌块料。

⑮ 耐酸沥青胶泥平面砌块料面层项目包括了清扫基层、运料、清洗块料、调制胶泥、砌块料。

⑯ 水玻璃胶泥结合层、树脂胶泥勾缝平面砌块料面层项目包括了清扫基层、运料、清洗块料、调制胶泥、砌块料、树脂胶泥勾缝。

⑰ 耐酸沥青胶泥结合层、树脂胶泥勾缝平面砌块料面层项目包括了清扫基层、运料、清洗块料、调制胶泥、砌块料、树脂胶泥勾缝。

⑱ 树脂类胶泥池、沟、槽砌块料面层项目包括了清扫基层、洗运块料、调制胶泥、打底料、砌块料。

⑲ 水玻璃胶泥、耐酸沥青胶泥等池、沟、槽砌块料面层项目包括了清扫基层、洗运块料、调制胶泥、砌块料。

⑳ 过氯乙烯漆、沥青漆、漆酚树脂漆、酚醛树脂漆、氯磺化聚乙烯漆、聚氨酯漆等耐酸防腐涂料项目包括了清扫基层、配制油漆、油漆涂刷。

2）定额一般规定。

① 整体面层、隔离层适用于平面、立面的防腐耐酸工程，包括沟、坑、槽。

② 块料面层以平面砌为准，砌立面者按平面砌相应项目，人工乘以系数 1.38，踢脚板人工乘以系数 1.56，其他不变。

③ 各种砂浆、胶泥、混凝土材料的种类，配合比及各种整体面层的厚度，如设计与定额不同时，可以换算，但各种块料面层的结合层砂浆或胶泥厚度不变。

④ 本章的各种面层，除软聚氯乙烯塑料地面外，均不包括踢脚板。

⑤ 花岗石板以六面剁斧的板材为准。如底面为毛面者，水玻璃砂浆增加 0.38m^3；耐酸沥青砂浆增加 0.44m^3。

（2）保温隔热

1）定额工作内容。

① 泡沫混凝土块、沥青玻璃棉毡、沥青矿渣棉毡、沥青珍

珠岩块等屋面保温项目均包括了清扫基层、拍实、平整、找坡、铺砌。

② 水泥蛭石块、现浇水泥珍珠岩、现浇水泥蛭石、干铺蛭石、干铺珍珠岩、铺细砂等屋面保温项目均包括了清扫基层、铺砌保温层。

③ 混凝土板下铺贴聚苯乙烯塑料板、沥青贴软木等天棚保温（带木龙骨）项目均包括了熬制沥青、铺贴隔热层、清理现场。

④ 聚苯乙烯塑料板、沥青贴软木等墙体保温项目均包括了木框架制作安装、熬制沥青、铺贴隔热层、清理现场。

⑤ 砌加气混凝土块、沥青珍珠岩板墙、水泥珍珠岩板墙等墙体保温项目均包括了搬运材料、熬制沥青、加气混凝土块锯割铺砌、铺贴隔热层。

⑥ 沥青玻璃棉、沥青矿渣棉、松散稻壳等墙体保温项目均包括了搬运材料、玻璃棉袋装、填装玻璃棉、矿渣棉、清理现场。

⑦ 聚苯乙烯塑料板、沥青贴软木、沥青铺加气混凝土块等楼地面隔热项目均包括了场内搬运材料、熬制沥青、铺贴隔热层、清理现场。

⑧ 聚苯乙烯塑料板、沥青贴软木等柱子保温及沥青稻壳板铺贴墙或柱子保温项目均包括了熬制沥青、铺贴隔热层、清理现场。

2）定额一般规定。

① 本定额适用于中温、低温及恒温的工业厂（库）房隔热工程，以及一般保温工程。

② 本定额只包括保温隔热材料的铺贴，不包括隔气防潮、保护层或衬墙等。

③ 隔热层铺贴，除松散稻壳、玻璃棉、矿渣棉为散装外，其他保温材料均以石油沥青（30＃）作胶结材料。

④ 稻壳已包括装之前的筛选、除尘工序，稻壳中如需增加

药物防虫时，材料另行计算，人工不变。

⑤ 玻璃棉、矿渣棉包装材料和人工均已包括在定额内。

⑥ 墙体铺贴块体材料，包括基层涂沥青一遍。

2. 工程量计算规则

(1) 防腐工程

1) 整体面层、隔离层适用于平面、立面的防腐耐酸工程，包括沟、坑、槽。

2) 块料面层以平面砌为准，砌立面者按平面砌相应项目，人工乘系数 1.38，踢脚板人工乘系数 1.56，其他不变。

3) 各种砂浆、胶泥、混凝土材料的种类，配合比及各种整体面层的厚度，如设计与定额不同时，可以换算，但各种块料面层的结合层砂浆或胶泥厚度不变。

4) 本节的各种面层，除软聚氯乙烯塑料地面外，均不包括踢脚板。

5) 花岗石板以六面剁斧的板材为准。如底面为毛面者，水玻璃砂浆增加 0.38m^3，耐酸沥青砂浆增加 0.44m^3。

6) 防腐工程项目应区分不同防腐材料种类及其厚度，按设计实铺面积以 m^2 计算。应扣除凸出地面的构筑物、设备基础等所占的面积，砖垛等凸出墙面部分按展开面积计算并入墙面防腐工程量之内。

7) 踢脚板按实铺长度乘以高度以平方米（m^2）计算，应扣除门洞所占面积并相应增加侧壁展开面积。

8) 平面砌筑双层耐酸块料时，按单层面积乘以系数 2 计算。

9) 防腐卷材接缝、附加层、收头等人工材料，已计入在定额中，不再另行计算。

(2) 保温隔热工程

1) 本定额适用于中温、低温及恒温的工业厂（库）房隔热工程，以及一般保温工程。

2) 本定额只包括保温隔热材料的铺贴，不包括隔气防潮、保护层或衬墙等。

3）隔热层铺贴，除松散稻壳、玻璃棉、矿渣棉为散装外，其他保温材料均以石油沥青（30 号）作胶结材料。

4）稻壳已包括装之前的筛选、除尘工序，稻壳中如需增加药物防虫时，材料另行计算，人工不变。

5）玻璃棉、矿渣棉包装材料和人工均已包括在定额内。

6）墙体铺贴块体材料，包括基层涂沥青一遍。

7）保温隔热层应区别不同保温隔热材料，除另有规定者外，均按设计实铺厚度以 m^3 计算。

8）保温隔热层的厚度按隔热材料（不包括胶结材料）净厚度计算。

9）地面隔热层按围护结构墙体间净面积乘以设计厚度以 m^3 计算，不扣除柱、垛所占的体积。

10）墙体隔热层，外墙按隔热层中心线、内墙按隔热层净长乘以图示尺寸的高度及厚度以立方米计算。应扣除冷藏门洞口和管道穿墙洞口所占的体积。

11）柱包隔热层，按图示柱的隔热层中心线的展开长度乘以图示尺寸高度及厚度以 m^3 计算。

12）其他保温隔热：

① 池槽隔热层按图示池槽保温隔热层的长、宽及其厚度以 m^3 计算。其中池壁按墙面计算，池底按地面计算。

② 门洞口侧壁周围的隔热部分，按图示隔热层尺寸以 m^3 计算，并入墙面的保温隔热工程量内。

③ 柱帽保温隔热层按图示保温隔热层体积并入顶棚保温隔热层工程量内。

7.10.3 清单计价工程量计算规则

1. 说明

防腐、隔热、保温工程共 3 节 14 个项目。包括防腐面层、其他防腐、隔热、保温工程。适用于工业与民用建筑的基础、地面、墙面防腐，楼地面、墙体、屋盖的保温隔热工程。

（1）“防腐混凝土面层”、“防腐砂浆面层”、“防腐胶泥面层”项目适用于平面或立面的水玻璃混凝土、水玻璃砂浆、水玻璃胶泥、沥青混凝土、沥青砂浆、沥青胶泥、树脂砂浆、树脂胶泥以及聚合物水泥砂浆等防腐工程。应注意：

1）因防腐材料不同价格上的差异，清单项目中必须列出混凝土、砂浆、胶泥的材料种类，如：水玻璃混凝土、沥青混凝土等。

2）如遇池、槽防腐，池底和池壁可合并列项，也可分为池底面积和池壁防腐面积，分别列项。

（2）“玻璃钢防腐面层”项目适用于树脂胶料与增强材料（如：玻璃纤维丝布、玻璃纤维表面毡、玻璃纤维短切毡或涤纶布、丙纶毡、丙纶布等）复合塑制而成的玻璃钢防腐。应注意：

1）项目名称应描述构成玻璃钢、树脂和增强材料名称。如：环氧酚醛（树脂）玻璃钢、酚醛（树脂）玻璃钢、环氧煤焦油（树脂）玻璃钢、环氧呋喃（树脂）玻璃钢、不饱和聚酯（树脂）玻璃钢等。增强材料玻璃纤维布、毡、涤纶布毡等。

2）应描述防腐部位和立面、平面。

（3）“聚氯乙烯板面层”项目适用于地面、墙面的软、硬聚氯乙烯板防腐工程。应注意：聚氯乙烯板的焊接应包括在报价内。

（4）“块料防腐面层”项目适用于地面、沟槽，基础的各类块料防腐工程。应注意：

1）防腐蚀块料粘贴部位（地面、沟槽、基础、踢脚线）应在清单项目中进行描述。

2）防腐蚀块料的规格、品种（瓷板、铸石块、天然石板等）应在清单项目中进行描述。

（5）“隔离层”项目适用于楼地面的沥青类、树脂玻璃钢类防腐工程隔离层。

（6）“砌筑沥青浸渍砖”项目适用于浸渍标准砖。工程量以体积计算，立砌按厚度 115mm 计算；平砌以 53mm 计算。

(7)“防腐涂料”项目适用于建筑物、构筑物以及钢结构的防腐。应注意：

1）项目名称应对涂刷基层（混凝土、抹灰面）进行描述。

2）需刮腻子时应包括在报价内。

3）应对涂料底漆层、中间漆层、面漆涂刷（或刮）遍数进行描述。

(8)“保温隔热屋面”项目适用于各种材料的屋面隔热保温。应注意：

1）屋面保温隔热层上的防水层应按屋面的防水项目单独列项。

2）预制隔热板屋面的隔热板与砖墩分别按混凝土及钢筋混凝土工程和砌筑工程相关项目编码列项。

3）屋面保温隔热的找坡、找平层应包括在报价内，如果屋面防水层项目包括找平层和找坡，屋面保温隔热不再计算，以免重复。

(9)“保温隔热顶棚”项目适用于各种材料的下贴式或吊顶上搁置式的保温隔热的顶棚。应注意：

1）下贴式如需底层抹灰时，应包括在报价内。

2）保温隔热材料需加药物防虫剂时，应在清单中进行描述。

(10)“保温隔热墙”项目适用于工业与民用建筑物外墙、内墙保温隔热工程。应注意：

1）外墙内保温和外保温的面层应包括在报价内，装饰层应按装饰装修工程量清单中相关项目编码列项。

2）外墙内保温的内墙保温踢脚线应包括在报价内。

3）外墙外保温、内保温、内墙保温的基层抹灰或刮腻子应包括在报价内。

2. 工程量清单项目设置及工程量计算规则

(1) 防腐面层（编码 010801）。防腐面层工程量清单项目设置及工程量计算规则见表 7-108。

防腐面层（编码：010801） **表 7-108**

项目编码	项目名称	项目特征	计量单位	工程量计算规则	工程内容
010801001	防腐混凝土面层	1. 防腐部位 2. 面层厚度 3. 砂浆、混凝土、胶泥种类	m^2	按设计图示尺寸以面积计算 1. 平面防腐：扣除凸出地面的构筑物、设备基础等所占面积 2. 立面防腐：砖垛等凸出部分按展开面积并入墙面积内	1. 基层清理 2. 基层刷稀胶泥 3. 砂浆制作、运输、摊铺、养护 4. 混凝土制作、运输、摊铺、养护
010801002	防腐砂浆面层				
010801003	防腐胶泥面层				1. 基层清理 2. 胶泥调制、摊铺
010801004	玻璃钢防腐面层	1. 防腐部位 2. 玻璃钢种类 3. 贴布层数 4. 面层材料品种			1. 基层清理 2. 刷底漆、刮腻子 3. 胶浆配制、涂尉 4. 粘布、涂刷面层
010801005	聚氯乙烯板面层	1. 防腐部位 2. 面层材料品种 3. 粘结材料种类		按设计图示尺寸以面积计算 1. 平面防腐：扣除凸出地面的构筑物、设备基础等所占面积 2. 立面防腐：砖垛等凸出部分按展开面积并入墙面积内 3. 踢脚板防腐：扣除门洞所占面积并相应增加门洞侧壁面积	1. 基层清理 2. 配料、涂胶 3. 聚氯乙烯板铺设 4. 铺贴踢脚板
010801006	块料防腐面层	1. 防腐部位 2. 块料品种、规格 3. 粘结材料种类 4. 勾缝材料种类			1. 基层清理 2. 砌块料 3. 胶泥调制、勾缝

（2）其他防腐（编码：010802）。其他防腐工程工程量清单项目设置及工程量计算规则见表 7-109。

其他防腐（编码：010802）　　**表 7-109**

项目编码	项目名称	项目特征	计量单位	工程量计算规则	工程内容
010802001	隔离层	1. 隔离层部位 2. 隔离层材料品种 3. 隔离层做法 4. 粘贴材料种类	m^2	按设计图示尺寸以面积计算 1. 平面防腐：扣除凸出地面的构筑物、设备基础等所占面积 2. 立面防腐：砖垛等凸出部分按展开面积并入墙面积内	1. 基层清理、刷油 2. 煮沥青 3. 胶泥调制 4. 隔离层铺设
010802002	砌筑沥青浸渍砖	1. 砌筑部位 2. 浸渍砖规格 3. 浸渍砖砌法（平砌、立砌）	m^3	按设计图示尺寸以体积计算	1. 基层清理 2. 胶泥调制 3. 浸渍砖铺砌
010802003	防腐涂料	1. 涂刷部位 2. 基层材料类型 3. 涂料品种、刷涂遍数	m^2	按设计图示尺寸以面积计算 1. 平面防腐：扣除凸出地面的构筑物、设备基础等所占面积 2. 立面防腐：砖垛等凸出部分按展开面积并入墙面积内	1. 基层清理 2. 刷涂料

（3）隔热、保温（编码：010803）。隔热、保温工程工程量清单项目设置及工程量计算规则见表 7-110。

隔热、保温（编码：010803）　　**表 7-110**

项目编码	项目名称	项目特征	计量单位	工程量计算规则	工程内容
010803001	保温隔热屋面	1. 保温隔热部位 2. 保温隔热方式（内保温、外保温、夹心保温） 3. 踢脚线、勒脚线保温做法	m^2	按设计图示尺寸以面积计算。不扣除柱、垛所占面积	1. 基层清理 2. 铺粘保温层 3. 刷防护材料
010803002	保温隔热天棚				

续表

<table>
<tr><th>项目编码</th><th>项目名称</th><th>项目特征</th><th>计量单位</th><th>工程量计算规则</th><th>工程内容</th></tr>
<tr><td>010803003</td><td>保温隔热墙</td><td rowspan="3">4. 保温隔热面层材料品种、规格、性能
5. 保温隔热材料品种、规格
6. 隔气层厚度
7. 粘结材料种类
8. 防护材料种类</td><td rowspan="3">m^2</td><td>按设计图示尺寸以面积计算。扣除门窗洞口所占面积；门窗洞口侧壁需做保温时，并入保温墙体工程量内</td><td rowspan="2">1. 基层清理
2. 底层抹灰
3. 粘贴龙骨
4. 填贴保温材料
5. 粘贴面层
6. 嵌缝
7. 刷防护材料</td></tr>
<tr><td>010803004</td><td>保温柱</td><td>按设计图示以保温层中心线展开长度乘以保温层高度计算</td></tr>
<tr><td>010803005</td><td>隔热楼地面</td><td>按设计图示尺寸以面积计算。不扣除柱、垛所占面积</td><td>1. 基层清理
2. 铺设粘贴材料
3. 铺贴保温层
4. 刷防护材料</td></tr>
</table>

7.11 金属结构制作工程

7.11.1 相关知识

1. 金属结构的特点

金属结构制作是指用各种型钢、钢板和钢管等金属材料或半成品，以不同的连接方法加工制作成构件，其拼接形式由结构特点确定。

金属结构的应用范围须根据钢结构的特点作出合理的选择。

金属结构构件一般是在金属结构加工厂制作，经运输、安装、再刷漆，最后构成工程实体。工程分项为金属结构制作及安装（金属构件制作安装、金属栏杆制作安装），金属构件汽车运输，成品钢门窗安装，自加工门窗安装、自加工钢门安装，铁窗棚安装，金属压型板。

2. 金属结构构件一般构造

（1）柱。钢柱一般由钢板焊接而成，也可由型钢单独制作或组合成格构式钢柱。焊接钢柱按截面形式可分为实腹式柱和格构式柱，或者分为工字形、箱形和 T 形柱；按截面尺寸大小可分为一般组合截面和大型焊接柱。

（2）梁。钢梁的种类较多，有普通钢梁、吊车梁、单轨钢吊车梁、制动梁等。截面以工字形居多，或用钢板焊接，也可采用桁架式钢梁、箱形梁或贯通型梁等。图 7-14 是工字形梁与箱、柱的连接视图。

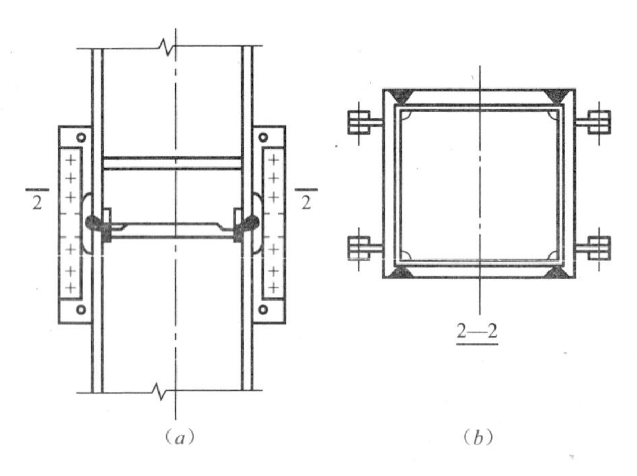

图 7-14 工字形梁与箱形柱

（a）立面；（b）剖面

制动梁是防止吊车梁产生侧向弯曲，用以提高吊车梁的侧向刚度，并与吊车梁连接在一起的一种构件。

（3）屋架。钢屋架按采用钢材规格不同分为普通钢屋架（简称钢屋架）、轻型钢屋架和薄壁型钢屋架。

1）钢屋架。钢屋架一般是采用等于或大于∟45×4 和∟55×36×4 的角钢或其他型钢焊接而成，杆件节点处采用钢板连接，双角钢中间夹以垫板焊成杆件。

2）轻型钢屋架。轻型钢屋架是由小角钢（小于∟45×4 或∟56×36×4）和小圆钢（$\phi \geqslant 12$mm）构成的钢屋架，杆件节点处一般不使用节点钢板，而是各杆直接连接，杆件也可采用单角钢，下弦杆及拉杆常用小圆钢制作。轻型钢屋架一般用于跨度较小（≤18m），起重量不大于5t的轻、中级工作制吊车和屋面荷载较轻的屋面结构中。

3）薄壁型钢屋架。常以薄壁型钢为主材，一般钢材为辅材制作而成。它的主要特点是重量特轻，常用作轻型屋面的支承构件。

（4）檩条。檩条是支承于屋架或天窗上的钢构件，通常分为实腹式和桁架式两种。

（5）钢支撑。钢支撑有屋盖支撑和柱间支撑两类。屋盖支撑包括：

① 屋架的纵向支撑；

② 屋架和天窗架横向支撑；

③ 屋架和天窗架的垂直支撑；

④ 屋架和天窗架的水平系杆。钢支撑用单角钢或两个角钢组成十字形截面，一般采用十字交叉的形式。

（6）钢平台。钢平台一般以型钢作骨架，上铺钢板，做成板式平台。

（7）钢梯子。工业建筑中的钢梯有平台钢梯、吊车钢梯、消防钢梯和屋面检修钢梯等。按构造形式分有踏步式、爬式和螺旋式钢梯，爬式钢梯的踏步多为独根圆钢或角钢做成。

7.11.2 基础定额工程量计算规则

1. 定额内容及规定

（1）定额工作内容

1）钢柱、钢屋架、钢托架、钢吊车梁、钢制动梁、钢吊车轨道、钢支撑、钢檩条、钢墙架、钢平台、钢梯子、钢栏杆、钢漏斗、H型钢等制作项目均包括放样、画线、截料、平直、钻孔、拼装、焊接、成品矫正、除锈、刷防锈漆一遍及成品编号堆放。H型钢项目未包括超声波探伤及X射线拍片。

2）球节点钢网架制作包括定位、放样、放线、搬运材料、制作拼装、油漆等。

（2）定额一般规定

1）定额适用于现场加工制作，亦适用于企业附属加工厂制作的构件。

2）定额的制作，均是按焊接编制的。

3）构件制作，包括分段制作和整体预装配的人工材料及机械台班用量，整体预装配用的螺栓及锚固杆件用的螺栓，已包括在定额内。

4）定额除注明者外，均包括现场内（工厂内）的材料运输，号料、加工、组装及成品堆放、装车出厂等全部工序。

5）定额未包括加工点至安装点的构件运输，应另按构件运输定额相应项目计算。

6）定额构件制作项目中，均已包括刷一遍防锈漆工料。

7）钢筋混凝土组合屋架钢拉杆，按屋架钢支撑计算。

8）定额编号 12-1 至 12-45 项，其他材料费（以 * 表示）均以下列材料组成；木脚手板 0.03m^3；木垫块 0.01m^3；钢丝 8 号 0.40kg；砂轮片 0.2g 片；铁砂布 0.07 张；机油 0.04kg；汽油 0.03kg；铅油 0.80kg；棉纱头 0.11kg。其他机械费（以□表示）由下列机械组成；座式砂轮机 0.56 台班；手动砂轮机 0.56 台班；千斤顶 0.56 台班；手动葫芦 0.56 台班；手电钻 0.56 台班。各部门、地区编制价格表时以此计入。

2. 工程量计算规则

（1）金属结构制作按图示钢材尺寸以 t 计算，不扣除孔眼、切边的重量，焊条、铆钉、螺栓等重量，已包括在定额内不另计算。在计算不规则或多边形钢板重量时均以其最大对角线乘最大宽度的矩形面积计算。

（2）实腹柱、吊车梁、H 型钢按图示尺寸计算，其中腹板及翼板宽度按每边增加 25mm 计算。

（3）制动梁的制作工程量包括制动梁、制动桁梁、制动板重量；墙架的制作工程量包括墙架柱、墙架梁及连接柱杆重量；钢柱制作工程量包括依附于柱上的牛腿及悬臂梁重量。

（4）轨道制作工程量，只计算轨道本身重量，不包括轨道垫板，压板、斜垫、夹板及连接角钢等重量。

（5）铁栏杆制作，仅适用于工业厂房中平台、操作台的钢栏杆。民用建筑中铁栏杆等按本定额其他章节有关项目计算。

（6）钢漏斗制作工程量，矩形按图示分片，圆形按图示展开尺寸，并依钢板宽度分段计算，每段均以其上口长度（圆形以分段展开上口长度）与钢板宽度，按矩形计算，依附漏斗的型钢并入漏斗重量内计算。

7.11.3 清单计价工程量计算规则

1. 说明

金属结构工程共7节24个项目。包括钢屋架、钢网架、钢托架、钢桁架、钢柱、钢梁、压型钢板楼板、墙板、钢构件、金属网。适用于建筑物、构筑物的钢结构工程。

（1）“钢屋架”项目适宜于一般钢屋架和轻钢屋架、冷弯薄壁型钢屋架。

（2）“钢网架”项目适用于一般钢网架和不锈钢网架。不论节点形式（球形节点、板式节点等）和节点连接方式（焊接、丝接）等均使用该项目。

（3）“实腹柱”项目适用于实腹钢柱和实腹式型钢混凝土柱。

（4）“空腹柱”项目适用于空腹钢柱和空腹型钢混凝土柱。

（5）“钢管柱”项目适用于钢管柱和钢管混凝土柱。应注意：钢管混凝土柱的盖板、底板、穿心板、横隔板、加强环、明牛腿、暗牛腿应包括在报价内。

（6）“钢梁”项目适用于钢梁和实腹式型钢混凝土梁、空腹式型钢混凝土梁。

（7）“钢吊车梁”项目适用于钢吊车梁及吊车梁的制动梁、制动板、制动桁架，车挡应包括在报价内。

（8）“压型钢板楼板”项目适用于现浇混凝土楼板，使用压型钢板作永久性模板，并与混凝土叠合后组成共同受力的构件。压型钢板采用镀锌或经防腐处理的薄钢板。

(9)“钢栏杆”适用于工业厂房平台钢栏杆。

(10) 钢构件的除锈刷漆包括在报价内。

(11) 钢构件的拼装台的搭拆和材料摊销应列入措施项目费。

(12) 钢构件需探伤（包括射线探伤、超声波探伤、磁粉探伤、金相探伤、着色探伤、荧光探伤等）应包括在报价内。

2. 工程量清单项目设置及工程量计算规则

(1) 钢屋架、钢网架（编码：010601）。钢屋架、钢网架工程量清单项目设置及工程量计算规则见表 7-111。

钢屋架、钢网架（编码：010601） **表 7-111**

项目编码	项目名称	项目特征	计量单位	工程量计算规则	工程内容
010601001	钢屋架	1. 钢材品种、规格 2. 单榀屋架的重量 3. 屋架跨度、安装高度 4. 探伤要求 5. 油漆品种、刷漆遍数	t （榀）	按设计图示尺寸以质量计算。不扣除孔眼、切边、切肢的质量，焊条、铆钉、螺栓等不另增加质量，不规则或多边形钢板以其外接矩形面积乘以厚度乘以单位理论质量计算	1. 制作 2. 运输 3. 拼装 4. 安装 5. 探伤 6. 刷油漆
010601002	钢网架	1. 钢材品种、规格 2. 网架节点形式、连接方式 3. 网架跨度、安装高度 4. 探伤要求 5. 油漆品种、刷漆遍数			

(2) 钢托架、钢桁架（编码：010602）。钢托架、钢桁架工程量清单项目设置及工程量计算规则见表 7-112。

钢托架、钢桁架（编码：010602） **表 7-112**

项目编码	项目名称	项目特征	计量单位	工程量计算规则	工程内容
010602001	钢托架	1. 钢材品种、规格 2. 单榀重量 3. 安装高度 4. 探伤要求 5. 油漆品种、刷漆遍数	t	按设计图示尺寸以质量计算。不扣除孔眼、切边、切肢的质量，焊条、铆钉、螺栓等不另增加质量，不规则或多边形钢板，以其外接矩形面积乘以厚度乘以单位理论质量计算	1. 制作 2. 运输 3. 拼装 4. 安装 5. 探伤 6. 刷油漆
010602002	钢桁架				

（3）钢柱（编码：010603）。钢柱工程量清单项目设置及工程量计算规则见表 7-113。

钢柱（编码：010603）　　表 7-113

项目编码	项目名称	项目特征	计量单位	工程量计算规则	工程内容
010603001	实腹柱	1. 钢材品种、规格 2. 单根柱重量 3. 探伤要求 4. 油漆品种、刷漆遍数	t	按设计图示尺寸以质量计算。不扣除孔眼、切边、切肢的质量，焊条、铆钉、螺栓等不另增加质量，不规则或多边形钢板，以其外接矩形面积乘以厚度乘以单位理论质量计算，依附在钢柱上的牛腿及悬臂梁等并入钢柱工程量内	1. 制作 2. 运输 3. 拼装 4. 安装 5. 探伤 6. 刷油漆
010603002	空腹柱				
010603003	钢管柱	1. 钢材品种、规格 2. 单根柱重量 3. 探伤要求 4. 油漆品种、刷漆遍数		按设计图示尺寸以质量计算。不扣除孔眼、切边、切肢的质量，焊条、铆钉、螺栓等不另增加质量，不规则或多边形钢板，以其外接矩形面积乘以厚度乘以单位理论质量计算，钢管柱上的节点板、加强环、内衬管、牛腿等并入钢管柱工程量内	1. 制作 2. 运输 3. 安装 4. 探伤 5. 刷油漆

（4）钢梁（编码：010604）。钢梁工程量清单项目设置及工程量计算规则见表 7-114。

钢梁（编码：010604）　　表 7-114

项目编码	项目名称	项目特征	计量单位	工程量计算规则	工程内容
010604001	钢梁	1. 钢材品种、规格 2. 单根重量 3. 安装高度 4. 探伤要求 5. 油漆品种、刷漆遍数	t	按设计图示尺寸以质量计算。不扣除孔眼、切边、切肢的质量，焊条、铆钉、螺栓等不另增加质量，不规则或多边形钢板，以其外接矩形面积乘以厚度乘以单位理论质量计算，制动梁、制动板、制动桁架、车挡并入钢吊车梁工程量内	1. 制作 2. 运输 3. 安装 4. 探伤要求 5. 刷油漆
010604002	钢吊车梁				

（5）压型钢板楼板、墙板（编码：010605）。压型钢板楼板、墙板工程量清单项目设置及工程量计算规则见表 7-115。

压型钢板楼板、墙板（编码：010605）　　表 7-115

项目编码	项目名称	项目特征	计量单位	工程量计算规则	工程内容
010605001	压型钢板楼板	1. 钢材品种、规格 2. 压型钢板厚度 3. 油漆品种、刷漆遍数	m^2	按设计图示尺寸以铺设水平投影面积计算。不扣除柱、垛及单个 $0.3m^2$ 以内的孔洞所占面积	1. 制作 2. 运输 3. 安装 4. 刷油漆
010605002	压型钢板墙板	1. 钢材品种、规格 2. 压型钢板厚度、复合板厚度 3. 复合板夹芯材料种类、层数、型号、规格		按设计图示尺寸以铺挂面积计算。不扣除单个 $0.3m^2$ 以内的孔洞所占面积，包角、包边、窗台泛水等不另增加面积	

（6）钢构件（编码：010606）。钢构件工程量清单项目设置及工程量计算规则见表 7-116。

钢构件（编码：010606）　　表 7-116

项目编码	项目名称	项目特征	计量单位	工程量计算规则	工程内容
010606001	钢支撑	1. 钢材品种、规格 2. 单式、复式 3. 支撑高度 4. 探伤要求 5. 油漆品种、刷漆遍数	t	按设计图示尺寸以质量计算。不扣除孔眼、切边、切肢的质量，焊条、铆钉、螺栓等不另增加质量，不规则或多边形钢板以其外接矩形面积乘以厚度乘以单位理论质量计算	1. 制作 2. 运输 3. 安装 4. 探伤 5. 刷油漆
010606002	钢檩条	1. 钢材品种、规格 2. 型钢式、格构式 3. 单根重量 4. 安装高度 5. 油漆品种、刷漆遍数			

续表

项目编码	项目名称	项目特征	计量单位	工程量计算规则	工程内容
010606003	钢天窗架	1. 钢材品种、规格 2. 单榀重量 3. 安装高度 4. 探伤要求 5. 油漆品种、刷漆遍数	t	按设计图示尺寸以重量计算。不扣除孔眼、切边、切肢的质量，焊条、铆钉、螺栓等不另增加质量，不规则或多边形钢板以其外接矩形面积乘以厚度乘以单位理论质量计算，依附漏斗的型钢并入漏斗工程量内	1. 制作 2. 运输 3. 安装 4. 探伤 5. 刷油漆
010606004	钢挡风架	1. 钢材品种、规格 2. 单榀重量 3. 探伤要求 4. 油漆品种、刷漆遍数			
010606005	钢墙架				
010606006	钢平台	1. 钢材品种、规格 2. 油漆品种、刷漆遍数		按设计图示尺寸以质量计算。不扣除孔眼、切边、切肢的质量，焊条、铆钉、螺栓等不另增加质量，不规则或多边形钢板以其外接矩形面积乘以厚度乘以单位理论质量计算	
010606007	钢走道				
010606008	钢梯	1. 钢材品种、规格 2. 钢梯形式 3. 油漆品种，刷漆遍数			
010606009	钢栏杆	1. 钢材品种、规格 2. 油漆品种、刷漆遍数			
010606010	钢漏斗	1. 钢材品种、规格 2. 方形、圆形 3. 安装高度 4. 探伤要求 5. 油漆品种、刷漆遍数			
010606011	钢支架	1. 钢材品种、规格 2. 单件重量 3. 油漆品种、刷漆遍数			
010606012	零星钢构件	1. 钢材品种、规格 2. 构件名称 3. 油漆品种、刷漆遍数			

（7）金属网（编码：010607）。金属网工程量清单项目设置及工程量计算规则见表 7-117。

金属网（编码：010607）　　**表 7-117**

项目编码	项目名称	项目特征	计量单位	工程量计算规则	工程内容
010607001	金属网	1. 材料品种、规格 2. 边框及立柱型钢品种、规格 3. 油漆品种、刷漆遍数	m^2	按设计图示尺寸以面积计算	1. 制作 2. 运输 3. 安装 4. 刷油漆

7.12　土建工程基础定额工程量计算实例

背景：

某工程建筑面积为 1600m^2，纵横外墙基均采用同一断面的带形基础，无内墙，基础总长度为 80m，基础上部为 370mm 厚实心砖墙，带基结构尺寸如图 7-15 所示。混凝土现场浇筑，强度等级：基础垫层 C15，带形基础及其他构件均为 C30。项目编码及其他现浇有梁板及直形楼梯等分项工程的工程量见分部分项工程量清单与计价，见表 7-118。招标文件要求：（1）弃土采用翻斗车运输，运距 200m，基坑夯实回填，挖、填土方计算均按天然密实土；（2）土建单位工程投标总报价根据清单计价的金额确定。某承包商拟投标此项工程，并根据本企业的管理水平确定管理费率为 12%，利润率和风险系数为 4.5%（以工料机和管理费为基数计算）。

问题：

1. 根据图示内容、《房屋建筑与装饰工程计量规范》和《计价规范》的规定，计算该工程带形基础、垫层及挖填土方的工程量，计算过程填入表 7-118 中。

2. 施工方案确定：基础土方为人工放坡开挖，依据企业定额的计算规则规定，工作面每边 300mm；自垫层上表面开始放坡，坡度系数为 0.33，余土全部外运。计算基础土方工程量。

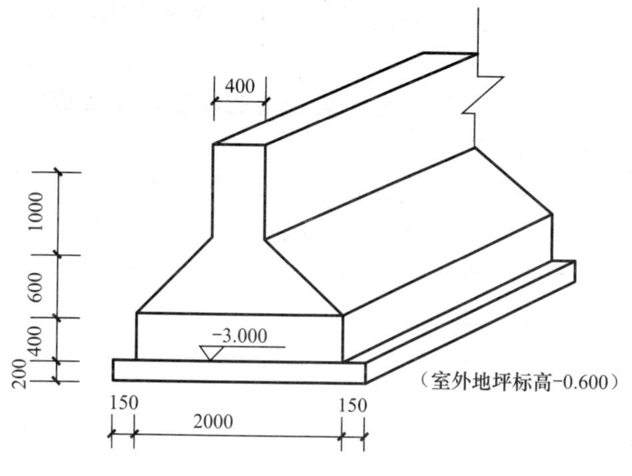

图 7-15　带形基础示意图

分部分项工程量清单与计价表　　　　**表 7-118**

序号	项目编码	项目名称	项目特征	计量单位	工程量	计算过程
1	010101002001	挖沟槽土方	三类土，挖土深度 4m 以内，弃土运距 200m	m^3		
2	010103001001	基础回填土	夯填	m^3		
3	010501001001	带形基础垫层	C15 混凝土厚 200mm	m^3		
4	010501002001	带形基础	C30 混凝土	m^3		
5	010505001001	有梁板	C30 混凝土厚 120mm	m^3	189.00	
6	010506001001	直形楼梯	C30 混凝土	m^2	31.60	
7		其他分项工程	略	元	1000000	

分析要点：

本案例要求按《房屋建筑与装饰工程计量规范》和《计价规范》规定，掌握编制单位工程工程量清单与计价汇总表的基本方法；掌握编制工程量清单综合单价分析表、分部分项工程量清单与计价表、措施项目清单与计价表、其他项目清单与计价汇总表，以及单位工程投标报价汇总表的操作实务。应掌握分部分项工程通过本企业定额消耗量和市场价格形成综合单价的过程。本案例的基本知识点：

由于《房屋建筑与装饰工程计量规范》的工程量计算规则规定：挖基础土方工程量是按基础垫层面积乘以挖土深度，不考虑工作面和放坡的土方。实际挖土中，应考虑工作面、放坡、土方外运等内容。

答案：

问题1：

解：

根据图示内容和《房屋建筑与装饰工程计量规范》和《计价规范》的规定，列表计算带形基础、垫层及挖填土方的工程量，分部分项工程量计算，见表7-119。

分部分项工程量计算表 **表7-119**

序号	项目编码	项目名称	项目特征	计量单位	工程量	计算过程
1	010101002001	挖沟槽土方	三类土，挖土深度4m以内，弃土运距200m	m^3	478.40	2.3×80×(3+0.2−0.6)=478.40
2	010103001001	基础回填土	夯填	m^3	276.32	478.40−36.80−153.60−(3−0.6−2)×0.365×80=276.32
3	010501001001	带形基础垫层	C15混凝土厚200mm	m^3	36.80	2.3×0.2×80=36.80
4	010501002001	带形基础	C30	m^3	153.60	[2.0×0.4+(2+0.4)÷2×0.6+0.4×1]×80=153.60
5	010505001001	有梁板	C30混凝土厚120mm	m^3	189.00	

续表

序号	项目编码	项目名称	项目特征	计量单位	工程量	计算过程
6	010506001001	直形楼梯	C30	m^2	31.6	
7		其他分项工程	略	元	1000000	

问题 2：

解：依据《全国统一建筑工程基础定额》的规定，工作面每边 300mm；自垫层上表面开始放坡，坡度系数为 0.33；余土全部外运。计算该基础土方工程量。

（1）人工挖土方工程量计算：

$$V_W = \{(2.3+2\times0.3)\times0.2+[2.3+2\times0.3+0.33\times(3-0.6)]\times(3-0.6)\}\times80$$
$$=(0.58+8.86)\times80=755.20(m^3)$$

（2）基础回填土工程量计算：

$$V_T = V_W - \text{室外地坪标高以下埋设物}$$
$$=755.20-36.80-153.60-0.365\times(3-0.6-2)\times80=553.12(m^3)$$

（3）余土运输工程量计算：

$$V_Y = V_W - V_T = 755.20-553.12=202.08(m^3)$$

第 8 章　常用工具类资料

8.1　常用面积、体积计算公式

8.1.1　面积计算公式

1. 三角形平面图形面积

三角形平面图形面积计算公式，见表 8-1。

三角形平面图形面积计算公式　　表 8-1

图形		符号意义	面积 A	重心位置 G
三角形		h——高 L——$\frac{1}{2}$周长 a，b，c——对应角 A，B，C 的边长	$A=\frac{bh}{2}=\frac{1}{2}ab\sin\alpha$ $L=\frac{a+b+c}{2}$	$GD=\frac{1}{3}BD$ $CD=DA$
直角三角形		a，b——两直角边长 c——斜边	$A=\frac{ab}{2}$ $c=\sqrt{a^2+b^2}$ $a=\sqrt{c^2-b^2}$ $b=\sqrt{c^2-a^2}$	$GD=\frac{1}{3}BD$ $CD=DA$
锐角三角形		h——高	$A=\frac{bh}{2}=\frac{b}{2}$ $\sqrt{a^2-\left(\frac{a^2+b^2-c^2}{2b}\right)^2}$ 设 $s=\frac{1}{2}(a+b+c)$ 则 $A=$ $\sqrt{s(s-a)(s-b)(s-c)}$	$GD=\frac{1}{3}BD$ $AD=DC$

续表

图形		符号意义	面积 A	重心位置 G
钝角三角形	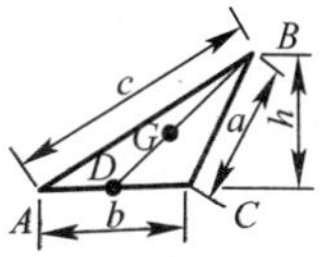	a，b，c——边长 h——高	$A=\frac{bh}{2}=\frac{b}{2}\sqrt{a^2-\left(\frac{c^2-a^2-b^2}{2b}\right)^2}$ 设 $s=\frac{1}{2}(a+b+c)$ 则 $A=\sqrt{s(s-a)(s-b)(s-c)}$	$GD=\frac{1}{3}BD$ $AD=DC$
等边三角形	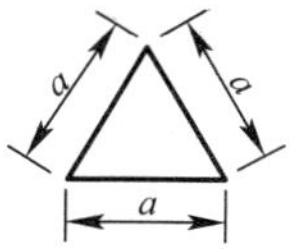	a——边长	$A=\frac{\sqrt{3}}{4}a^2=0.433a^2$	三个角平分线的交点
等腰三角形	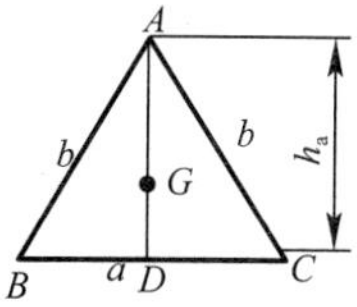	b——两腰 a——底边 h_a——a 边上高	$A=\frac{1}{2}ah_a$	$GD=\frac{1}{3}h_a$ $(BD=DC)$

2. 四边形平面图形面积

四边形平面图形面积计算公式，见表 8-2。

四边形平面图形面积计算公式　　表 8-2

图形		符号意义	面积 A	重心位置 G
正方形	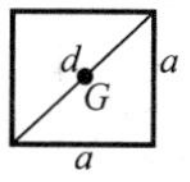	a——边长 d——对角线	$A=a^2$ $a=\sqrt{a}=0.707d$ $d=1.41a=1.414\sqrt{A}$	在对角线交点上
长方形	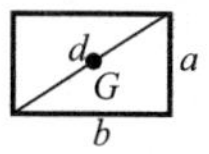	a——短边 b——长边 d——对角线	$A=ab$ $d=\sqrt{a^2+b^2}$	在对角线交点上

续表

图形		符号意义	面积 A	重心位置 G
平行四边形	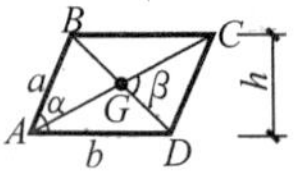	a，b——邻边 h——对边间的距离	$A=bh=ab\sin\alpha$ $=\dfrac{AC\cdot BD}{2}\sin\beta$	在对角线交点上
梯形	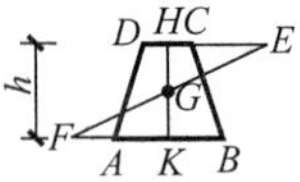	$CE=AB$ $AF=CD$ $CD=a$（上底边） $AB=b$（下底边）	$A=\dfrac{a+b}{2}h$	$HG=\dfrac{h}{3}$ $\dfrac{a+2b}{a+b}$ $KG=\dfrac{h}{3}$ $\dfrac{2a+b}{a+b}$
任意四边形	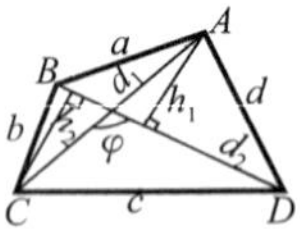	a、b、c、d 为四边长，d_1、d_2 为两对角线长，φ 为两对角线夹角，α 为两个对角之和之半	$A=\dfrac{1}{2}d_1d_2\sin\varphi=\dfrac{1}{2}d_2(h_1+h_2)=$ $\sqrt{(p-a)(p-b)(p-c)(p-d)-abcd\cos^2\alpha}$ $p=\dfrac{1}{2}(a+b+c+d)$ $\varphi=\dfrac{1}{2}(\angle A+\angle C)$ 或 $=\dfrac{1}{2}(\angle B+\angle C)$	

3. 内接多边形平面图形面积

内接多边形平面图形面积计算公式，见表 8-3。

内接多边形平面图形面积计算公式　　　　表 8-3

图形		符号意义	面积 A	重心位置 G
等边多边形	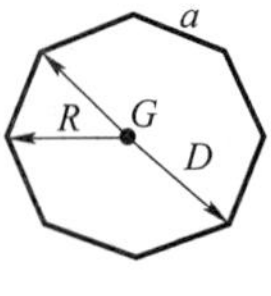	a——边长 K_i——系数，i 指多边形的边数 R——外接圆半径 P_i——系数，i 指正多边形的边数	$A_i=K_ia^2=P_iR^2$ 正三边形 $K_3=0.433$，$P_3=1.299$ 正四边形 $K_4=1.000$，$P_4=2.000$ 正五边形 $K_5=1.720$，$P_5=2.375$ 正六边形 $K_6=2.598$，$P_6=2.598$ 正七边形 $K_7=3.634$，$P_7=2.736$ 正八边形 $K_8=4.828$，$P_8=2.828$ 正九边形 $K_9=6.182$，$P_9=2.893$ 正十边形 $K_{10}=7.694$，$P_{10}=2.939$ 正十一边形 $K_{11}=9.364$，$P_{11}=2.973$ 正十二边形 $K_{12}=11.196$，$P_{12}=3.000$	在内接圆心或外接圆心处

4. 圆形、椭圆形平面图形面积

圆形、椭圆形平面图形面积计算公式，见表 8-4。

圆形、椭圆形平面图形面积计算公式　　表 8-4

图形		符号意义	面积 A	重心位置 G
圆形		r——半径 d——直径 L——圆周长	$A=\pi r^2=\frac{1}{4}\pi d^2$ $=0.785d^2$ $=0.07958L^2$ $L=\pi d$	在圆心上
椭圆形		a，b——主轴长	$A=\frac{\pi}{4}ab$	在主轴交点 G 上
扇形		r——半径 s——弧长 α——弧 s 的对应中心角 b——弦长	$A=\frac{1}{2}rs=\frac{\alpha}{360}\pi r^2$ $s=\frac{\alpha\pi}{180}r$	$GO=\frac{2}{3}\frac{rb}{s}$ 当 $\alpha=90°$ 时 $GO=\frac{4}{3}\frac{\sqrt{2}}{\pi}r$ $\approx 0.6r$
弓形		r——半径 s——弧长 α——中心角 b——弦长 h——高	$A=\frac{1}{2}r^2\left(\frac{\alpha\pi}{180}-\sin\alpha\right)$ $=\frac{1}{2}[r(s-b)+bh]$ $s=r\alpha\frac{\pi}{180}=0.09175r\alpha$ $h=r-\sqrt{r^2-\frac{1}{4}a^2}$	$GO=\frac{1}{12}\frac{b^2}{A}$ 当 $\alpha=180°$ 时 $GO=\frac{4r}{3\pi}=0.4244r$
圆环		R——外半径 r——内半径 D——外直径 d——内直径 t——环宽 D_{pj}——平均直径	$A=\pi(R^2-r^2)$ $=\frac{\pi}{4}(D^2-d^2)$ $=\pi D_{pj}t$	在圆心 O

续表

图形		符号意义	面积 A	重心位置 G
部分圆环		R——外半径 r——内半径 R_{pj}——圆环平均直径 t——环宽	$A=\frac{\alpha\pi}{360}(R^2-r^2)$ $=\frac{\alpha\pi}{180}R_{pj}t$	$GO=38.2\times\frac{R^3-r^3}{R^2-r^2}\times\frac{\sin\frac{\alpha}{2}}{\frac{\alpha}{2}}$
抛物线形		b——底边 h——高 l——曲线长 S——ΔABC的面积	$t=\sqrt{b^2+1.3333h^2}$ $A=\frac{2}{3}bh=\frac{4}{3}S$	
新月形		$OO_1=L$——圆心间的距离 d——直径 r——圆半径 α——中心角	$A=r^2\left(\pi-\frac{\pi}{180}\alpha+\sin\alpha\right)$ $=r^2P$ $P=\pi-\frac{\pi}{180}\alpha+\sin\alpha$	$O_1G=\frac{(\pi-P)L}{2P}$

注：表 8-4 中新月形面积计算 P 值系数，见表 8-5。

新月形面积计算 P 值系数　　表 8-5

L	$d/10$	$2d/10$	$3d/10$	$4d/10$	$5d/10$	$6d/10$	$7d/10$	$8d/10$	$9d/10$
P	0.40	0.79	1.18	1.56	1.91	2.25	2.25	2.81	3.02

5. 薄壳体展开面积

薄壳体展开面积计算公式，见表 8-6。

薄壳体展开面积计算公式　　表 8-6

名称	形状	公式
圆球形薄壳	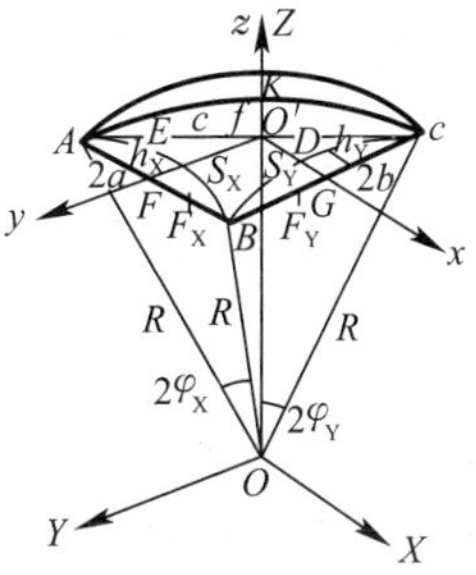	球面方程式：$X^2+Y^2+Z^2=R^2$ R——半径 X，Y，Z——在球壳面上任一点对原点 O 的坐标 c——弦长（AC） $2a$——弦长（AB） $2b$——弦长（BC） F，G——分别为 AB，BC 的中点 f——弓形 AKC 的高（KO'） h_X——弓形 AEB 的高（EF） h_Y——弓形 BDC 的高（DG） S_X——弧$\overset{\frown}{AEB}$的长 S_Y——弧$\overset{\frown}{BDC}$的长 F_X——弓形 AEB 的面积（侧面积） F_Y——弓形 BDC 的面积 $2\varphi_X$——对应弧$\overset{\frown}{AEB}$的圆心角（弧度） $2\varphi_Y$——对应弧$\overset{\frown}{BDC}$的圆心角（弧度） O'——新坐标系 xyz 的原点 半径：$R=\frac{c^2}{8f}+\frac{f}{2}$，$\sin\varphi_X=\frac{a}{R}$ $\sin\varphi_Y=\frac{b}{R}$ $\varphi_X=\arcsin\frac{a}{R}$，$\varphi_Y=\arcsin\frac{b}{R}$ $\tan\varphi_X=-\frac{a}{\sqrt{R^2-a^2}}$，$\tan\varphi_Y=\frac{b}{\sqrt{R^2-b^2}}$ $h_X=\sqrt{R^2-b^2}-\sqrt{R^2-a^2-b^2}$ $h_Y=\sqrt{R^2-a^2}-\sqrt{R^2-a^2-b^2}$ 弧$\overset{\frown}{AEB}$与$\overset{\frown}{BDC}$的曲线方程式分别为： $x^2+z^2=(R^2-b^2)$（$\overset{\frown}{AEB}$） $y^2+z^2=(R^2-a^2)$（$\overset{\frown}{BDC}$） 弧长： $S_X=2\sqrt{R^2-b^2}\arcsin\frac{a}{\sqrt{R^2-b^2}}$ $S_Y=2\sqrt{R^2-a^2}\arcsin\frac{a}{\sqrt{R^2-a^2}}$

续表

名称	形状	公式
圆球形薄壳	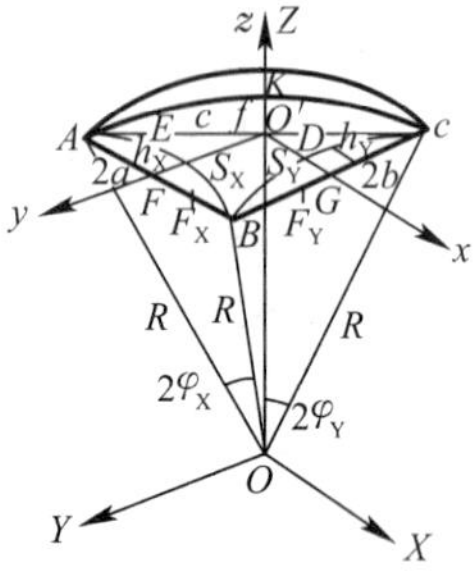	侧面积： $F_X=(R^2-b^2)\arcsin\dfrac{a}{\sqrt{R^2-b^2}}-a\sqrt{R^2-a^2-b^2}$ $F_Y=(R^2-a^2)\arcsin\dfrac{b}{\sqrt{R^2-a^2}}-b\sqrt{R^2-a^2-b^2}$ 壳表面积： $F=S_XS_Y$ 其一次近似值： $F=4aR\arcsin\dfrac{b}{R}=4aR_{\varphi_Y}$ 其二次近似值： $F=4\left[aR\mathrm{acsin}\dfrac{b}{R}+\dfrac{a^3b}{6R\sqrt{R^2-b_2}}\right]$ $=4aR_{\varphi_Y}\left(1+\dfrac{a\sin\varphi_X\tan\varphi_X}{6R_{\varphi_Y}}\right)$
圆形抛物面扁壳	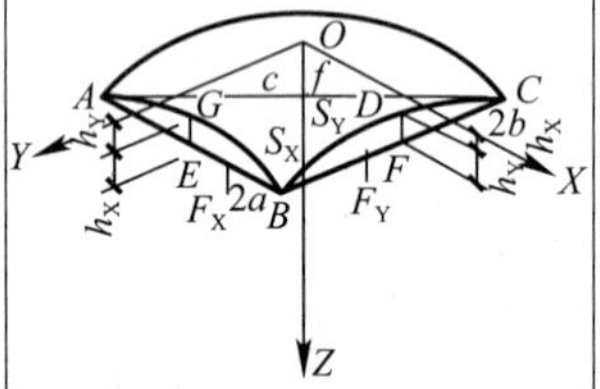	壳面方程式：$Z=\dfrac{1}{2R}(X^2+Y^2)$ X，Y，Z——在壳面上任一点对原点O的坐标 $AB=2a$——对应$\overset{\frown}{AGB}$的弦长 $BC=2b$——对应$\overset{\frown}{BDC}$的弦长 S_X——弧$\overset{\frown}{AGB}$的长 S_Y——弧$\overset{\frown}{BDC}$的长 h_X——弓形 AGB 的高 h_Y——弓形 BDC 的高 F_X——弓形 AGB 的面积 F_Y——弓形 BDC 的面积 $AC=c$ $c=2\sqrt{a^2+b^2}$ f——壳顶到底面距离 $f=\dfrac{c^2}{8R}$，$h_X=\dfrac{a^2}{2R}$，$h_Y=\dfrac{b^2}{2R}$ 弧长：$S_X=\dfrac{a}{R}\sqrt{R^2+a^2}+R\ln\left(\dfrac{a}{R}+\dfrac{1}{R}\sqrt{R^2+a^2}\right)$

续表

名称	形状	公式
圆形抛物面扁壳	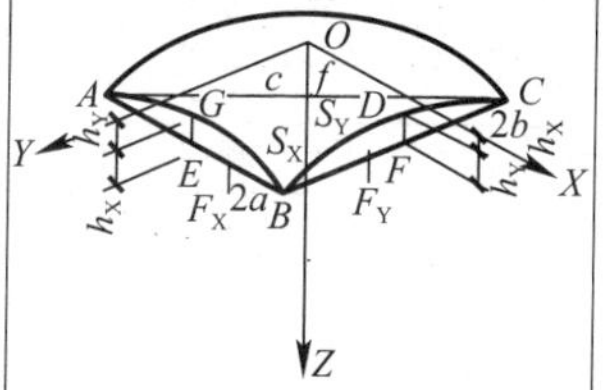 O, A, C, c, f, G, D, S_Y, S_X, 2b, Y, h_Y, h_X, E, F, F_X, 2a, B, F_Y, X, Z	$S_Y=\frac{b}{R}\sqrt{R^2+b^2}+R\ln\left(\frac{b}{R}+\frac{1}{R}\sqrt{R^2+b^2}\right)$ 壳表面积：$F=S_XS_Y$ 侧面积：$F_X=\frac{2a^3}{3R}=\frac{4}{3}ah_X$ $F_Y=\frac{2b^3}{3R}=\frac{4}{3}bh_Y$
椭圆抛物面扁壳	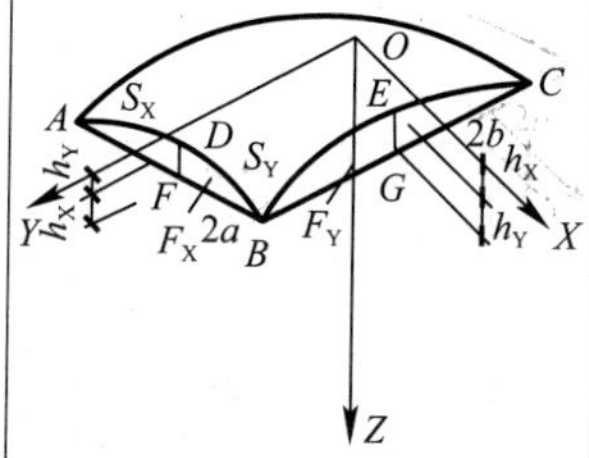 O, A, C, S_X, D, S_Y, E, 2b, h_X, h_Y, Y, F, G, F_X, 2a, B, F_Y, X, Z	壳面方程式：$Z=\frac{h_X}{a^2}X^2+\frac{h_Y}{b^2}Y^2$ X，Y，Z——在壳面上任一点对原点O的坐标 $AB=2a$——对应弧$\overset{\frown}{ADB}$的弦长 $BC=2b$——对应弧$\overset{\frown}{BEC}$的弦长 S_X——弧$\overset{\frown}{ADB}$的长 S_Y——弧$\overset{\frown}{BEC}$的长 h_X——弓形 ADB 的高 h_Y——弓形 BEC 的高 F_X——弓形 ADB 的面积 F_Y——弓形 BEC 的面积 弧长： $S_X=c_1+am_1\ln\left(\frac{1}{m_1}+\frac{c_1}{a}\right)$ $c_1=\sqrt{a^2+4h_X^2}$ 其中 $m_1=\frac{a}{2h_X}$ $S_Y=c_2+bm_2\ln\left(\frac{1}{m_2}+\frac{c_2}{b}\right)$ $c_2=\sqrt{b^2+2h_Y^2}$ $m_2=\frac{b}{2h_Y}$ 壳表面积：$F=S_XS_Y=2a\times$系数 $K_a\times 2b\times$系数 K_b 侧面积：$F_X=\frac{4}{3}ah_X$ $F_Y=\frac{4}{3}bh_Y$

注：表 8-6 中椭圆抛物面扁壳系数，见表 8-7

椭圆抛物面扁壳系数　　表 8-7

$\frac{h_X}{2a}$或$\frac{h_Y}{2b}$	系数K_a或K_b	$\frac{h_X}{2a}$或$\frac{h_Y}{2b}$	系数K_a或K_b	$\frac{h_X}{2a}$或$\frac{h_Y}{2b}$	系数K_a或K_b	$\frac{h_X}{2a}$或$\frac{h_Y}{2b}$	系数K_a或K_b	$\frac{h_X}{2a}$或$\frac{h_Y}{2b}$	系数K_a或K_b
0.050	1.0066	0.080	1.0168	0.110	1.0314	0.140	1.0500	1.170	1.0724
0.051	1.0069	0.081	1.0172	0.111	1.0320	0.141	1.0507	1.171	1.0733
0.052	1.0072	0.082	1.0177	0.112	1.0325	0.142	1.0514	1.172	1.0741
0.053	1.0074	0.083	1.0181	0.113	1.0331	0.143	1.0521	1.173	1.0749
0.054	1.0077	0.084	1.0185	0.114	1.0337	0.144	1.0528	1.174	1.0757
0.055	1.0080	0.085	1.0189	0.115	1.0342	0.145	1.0535	1.175	1.0765
0.056	1.0083	0.086	1.0194	0.116	1.0348	0.146	1.0542	1.176	1.0773
0.057	1.0086	0.087	1.0198	0.117	1.0354	0.147	1.0550	1.177	1.0782
0.058	1.0089	0.088	1.0203	0.118	1.0360	0.148	1.0557	1.178	1.0790
0.059	1.0092	0.089	1.0207	0.119	1.0366	0.149	1.0564	1.179	1.0798
0.060	1.0095	0.090	1.0212	0.120	1.0372	0.150	1.0571	1.180	1.0807
0.061	1.0098	0.091	1.0217	0.121	1.0378	0.151	1.0578	1.181	1.0815
0.062	1.0102	0.092	1.0221	0.122	1.0384	0.152	1.0586	1.182	1.0824
0.063	1.0105	0.093	1.0226	0.123	1.0390	0.153	1.0593	1.183	1.0832
0.064	1.0108	0.094	1.0231	0.124	1.0396	0.154	1.0601	1.184	1.0841
0.065	1.0112	0.095	1.0236	0.125	1.0402	0.155	1.0608	1.185	1.0849
0.066	1.0115	0.096	1.0241	0.126	1.0408	0.156	1.0616	1.186	1.0858
0.067	1.0118	0.097	1.0246	0.127	1.0415	0.157	1.0623	1.187	1.0867
0.068	1.0122	0.098	1.0251	0.128	1.0421	0.158	1.0631	1.188	1.0875
0.069	1.0126	0.099	1.0256	0.129	1.0428	0.159	1.0638	1.189	1.0884
0.070	1.0129	0.100	1.0261	0.130	1.0434	0.160	1.0646	1.190	1.0893
0.071	1.0133	0.101	1.0266	0.131	1.0440	0.161	1.0654	1.191	1.0902
0.072	1.0137	0.102	1.0271	0.132	1.0447	0.162	1.0661	1.192	1.0910
0.073	1.0140	0.103	1.0276	0.133	1.0453	0.163	1.0669	1.193	1.0919
0.074	1.0144	0.104	1.0281	0.134	1.0460	0.164	1.0677	1.194	1.0928
0.075	1.0148	0.105	1.0287	0.135	1.0467	0.165	1.0685	1.195	1.0937
0.076	1.0152	0.106	1.0292	0.136	1.0473	0.166	1.0693	1.196	1.0946
0.077	1.0156	0.107	1.0297	0.137	1.0480	0.167	1.0700	1.197	1.0955
0.078	1.0160	0.108	1.0303	0.138	1.0487	0.168	1.0708	1.198	1.0946
0.079	1.0164	0.109	1.0308	0.139	1.0494	0.169	1.0716	1.199	1.0973

6. 单双曲拱展开面积

单双曲拱展开面积计算公式及系数，见表 8-8。

单双曲拱展开面积计算公式及系数　　表 8-8

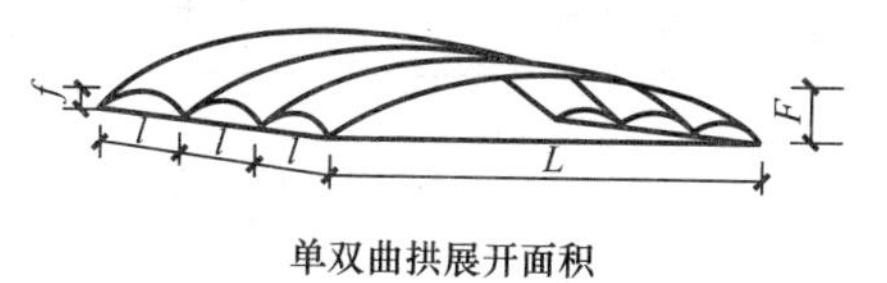

单双曲拱展开面积

L——拱跨；F——拱高

曲拱展开面积计算公式：

（1）单曲拱展开面积＝单曲拱系数×水平投影面积

（2）双曲拱展开面积＝双曲拱系数（大曲拱系数×小典拱系数）×水平投影面积

$\frac{F}{L}$	单曲拱系数	$\frac{F}{L}$								
		$\frac{1}{2}$	$\frac{1}{3}$	$\frac{1}{4}$	$\frac{1}{5}$	$\frac{1}{6}$	$\frac{1}{7}$	$\frac{1}{8}$	$\frac{1}{9}$	$\frac{1}{10}$
		单曲拱系数								
		1.50	1.25	1.15	1.10	1.07	1.05	1.04	1.03	1.02
		双曲拱系数								
$\frac{1}{2}$	1.50	2.250	1.875	1.725	1.650	1.605	1.575	1.560	1.545	1.530
$\frac{1}{3}$	1.25	1.875	1.563	1.438	1.375	1.338	1.313	1.300	1.288	1.275
$\frac{1}{4}$	1.15	1.725	1.438	1.323	1.265	1.231	1.208	1.196	1.185	1.173
$\frac{1}{5}$	1.10	1.650	1.375	1.265	1.210	1.177	1.155	1.144	1.133	1.122
$\frac{1}{6}$	1.07	1.605	1.338	1.231	1.177	1.145	1.124	1.113	1.102	1.091
$\frac{1}{7}$	1.05	1.575	1.313	1.208	1.155	1.124	1.103	1.092	1.082	1.071
$\frac{1}{8}$	1.04	1.560	1.300	1.196	1.144	1.113	1.092	1.082	1.071	1.061
$\frac{1}{9}$	1.03	1.545	1.288	1.185	1.133	1.102	1.082	1.071	1.061	1.051
$\frac{1}{10}$	1.02	1.530	1.275	1.173	1.122	1.091	1.071	1.061	1.051	1.040

注：换算时大小曲拱之系数须互相乘后再乘水平投影面积。

8.1.2 体积计算公式

1. 多面体体积

多面体体积计算公式，见表 8-9。

多面体体积计算公式 表 8-9

图形		符号意义	体积 V，底面积 A，表面积 S，侧表面积 S_1	重心位置 G
立方体		a——棱长 d——对角线长度 S——表面积 S_1——侧表面积	$V=a^3$ $S=6a^2$ $S_1=4a^2$	在对角线交点上
长方体（棱柱）		a,b,h——边长 h——底面对角线交点 d——体对角线	$V=abh$ $S=2(ab+ah+bh)$ $S_1=2h(a+b)$ $d=\sqrt{a^2+b^2+h^2}$	$GO=\frac{h}{2}$
三棱柱		a,b,c——边长 h——高 O——底面中线的交点	$V=Ah$ $S=(a+b+c)h+2A$ $S_1=(a+b+c)h$	$GO=\frac{h}{2}$
正六棱柱		a——底边长 h——高 d——对角线	$V=\frac{3\sqrt{3}}{2}a^2h=2.5981a^2h$ $S=3\sqrt{3}a^2+6ah=5.1962a^2+6ah$ $S_1=6ah$ $d=\sqrt{h^2+4a^2}$	$GQ=\frac{h}{2}$ （P、Q 分别为上下底重心）

续表

图形		符号意义	体积 V，底面积 A，表面积 S，侧表面积 S_1	重心位置 G
棱锥	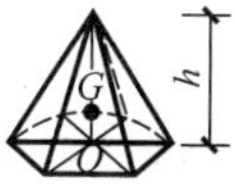	f——一个组合三角形的面积 n——组合三角形的个数 O——锥底各对角线交点	$V=\frac{1}{3}Ah$ $S=nf+A$ $S_1=nf$	$GO=\frac{h}{4}$
截头方锥体	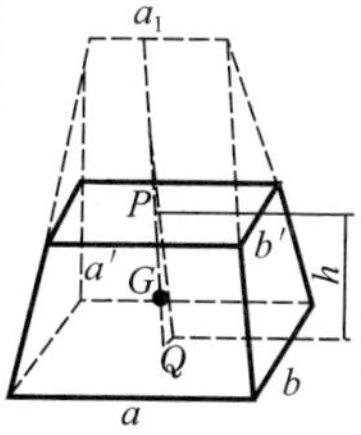	a',b',a,b——上下底边长 h——高 a_1——截头棱长	$V=\frac{h}{6}[ab+(a+a')(b+b')+a'b']$ $a_1=\frac{a'b-ab'}{b-b'}$	$GQ=\frac{PQ}{2}\times\frac{ab+ab'+a'b+3a'b}{2ab+ab'+a'b+2a'}$ （P、Q 分别为上下底重心）
方楔形	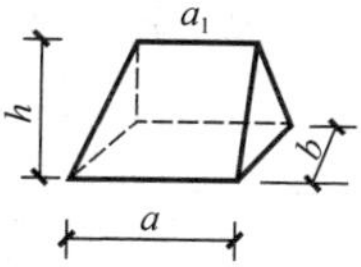	底边矩形 a——边长 b——边长 h——高 a_1——上棱长	$V=\frac{1}{6}(2a+a_1)bh$	
棱台	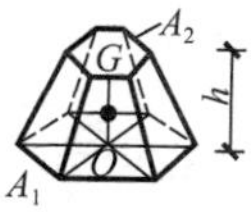	A_1，A_2——两平行底面的面积 h——底面间的距离 a——一个组合梯形的面积 n——组合梯形数	$V=\frac{1}{3}h(A_1+A_2+\sqrt{A_1A_2})$ $S=an+A_1+A_2$ $S_i=an$	$GO=\frac{h}{4}\times\frac{A_1+2\sqrt{A_1A_2}+3A_2}{A_1+\sqrt{A_1A_2}+A_2}$

续表

图形	符号意义	体积 V，底面积 A，表面积 S，侧表面积 S_1	重心位置 G
圆柱和空心圆柱（管）	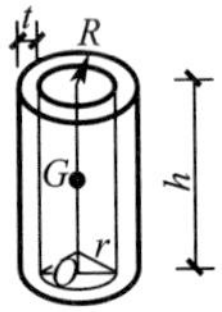 R——外半径 r——内半径 t——柱壁厚度 p——平均半径 S_1——内外侧面积 h——圆柱高	圆柱：$V=\pi R^2 h$ $S=2\pi Rh+2\pi R^2$ $S_1=2\pi Rh$ 空心直圆柱： $V=\pi h(R^2-r^2)$ $=2\pi Rpth$ $S=2\pi(R+r)h+2\pi(R^2-r^2)$ $S_1=2\pi(R+r)h$	$GO=\frac{h}{2}$
斜截直圆柱	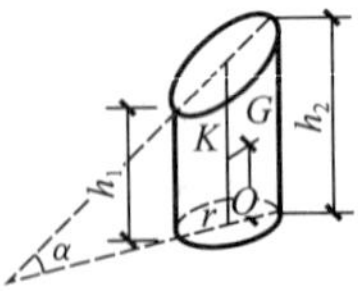 h_1——最小高度 h_2——最大高度 r——底面半径	$V=\pi r^2\frac{h_1+h_2}{2}$ $S=\pi r(h_1+h_2)+\pi r^2\left(1+\frac{1}{\cos\alpha}\right)$ $S_1=\pi r(h_1+h_2)$	$GO=\frac{h_1+h_2}{4}+\frac{r^2\tan^2\alpha}{4(h_1+h_2)}$ $GK=\frac{1}{2}\frac{r^2}{h_1+h_2}\tan\alpha$
交叉圆柱体	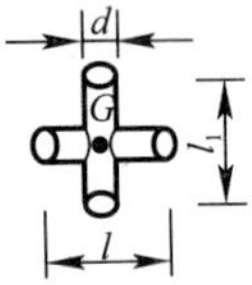 r——圆柱半径$=\frac{d}{2}$ l, l_1——圆柱长	$V=\pi r^2\left(l+l_1-\frac{2r}{3}\right)$	在二轴线交点上
直圆锥	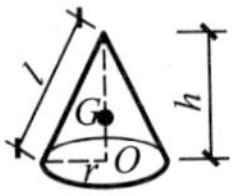 r——底面半径 h——高 l——母线长	$V=\frac{1}{3}\pi r^2 h$ $S=\pi r\sqrt{r^2+h^2}$ $=\pi rl$ $l=\sqrt{r^2+h^2}$ $S=S_1+\pi r^2$	$GO=\frac{h}{4}$
圆台	 R，r——下、上底面半径 h——高 l——母线	$V=\frac{\pi h}{3}(R^2+r^2+Rr)$ $S_1=\pi l(R+r)$ $l=\sqrt{(R-r)^2+h^2}$ $S=S_1+\pi(R^2+r^2)$	$GO=\frac{h}{4}\cdot\frac{R^2+2Rr+3r^2}{R^2+Rr+r^2}$

续表

图形		符号意义	体积 V，底面积 A，表面积 S，侧表面积 S_1	重心位置 G
圆楔形	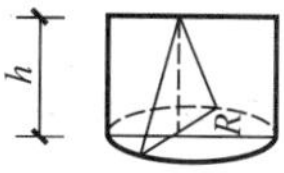	R——底圆半径 h——高	$V=\frac{1}{2}\pi R^2 h$	
球	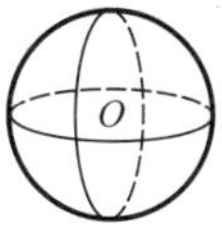	r——半径 d——直径	$V=\frac{4}{3}\pi r^3=\frac{\pi d^3}{6}$ $=0.5236d^3$ $S=4\pi r^2=\pi d^2$	在球心上
球扇形（球楔）	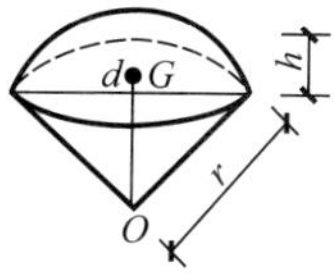	r——球半径 d——弓形底圆直径 h——弓形高	$V=\frac{2}{3}\pi r^2 h=2.0944r^2 h$ $S=\frac{\pi r}{2}(4h+d)$ $=1.57r(4h+d)$	$GO=\frac{3}{8}(2r-h)$
球缺	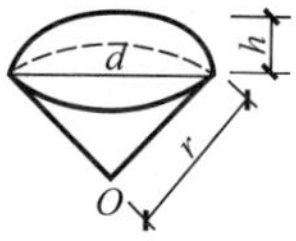	h——球缺的高 r——球缺半径 d——平切圆直径 $S_曲$——曲面面积 S——球缺表面积	$V=\pi h^2\left(r-\frac{h}{3}\right)$ $S_曲=2\pi rh=\pi\left(\frac{d^2}{4}+h^2\right)$ $S=\pi h(4r-h)$ $d^2=4h(2r-h)$	$GO=\frac{3}{4}\frac{(2r-h)^2}{(3r-h)}$
球带体	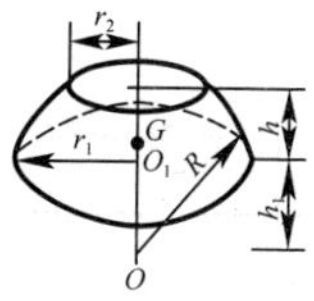	R——球半径 r_1，r_2——底面半径 h——腰高 h_1——球心 O 至带底圆心 O_1 的距离	$V=\frac{\pi h}{6}(3r_1^2+3r_2^2+h^2)$ $S_1=2\pi Rh$ $S=2\pi Rh+\pi(r_1^2+r_2^2)$	$GO=h_1+\frac{h}{2}$

续表

图形		符号意义	体积 V，底面积 A，表面积 S，侧表面积 S_1	重心位置 G
桶形体		D——中间断面直径 d——底直径 l——桶高	对于抛物线形桶板： $V=\frac{\pi l}{15}\left(2D^2+Dd+\frac{3}{4}d^2\right)$ 对于圆形桶板： $V=\frac{\pi l}{12}(2D^2+d^2)$	在轴交点上
椭球体		a，b，c——半轴	$V=\frac{4}{3}abc\pi$ $S=2\sqrt{2}b\sqrt{a^2+b^2}$	在轴交点上
圆环体		R——圆环体平均半径 D——圆环体平均直径 d——圆环体截面直径 r——圆环体截面半径	$V=2\pi^2Rr^2=\frac{1}{4}\pi^2Dd^2$ $S=4\pi^2Rr$ $\pi^2Dd=39.478Rr$	在环中心上
弹簧		A——截面积 x——圈数 D——外径 P——螺距	$V=Ax$ $\sqrt{9.86965D^2+P^2}$	

2. 物料堆体体积

物料堆体积计算公式，见表 8-10。

物料堆体积计算公式　　　　**表 8-10**

图形	计算公式
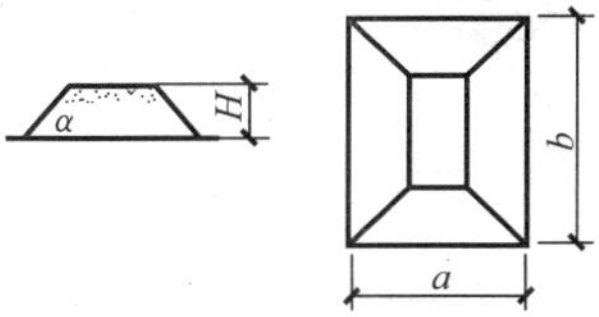	$V=H\left[ab-\frac{H}{\tan\alpha}\left(a+b-\frac{4H}{3\tan\alpha}\right)\right]$ α——物料自然堆积角
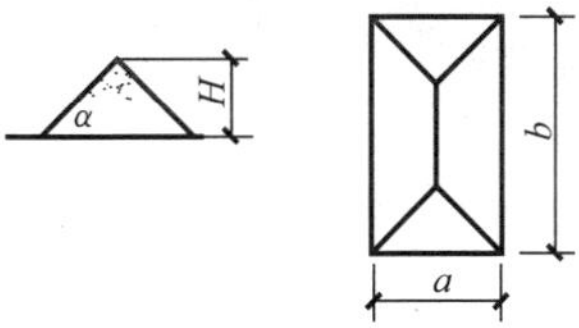	$\alpha=\frac{2H}{\tan\alpha}$ $V=\frac{aH}{6}(3b-a)$
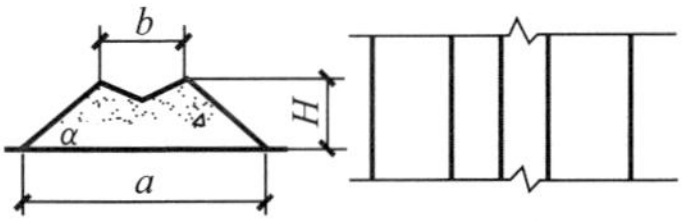	V_0（延米体积）$=\frac{H^2}{\tan\alpha}+bH-\frac{b^2}{4}\tan\alpha$

3. 贮罐内液体体积

贮罐内液体体积为圆柱体部分的体积 V_1 和两端碟形部分的体积 V_2 之和：

$$V=V_1+V_2(\mathrm{m}^3)$$

贮罐圆柱体部分的体积：$V_1=\frac{\pi d^2}{4}LK$（m^3）

贮罐两端碟形部分的体积：

$$V_2=0.2155h^2(1.5d-h)(\mathrm{m}^3)$$

式中　L——贮罐圆柱体长度（m）；

d——贮罐圆柱体内径（m）；

h——贮罐内液体高度（m）；

K——系数，决定于比值 h/d，见表 8-11。

系数 K 值　　表 8-11

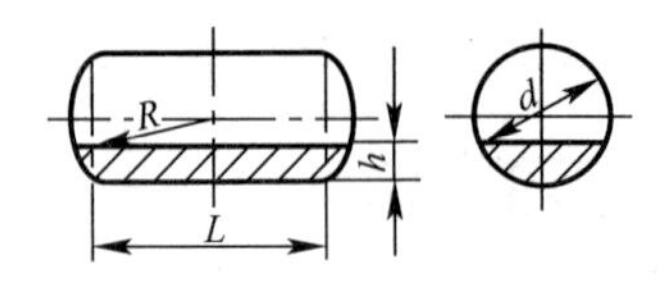

$\frac{h}{d}$	K	$\frac{h}{d}$	K	$\frac{h}{d}$	K	$\frac{h}{d}$	K	$\frac{h}{d}$	K
0.02	0.005	0.22	0.163	0.42	0.399	0.62	0.651	0.82	0.878
0.04	0.013	0.24	0.185	0.44	0.424	0.64	0.676	0.84	0.897
0.06	0.025	0.26	0.207	0.46	0.449	0.66	0.70	0.86	0.915
0.08	0.038	0.28	0.229	0.48	0.475	0.68	0.724	0.88	0.932
0.10	0.052	0.30	0.252	0.50	0.500	0.70	0.748	0.90	0.948
0.12	0.068	0.32	0.276	0.52	0.526	0.72	0.771	0.92	0.963
0.14	0.085	0.34	0.300	0.54	0.551	0.74	0.793	0.94	0.976
0.16	0.103	0.36	0.324	0.56	0.576	0.76	0.816	0.96	0.987
0.18	0.122	0.38	0.349	0.58	0.601	0.78	0.837	0.98	0.995
0.20	0.142	0.40	0.374	0.60	0.627	0.80	0.858	1.00	1.000

8.1.3　密度、容量及质量换算

1. 石油产品容量质量换算

石油产品容量质量换算见表 8-12。

石油产品容量质量换算　　表 8-12

项目	容量每升折合质量（kg）	容量每立方米折合质量（t）	质量每吨折合容量（桶）	每吨折合容量（L）
汽油	0.742	国产 0.7428 进口 0.7066	6.7538	1347.16
煤油	0.814	0.8434	6.1415	1228.30
轻柴油	0.831			1240.00
中柴油	0.838			1136.00
重柴油	0.880	0.9320		1055.54
燃料油	0.947	1.0404		
			5.2777	
润滑油			5.5472	

注：每桶容量 200L。

2. 液体密度、容量及质量换算

液体密度、容量及质量换算，见表 8-13。

液体密度、容量及质量换算　　表 8-13

液体名称	平均密度（kg/L）	容量折合质量数（kg）	
		每 1L	每 1gal
原油	0.86	0.86	3.26
汽油	0.73	0.73	2.76
动力苯	0.88	0.88	3.33
煤油	0.82	0.82	3.10
轻柴油	0.86	0.86	3.25
重柴油	0.92	0.92	3.48
变压器油	0.86	0.86	—
机油	0.90	0.90	—
酒精	0.80	0.80	3.02
煤焦油	1.20	1.20	4.54
页岩油	0.91	0.91	3.44
豆油（植物油）	0.93	0.93	3.52
鲸油（动物油）	0.92	0.92	3.48
苯	0.90	0.91	3.40
醋酸	1.05	1.05	3.97
苯酚	1.07	1.07	4.05
蓖麻油	0.96	0.96	3.63
甘油	1.26	1.26	4.77
乙醚（以脱）	0.74	0.74	2.78
亚麻仁油	0.93	0.93	3.53
桐油	0.94	0.94	3.56
花生油	0.92	0.92	3.43
硫酸（100%）	1.83	1.83	6.93
硝酸（100%）	1.51	1.51	5.72
甲苯	0.83	0.83	3.33
二甲苯	0.86	0.86	3.26
苯胺	1.04	1.04	3.91
硝基苯	1.21	1.21	4.58
松节油	0.87	0.87	3.29
盐酸（40%）	1.20	1.20	4.54
水银	13.59	13.59	51.46
润滑油	0.91	0.91	3.44

注：1L(升)＝0.264gal(加仑)；
　　1gal(加仑)＝3.787L(升)。

8.2 常用图例与符号

8.2.1 常用字母与数学符号

1. 常用字母

(1) 汉语拼音字母，见表 8-14。

汉语拼音字母 **表 8-14**

大写	小写	读音	大写	小写	读音	大写	小写	读音	大写	小写	读音
A	a	啊	H	h	喝	O	o	喔	U	u	乌
B	b	玻	I	i	衣	P	p	坡	V	v	万
C	c	雌	J	j	基	Q	q	欺	W	w	乌
D	d	得	K	k	科	R	r	日	X	x	希
E	e	鹅	L	l	勒	S	s	思	Y	y	衣
F	f	佛	M	m	摸	T	t	特	Z	z	资
G	g	哥	N	n	讷						

(2) 拉丁（英文）字母，见表 8-15。

拉丁（英文）字母 **表 8-15**

大写	小写	读音	大写	小写	读音	大写	小写	读音	大写	小写	读音
A	a	欸	H	h	欸曲	O	o	欧	U	u	由
B	b	比	I	i	阿哀	P	p	批	V	v	维衣
C	c	西	J	j	街	Q	q	克由	W	w	达不留
D	d	地	K	k	凯	R	r	阿尔	X	x	欸克斯
E	e	衣	L	l	欸尔	S	s	欸斯	Y	y	外
F	f	欸夫	M	m	欸姆	T	t	梯	Z	z	兹衣
G	g	基	N	n	欸恩						

(3) 希腊字母，见表 8-16。

希腊字母 **表 8-16**

大写	小写	读音	大写	小写	读音	大写	小写	读音	大写	小写	读音
A	α	阿尔法	H	η	艾塔	N	ν	纽	T	τ	陶
B	β	贝塔	Θ	θ	西塔	Ξ	ξ	克西	Υ	υ	宇普西隆
Γ	γ	伽马	I	ι	约塔	O	o	奥密克戎	Φ	ϕ	佛爱
Δ	δ	德耳塔	K	κ	卡帕	Π	π	派	X	χ	喜
E	ε	艾普西隆	Λ	λ	兰姆达	P	ρ	洛	Ψ	ψ	普西
Z	ζ	截塔	M	μ	米尤	∑	σ	西格马	Ω	ω	欧美伽

2. 常用数学符号，见表 8-17。

常用数学符号 **表 8-17**

中文意义	符号	中文意义	符号
加、正	+	小括弧	()
减、负	−	数字范围(自…至…)	～
乘	×或·	相等中矩	@
除	÷或/	百分比	%
比	:	极限	lim
小数点	.	趋于	→
等于	=	无穷大	∞
全等于	:	求和	$\sum$
不等于	≠	i 从 1 到 n 的和	$\sum_{i=1}^{n}$
约等于	≈		
小于	<	函数	$f()$,
大于	>	增量	Δ
小于或等于	≤	微分	d
大于或等于	≥	单变量的函数的各级微商	$f'(x)$，$f''(x)$ $f'''(x)$
远小于	≪		
远大于	≫	偏微商	$\frac{\partial}{\partial\chi},\frac{\partial^2}{\partial\chi^2},\frac{\partial^3}{\partial\chi^3}$
最大	max	积分	$\int$
最小	min		
a 的绝对值	$\|a\|$	自下限 a 到上限 b 的定积分	$\int_b^b$
x 的平方	x^2		
x 的立方	x^3	二重积分	$\iint$
x 的 n 次幂（方）	x^n	三重积分	$\iiint$
平方根	$\sqrt{\ }$		
立方根	$\sqrt[3]{\ }$	虚数单位	i 或 j
n 次方根	$\sqrt[n]{\ }$	a 的实数部分	$R(a)$
以 b 为底数的对数	logb	a 的虚数部分	$I(a)$
常用对数（以 10 为底数的）	lg	a 的共轭数	$\bar{a}$
		矢量	a，b，c 或 $\vec{a}$，$\vec{b}$，$\vec{c}$
自然对数（以 e 为底数的）	In	直角坐标系的单位矢 j	i，j，k

续表

中文意义	符号	中文意义	符号
矢量的长	$\|a\|$ 或 a	矢量的矢积	$a \times b$ 或 $\vec{a}$，$\times \vec{b}$
中括弧	[ ]	笛卡尔坐标系中矢量 a 的坐标分量	a_x，a_y，a_z
大括弧	{ }		
阶乘	!	（无向量场的）梯度	grad
因为	∵		
所以	∴	（向量场的）旋度	rot
垂直于	⊥	（向量场的）散度	div
平行于	//	属于	∈
相似于	∽	不属于	∉
加或减，正或负	±	包含	⊃
减或加，负或正	∓	不包含	⊅
三角形	△	成正比	∝
直角	∟	相当于	$\triangleq$
圆形	⊙	按定义	$\underline{\underline{def}}$
正方形	□	上极限	$\overline{\lim}$
矩形	□	下极限	$\underline{\lim}$
平行四边形	◇	上确界	sup
[平面] 角	∠	下确界	inf
圆周率	π	事件的概率	P(·)
弧 AB	$\overset{\frown}{AB}$	概率值	P
度	(°)	总体容量	N
[角] 分	(′)	样本容量	n
[角] 秒	(″)	总体方差	σ^2
正弦	sin	样本方差	s^2
余弦	cos	总体标准差	σ
正切	tan 或 tg	样本标准差	s
余切	cot 或 ctg	序数	i 或 J
正割	sec	相关系数	r
余割	cosec 或 csc	抽样平均误差	μ
常数	const	抽样允许误差	△
矢量的标积	a、b 或 $\vec{a}$，$\vec{b}$		

8.2.2 化学元素符号

化学元素符号，见表 8-18。

化学元素符号　　表 8-18

名称	符号	名称	符号	名称	符号	名称	符号	名称	符号	名称	符号	名称	符号
氢	H	硫	S	镓	Ga	钯	Pd	钷	Pm	锇	Os	镤	Pa
氦	He	氯	Cl	锗	Ge	银	Ag	钐	Sm	铱	Ir	铀	U
锂	Li	氩	Ar	砷	As	镉	Cd	铕	Eu	铂	Pt	镎	Np
铍	Be	钾	K	硒	Se	铟	In	钆	Gd	金	Au	钚	Pu
硼	B	钙	Ca	溴	Br	锡	Sn	铽	Tb	汞	Hg	镅	Am
碳	C	钪	Sc	氪	Kr	锑	Sb	镝	Dy	铊	Tl	锔	Cm
氮	N	钛	Ti	铷	Rb	碲	Te	钬	Ho	铅	Pb	锫	Bk
氧	O	钒	V	锶	Sr	碘	I	铒	Er	铋	Bi	锎	Cf
氟	F	铬	Cr	钇	Y	氙	Xe	铥	Tm	钋	Po	锿	Es
氖	Ne	锰	Mn	锆	Zr	铯	Cs	镱	Yb	砹	At	镄	Fm
钠	Na	铁	Fe	铌	Nb	钡	Ba	镥	Lu	氡	Ru	钔	Md
镁	Mg	钴	Co	钼	Mo	镧	La	铪	Hf	钫	Fr	锘	No
铝	Al	镍	Ni	锝	Tc	铈	Ce	钽	Ta	镭	Ra	铹	Lr
硅	Si	铜	Cu	钌	Ru	镨	Pr	钨	W	锕	Ac		
磷	P	锌	Zn	铑	Rh	钕	Nd	铼	Re	钍	Th		

8.2.3 常用建筑材料图例与符号

1. 常用建筑材料图例，见表 8-19。

常用建筑材料图例　　表 8-19

序号	名称	图例	备注
1	自然土		包括各种自然土
2	夯实土		
3	砂、灰土		靠近轮廓线绘较密的点
4	砂砾石、碎砖三合土		

续表

序号	名称	图例	备注
5	石材	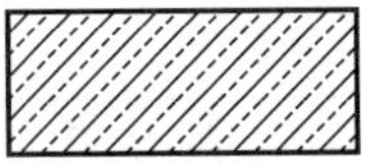	
6	毛石		
7	普通砖	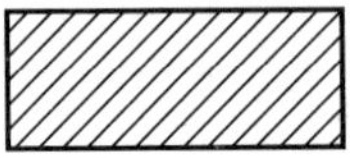	包括实心砖、多孔砖、砌块等砌体。断面较窄不易绘出图例线时，可涂红
8	耐火砖	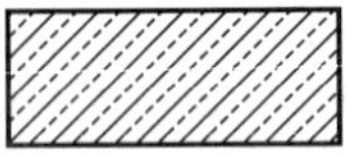	包括耐酸砖等砌体
9	空心砖		指非承重砖砌体
10	饰面砖	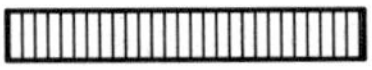	包括铺地砖、陶瓷锦砖、人造大理石等
11	焦渣、矿渣	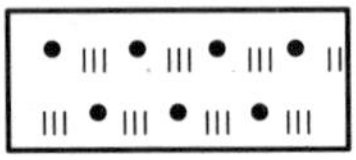	包括与水泥、石灰等混合而成的材料
12	混凝土	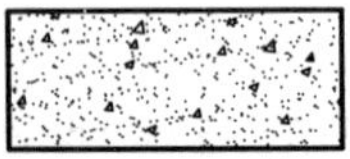	1. 本图例指能承重的混凝土及钢筋混凝土 2. 包括各种强度等级、骨料、添加剂的混凝土 3. 在剖面图上画出钢筋时，不画图例线 4. 断面图形小，不易画出图例线时，可涂黑
13	钢筋混凝土	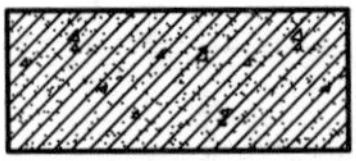	

续表

序号	名称	图例	备注
14	多孔材料	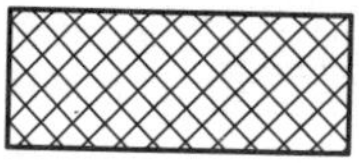	包括水泥珍珠岩、沥青珍珠岩、泡沫混凝土、非承重加气混凝土、软木、蛭石制品等
15	纤维材料	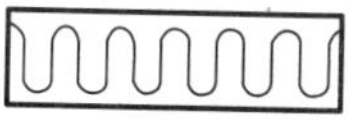	包括矿棉、岩棉、玻璃棉、麻丝、木丝板、纤维板等
16	泡沫塑料材料	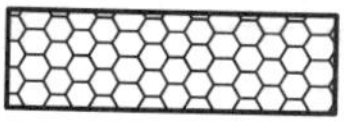	包括聚苯乙烯、聚乙烯、聚氨酯等多孔聚合物类材料
17	木材	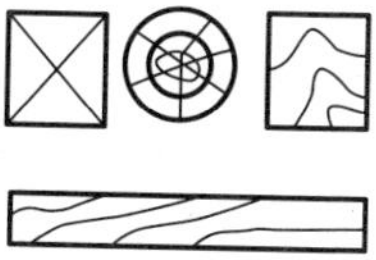	1. 上图为横断面、上左图为垫木、木砖或木龙骨 2. 下图为纵断面
18	胶合板	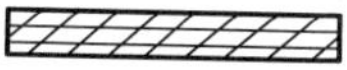	应注明为×层胶合板
19	石膏板	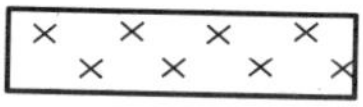	包括圆孔、方孔石膏板、防水石膏板等
20	金属	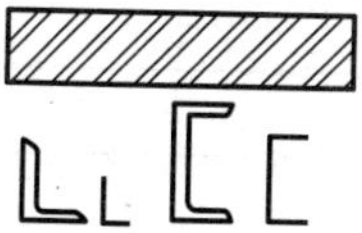	1. 包括各种金属 2. 图形小时，可涂黑
21	网状材料		1. 包括金属、塑料网状材料 2. 应注明具体材料名称
22	液体	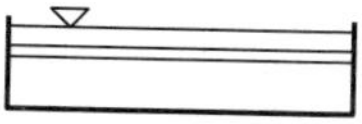	应注明具体液体名称

续表

序号	名称	图例	备注
23	玻璃		包括平板玻璃、磨砂玻璃、夹丝玻璃、钢化玻璃、中空玻璃、夹层玻璃、镀膜玻璃等
24	橡胶		
25	塑料		包括各种软、硬塑料及有机玻璃等
26	防水材料		构造层次多或比例大时，采用上面图例
27	粉刷		本图例采用较稀的点

注：序号 1、2、5、7、8、13、14、18、20、24、25 图例中的斜线、短斜线、交叉斜线等一律为 45°

2. 工程中常用代号，见表 8-20。

工程中常用代号 **表 8-20**

符号	意义	符号	意义
L1	构件长度	a	增加长度
Bb	构件宽度	Ⅰ Ⅱ Ⅲ	级别、类别
Dϕ	直径	①②	构件、杆件代号
Rr	半径	#	号
Hh	高度	″	英寸
δh	厚度	mm	毫米
c	保护层厚度、工作面宽	m^2	平方米
V	体积	m^3	立方米

续表

符号	意义	符号	意义
S	面积	C	混凝土强度等级
a	角度	M	砂浆强度等级
K、km	系数、放坡系数	MU	砖、石、砌块强度等级
→%	坡度	T	木材强度等级
@	相等中距	M	门
n	数量	C	窗
Σ	合计、累加	MC	门连窗

3. 油漆、涂料及辅助材料分类及代号

(1) 油漆、涂料分类及代号，见表 8-21。

油漆、涂料及辅助材料分类及代号　　表 8-21

序号	代号	发音	名称	序号	代号	发音	名称
1	Y	衣	油脂漆类	10	X	希	乙烯树脂漆类
2	T	特	天然树脂漆类	11	B	坡	丙烯酸漆类
3	F	佛	酚醛树脂漆类	12	Z	资	聚酯漆类
4	L	勒	沥青漆类	13	H	喝	环氧树脂漆类
5	C	雌	醇酸树脂漆类	14	S	思	聚氨酯漆类
6	A	啊	氨基树脂漆类	15	W	乌	元素有机漆类
7	Q	欺	硝基漆类	16	J	基	橡胶漆类
8	M	摸	纤维素漆类	17	E	鹅	其他漆类
9	G	哥	过氯乙烯漆类				

(2) 辅助材料分类及代号，见表 8-22。

辅助材料分类及代号　　表 8-22

序号	代号	发音	名称	序号	代号	发音	名称
1	X	希	稀释剂	4	T	特	脱漆剂
2	F	佛	防潮剂	5	H	喝	固化剂
3	G	哥	催干剂				

8.2.4 钢筋的表示方法

1. 钢筋的表示方法，见表 8-23。

钢筋的表示方法　　表 8-23

序号	名称	图例	说明
1	钢筋横断面	•	
2	无弯钩的钢筋端部	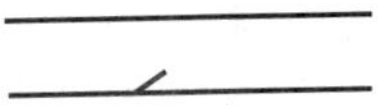	下图表示长、短钢筋投影重叠时，短钢筋的端部用45°斜划线表示
3	带半圆形弯钩的钢筋端部		
4	带直钩的钢筋端部		
5	带丝扣的钢筋端部		
6	无弯钩的钢筋搭接		
7	带半圆弯钩的钢筋搭接		
8	带直钩的钢筋搭接		
9	花篮螺丝钢筋接头		
10	机械连接的钢筋接头		用文字说明机械连接的方式（或冷挤压或锥螺纹等）

2. 常用钢筋符号，见表 8-24。

常用钢筋符号　　　　表 8-24

种类			符号
热轧钢筋	HPB235 (Q235)		Φ
	HRB335 (20MnSi)		$\underline{\Phi}$
	HRB400 (20MnSiV, 20MnSiNb, 20MnTi)		$\mathit{\Phi}$
	RRB400 (K20MnSi)		Φ^{R}
预应力钢筋	钢绞线		ϕ^{S}
	消除应力钢丝	光面	ϕ^{P}
		螺旋肋	ϕ^{H}
		刻痕	ϕ^{I}
	热处理钢筋	40Si2Mn 48Si2Mn 45Si2Cr	ϕ^{HT}

8.2.5 常用型钢的标注方法

常用型钢的标注方法，见表 8-25。

常用型钢的标注方法　　　　表 8-25

序号	名称	截面	标注	说明
1	等边角钢		$b \times t$	b 为肢宽 t 为肢厚
2	不等边角钢	B	$B \times b \times t$	B 为长肢宽 b 为短肢宽 t 为肢厚
3	工字钢		N　Q N	轻型工字钢加注 Q 字，N 为工字钢的型号
4	槽钢		N　Q N	轻型槽钢加注 Q 字，N 为槽钢的型号
5	方钢	b	b	

续表

序号	名称	截面	标注	说明
6	扁钢	b	— $b\times t$	
7	钢板	——	$\frac{-b\times t}{l}$	$\frac{宽\times厚}{板长}$
8	圆钢		ϕd	
9	钢管		$DN\times\times$ $d\times t$	内径 外径×壁厚
10	薄壁方钢管		B□ $b\times t$	薄壁型钢加注 B 字，t 为壁厚
11	薄壁等肢角钢		B∟ $b\times t$	
12	薄壁等肢卷边角钢	a	B $b\times a\times t$	
13	薄壁槽钢	h	B $h\times b\times t$	
14	薄壁卷边槽钢	a	B $h\times b\times a\times t$	
15	薄壁卷边Z型钢	h a	B $h\times b\times a\times t$	
16	T型钢	T	TW×× TM×× TN××	TW 为宽翼缘 T 型钢 TM 为中翼缘 T 型钢 TN 为窄翼缘 T 型钢
17	H型钢	H	HW×× HM×× HN××	HW 为宽翼缘 H 型钢 HM 为中翼缘 H 型钢 HN 为窄翼缘 H 型钢

续表

序号	名称	截面	标注	说明
18	起重机钢轨		QU××	详细说明产品规格型号
19	轻轨及钢轨		⊥××kg/m钢轨	

8.2.6 常用构件代号

常用建筑构件代号，见表 8-26。

常用建筑构件代号　　表 8-26

序号	名称	代号	序号	名称	代号
1	板	B	21	连系梁	LL
2	屋面板	WB	22	基础梁	JL
3	空心板	KB	23	楼梯梁	TL
4	槽形板	CB	24	框架梁	KL
5	折板	ZB	25	框支梁	KZL
6	密肋板	MB	26	屋面框架梁	WKL
7	楼梯板	TB	27	檩条	LT
8	盖板或沟盖板	GB	28	屋架	WJ
9	挡雨板或檐口板	YB	29	托架	TJ
10	吊车安全走道板	DB	30	天窗架	CJ
11	墙板	QB	31	框架	KJ
12	天沟板	TGB	32	刚架	CJ
13	梁	L	33	支架	ZJ
14	屋面梁	WL	34	柱	Z
15	吊车梁	DL	35	框架柱	KZ
16	单轨吊车梁	DDL	36	构造柱	CZ
17	轨道连接	DGL	37	承台	CT
18	车挡	CD	38	设备基础	SJ
19	圈梁	QL	39	桩	ZH
20	过梁	GL	40	挡土墙	DQ

续表

序号	名称	代号	序号	名称	代号
41	地沟	DG	48	梁垫	LD
42	柱间支撑	ZC	49	预埋件	M
43	垂直支撑	CC	50	天窗端壁	TD
44	水平支撑	SC	51	钢筋网	W
45	梯	T	52	钢筋骨架	G
46	雨篷	YP	53	基础	J
47	阳台	YT	54	暗柱	AZ

注：1. 预制钢筋混凝土构件、现浇钢筋混凝土构件、钢构件和木构件，一般可直接采用本表中的构件代号。在绘图中，当需要区别上述构件的材料种类时，可在构件代号前加注材料代号，并在图纸中加以说明。
2. 预应力钢筋混凝土构件的代号，应在构件代号前加注“Y”，如 Y－DL 表示预应力钢筋混凝土吊车梁。

8.3 常用建筑材料数据

8.3.1 钢筋计算常用数据

1. 圆钢理论质量和表面积，见表 8-27。

圆钢理论质量和表面积 **表 8-27**

直径 (mm)	理论质量 (kg/m)	表面积 (m^2/t)	直径 (mm)	理论质量 (kg/m)	表面积 (m^2/t)
3	0.055	169.9	13	1.042	39.2
4	0.099	127.4	14	1.208	36.4
5.5	0.187	92.6	15	1.387	34.0
6	0.222	84.9	16	1.578	31.8
6.5	0.260	78.4	17	1.782	30.0
7	0.302	72.8	18	1.998	28.3
8	0.395	63.7	19	2.226	26.8
8.2	0.415	62.1	20	2.466	25.5
9	0.499	56.6	21	2.719	24.3
10	0.617	51.0	22	2.984	23.2
11	0.746	46.3	23	3.261	22.2
12	0.888	42.5	24	3.551	21.2

续表

直径（mm）	理论质量（kg/m）	表面积（m^2/t）	直径（mm）	理论质量（kg/m）	表面积（m^2/t）
25	3.853	20.4	38	8.903	13.4
26	4.168	19.6	40	9.865	12.7
27	4.495	18.9	42	10.876	12.1
28	4.834	18.2	45	12.485	11.3
29	5.185	17.6	48	14.205	10.6
30	5.549	17.0	50	15.414	10.2
31	5.925	16.4	53	17.319	9.6
32	6.313	15.9	55	18.650	9.3
33	6.714	15.4	56	19.335	9.1
34	7.127	15.0	58	20.740	8.8
35	7.553	14.6	60	22.195	8.5
36	7.990	14.2			

注：1.“理论质量”适用于热轧光圆钢筋、热轧带肋钢筋、冷轧带肋钢筋、余热处理钢筋、热处理钢筋和钢丝等圆形钢筋（丝），冷轧扭钢筋除外。
2.“表面积”用于环氧树脂涂层和金属结构工程油漆的面积计算。
3. 理论质量$=0.0061654\Phi^2$［Φ为钢筋直径（mm）］；
“表面积”$=509.55/\Phi$［Φ为钢筋直径（mm）］（理论质量按密度7.85g/cm^3计算）。
4. 直径8.2mm适用于热处理钢筋。

2. 冷拉钢筋质量换算，见表8-28。

冷拉（前后）钢筋质量换算　　表8-28

冷拉前直径（mm）			5	6	8	9	10	12	14	15
冷拉前质量（kg/m）			0.154	0.222	0.395	0.499	0.617	0.888	1.208	1.387
冷拉后质量（kg/m）	钢筋伸长率（%）	4	0.148	0.214	0.38	0.48	0.594	0.854	1.162	1.334
		5	0.147	0.211	0.376	0.475	0.588	0.846	1.152	1.324
		6	0.145	0.209	0.375	0.471	0.582	0.838	1.142	1.311
		7	0.144	0.208	0.369	0.466	0.577	0.83	1.132	1.299
		8	0.143	0.205	0.366	0.462	0.571	0.822	1.119	1.284
冷拉前直径（mm）			16	18	19	20	22	24	25	28
冷拉前质量（kg/m）			1.578	1.998	2.226	2.466	2.984	3.855	3.853	4.834
冷拉后质量（kg/m）	钢筋伸长率（%）	4	1.518	1.992	2.14	2.372	2.871	3.414	3.705	4.648
		5	1.505	1.905	2.12	2.352	2.838	3.381	3.667	4.6
		6	1.491	1.887	2.104	2.33	2.811	3.349	3.632	4.557
		7	1.477	1.869	2.084	2.308	2.785	3.318	3.598	4.514
		8	1.441	1.85	2.061	2.214	2.763	3.288	3.568	4.476

3. 冷轧扭钢筋规格及理论质量，见表 8-29。

冷轧扭钢筋规格及理论质量　　表 8-29

强度级别	型号	标志直径 d(mm)	公称截面面积 A_s(mm^2)	等效直径 d_0(mm)	截面周长 u(mm)	理论质量 G(kg/m)
CTB550	Ⅰ	6.5	29.50	6.1	23.40	0.232
		8	45.30	7.6	30.00	0.356
		10	68.30	9.3	36.40	0.536
		12	96.14	11.1	43.40	0.755
	Ⅱ	6.5	29.20	6.1	21.60	0.229
		8	42.30	7.3	26.02	0.332
		10	66.10	9.2	32.52	0.519
		12	92.74	10.9	38.52	0.728
	Ⅲ	6.5	29.86	6.2	19.48	0.234
		8	45.24	7.6	23.88	0.355
		10	70.69	9.5	29.95	0.555
CTB650	预应力Ⅲ	6.5	28.20	6.0	18.82	0.221
		8	42.73	7.4	23.17	0.335
		10	66.76	9.2	28.96	0.524

注：Ⅰ型为矩形截面，Ⅱ型为方形截面，Ⅲ型为圆形截面。

4. 热轧带肋钢筋规格及理论质量，见表 8-30。

热轧带肋钢筋规格及理论质量　　表 8-30

直径 (mm)	公称截面面积 (mm^2)	理论质量 (kg/m)	直径 (mm)	公称截面面积 (mm^2)	理论质量 (kg/m)
6	28.27	0.222	22	380.1	2.98
8	50.27	0.395	25	490.9	3.85
10	78.54	0.617	28	615.8	4.83
12	113.1	0.888	32	804.2	6.31
14	153.9	1.21	36	1018	7.99
16	201.1	1.58	40	1257	9.87
18	254.5	2.00	50	1964	15.42
20	314.2	2.47			

8.3.2　钢丝计算常用数据

1. 冷拔高强钢丝规格及理论质量，见表 8-31。

冷拔高强钢丝规格及理论质量　　表 8-31

直径 (mm)	断面面积 (mm^2)	质量 (kg/m)	抗拉强度 (kg/mm^2)	屈服强度 (kg/mm^2)
2.5	4.91	0.039	190	152
3	7.06	0.056	180	144
3	7.06	0.056	150	120
4	12.56	0.099	170	136
5	19.63	0.154	160	128

2. 刻痕钢丝规格及理论质量，见表 8-32。

刻痕钢丝规格及理论质量　　表 8-32

直径 (mm)	断面面积 (mm^2)	质量 (kg/m)	抗拉强度 (kg/mm^2)		屈服强度 (kg/mm^2)	
			Ⅰ组	Ⅱ组	Ⅰ组	Ⅱ组
2.5	4.91	0.034	190	160	152	128
3	7.06	0.056	180	150	144	120
4	12.56	0.096	170	140	136	112
5	19.63	0.15	160	130	128	104

3. 预应力钢丝规格及理论质量，见表 8-33。

预应力钢丝规格及理论质量　　表 8-33

直径 (mm)	公称截面面积 (mm^2)	理论质量 (kg/m)	直径 (mm)	公称截面面积 (mm^2)	理论质量 (kg/m)
3.00	7.07	0.056	7.00	38.48	0.302
4.00	12.57	0.099	8.00	50.26	0.394
5.00	19.63	0.154	9.00	63.62	0.499
6.00	28.27	0.222	10.00	78.54	0.617
6.25	30.68	0.241	12.00	113.10	0.888

4. 镀锌钢丝规格及理论质量，见表 8-34。

镀锌钢丝规格及理论质量　　表 8-34

直径 (mm)	质量 (kg/km)	相当英制		每千克大约长度 (m)
		线规号 (BWG)	直径 (mm)	
0.20	0.247	33	0.20	4055
0.22	0.298	32	0.22	3351

续表

直径（mm）	质量（kg/km）	相当英制		每千克大约长度（m）
		线规号（BWG）	直径（mm）	
0.25	0.385	31	0.25	2595
0.28	0.483	—	—	2069
0.30	0.555	30	0.31	1802
—	—	29	0.33	—
0.35	0.755	28	0.36	1324
0.40	0.987	27	0.41	1014
0.45	1.250	26	0.46	801
0.50	1.540	25	0.51	649
0.55	1.870	24	0.56	536
0.60	2.220	23	0.64	451
0.70	3.020	22	0.71	331
0.80	3.95	21	0.81	253
0.90	4.99	20	0.89	200
1.00	6.17	—	—	162
—	—	19	1.07	—
1.20	8.88	18	1.25	113
1.40	12.1	17	1.47	82.8
1.60	15.8	16	1.65	63.4
1.80	20.0	15	1.83	50.0
2.00	24.7	—	—	40.6
2.20	29.8	14	2.11	33.5
2.50	38.5	13	2.41	26.0
2.80	48.3	12	2.77	20.7
3.00	55.5	11	3.05	18.0
3.50	75.5	10	3.40	13.2
—	—	9	3.76	—
4.0	98.7	8	4.19	10.10
4.5	125.0	7	4.57	8.01
5.0	154.0	6	5.16	6.49
5.5	187.0	5	5.59	5.36
6.0	222.0	4	6.05	4.51

注：镀锌低碳钢丝俗称镀锌铁丝、铅丝。

8.3.3　钢绞线规格及理论质量

钢绞线规格及理论质量，见表 8-35。

钢绞线规格及理论质量　　表 8-35

种类	公称直径（mm）	公称截面面积（mm^2）	理论质量（kg/m）
1×3	8.6	37.5	0.295
	10.8	59.3	0.465
	12.9	85.4	0.671
1×7 标准型	9.5	54.8	0.432
	11.1	74.2	0.580
	12.7	98.7	0.774
	15.2	139	1.101

8.4　工程量计算常用公式及数据

8.4.1　土石方工程量计算

1. 土方工程项目划分与土石方体积折算系数。

（1）土方工程项目划分参数，见表 8-36。

土方工程项目划分参数　　表 8-36

项目	平均厚度（cm）	坑底面积（m^2）	槽底宽度（m）
平整场地	≤30		
挖基坑		≤20	
挖沟槽			≤3
挖土方	>30	>20	>3

（2）土石方体积折算系数，见表 8-37。

土石方体积折算系数　　表 8-37

天然密实度体积	虚方体积	夯实后体积	松填体积
1.00	1.30	0.87	1.08
0.77	1.00	0.67	0.83
1.15	1.49	1.00	1.24
0.93	1.20	0.81	1.00

2. 大型土石方工程量计算方法

大型土石方工程量计算常用方法有横截面法和方格法。

(1) 横截面法

横截面法是指根据地形图以及总平面图或横截面图，将场地划分成若干个互相平行的横截面图，按横截面以及与其相邻横截面的距离计算出挖、填土石方量的方法。横截面法适用于地形起伏变化较大或形状狭长地带。

1) 计算前的准备：

① 根据地形图及总平面图，将要计算的场地划分成若干个横截面，相邻两个横截面距离视地形变化而定。在起伏变化大的地段，布置密一些（即距离短一些），反之，则可适当长一些。如线路横断面在平坦地区，可取50m一个，山坡地区可取20m一个，遇到变化大的地段再加测断面。

② 实测每个横截面特征点的标高，量出各点之间距离（如果测区已有比较精确的大比例尺地形图，也可在图上设置横截面，用比例尺直接量取距离，按等高线求算高程，方法简捷，就其精度来说，没有实测的高），按比例尺把每个横截面绘制到厘米方格纸上，并套上相应的设计断面，则自然地面和设计地面两轮廓线之间的部分，即是需要计算的施工部分土石方量。

2) 具体计算步骤：

① 划分横截面。根据地形图（或直接测量）及竖向布置图，将要计算的场地划分横截面，划分原则为垂直等高线，或垂直主要建筑物边长，横截面之间的间距可不等，地形变化复杂的间距宜小，反之，宜大一些，但最大不宜大于100m。

② 画截面图形。按比例画出每个横截面的自然地面和设计地面的轮廓线。设计地面轮廓线之间的部分，即为填方和挖方的截面。

③ 计算横截面面积。按面积计算公式，计算每个截面的填方或挖方截面积。

④ 计算土方量。根据截面面积计算土方量，相邻两截面间

的土方量计算公式如下：

$$V = 1/2(F_1 + F_2) \cdot L$$

式中　V——表示相邻两截面间的土方量（m^3）；

F_1、F_2——表示相邻两截面的挖（填）方截面积（m^2）；

L——表示相邻截面间的间距（m）。

⑤ 土石方常用横截面计算公式，见表 8-38。

土石方常用横截面计算公式　　表 8-38

图示	面积计算公式
1:n, h, 1:n, b	$F=h(b+nh)$
1:m, h, 1:n, b	$F=h\left[b+\frac{h(m+n)}{2}\right]$
h_1, 1:n, h, 1:n, h_2, b	$F=b\frac{h_1+h_2}{2}+nh_1h_2$
h_1, h_2, h_3, h_4, a_1, a_2, a_3, a_4, a_5	$F=h_1\frac{a_1+a_2}{2}+h_2\frac{a_2+a_3}{2}+h_3\frac{a_3+a_4}{2}+h_4\frac{a_4+a_5}{2}$
h_0, h_1, h_2, h_3, h_4, h_5, h_6, h_n, a, a, a, a, a, a, a	$F=\frac{1}{2}a(h_0+2h+h_n)$ $h=h_1+h_2+h_3+\cdots+h_6$

（2）方格网法

方格网法是指根据地形图以格网及总平面图或横截面图，将场地划分成方格网，并在方格网上注明标高，然后据此计算并加以汇总土石方量的计算方法。方格网法对于地势较平缓地区，计算精度较高。

1）方格网法的计算步骤：

① 根据平整区域的地形图（或直接测量地形）划分方格网。方格网大小视地形变化的复杂程度及计算要求的精度不同而不同，一般方格网大小为 20m×20m（也可 10m×10m），然后按设计总平面图或竖向布置图，在方格网上画出方格角点的设计标高（即施工后需达到的高度）和自然标高（原地形高度），设计标高与自然标高之差即为施工高度。“－”号表示挖方，“＋”号表示填方。

② 确定零点与零线位置。在一个方格内同时有挖方和填方时，要先求出方格边线上的零点位置，将相邻零点连接起来为零线，即挖方区与填方区分界线，见图 8-1。

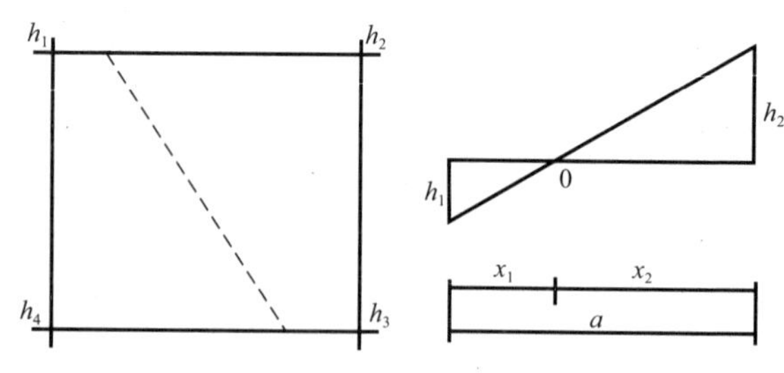

图 8-1　零线零点位置示意图

零点可按下式计算：

$$x_1 = \frac{ah_1}{h_1 + h_2} \quad x_2 = \frac{ah_2}{h_1 + h_2}$$

式中　x_1、x_2——角点至零点距离（m）；

h_1、h_2——相邻两角点的施工高度（m），用绝对值代入；

a——方格网边长（m）。

在实际工程中，常采用图解法直接绘出零点位置，见图 8-2，既简便又迅速，且不易出错，其方法是：用比例尺在角点相反方向标出挖、填高度，再用尺连接两点与方格边相交处即为零点。也可用尺量出计算边长（x_1、x_2）。

③ 各方格的土方量计算。按计算公式计算各方格的土方量，并汇总土方量。

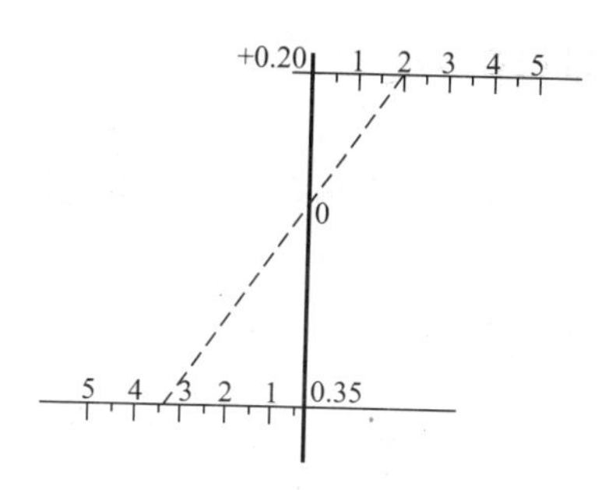

图 8-2　零点位置图解法

④ 土石方方格网点法计算公式，见表 8-39。

土石方方格网点计算公式　　　　**表 8-39**

序号	图示	计算方式
4		方格网内，三角为挖（填）方，一角为填（挖）方 $b=\frac{ah_4}{h_1+h_4}$；$c=\frac{ah_4}{h_3+h_4}$ $F_{填}=\frac{1}{2}bc$；$F_{挖}=a^2-\frac{1}{2}bc$ $V_{填}=\frac{h_4}{6}bc=\frac{a^2h_4^3}{6(h_1+h_4)(h_3+h_4)}$ $V_{挖}=\frac{a^2}{6}(2h_1+h_2+2h_3-h_4)+V_{填}$
5		方格网内，两角为挖，两角为填 $b=\frac{ah_1}{h_1+h_4}$；$c=\frac{ah_2}{h_2+h_3}$ $d=a-b$；$c=a-c$ $F_{挖}=\frac{1}{2}(b+c)a$ $F_{填}=\frac{1}{2}(d+e)a$ $V_{挖}=\frac{a}{4}(h_1+h_2)\frac{b+c}{2}$ $=\frac{a}{8}(b+c)(h_1+h_2)$ $V_{填}=\frac{a}{4}(h_3+h_4)\frac{d+e}{2}$ $=\frac{a}{8}(d+e)(h_3+h_4)$

3. 沟槽土方量计算方法

（1）不同截面沟槽土方量计算

在实际工作中，常遇到沟槽截面不同的情况，见图 8-3。

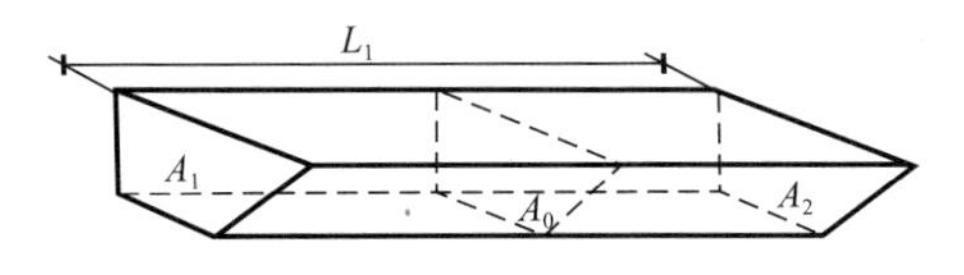

图 8-3　截面法沟槽土方量计算

这时土方量可以沿长度方向分段后，再用下列公式进行计算。

$$V_1 = \frac{L_1}{6}(A_1 + 4A_0 + A_2)$$

式中　V_1——第一段的土方量（m^3）；

L_1——第一段的长度（m）。

各段土方量的和即为总土方量：

$$V = V_1 + V_2 + \cdots\cdots + V_n$$

（2）综合放坡系数的计算

在实际工作中，常遇到沟槽上下土质不同，放坡系数不同，为了简化计算，常采用加权平均的方法计算综合放坡系数，见图 8-4。

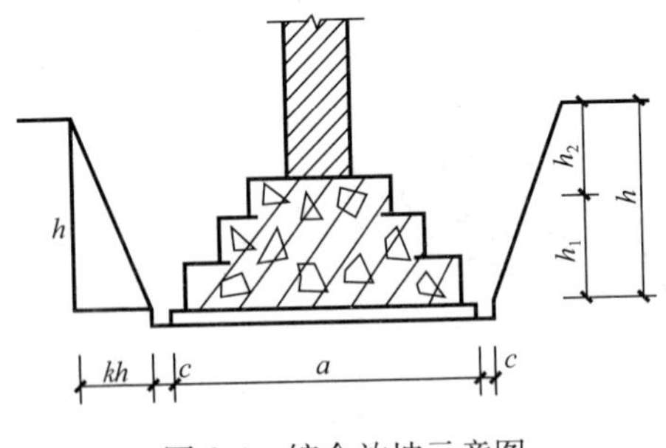

图 8-4　综合放坡示意图

综合放坡系数计算公式为：

$$K=(K_1h_1+K_2h_2)/h$$

式中　K——综合放坡系数；

K_1、K_2——不同土类放坡系数；

h_1、h_2——不同土类的厚度；

h——放坡总深度。

（3）相同截面沟槽土方量计算

相同截面的沟槽比较常见，下面介绍几种沟槽工程量计算公式。

1）无垫层，不放坡，不带挡土板，无工作面。

$$V=b\cdot h\cdot L$$

2）见图 8-5（a），无垫层，不放坡，不带挡土板，有工作面。

$$V=(b+2c+K\cdot h)h\cdot L$$

3）见图 8-5（b），无垫层，不放坡，不带挡土板，有工作面。

$$V=(b+2c)h\cdot L$$

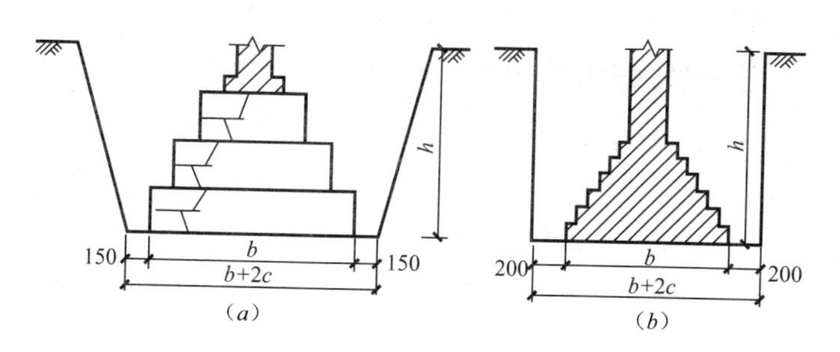

图 8-5　无垫层，不带挡土板，有工作面

4）见图 8-6（a），有混凝土垫层，不带挡土板，有工作面，在垫层上面放坡。

$$V=[(b+2c+K\cdot h)h+(b'+2\times 0.1)h']\cdot L$$

5）见图 8-6（b），有混凝土垫层，不带挡土板，有工作面，不放坡。

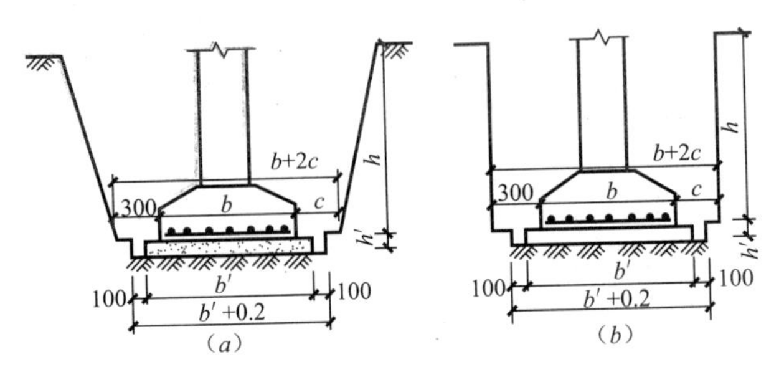

图 8-6　有混凝土垫层，不带挡土板，有工作面

$$V=[(b+2c)h+(b'+7+2\times 0.1)h']\cdot L$$

6）见图 8-7（a），无垫层，有工作面，双面支挡土板。

$$V=(b+2c+0.2)h\cdot L$$

7）见图 8-7（b），无垫层，有工作面，一面支挡土板，一面放坡。

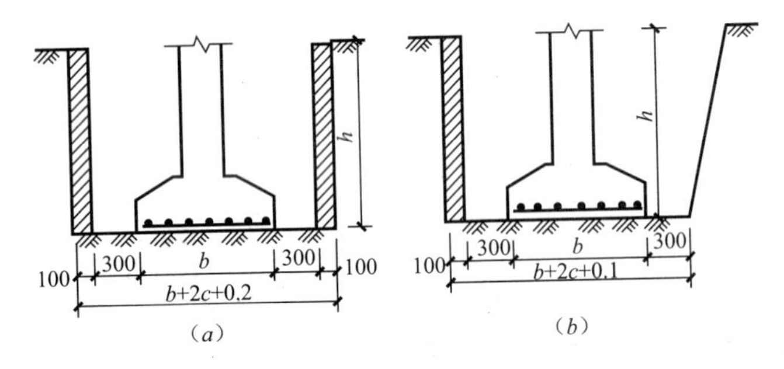

图 8-7　无垫层，有工作面，单双面支挡土板

$$V=(b+2c+0.1+K\cdot h/2)h\cdot L$$

8）见图 8-8（a），有混凝土垫层，有工作面，双面支挡土板。

$$V=[(b+2c+0.2)h+(b'+2\times 0.1)h']\cdot L$$

9）见图 8-8（b），有混凝土垫层，有工作面，一面支挡土板，一面放坡。

$$V=[(b+2c+0.1+K\cdot h/2)h+(b'+2\times 0.1)h']\cdot L$$

10）见图 8-9（a），有灰土垫层，有工作面，双面放坡。

$$V=[(b+2c+K\cdot h)h+b'h']\cdot L$$

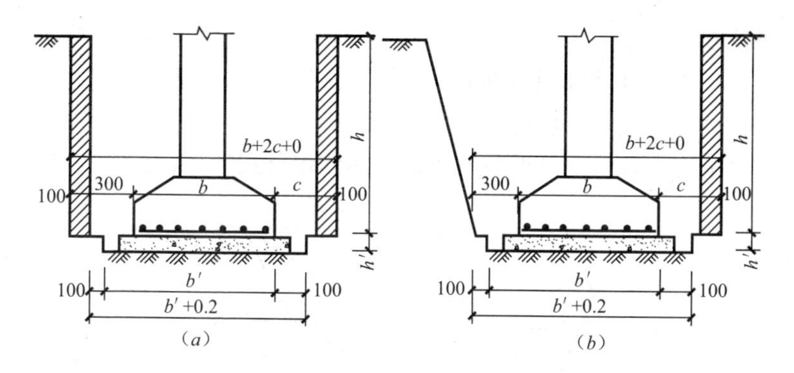

图 8-8　有混凝土垫层，有工作面，单双面支挡土板

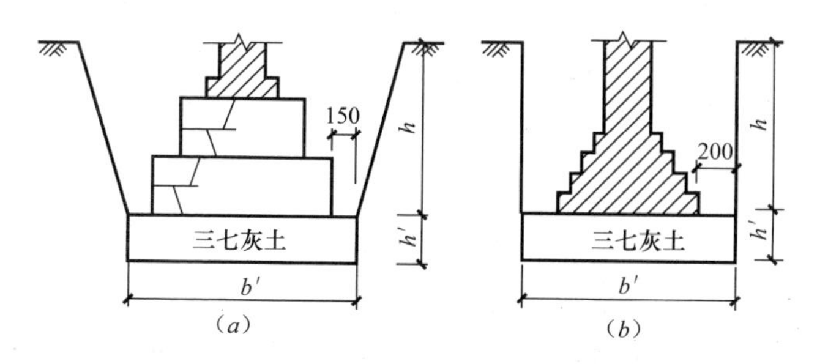

图 8-9　有灰土垫层，有工作面

11）见图 8-9（b），有灰土垫层，有工作面，不放坡

$$V=[(b+2c)h+b'h']\cdot L$$

注意，当（$b+2c$）小于 b'时，宽度按 b'计算。

沟槽工程量计算公式中：

V——挖土工程量（m^3）；

b——基础宽（m）；

c——基础工作面（m）；

h——垫层上表面至室外地坪的高度（m）；

b'——沟槽内垫层的宽度（m）；

h'——垫层厚度（m）；

L——外墙为中心线长度，内墙为基础（垫层）底面之间的净长度（m）。

4. 基坑土方量计算方法

（1）基坑土方量近似计算法

基坑土方量，可近似地按拟柱体体积公式计算，见图 8-10。

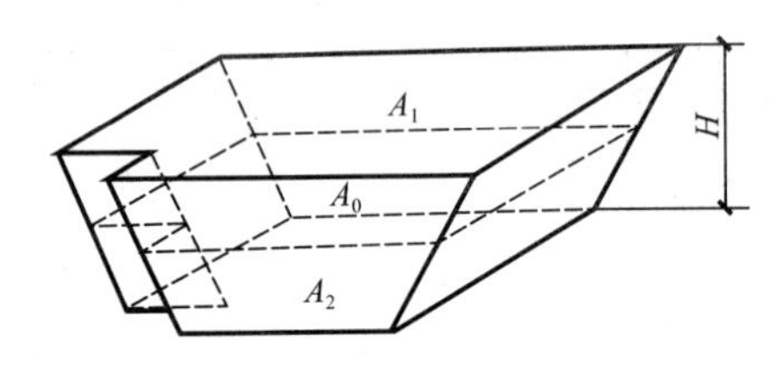

图 8-10 基坑土方量按拟柱体体积公式计算

$$V=\frac{H}{6}(A_1+4A_0+A_2)$$

式中 V——土方工程量（m^3）；

H——基坑深度（m）；

A_1、A_2——基坑上下底面积（m^2）；

A_0——基坑中截面的面积（m^2）。

（2）矩形截面基坑工程量计算公式

1）无垫层，不放坡，不带挡土板，无工作面。

$$V=H\cdot a\cdot b$$

2）如图 8-11 所示，无垫层，周边放坡。

$$V=(a+2c+K\cdot h)(b+2c+K\cdot h)\cdot h+1/3K^2\cdot h^3$$

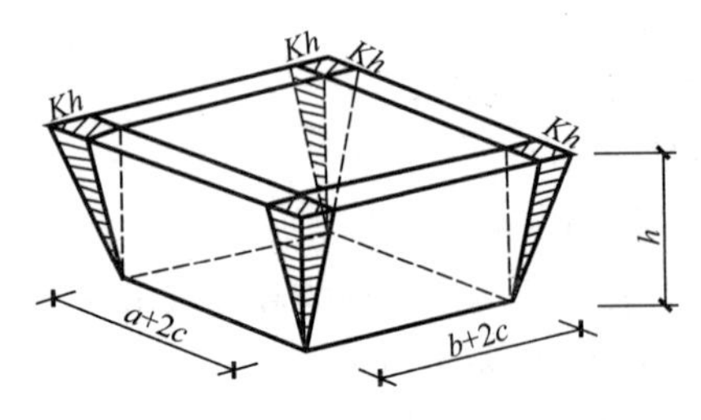

图 8-11 矩形基坑工程量计算示意图

3）有垫层，周边放坡。

$$V=(a+2c+K\cdot h)(b+2c+K\cdot h)\cdot h+1/3K^2\cdot h^3+(a_1+2c_1)(b_1+2c_1)(H-h)$$

矩形截面基坑工程量计算公式中：

V——挖土工程量（m^3）；

a——基础长度（m）；

b——基础宽度（m）；

c——基础工作面（m）；

K——综合放坡系数；

H——垫层上表面至室外地坪的高度（m）；

a_1——垫层长度（m）；

b_1——垫层宽度（m）；

c_1——垫层工作面（m）；

H——挖土深度（m）。

（3）圆形截面基坑工程量计算公式

1）无垫层，不放坡，不带挡土板，无工作面。

$$V=H\cdot\pi\cdot R^2$$

2）如图 8-12 所示，无垫层，不带挡土板，无工作面。

$$V=1/3\pi\cdot H(R^2+R_1{}^2+R\cdot R_1)$$

$$R_1=R+K\cdot H$$

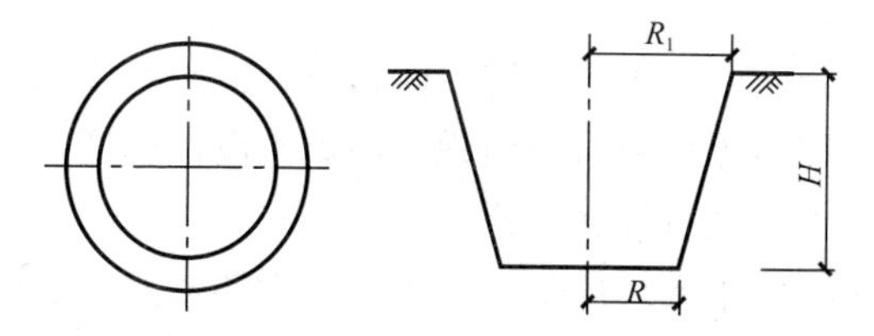

图 8-12　圆形基坑工程量计算示意图

圆形截面基坑工程量计算公式中：

V——挖土工程量（m^3）；

K——综合放坡系数；

H——挖土深度（m）；

R——圆形坑底半径（m）；

R_1——圆形坑顶半径（m）。

5. 回填土方量计算方法

（1）场地平整工程量计算，见图 8-13，计算公式如下：

$$场地平整工程量 = S_{底} + L_{外} \times 2 + 16$$

式中 $S_{底}$——底层建筑面积（m^2）；

$L_{外}$——外墙外边线长度（m）。

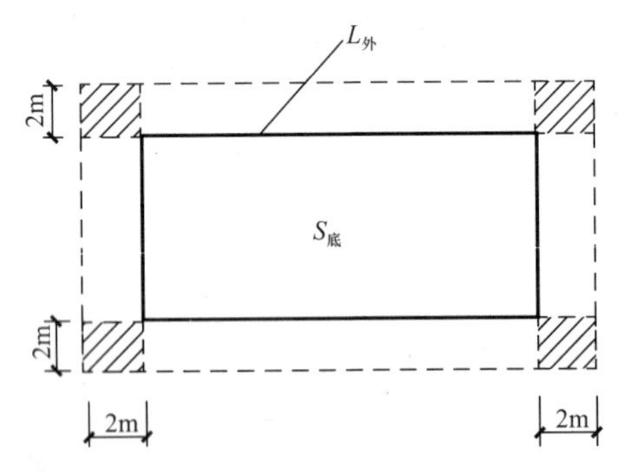

图 8-13 场地平整工程量计算示意图

（2）回填土工程量计算公式

槽坑回填土体积＝挖土体积－设计室外地坪以下埋设的垫层、基础体积

管道沟槽回填土体积＝挖土体积－管道所占体积

房心回填土体积＝房心面积×回填土设计厚度

（3）运土工程量计算公式

运土体积＝挖土总体积－回填土（天然密实）总体积

式中的计算结果为正值时，为余土外运；为负值时取土内运。

6. 竣工清理工程量计算公式

竣工清理工程量＝勒脚以上外墙外围水平面积×室内地坪到檐口（山尖 1/2）的高度

8.4.2 桩与地基基础工程量计算

1. 预制钢筋混凝土桩工程量计算

（1）预制钢筋混凝土桩工程量计算公式。

预制钢筋混凝土桩工程量＝设计桩总长度×桩断面面积

（2）预制钢筋混凝土桩体积，见表 8-40。

预制钢筋混凝土桩体积　　　　表 8-40

桩截面（mm）	桩尖长（mm）	桩全长（m）	混凝土体积（m^3）	
			ⓐ	ⓑ
250×250	400	2.50	0.140	0.156
		3.00	0.171	0.188
		3.50	0.202	0.219
		4.00	0.233	0.250
		5.00	0.296	0.312
		6.00	0.358	0.375
		每增减 0.50	0.031	0.031
300×300	400	2.50	0.201	0.225
		3.00	0.246	0.270
		3.50	0.291	0.315
		4.00	0.336	0.360
		5.00	0.426	0.450
		6.00	0.516	0.540
		每增减 0.50	0.045	0.045
320×320	400	2.50	0.229	0.256
		3.00	0.280	0.307
		3.50	0.331	0.358
		4.00	0.382	0.410
		5.00	0.485	0.512
		6.00	0.587	0.614
		每增减 0.50	0.051	0.051
350×350	400	2.50	0.273	0.306
		3.00	0.335	0.368
		3.50	0.396	0.429
		4.00	0.457	0.490
		5.00	0.580	0.613
		6.00	0.702	0.735
		每增减 0.50	0.0613	0.063

续表

桩截面（mm）	桩尖长（mm）	桩全长（m）	混凝土体积（m^3）	
			ⓐ	ⓑ
400×400	400	3.00	0.437	0.480
		3.50	0.517	0.560
		4.00	0.597	0.640
		5.00	0.757	0.800
		6.00	0.917	0.960
		每增减 0.50	0.087	0.080

注：1. 混凝土体积栏中：

ⓐ 栏为理论计算体积；

ⓑ 栏为按工程量计算的体积。

2. 桩长包括桩尖长度，混凝土体积理论计算公式：

$$V = L \cdot A + 1/3A \cdot H$$

式中 A——桩截面面积；

L——桩长（不包括桩尖长）；

H——桩尖长。

2. 混凝土灌注桩工程量计算

（1）混凝土灌注桩工程量计算公式。

混凝土灌注桩工程量 $=(L+0.5)\times \pi D^2/4$

或混凝土灌注桩工程量 $=D^2\times 0.7854\times(L+$增加桩长$)$

式中 L——桩长（含桩尖）；

D——桩直径。

（2）混凝土灌注桩体积，见表 8-41。

混凝土灌注桩体积　　表 8-41

桩直径（mm）	套管外径 d（mm）	桩全长 L（m）	混凝土体积（m^3）
300	325	3.00	0.2489
		3.50	0.2904
		4.00	0.3318
		4.50	0.3733
		5.00	0.4148
		5.50	0.4563
		6.00	0.4978
		每增减 0.10	0.0083

续表

桩直径（mm）	套管外径 d（mm）	桩全长 L（m）	混凝土体积（m^3）
300	351	3.00	0.2903
		3.50	0.3387
		4.00	0.3870
		4.50	0.4354
		5.00	0.4838
		5.50	0.5322
		6.00	0.5806
		每增减 0.10	0.0097
400	459	3.00	0.4965
		3.50	0.5793
		4.00	0.6620
		4.50	0.7448
		5.00	0.8275
		5.50	0.9103
		6.00	0.9930
		每增减 0.10	0.0165

注：1. 混凝土体积$=\pi d^2L/4$。

2. d 为套管外径。

3. 表中混凝土体积未考虑增加桩长 0.5m 部分体积，如需增加，可在选取桩长时考虑。

3. 夯扩成孔灌注桩工程量计算

（1）夯扩成孔灌注桩工程量计算公式。

夯扩成孔灌注桩工程量$=(L+0.3)\times\pi D^2/4+$夯扩混凝土体积

（2）夯扩成孔灌注桩和爆扩桩体积，见表 8-42。

夯扩成孔灌注桩和爆破桩体积　　表 8-42

桩身直径（mm）	桩头直径（mm）	桩长（m）	混凝土量（m^2）
250	800	3.0	0.376
		3.5	0.401
		4.0	0.425
		4.5	0.451
		5.0	0.474
250	1000	3.0	0.622
		3.5	0.647
		4.0	0.671
		4.5	0.696
		5.0	0.720

续表

桩身直径（mm）	桩头直径（mm）	桩长（m）	混凝土量（m^2）
每增减		0.50	0.025
300	1000	3.0 3.5 4.0 4.5 5.0	0.665 0.701 0.736 0.771 0.807
300	1200	3.0 3.5 4.0 4.5 5.0	1.032 1.068 1.103 1.138 1.174
每增减		0.5	0.036
300	800	3.0 3.5 4.0 4.5 5.0	0.424 0.459 0.494 0.530 0.565
300	900	3.0 3.5 4.0 4.5 5.0	0.530 0.566 0.601 0.637 0.672
每增减		0.5	0.036
400	1000	3.0 3.5 4.0 4.5 5.0	0.775 0.838 0.901 0.964 1.027
400	1200	3.0 3.5 4.0 4.5 5.0	1.156 1.219 1.282 1.345 1.408
每增减		0.50	0.064

注：1. 桩长系指桩的全长包括桩头。

2. 计算公式：$V=A\cdot(L-1)+\pi D^3/6$

式中 A——断面积；

L——桩长（包括桩扩大部分）；

D——球体直径。

4. 混凝土爆扩桩工程量计算

混凝土爆扩桩由桩身和扩大头两部分组成，常用的形式见图 8-14。

混凝土爆扩桩工程量计算公式为：

$$V = 0.7854d^2(L-D)+\frac{1}{6}\pi D^3$$

5. 混凝土筒式桩壁、圆柱形桩芯工程量计算混凝土筒式桩壁、圆柱形桩芯，见图 8-15。

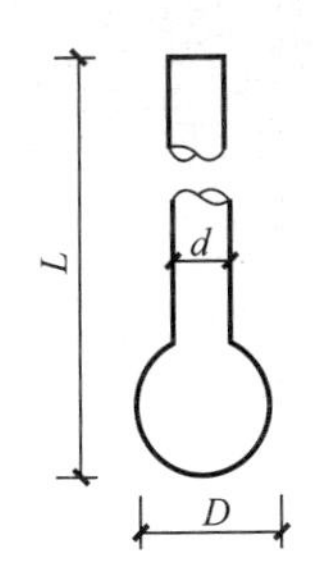

图 8-14 混凝土爆扩桩示意图

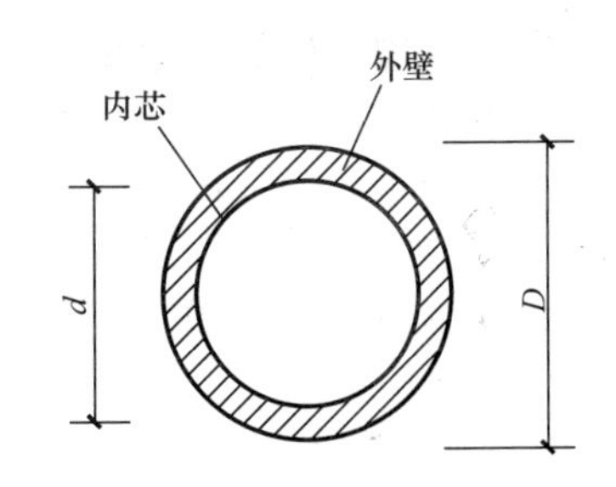

图 8-15 混凝土筒式桩壁、圆柱形桩芯工程量计算

(1) 混凝土筒式桩壁工程量计算公式

混凝土筒式桩壁工程量 $=H_{桩壁}\times\pi D^2/4-H_{桩芯}\times\pi d^2/4$

(2) 混凝土圆柱形桩芯工程量计算公式

混凝土桩芯工程量 $=H_{桩芯}\times\pi d^2/4$

(3) 变截面护壁和桩芯体积计算公式，见表 8-43。

6. 地基强夯工程量计算公式

夯点密度(夯点/$100m^2$)＝设计夯击范围内的夯点个数/夯击范围(m^2)×100

地基强夯工程量＝设计图示面积

或　地基强夯工程量 $=S_{轴包}+L_{外轴}\times4+4\times16$

$=S_{轴包}+L_{外轴}\times4+64$

低锤满拍工程量＝设计夯击范围

1 台日＝1 台抽水机×24 小时

变截面护壁和桩芯体积计算公式 **表 8-43**

项目	体积计算式	图示
上部护壁	上部护壁（h_1，h_2 部分）体积计算式（每段）：$V=\frac{\pi}{2}h\delta(D+d-2\delta)$ $=1.5708h\delta(D+d-2\delta)$ （h 为标准段 h_1 或扩大段 h_2）	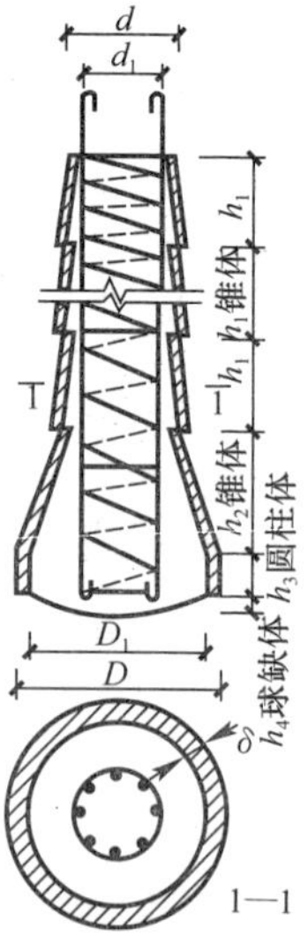
底段护壁	底段护壁（h_3 部分、空心柱体）体积计算式：$V=\frac{\pi}{2}h_3(D^2-D_1^2)$ $=0.785h_3(D^2-D_1^2)$	
混凝土桩芯	（1）标准段和底部扩大段体积：$V=\frac{\pi}{12}h\ (D_1^2+d_1^2+D_1d_1)$ $=0.2618h\ (D_1^2+d_1^2+D_1d_1)$ （h 为标准段 h_1 或扩大段 h_2） （2）底段圆柱体体积：$V=\frac{\pi}{4}h_3D_1^2=0.7854h_3D_1^2$ （3）底端球缺体体积： $V=\frac{\pi}{6}h_4\left(\frac{3}{4}D_1^2+h_4^2\right)$ $=0.5236h_4\left(\frac{3}{4}D_1^2+h_4^2\right)$ 以上各式中 D,D_1——锥体下口外径、内径，单位为 m； d,d_1——锥体上口外径、内径，单位为 m； δ——护壁壁厚，单位为 m	

8.4.3 砌筑工程量计算

1. 砖条形基础工程量计算公式

砖条形基础工程量$=L\times$基础断面积$-$嵌入基础的构件体积

L——外墙为中心线长度（$L_中$），内墙为内墙净长度（$L_内$）。

（1）标准砖等高式大放脚砖基础断面积，按大放脚增加断面积计算，见图 8-16。

$$砖基础断面积=b\cdot h+\Delta s$$

式中 b——基础墙厚；

h——基础高度；

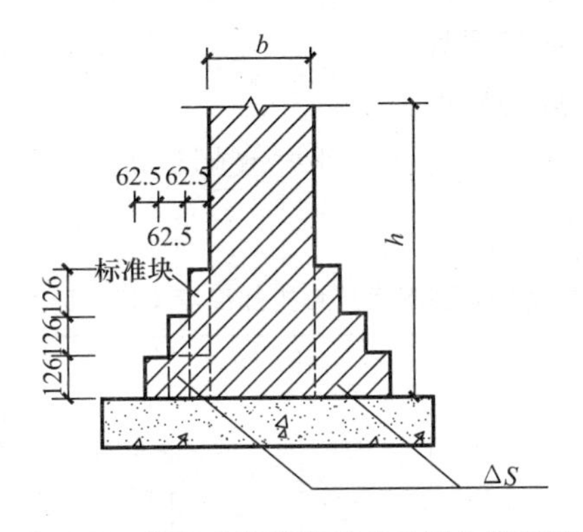

图 8-16　等高式大放脚砖基础增加断面积

Δs——全部大放脚增加断面积＝0.007875$n(n+1)$；

n——大放脚层数。

（2）标准砖等高式大放脚砖基础断面积，按大放脚折加高度计算，见图 8-17。

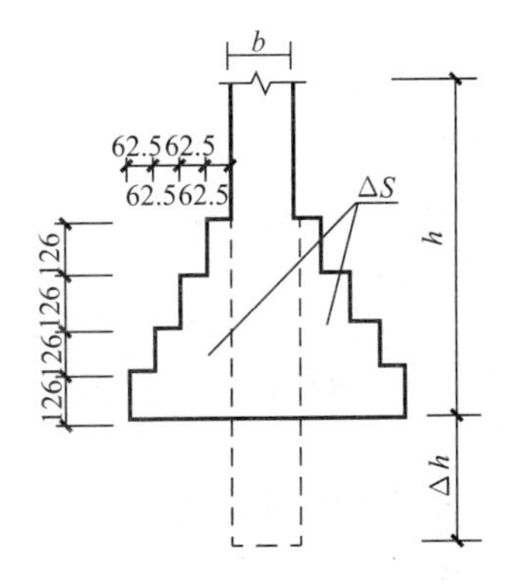

图 8-17　等高式大放脚砖基础折加高度

$$砖基础断面积=(h+\Delta h)\cdot b$$

$$大放脚折加高度=\Delta s/b$$

式中　b——基础墙厚；

h——基础高度；

Δs——全部大放脚增加断面积－0.007875$n(n+1)$；

n——大放脚层数；

Δh——大放脚折加高度。

（3）标准砖等高式砖基础大放脚折加高度与增加断面积，见表 8-44。

标准砖等高式砖基础大放脚折加高度与增加断面积　表 8-44

放脚层数	折加高度（m）						增加断面积（m^2）
	$\frac{1}{2}$砖（0.115）	1 砖（0.24）	$1\frac{1}{2}$砖（0.365）	2 砖（0.49）	$2\frac{1}{2}$砖（0.615）	3 砖（0.74）	
一	0.137	0.066	0.043	0.032	0.026	0.021	0.01575
二	0.411	0.197	0.129	0.096	0.077	0.064	0.04725
三	0.822	0.394	0.259	0.193	0.154	0.128	0.0945
四	1.369	0.656	0.432	0.321	0.259	0.213	0.1575
五	2.054	0.984	0.647	0.482	0.384	0.319	0.2363
六	2.876	1.378	0.906	0.675	0.538	0.447	0.3308
七		1.838	1.208	0.900	0.717	0.596	0.4410
八		2.363	1.553	1.157	0.922	0.766	0.5670
九		2.953	1.942	1.447	1.153	0.958	0.7088
十		3.609	2.373	1.768	1.409	1.171	0.8663

注：1. 本表按标准砖双面放脚，每层等高 12.6cm（二皮砖，二灰缝）砌出 6.25cm 计算。

2. 本表折加墙基高度的计算，以 240mm×115mm×53mm 标准砖、1cm 灰缝及双面大放脚为准。

3. $折加高度(m)=\frac{放脚断面积(m^2)}{墙厚(m)}$

4. 采用折加高度数字时，取两位小数，第三位以后四舍五入。采用增加断面数字时，取三位小数，第四位以后四舍五入。

（4）标准砖不等高式大放脚砖基础断面积，按大放脚增加断面积计算，见图 8-18：

$$砖基础断面积=b \cdot h+\Delta s$$

式中　b——基础墙厚；

h——基础高度；

Δs——全部大放脚增加断面积。

（5）标准砖不等高式大放脚砖基础断面积，按大放脚折加高度计算，图 8-19。

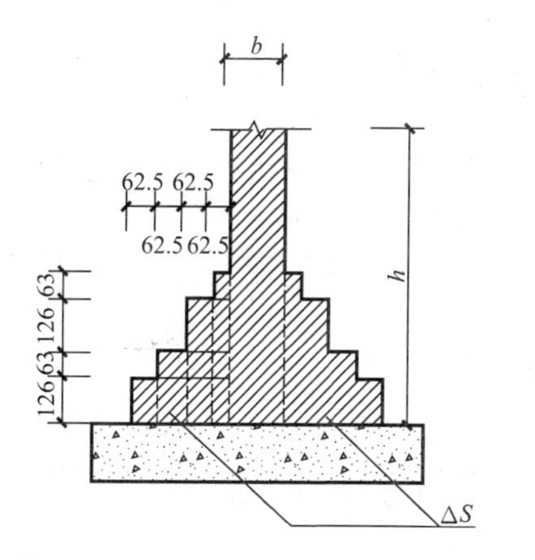

图 8-18　不等高式大放脚砖基础增加断面积

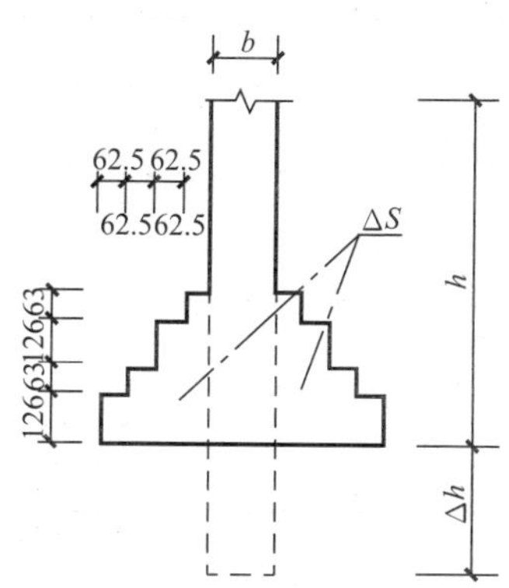

图 8-19　不等高式大放脚砖基础折加高度

$$砖基础断面积=(h+\Delta h)\cdot b$$

$$大放脚折加高度=\Delta s/b$$

式中　b——基础墙厚；

h——基础高度；

Δs——全部大放脚增加断面积；

Δh——大放脚折加高度。

（6）标准砖不等高式砖基础大放脚折加高度与增加断面积，见表 8-45。

标准砖不等高式砖基础大放脚折加高度与增加断面积

表 8-45

放脚层数	折加高度（m）						增加断面积（m^2）
	$\frac{1}{2}$砖（0.115）	1 砖（0.24）	$1\frac{1}{2}$砖（0.365）	2 砖（0.49）	$2\frac{1}{2}$砖（0.615）	3 砖（0.74）	
一	0.137	0.066	0.043	0.032	0.026	0.021	0.0158
二	0.343	0.164	0.108	0.080	0.064	0.053	0.0394
三	0.685	0.320	0.216	0.161	0.128	0.106	0.0788
四	1.096	0.525	0.345	0.257	0.205	0.170	0.1260
五	1.643	0.788	0.518	0.386	0.307	0.255	0.1890

续表

放脚层数	折加高度（m）						增加断面积（m^2）
	$\frac{1}{2}$砖（0.115）	1砖（0.24）	$1\frac{1}{2}$砖（0.365）	2砖（0.49）	$2\frac{1}{2}$砖（0.615）	3砖（0.74）	
六	2.260	1.083	0.712	0.530	0.423	0.331	0.2597
七		1.444	0.949	0.707	0.563	0.468	0.3465
八			1.208	0.900	0.717	0.596	0.4410
九				1.125	0.896	0.745	0.5513
十					1.088	0.905	0.6694

注：1. 本表适用于间隔式砖墙基大放脚（即底层为二皮开始高 12.6cm，上层为一皮砖高 6.3cm，每边每层砌出 6.25cm）。

2. 本表折加墙基高度的计算，以 240mm×115mm×53mm 标准砖，1cm 灰缝及双面大放脚为准。

3. $折加高度(m)=\frac{放脚断面积(m^2)}{墙厚(m)}$。

（7）砖垛基础增加体积，见图 8-20。

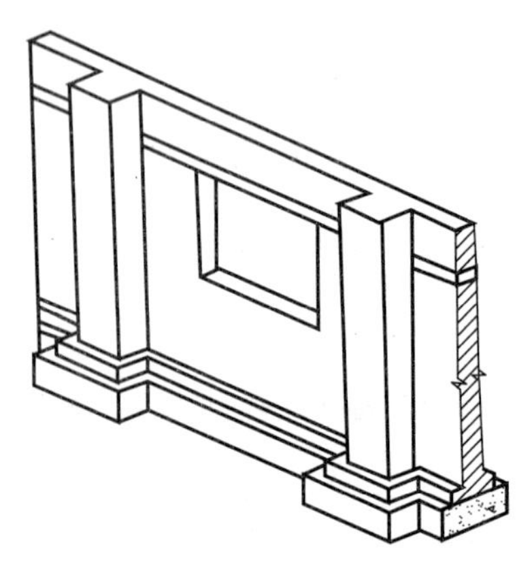

图 8-20　砖垛基础增加体积

体积计算公式：

垛基体积＝垛基正身体积＋大放脚部分体积

＝垛厚×基础断面积

（8）标准砖等高大放脚柱基础，见图 8-21。

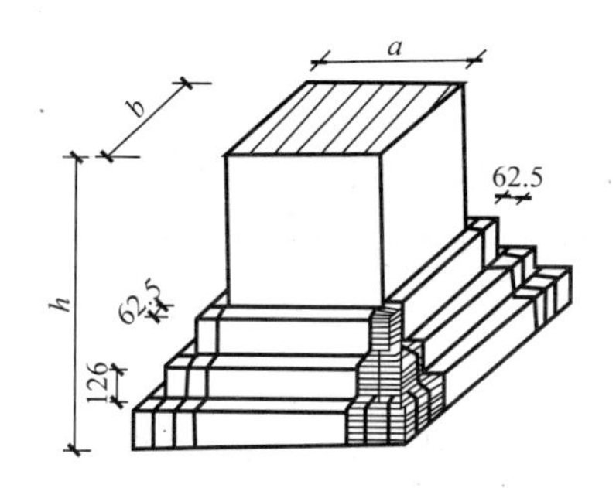

图 8-21 标准砖等高大放脚柱基础体积

标准砖等高大放脚柱基础体积$=a \cdot b \cdot h+\Delta v=a \cdot b \cdot h+n(n+1)[0.007875(a+b)+0.000328125(2n+1)]$

式中 a——柱断面长（m）；

b——柱断面宽（m）；

h——柱基高（m）；

Δv——砖柱四周大放脚体积；

n——大放脚层数。

2. 砖消耗用量计算

（1）砖消耗用量计算公式

砖的用量(块/m^3)＝2×墙厚砖数/[墙厚×(砖长－灰缝)×(砖厚＋灰厚)]×(1＋损耗率)或砖的用量(块/m^3)＝127×墙厚砖数/墙厚×(1＋损耗率)。

砂浆用量(m^3/m^3)＝[1－砖单块体积(m^3/块)×砖净用量(块/m^3)]×(1＋损耗率)。

（2）标准砖墙砖与砂浆损耗率

实砌砖墙损耗率为2%，多孔砖墙损耗率为2%，实砌砖墙砂浆损耗率为1%，多孔砖墙砂浆损耗率为10%。

3. 墙体工程量计算公式

$$墙体工程量=[(L+a)\times H-门窗洞口面积]\times h-\sum 构件体积$$

式中 L——外墙为中心线长度（$L_{中}$）；内墙为内墙净长度

（$L_{内}$），框架间墙为柱间净长度（$L_{净}$）；

a——墙垛厚，墙垛厚是指墙外皮至垛外皮的厚度；

H——墙高，砖墙高度按计算规则计算；

h——墙厚，砖墙厚度严格按黏土砖砌体计算厚度表计算。

4. 标准砖附墙砖垛（附墙烟囱、通风道）折算墙身面积系数

面积系数见表 8-46。

标准砖附墙砖垛（附墙烟囱、通风道）折算墙身面积系数

表 8-46

墙身厚度 D(cm) / 凸出断面 (a×b)(cm)	1/2 砖	3/4 砖	1 砖	$1\frac{1}{2}$砖	2 砖	$2\frac{1}{2}$砖
	11.5	18	24	36.5	49	61.5
12.25×24	0.2609	0.1685	0.1250	0.0822	0.0612	0.0488
12.5×36.5	0.3970	0.2562	0.1900	0.1249	0.0930	0.0741
12.5×49	0.5330	0.3444	0.2554	0.1680	0.1251	0.0997
12.5×61.5	0.6687	0.4320	0.3204	0.2107	0.1569	0.1250
25×24	0.5218	0.3371	0.2500	0.1644	0.1224	0.0976
25×36.5	0.7938	0.5129	0.3804	0.2500	0.1862	0.1485
25×49	1.0625	0.6882	0.5104	0.2356	0.2499	0.1992
25×61.5	1.3374	0.8641	0.6410	0.4214	0.3138	0.2501
37.5×24	0.7826	0.5056	0.3751	0.2466	0.1836	0.1463
37.5×36.5	1.1904	0.7691	0.5700	0.3751	0.2793	0.2226
37.5×49	1.5983	1.0326	0.7650	0.5036	0.3749	0.2989
37.5×61.5	2.0047	1.2955	0.9608	0.6318	0.4704	0.3750
50×24	1.0435	0.6742	0.5000	0.3288	0.2446	0.1951
50×36.5	1.5870	1.0253	0.7604	0.5000	0.3724	0.2967
50×49	2.1304	1.3764	1.0208	0.6712	0.5000	0.3980
50×61.5	2.6739	1.7273	1.2813	0.8425	0.6261	0.4997
62.5×36.5	1.9813	1.2821	0.9510	0.6249	0.4653	0.3709
62.5×49	2.6635	1.7208	1.3763	0.8390	0.6249	0.4980
62.5×61.5	3.3426	2.1600	1.6016	1.0532	0.7842	0.6250
74×36.5	2.3487	1.5174	1.1254	0.7400	0.5510	0.4392

注：a 为突出墙面尺寸，b 为砖垛（或附墙烟囱、通风道）的宽度。

5. 砖平碹计算

砖平碹见图 8-22。

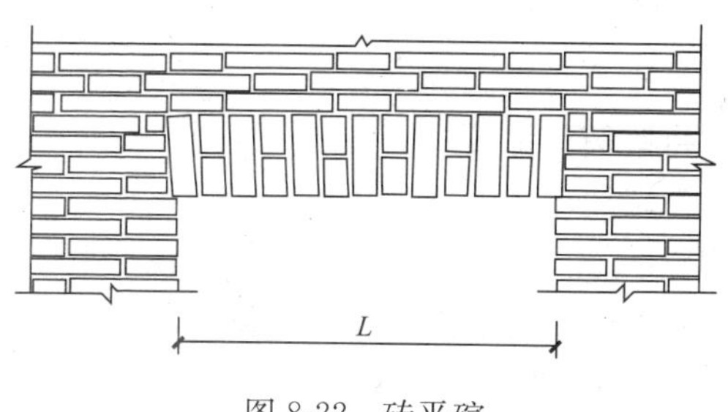

图 8-22 砖平碹

计算公式：

$$砖平碹工程量=(L+0.1)\times 0.24\times b(L\leqslant 1.5m)$$

$$砖平碹工程量=(L+0.1)\times 0.365\times b(L>1.5m)$$

式中 L——门窗洞口宽度；

b——墙体厚度。

6. 平砌砖过梁计算

平砌砖过梁，见图 8-23。

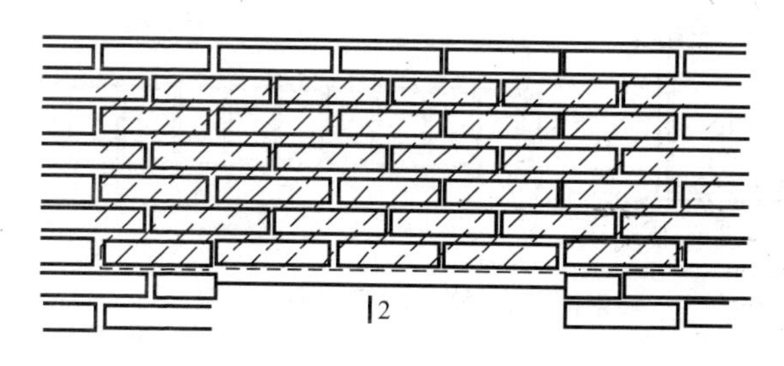

图 8-23 平砌砖过梁

计算公式：

$$平砌砖过梁工程量=(L+0.5)\times 0.44\times b$$

式中 L——门窗洞口宽度；

b——墙体厚度。

7. 烟囱筒身体积计算公式

$$V=\sum H\times C\times \pi D$$

式中 V——筒身体积；

H——每段筒身垂直高度；

C——每段筒壁厚度；

D——每段筒壁中心线的平均直径。

勾缝面积＝0.5×π×烟囱高×(上口外径＋下口外径)

8.4.4 混凝土及钢筋混凝土工程量计算

1. 钢筋混凝土构件钢筋工程量计算

(1) 钢筋混凝土构件纵向钢筋计算公式。

钢筋图示用量＝(构件长度－两端保护层厚度＋弯钩长度＋弯起增加长度＋钢筋搭接长度)×线密度(钢筋单位理论质量)

(2) 双肢箍筋长度计算公式。

箍筋长度＝构件截面周长－8×保护层厚度＋4×箍筋直径＋2×(1.9d＋10d 和 75 中较大值)

(3) 箍筋根数。箍筋配置范围见图 8-24。

箍筋根数＝配置范围/@＋1

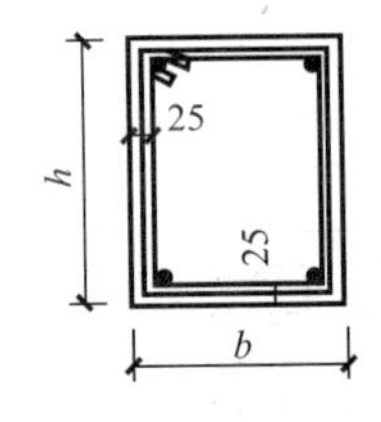

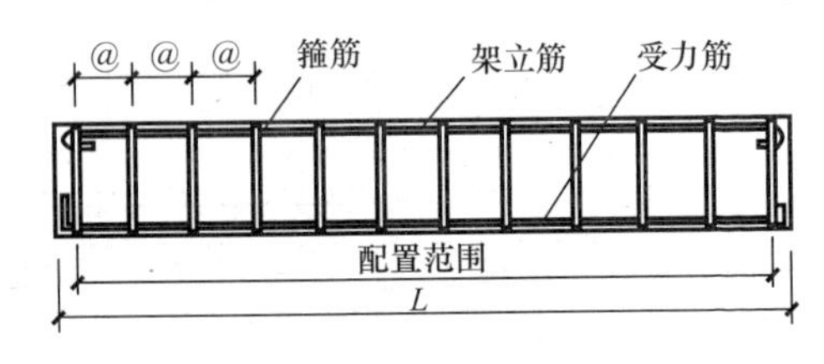

图 8-24 箍筋配置范围示意图

(4) 马凳。设计无规定时，马凳的材料应比底板钢筋降低一个规格，若底板钢筋规格不同时，按其中规格大的钢筋降低一个规格计算。长度按底板厚度的 2 倍加 200mm 计算，每平方米 1 个，计入钢筋总量。计算公式：

马凳钢筋质量＝(板厚×2＋0.2)×板面积
×受撑钢筋此规格的线密度

(5) 墙体拉结筋。设计无规定时，按 $\Phi8$ 钢筋，长度按墙厚加 150mm 计算，每平方米 3 个，计入钢筋总量。计算公式：墙体拉结 S 钩质量＝(墙厚＋0.15)×(墙面积×3)×0.395

(6) 钢筋单位理论质量计算公式

钢筋每米理论质量＝0.006165×d^2(d 为钢筋直径)

2. 现浇钢筋混凝土构件工程量计算

(1) 现浇钢筋混凝土带形基础计算公式

带形基础工程量＝外墙中心线长度×设计断面面积＋设计内墙基础图示长度×设计断面面积

(2) 现浇钢筋混凝土独立基础

1) 常用锥形杯口基础体积计算公式，见表 8-47。

常用锥形杯口基础体积计算公式　　表 8-47

项目	内容
示意图	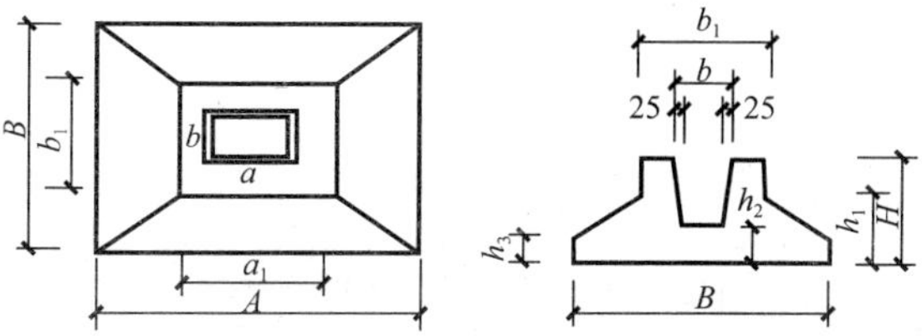 (a) 锥形杯口基础平面图　　(b) 锥形杯口基础剖面图
公式	$V=ABh_3+\frac{h_1-h_3}{6}[AB+(A+a_1)(B+b_1)+a_1b_1]+a_1b_1(H-h_1)-(H-h_2)(a-0.025)(b-0.025)$ 式中　A——基础底面长度，单位为 m； B——基础底面宽度，单位为 m； a——杯内内包长边尺寸，单位为 m； a_1——基础顶面长度，单位为 m； b——杯口内包短边尺寸，单位为 m； b_1——基础顶面宽度，单位为 m； H——基础总高度，单位为 m； $h_1 \sim h_3$——基础剖面高度尺寸，单位为 m

2) 现浇无筋倒圆台基础体积计算公式，见表 8-48。

现浇无筋倒圆台基础体积计算公式　　表 8-48

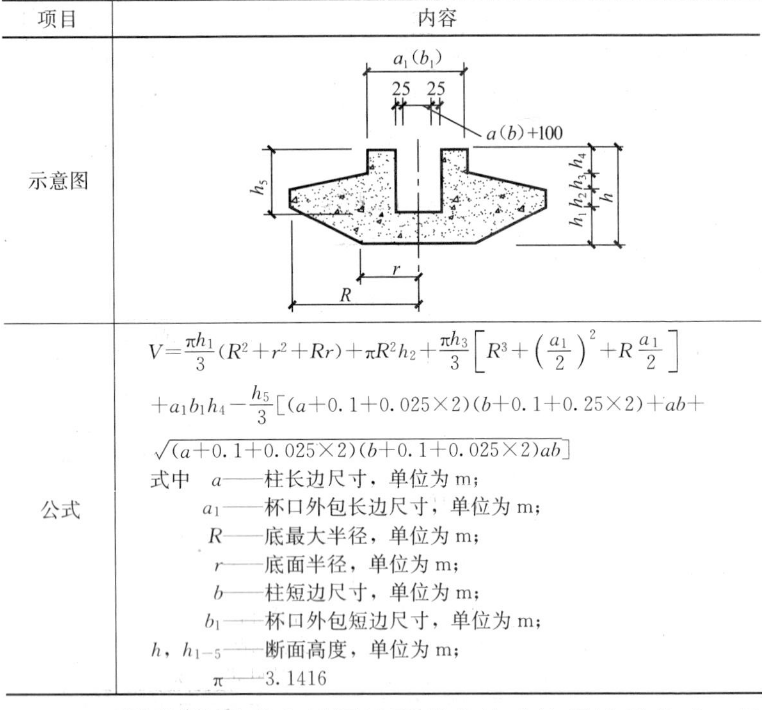

项目	内容
示意图	
公式	$V=\frac{\pi h_1}{3}(R^2+r^2+Rr)+\pi R^2 h_2+\frac{\pi h_3}{3}\left[R^3+\left(\frac{a_1}{2}\right)^2+R\frac{a_1}{2}\right]$ $+a_1 b_1 h_4-\frac{h_5}{3}[(a+0.1+0.025\times2)(b+0.1+0.25\times2)+ab+$ $\sqrt{(a+0.1+0.025\times2)(b+0.1+0.025\times2)ab}]$ 式中　a——柱长边尺寸，单位为 m； a_1——杯口外包长边尺寸，单位为 m； R——底最大半径，单位为 m； r——底面半径，单位为 m； b——柱短边尺寸，单位为 m； b_1——杯口外包短边尺寸，单位为 m； h，h_{1-5}——断面高度，单位为 m； π——3.1416

3）现浇钢筋混凝土倒圆锥形薄壳基础体积计算公式，见表 8-49。

现浇钢筋混凝土倒圆锥形薄壳基础体积计算公式　表 8-49

项目	内容
示意图	

续表

项目	内容
公式	$$V=V_1+V_2+V_3$$ $$V_1=\pi(R_1+R_2)\delta h_1\cos\theta$$ $$V_2=1/3\pi h_2(R_3^2+R_3R_4+R_4^2)$$ $$V_3=KR_2^2h_3$$ 式中 V——倒圆锥形薄壳基础体积，单位为 m^3； V_1——基础周围薄壳部分体积，单位为 m^3； V_2——基础中部圆台部分体积，单位为 m^3； V_3——基础底部圆柱部分体积，单位为 m^3； R_1——倒圆锥形薄壳上口半径，单位为 m； R_2——倒圆锥形薄壳下口半径，单位为 m； δ——倒圆锥形薄壳壁厚，单位为 m； h_1——倒圆锥形薄壳总高度，单位为 m； θ——倒圆锥形薄壳倾斜角度； h_2——基础中部圆台部分高度，单位为 m； R_3——基础中部圆台部分下底半径，单位为 m； R_4——基础中部圆台部分上底半径，单位为 m； h_3——基础底部圆柱部分高度，单位为 m

（3）垫层工程量计算

1）条形基础垫层工程量计算公式

$$条形基础垫层工程量=(\sum L_{中}+\sum L_{净})\times 垫层断面面积$$

2）独立、满堂基础垫层工程量计算公式

独立、满堂基础垫层工程量＝设计长度×设计宽度×平均厚度

（4）现浇钢筋混凝土柱计算

1）现浇钢筋混凝土柱计算公式

柱工程量＝图示断面面积×柱计算高度

2）现浇钢筋混凝土构造柱计算公式

构造柱工程量＝构造柱折算截面积×构造柱计算高度

有咬口的现浇钢筋混凝土构造柱折算截面积，见表 8-50。

现浇钢筋混凝土构造柱折算截面积（m^2）　　表 8-50

构造柱的平面形式	构造柱基本截面（$d_1 \times d_2$）			
	0.24×0.24	0.24×0.365	0.365×0.24	0.365×0.365
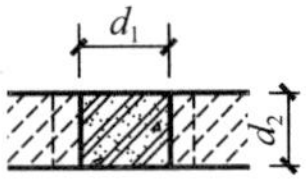 d_1 d_2	0.072	0.1095	0.1020	0.1551
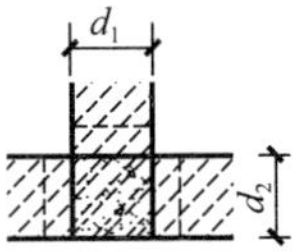 d_1 d_2	0.0792	0.1167	0.1130	0.1661
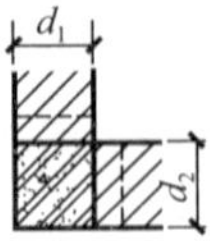 d_1 d_2	0.072	0.1058	0.1058	0.1551
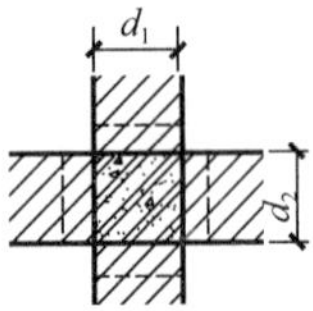 d_1 d_2	0.0864	0.1239	0.1239	0.1700

（5）钢筋混凝土梁计算公式

单梁工程量＝图示断面面积×梁长＋梁垫体积

现浇钢筋混凝土圈梁每 10m 工程量，见表 8-51。

（6）钢筋混凝土板计算公式

有梁板工程量＝图示长度×图示宽度×板厚＋主梁及次梁肋体积

主梁及次梁肋体积＝主梁长度×主梁宽度×肋高＋次梁净长度×次梁宽度×肋高

现浇钢筋混凝土圈梁每 10m 工程量　　　　表 8-51

梁宽（mm）	梁高（mm）	断面面积（m^2）	每 10m 长	
			混凝土（m^3）	钢筋（kg）
240	120	0.0288	0.288	23.90
	180	0.0432	0.432	35.86
	200	0.0480	0.480	39.84
	240	0.0576	0.576	47.81
365	120	0.0438	0.438	36.85
	180	0.0675	0.675	54.53
	240	0.0875	0.876	72.71
	300	0.1095	1.095	90.89

无梁板工程量＝图示长度×图示宽度×板厚＋柱帽体积

平板工程量＝图示长度×图示宽度×板厚＋边沿的翻檐体积

斜屋面板工程量＝图示板长度×板厚×斜坡长度＋板下梁体积

（7）钢筋混凝土墙计算公式

墙工程量＝(外墙中心线长度×设计高度－门窗洞口面积)×外墙厚＋(内墙净长度×设计高度－门窗洞口面积)×内墙厚

（8）钢筋混凝土楼梯工程量计算公式

钢筋混凝土楼梯见图 8-25。

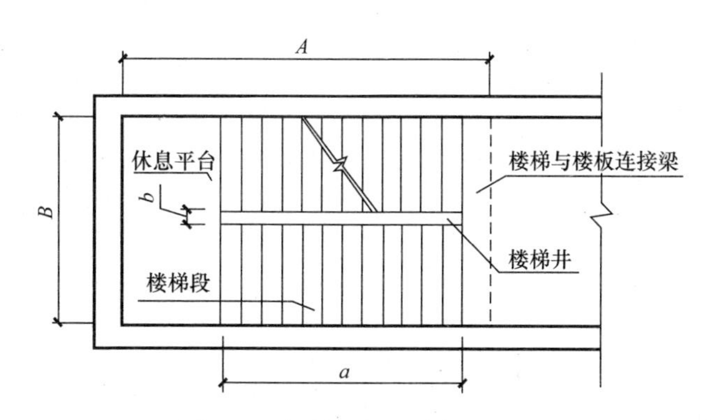

图 8-25　钢筋混凝土楼梯平面图

工程量计算公式：

当 $b \leqslant 500$mm 时，$S=A \cdot B$

当 $b>500$mm 时，$S=A \cdot B-a \cdot b$

（9）预制钢筋混凝土构件计算公式

预制混凝土构件工程量＝图示断面面积×构件长度

（10）预制钢筋混凝土桩计算公式

预制混凝土桩工程量＝图示断面面积×桩总长度

（11）混凝土柱牛腿单个体积计算表，见表 8-52。

混凝土柱牛腿单个体积计算表　　　表 8-52

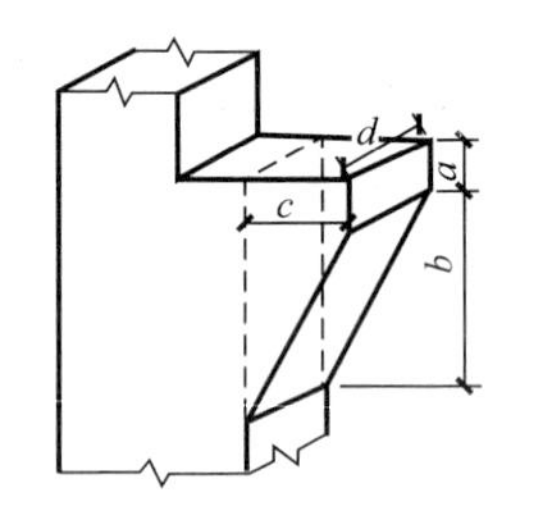

表中每个混凝土柱牛腿的体积系指图示虚线以外部分

a	b	c	d(mm)			a	b	c	d(mm)		
mm			400	500	600	mm			400	500	600
250	300	300	0.048	0.060	0.072	400	600	600	0.168	0.210	0.252
300	300	300	0.054	0.084	0.081	400	800	800	0.256	0.320	0.384
300	400	400	0.080	0.100	0.120	400	650	650	0.189	0.236	0.283
300	500	600	0.132	0.165	0.198	400	700	700	0.210	0.263	0.315
300	500	700	0.154	0.193	0.231	400	700	950	0.285	0.356	0.425
400	200	200	0.040	0.050	0.060	400	1000	1000	0.360	0.450	0.540
400	250	250	0.052	0.066	0.079	500	200	200	0.045	0.060	0.072
400	300	300	0.066	0.082	0.099	500	250	250	0.063	0.078	0.094
400	300	600	0.132	0.165	0.198	500	300	300	0.078	0.098	0.117
400	350	350	0.081	0.101	0.121	500	400	400	0.112	0.140	0.168
400	400	400	0.096	0.120	0.144	500	500	500	0.150	0.189	0.225
400	400	700	0.168	0.210	0.252	500	600	600	0.192	0.240	0.288
400	450	450	0.113	0.141	0.169	500	700	700	0.238	0.298	0.357
400	500	500	0.130	0.163	0.195	500	1000	1000	0.400	0.500	0.600
400	500	700	0.182	0.223	0.273	500	1100	1100	0.462	0.578	0.693
400	550	550	0.149	0.186	0.223	500	300	700	0.266	0.333	0.399

8.4.5 厂库房大门、特种门、木结构工程量计算

1. 门窗工程量计算公式

门扇工程量＝门扇宽×门扇高

2. 木结构工程量计算公式

檩木工程量＝檩木杆件计算长度×竣工木料断面面积

屋面板斜面积＝屋面水平投影面积×延尺系数

封檐板工程量＝屋面水平投影长度×檐板数量

博风板工程量＝(山尖屋面水平投影长度×屋面坡度系数＋0.5×2)×山墙端数

3. 三角屋架下弦长度（L）与上弦、腹杆长度系数表

三角屋架杆件代号与长度系数表对应关系，见图 8-26 和表 8-53。

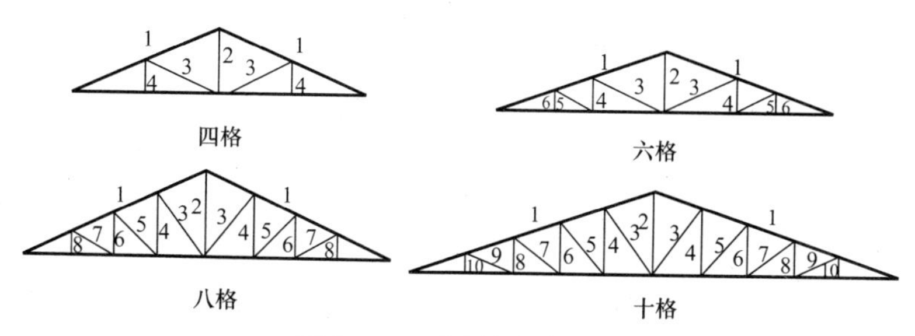

图 8-26　三角屋架杆件代号

三角屋架下弦长度（L）与上弦、腹杆长度系数表　　表 8-53

坡度		30°				26°34′1/2			
形式		四格	六格	八格	十格	四格	六格	八格	十格
杆件	1	0.577L	0.577L	0.577L	0.577L	0.559L	0.559L	0.559L	0.559L
	2	0.289L	0.289L	0.289L	0.289L	0.250L	0.250L	0.250L	0.250L
	3	0.289L	0.254L	0.250L	0.252L	0.280L	0.236L	0.225L	0.224L
	4	0.144L	0.192L	0.216L	0.231L	0.125L	0.167L	0.188L	0.200L
	5		0.192L	0.181L	0.200L		0.186L	0.141L	0.180L
	6		0.096L	0.144L	0.173L		0.083L	0.125L	0.150L
	7			0.144L	0.153L			0.140L	0.141L
	8			0.007L	0.116L			0.063L	0.100L
	9				0.116L				0.112L
	10				0.058L				0.050L

续表

坡度		1/2.5				1/3			
形式		四格	六格	八格	十格	四格	六格	八格	十格
杆件	1	0.539L	0.539L	0.539L	0.539L	0.527L	0.527L	0.527L	0.527L
	2	0.200L	0.200L	0.200L	0.200L	0.167L	0.167L	0.167L	0.167L
	3	0.270L	0.213L	0.195L	0.189L	0.264L	0.200L	0.177L	0.167L
	4	0.1001	0.133L	0.150L	0.160L	0.083L	0.111L	0.125L	0.133L
	5		0.180L	0.160L	0.156L		0.176L	0.150L	0.141L
	6		0.067L	0.100L	0.120L		0.056L	0.083L	0.1001
	7			0.135L	0.128L			0.132L	0.120L
	8			0.050L	0.080L			0.042L	0.067L
	9				0.108L				0.105L
	10				0.040L				0.033L

4. 木屋架、钢木屋架竣工木料及铁件用量参考用量参考见表8-54。

木屋架、钢木屋架竣工木料及铁件用量参考　　表8-54

屋架类别		跨度(m)	每榀屋架主要材料用量		
			竣工木料(m^3)	铸件(kg)	钢材(kg)
普通人字屋架	圆木	6	0.38	13	
		8	0.59	20	
		11	0.774	40	
		14	1.08	58	
	方木	6	0.25	11	
		8	0.42	22	
		11	0.71	42	
		14	0.95	55	
	带天窗架圆木	7	0.65	26	
		9	0.85	45	
		12	1.35	60	
	带天窗架方木	7	0.61	26	
		9	0.82	45	
		12	1.23	60	

续表

<table>
<tr><th colspan="2" rowspan="2">屋架类别</th><th rowspan="2">跨度(m)</th><th colspan="3">每榀屋架主要材料用量</th></tr>
<tr><th>竣工木料(m^3)</th><th>铸件(kg)</th><th>钢材(kg)</th></tr>
<tr><td rowspan="8">钢木屋架</td><td rowspan="4">圆木</td><td>12</td><td>0.47</td><td>12</td><td>94</td></tr>
<tr><td>15</td><td>0.73</td><td>14</td><td>130</td></tr>
<tr><td>18</td><td>0.95</td><td>16</td><td>175</td></tr>
<tr><td>21</td><td>1.40</td><td>16</td><td>215</td></tr>
<tr><td rowspan="4">方木</td><td>12</td><td>0.42</td><td>14</td><td>92</td></tr>
<tr><td>15</td><td>0.67</td><td>14</td><td>125</td></tr>
<tr><td>18</td><td>0.87</td><td>16</td><td>165</td></tr>
<tr><td>21</td><td>1.10</td><td>16</td><td>210</td></tr>
</table>

注：1. 屋架适用于屋面构造为机瓦、屋面板。
2. 支撑可并入屋架工程内，一般垂直风撑每组为 0.07m^3，水平拉杆每根为 0.04m^3。
3. 钢木屋架的钢材按圆钢计算。

8.4.6 金属结构工程量计算

1. 金属杆件质量计算公式

金属杆件质量=金属杆件设计长度×型钢线密度(kg/m)

2. 多边形钢板质量计算公式

多边形钢板质量=最大对角线长度×最大宽度×面密度(kg/m^2)

最大矩形面积=最大对角线长度×最大宽度=$A\times B$，见图 8-27。

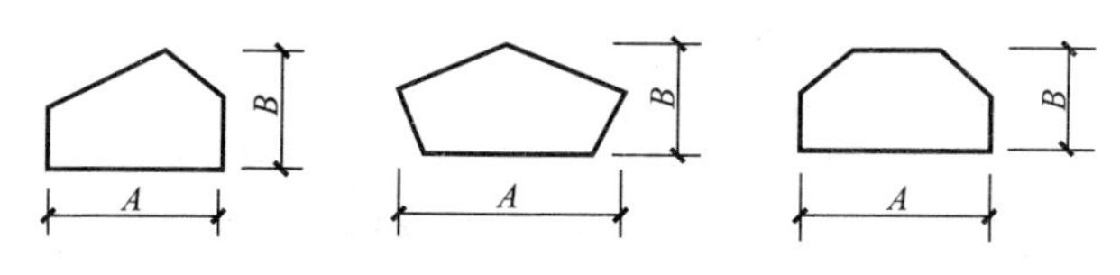

图 8-27 最大矩形面积

8.4.7 屋面及防水工程量计算

1. 材料用量的调整

(1) 瓦屋面材料规格不同的调整公式。

调整用量=[设计实铺面积/(单页有效瓦长×单页有效瓦宽)]×(1+损耗率)

单页有效瓦长、单页有效瓦宽＝瓦的规格尺寸－规范规定的搭接尺寸

（2）彩钢压型板屋面檩条，定额按间距1～1.2m编制，设计与定额不同时，檩条数量可以换算，其他不变。调整公式如下：

调整用量＝设计每平方米檩条用量×$10m^2$×(1＋损耗率)

损耗率按3％计算。

（3）变形缝主材用量调整公式。

调整用量＝(设计缝口断面积/定额缝口断面积)×定额用量

（4）整体面层的厚度与定额不同时，可按设计厚度调整用量。调整公式如下：

调整用量＝$10m^2$×铺筑厚度×(1＋损耗率)

损耗率：耐酸沥青砂浆为1％，耐酸沥青胶泥为1％，耐酸沥青混凝土为1％，环氧砂浆为2％，环氧稀胶泥为5％，钢屑砂浆为1％。

（5）块料面层用量调整公式。

调整用量＝$10m^2$/[(块料长＋灰缝)×(块料宽＋灰缝)]×单块块料面积×(1＋损耗率)

损耗率：耐酸瓷砖为2％，耐酸瓷板为4％。

2. 屋面工程量计算

（1）瓦屋面工程量计算公式。

等两坡屋面工程量＝檐口总宽度×檐口总长度×延尺系数

等四坡屋面工程量＝(两斜梯形水平投影面积＋两斜三角形水平投影面积)×延尺系数或等四坡屋面工程量＝屋面水平投影面积×延尺系数

等两坡正山脊工程量＝檐口总长度＋檐口总宽度×延尺系数×山墙端数

等四坡正斜脊工程量＝檐口总长度－檐口总宽度＋屋面檐口总宽度×隅延尺系数×2

（2）屋面坡度系数，见表8-55。

屋面坡度系数表 **表 8-55**

坡度			延尺系数 C	隅延尺系数 D
$B/A(A=1)$	$B/2A$	角度 α		
1	1/2	45°	1.4142	1.7321
0.75		36°52′	1.2500	1.6008
0.70		35°	1.2207	1.5779
0.666	1/3	33°40′	1.2015	1.5620
0.65		33°01′	1.1926	1.5564
0.600		33°58′	1.1662	1.5362
0.577		33°	1.1547	1.5270
0.55		28°49′	1.1413	1.5170
0.50	1/4	26°34′	1.1180	1.5000
0.45		24°14′	1.0966	1.4839
0.40	1/5	21°48′	1.0770	1.4697
0.35		19°17′	1.0594	1.4569
0.30		16°42′	1.0440	1.4457
0.25		14°02′	1.0308	1.4362
0.20	1/10	11°19′	1.0198	1.4283
0.15		8°32′	1.0112	1.4221
0.125		7°8′	1.0078	1.4191
0.100	1/20	5°42′	1.0050	1.4177
0.083		4°45′	1.0035	1.4166
0.066	1/30	3°49′	1.0022	1.4157

3. 防水工程量计算公式

屋面防水工程量=设计总长度×总宽度×坡度系数+弯起部分面积

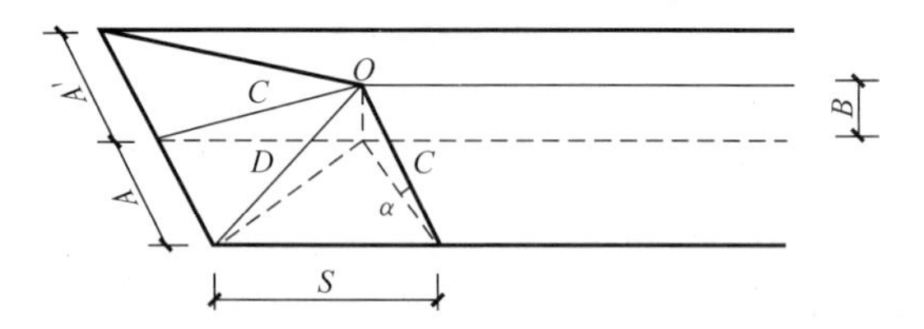

注：1. $A-A'$，且 $S=0$ 时，为等两坡屋面；$A=A'=S$ 时，等四坡屋面。

2. 屋面斜铺面积=屋面水平投影面积×C。

3. 等两坡屋面山墙泛水斜长：$A\times C$。

4. 等四坡屋面斜脊长度：$A\times D$。

地面防水、防潮层工程量=主墙间净长度×主墙间净宽度±增减面积

墙基防水、防潮层工程量=外墙中心线长度×实铺宽度+内墙净长度×实铺宽度

8.4.8 防腐、隔热、保温工程量计算

1. 耐酸防腐工程量计算

耐酸防腐平面工程量=设计图示净长×净宽－应扣面积

铺砌双层防腐块料工程量=(设计图示净长×净宽－应扣面积)×2

2. 保温层工程量计算

（1）屋面保温层工程量计算公式。

屋面保温层工程量=保温层设计长度×设计宽度×平均厚度

双坡屋面保温层平均厚度=保温层宽度/2×坡度/2+最薄处厚度

单坡屋面保温层平均厚度=保温层宽度×坡度/2+最薄处厚度

（2）屋面保温层找坡折算平均厚度，见表 8-56。

（3）地面保温层工程量计算公式。

地面保温层工程量=(主墙间净长度×主墙间净宽度－应扣面积)×设计厚度

表 8-56

屋面保温层找坡折算平均厚度（单位：m）

类别		双坡							单坡						
坡度		$\frac{1}{10}$ 10%	$\frac{1}{12}$ 8.3%	$\frac{1}{33.3}$ 3.0%	$\frac{1}{40}$ 2.5%	$\frac{1}{50}$ 2%	$\frac{1}{67}$ 1.5%	$\frac{1}{100}$ 1%	$\frac{1}{10}$ 10%	$\frac{1}{12}$ 8.3%	$\frac{1}{33.3}$ 3.0%	$\frac{1}{40}$ 2.5%	$\frac{1}{50}$ 2%	$\frac{1}{67}$ 1.5%	$\frac{1}{100}$ 1%
跨度	4	0.100	0.083	0.030	0.250	0.020	0.015	0.010	0.200	0.167	0.060	0.050	0.040	0.030	0.020
	5	0.125	0.104	0.038	0.310	0.025	0.019	0.013	0.250	0.208	0.075	0.063	0.050	0.038	0.025
	6	0.150	0.125	0.045	0.038	0.030	0.023	0.015	0.300	0.250	0.090	0.075	0.060	0.045	0.030
	7	0.175	0.146	0.053	0.044	0.035	0.026	0.018	0.350	0.292	0.105	0.088	0.070	0.053	0.035
	8	0.200	0.167	0.060	0.050	0.040	0.030	0.020	0.400	0.333	0.120	0.100	0.080	0.060	0.040
	9	0.225	0.188	0.068	0.056	0.045	0.034	0.023	0.450	0.375	0.135	0.113	0.090	0.068	0.045
	10	0.250	0.208	0.208	0.063	0.050	0.038	0.025	0.500	0.416	0.150	0.125	0.100	0.075	0.050
	11	0.275	0.229	0.229	0.069	0.055	0.041	0.028	0.550	0.458	0.165	0.138	0.110	0.083	0.055
	12	0.300	0.250	0.250	0.075	0.060	0.045	0.030	0.600	0.500	0.180	0.150	0.120	0.900	0.060
	13		0.271	0.271	0.081	0.065	0.049	0.033			0.195	0.163	0.130	0.098	0.065
	14		0.292	0.292	0.088	0.070	0.053	0.035			0.210	0.175	0.140	0.106	0.070
	15		0.312	0.312	0.094	0.075	0.056	0.038			0.225	0.188	0.150	0.112	0.075
	18		0.375	0.375	0.113	0.090	0.068	0.045			0.270	0.225	0.180	0.136	0.090
	21		0.437	0.437	0.131	0.105	0.079	0.053			0.315	0.263	0.210	0.158	0.105
	24		0.500	0.500	0.150	0.120	0.099	0.060			0.360	0.30	0.240	0.180	0.120

（4）顶棚保温层工程量计算公式。

顶棚保温层工程量＝主墙间净长度×主墙间净宽度×设计厚度＋梁、柱帽保温层体积

（5）墙体保温层工程量计算公式。

墙体保温层工程量＝(外墙保温层中心线长度×设计高度－洞口面积)×厚度＋(内墙保温层净长度×设计高度－洞口面积)×厚度＋洞口侧壁体积

（6）柱体保温层工程量计算公式。

柱体保温层工程量＝保温层中心线展开长度×设计高度×厚度

（7）池槽保温层工程量计算公式

池槽壁保温层工程量＝设计图示净长×净高×设计厚度

池槽底保温层工程量＝设计图示净长×净宽×设计厚度

8.4.9 楼地面工程量计算

1. 地面垫层工程量计算公式

地面垫层工程量＝($S_{房}$－单个面积在 0.3m^2 以上孔洞、独立柱及构筑物等面积)×垫层厚

$$S_{房}=S_{底}-\sum L_{中}+\times \text{外墙厚}-\sum L_{内}\times \text{内墙厚}$$

2. 找平层和整体面层工程量计算公式

楼地面找平层和整体面层工程量＝主墙间净长度×主墙间净宽度－构筑物等所占面积

楼地面块料面层工程量＝净长度×净宽度－不做面层面积＋增加其他面积

3. 楼梯工程量计算公式

楼梯工程量＝楼梯间净宽×(休息平台宽＋踏步宽×步数)×(楼层数－1)

楼梯间平面图，见图 8-28，当楼梯井宽度＞500mm 时：

楼梯工程量＝[楼梯间净宽×(休息平台宽＋踏步宽×步数)－(楼梯井宽度－0.5)×楼梯井长度]×(楼层数－1)

即：当 $a\leqslant$500mm 时，楼梯面层工程量＝$L\times A\times(n-1)$（n

为楼层数）

当 $a>500$mm 时，楼梯面层工程量 $=[L\times A-(a-0.5)\times 6]\times(n-1)$

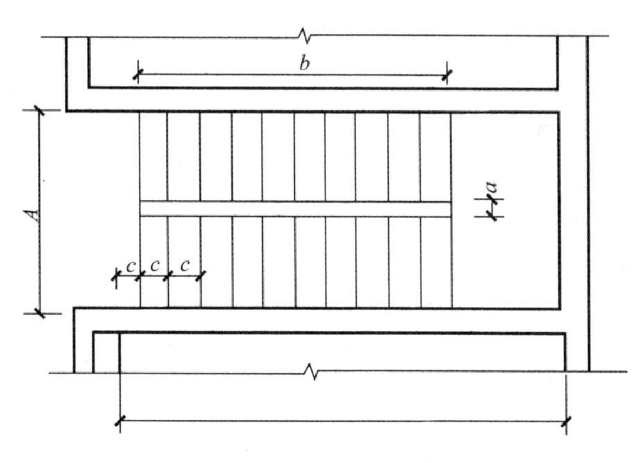

图 8-28　楼梯间平面图

注意：楼梯最后一跑只能增加最后一级踏步宽乘楼梯间宽度一半的面积，如扣减楼梯井宽度时，宽度按扣减后的一半计算。

4. 台阶工程量计算公式

$$台阶工程量=台阶长\times踏步宽\times步数$$

台阶，见图 8-29，台阶工程量 $=L\times B\times 4$

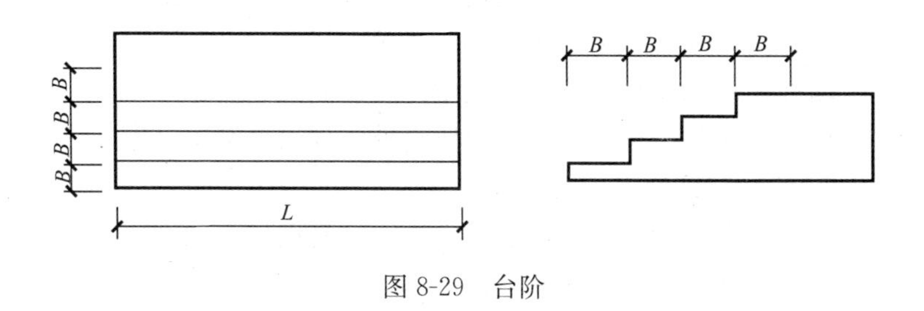

图 8-29　台阶

5. 踢脚板工程量计算公式

踢脚板工程量＝踢脚板净长度×高度

或　踢脚线工程量＝踢脚线净长度

8.4.10 墙、柱面工程量计算

1. 内墙抹灰工程量计算公式

内墙抹灰工程量＝主墙间净长度×墙面高度－门窗等面积＋垛的侧面抹灰面积

内墙裙抹灰工程量＝主墙间净长度×墙裙高度－门窗所占面积＋垛的侧面抹灰面积

柱抹灰工程量＝柱结构断面周长×设计柱抹灰高度

2. 外墙抹灰工程量计算公式

外墙抹灰工程量＝外墙面长度×墙面高度－门窗等面积＋垛梁柱的侧面抹灰面积

外墙裙抹灰工程量＝外墙面长度×墙裙高度－门窗所占面积＋垛梁柱的侧面抹灰面积

其他抹灰工程量＝展开宽度在300mm以内的实际长度

或　其他抹灰工程量＝展开宽度在300mm以上的实际面积

栏板、栏杆工程量＝栏板、栏杆长度×栏板、栏杆抹灰高度

墙面勾缝工程量＝墙面长度×墙面高度

外墙装饰抹灰工程量＝外墙面长度×抹灰高度－门窗等面积＋垛梁柱的侧面抹灰面积

柱装饰抹灰工程量＝柱结构断面周长×设计柱抹灰高度

3. 墙、柱面贴块料工程量计算公式

墙面贴块料工程量＝图示长度×装饰高度

柱面贴块料工程量＝柱装饰块料外围周长×装饰高度

4. 墙、柱饰面工程量计算公式

墙、柱饰面龙骨工程量＝图示长度×高度×系数

墙、柱饰面基层及面层工程量＝图示长度×高度

木间壁、隔断工程量＝图示长度×高度－门窗面积

铝合金（轻钢）间壁、隔断、幕墙＝净长度×净高度－门窗面积

8.4.11 顶棚工程量计算

1. 顶棚抹灰工程量计算公式

顶棚抹灰工程量＝主墙间的净长度×主墙间的净宽度＋梁侧面面积

井字梁顶棚抹灰工程量＝主墙间的净长度×主墙间的净宽度＋梁侧面面积

装饰线工程量＝ $\sum$（房间净长度＋房间净宽度）×2

2. 顶棚吊顶工程量计算公式

一级吊顶顶棚龙骨工程量＝主墙间的净长度×主墙间的净宽度

二～三级顶棚龙骨工程量＝跌级高差最外边线长度×跌级高差最外边线宽度

跌级吊顶顶棚龙骨工程量＝主墙间的净长度×主墙间的净宽度－“二～三级”顶棚龙骨工程量

顶棚饰面工程量＝主墙间的净长度×主墙间的净宽度－独立柱等所占面积

跌落等艺术形式顶棚饰面工程量＝ $\sum$（展开长度×展开宽度）

8.4.12 门窗工程量计算

1. 门窗工程量计算公式

半圆窗工程量＝0.3927×窗洞宽×窗洞宽

或　半圆窗工程量＝$\pi/8$×窗洞宽×窗洞宽

矩形窗工程量＝窗洞宽×矩形高

门连窗工程量＝门洞宽×门洞高＋窗洞宽×窗洞高

纱门扇工程量＝纱扇宽×纱扇高

卷闸门安装工程量＝卷闸门宽×（洞口高＋0.6）

2. 框外围面积和洞口面积折算系数（见表8-57）。

框外围面积和洞口面积折算系数　　表 8-57

外框宽	外框高	洞口宽	洞口高	折减系数
950	2075	1000	2100	0.949
950	2675	1000	2700	0.941
1750	2075	1800	2100	0.961
2650	2075	2700	2100	0.970
1750	2675	1800	2700	0.963
2650	2670	2700	2700	0.972
3250	2370	3300	2400	0.975
3250	2675	3300	2700	0.976
750	1975	800	2000	0.926
750	2475	800	2500	0.925
550	1150	600	1200	0.879
550	1450	600	1500	0.886
1150	1150	1200	1200	0.918
1150	1750	1200	1800	0.932
1450	1450	1500	1500	0.934
1450	2050	1500	2100	0.944
2950	1450	3000	1500	0.951
2950	2050	3000	2100	0.960
2950	1550	3000	1600	0.953
1150	1050	1200	1500	0.926

8.4.13 油漆、涂料、裱糊工程量计算

1. 涂刷、裱糊、油漆工程量计算

（1）涂刷、裱糊、油漆工程量计算公式。

涂刷工程量＝抹灰面工程量

裱糊工程量＝设计裱糊（实贴）面积

油漆工程量＝代表项工程量×各项相应系数

（2）木材面油漆的工程量分别按表 8-58～表 8-61 规定

单层木门工程量系数表　　表 8-58

项目名称	系数	工程量计算方法
单层木门	1.00	按单面洞口面积
双层（一板一纱）木门	1.36	
单层（单裁口）木门	2.00	
单层全玻门	0.83	
木百叶门	1.25	
厂库房大门	1.10	

单层木窗工程量系数表 表 8-59

项目名称	系数	工程量计算方法
单层玻璃窗	1.00	按单面洞口面积
双层（一玻一纱）窗	1.36	
双层（单裁口）窗	2.00	
三层（二玻一纱）窗	2.60	
单层组合窗	0.83	
双层组合窗	1.13	
木百叶窗	1.50	

木扶手（不带托板）工程量系数 表 8-60

项目名称	系数	工程量计算方法
木扶手（不带托板）	1.00	按延长米
木扶手（带托板）	2.60	
窗帘盒	2.04	
封檐板、顺水板	1.74	
挂衣板、黑板框	0.52	
挂镜线、窗帘棍	0.35	

其他木材面工程量系数表 表 8-61

项目名称	系数	工程量计算方法
木板、纤维板、胶合板顶棚	1.00	长×宽
檐口（其他木材面）	1.00	
清水板条顶棚、檐口	1.07	
木方格吊顶顶棚	1.20	
吸声板墙面、顶棚面	0.87	
鱼鳞板墙	2.48	
木护墙、墙裙	0.91	
窗台板、筒子板、盖板	1.00	
暖气罩	1.28	
屋面板（带檩条）	1.11	斜长×宽
木间壁、木隔断	1.90	单面外围面积
玻璃间壁露明墙筋	1.65	
木栅栏、木栏杆带扶手	1.82	
木屋架	1.79	跨度(长)×中高×1/2
衣柜、壁柜	0.91	投影面积（不展开）
零星木装修	0.87	展开面积
木地板、木踢脚线	1.00	长×宽
木楼梯（不包括底面）	2.30	水平投影面积

（3）金属面油漆的工程量分别按表 8-62～表 8-64 规定系数计算。

（4）抹灰面油漆、涂料的工程量分别按表 8-65 规定系数计算。

单层钢门窗工程量系数　　表 8-62

项目名称	系数	工程量计算方法
单层钢门窗 双层（一玻一纱）钢门窗 钢百叶钢门 半截百叶钢门 满钢门或包铁皮门 钢折叠门	1.00 1.48 2.74 2.22 1.63 2.30	洞口面积
射线防护门 厂库房平开、推拉门 钢丝网大门	2.96 1.70 0.81	框（扇）外围面积
间壁	1.85	长×宽
平板屋面 瓦垄板屋面	0.74 0.89	斜长×宽
排水、伸缩缝盖板	0.78	展开面积
吸气罩	1.63	水平投影面积

其他金属面工程量系数　　表 8-63

项目名称	系数	工程量计算方法
钢屋架、天窗架、挡风架、屋架梁 支撑、檩条 墙架（空腹式） 墙架（格板式） 钢柱、吊车梁、花式梁、 柱、空花构件 操作台、走台、制动梁、 钢梁车挡 钢栅栏门、栏杆、窗栅 钢爬梯 轻型屋架 踏步式钢扶梯 零星铁件	1.00 1.00 0.50 0.82 0.63 0.63 0.71 0.71 1.71 1.18 1.42 1.05 1.32	重量（t）

平板屋面涂刷磷化、锌黄底漆工程量系数　　表 8-64

项目名称	系数	工程量计算方法
平板屋面 瓦垄板屋面	1.00 1.20	斜长×宽
排水、伸缩缝盖板	1.05	展开面积
吸气罩	2.20	水平投影面积
包镀锌薄钢板门	2.20	洞口面积

抹灰面工程量系数　　表 8-65

项目名称	系数	工程量计算方法
槽形板、混凝土折板底 有梁板底 密肋、井字梁板底	1.30 1.10 1.50	长×宽
混凝土平板式楼梯底	1.30	水平投影面积

2. 基层处理工程量计算公式

基层处理工程量＝面层工程量

木材面刷防火涂料工程量＝板方框外围投影面积

3. 预制混凝土构件粉刷工程量折算参考（见表 8-66）。

预制混凝土构件粉刷工程量折算参考　　表 8-66

序号	项目	单位	折算粉刷面积（m^2）	备注
1	矩形柱	m^3	9.5	每立方米构件粉刷面积
2	工形柱	m^3	19.0	
3	双肢柱	m^3	10.0	
4	矩形梁	m^3	12.0	
5	吊车梁	m^3	1.9/8.1	金属屑/刷白
6	T形梁	m^3	19	每立方米构件粉刷面积
7	大型屋面板	m^3	44	底面
8	密肋形层面板	m^3	24	底面
9	平板	m^3	11.5	底面
10	薄腹屋面梁	m^3	12.0	每立方米构件粉刷面积
11	桁架	m^3	20.0	
12	三角形屋架	m^3	25.0	
13	檩条	m^3	28.0	

续表

序号	项目	单位	折算粉刷面积（m^2）	备注
14	天窗端壁	m^3	30.0	双面粉刷 每立方米构件粉刷面积
15	天窗支架	m^3	30.0	
16	挑沿板	m^3	25.0	
17	楼梯段	m^3	14/12	面层/底层
18	压顶	m^3	28.0	每立方米构件粉刷面积
19	地沟盖板	m^3	24.0	（单面）
20	厕所隔板	m^3	66.0	双面粉刷
21	大型墙板	m^3	30.0	双面粉刷
22	间壁	m^3	25.0	双面粉刷
23	支撑、支架	m^3	25.0	每立方米构件粉刷面积
24	皮带走廊框架	m^3	10.0	
25	皮带走廊箱子	m^3	7.8	单面粉刷

4. 现浇混凝土构件粉刷工程量折算参考（见表8-67）。

现浇混凝土构件粉刷工程量折算参考　　表8-67

序号	项目	单位	折算粉刷面积（m^2）	备注
1	无筋混凝土柱	m^3	10.5	每立方米构件的粉刷面积
2	钢筋混凝土柱	m^3	10.0	每立方米构件的粉刷面积
3	钢筋混凝土圆柱	m^3	9.5	每立方米构件的粉刷面积
4	钢筋混凝土单梁、连续梁	m^3	12.0	每立方米构件的粉刷面积
5	钢筋混凝土吊车梁	m^3	1.9/8.1	金属屑/刷白（每立方米构件）
6	钢筋混凝土异形梁	m^3	8.7	每立方米构件的粉刷面积
7	钢筋混凝土墙	m^3	8.3	单面（外面与内面同）
8	无筋混凝土柱	m^3	8.0	单面（外面与内面同）
9	无筋混凝土挡土墙、地下室墙	m^3	5.5	单面（外面与内面同）
10	毛石挡土墙及地下室墙	m^3	5.0	单面（外面与内面同）
11	钢筋混凝土挡土墙、地下室墙	m^3	5.8	单面（外面与内面同）

续表

序号	项目	单位	折算粉刷面积（m^2）	备注
12	钢筋混凝土压顶	m^3	0.67	每延长米粉刷面积
13	钢筋混凝土暖气沟、电缆沟	m^3	14.0/9.6	内面/外面
14	钢筋混凝土贮仓料斗	m^3	7.5/7.5	内面/外面
15	无筋混凝土台阶	m^3	20.0	
16	钢筋混凝土雨篷	m^2	1.6	每水平投影面积
17	钢筋混凝土阳台	m^2	1.8	每水平投影面积
18	钢筋混凝土栏板	m^2	2.1	每垂直投影面积
19	钢筋混凝土平板	m^2	10.8	每立方米粉刷面积
20	钢筋混凝土肋形板	m^2	13.5	每立方米粉刷面积

8.4.14 脚手架工程量计算

1. 墙柱脚手架工程量计算公式

独立柱脚手架工程量=(柱图示结构外围周长+3.6)×设计柱高

梁墙脚手架工程量=梁墙净长度×设计室外地坪(或板顶)至板底高度

型钢平台外挑钢管架工程量=外墙外边线长度×设计高度

内墙里脚手架工程量=内墙净长度×设计净高度

围墙脚手架工程量=围墙长度×室外自然地坪至围墙顶面高度

石砌墙体双排里脚手架工程量=砌筑长度×砌筑高度

2. 装饰脚手架工程量计算公式

外墙装饰脚手架工程量=装饰面长度×装饰面高度

内墙面装饰双排里脚手架工程量=内墙净长度×设计净高度×0.3

满堂脚手架工程量=室内净长度×室内净宽度

满堂脚手架增加层=(室内净高度−5.2)/1.2(计算结果0.5以内舍去)

3. 其他脚手架工程量计算公式

水平防护架工程量=水平投影长度×水平投影宽度

垂直防护架工程量=实际搭设长度×自然地坪至最上一层横杆的高度

挑脚手架工程量=实际搭设总长度

悬空脚手架工程量=水平投影长度×水平投影宽度

4. 安全防护网工程量计算公式

建筑物垂直封闭工程量=(外围周长+1.50×8)×(建筑物脚手架高度+1.5×护栏高)

立挂式安全网工程量=实际长度×实际高度

挑出式安全网工程量=挑出总长度×挑出的水平投影宽度

5. 综合脚手架定额各类脚手架含量(见表 8-68)。

综合脚手架定额各类脚手架含量　　表 8-68

项目	单位建筑面积含量(m^2)
外脚手架面积	0.79
里脚手架面积	0.90
3.6m 以上装饰脚手架面积	0.09
悬空脚手架面积	0.11

8.4.15　水平运输工程量计算

1. 门窗运输的工程量

以门窗洞口面积为基数，分别乘以下列综合系数：木门，0.975；木窗，0.9715；铝合金门窗，0.9668。

2. 构件运输工程量

按构件的类型和外形尺寸划分类别。构件类型及分类见表 8-69、表 8-70。

预制混凝土构件类型及分类　　表 8-69

类别	项　　目
Ⅰ	4m 内空心板、实心板
Ⅱ	6m 内的桩、屋面板、工业楼板、基础梁、吊车梁、楼梯休息板、楼梯段、阳台板、4～6m 内空心板及实心板

续表

类别	项　　目
Ⅲ	6～14m的梁、板、柱、桩，各类屋架、桁架、托架（14m以上另行处理）
Ⅳ	天窗架、挡风架、侧板、端壁板、天窗上下档、门框及单件体积在0.1m^3以内的小型构件
Ⅴ	装配式内、外墙板、大楼板、厕所隔板
Ⅵ	隔墙板（高层用）

金属结构构件类型及分类　　表 8-70

类别	项　　目
Ⅰ	钢柱、屋架、托架梁、防风桁架
Ⅱ	吊车梁、制动梁、型钢檩条、钢支撑、上下档、钢拉杆、栏杆、盖板、垃圾出灰门、倒灰门、箅子、爬梯、零星构件、平台、操作台、走道休息台、扶梯、钢吊车梯台、烟囱紧固箍
Ⅲ	墙架、挡风架、天窗架、组合檩条、轻型屋架、滚动支架、悬挂支架、管边支架

3. 预制混凝土构件安装操作损耗率（见表 8-71）

预制混凝土构件安装操作损耗率　　表 8-71

定额内容 构件类别	运输	安装
预制加工厂预制	1.013	1.005
现场（非就地）预制	1.010	1.005
现场就地预制	—	1.005
成品构件	—	1.010

8.4.16 钢筋混凝土模板工程量计算

1. 模板工程量计算公式

构造柱与砖墙咬口模板工程量＝混凝土外露面的最大宽度×柱高

混凝土墙板模板＝混凝土与模板接触面面积－0.3m^2 以外单孔面积＋垛孔洞侧面积

轻体框架模板工程量＝框架外露面积

后浇带二次支模工程量＝后浇带混凝土与模板接触面积

雨篷、阳台模板工程量＝外挑部分水平投影面积

混凝土楼梯模板工程量＝钢筋混凝土楼梯工程量

混凝土台阶模板工程量＝台阶水平投影面积

现浇混凝土小型池槽模板工程量＝池槽外围体积

2. 模板支撑超高工程量计算公式

超高次数＝(支模高度－3.6)/3(遇小数进为1)

梁板水平构件模板支撑超高工程量(m^2)＝超高构件的全部模板面积×超高次数

柱、墙竖直构件模板支撑超高工程量(m^2)＝ $\sum$（相应模板面积×超高次数）

现场预制混凝土模板工程量＝混凝土工程量

8.5 常用计量单位

8.5.1 法定计量单位

1. 国际单位制的基本单位（见表8-72）

国际单位制的基本单位 **表8-72**

量的名称	单位名称	单位符号
长度	米	m
质量	千克（公斤）	kg
时间	秒	s
电流	安［培］	A
热力学温度	开［尔文］	K
物质的量	摩［尔］	mol
发光强度	坎［德拉］	cd

注：1. 圆括号中的名称，是它前面名称的同义词，下同。
2. 无方括号的量的名称与单位名称均为全称。方括号中的字，在不致引起混淆、误解的情况下，可以省略，去掉方括号中的字即为其名称的简称。下同。
3. 本章所称的符号，除特殊指明外，均指我国法定计量单位中所规定的符号以及国际符号。下同。
4. 人民生活和贸易中，质量习惯称为重量。

2. 用于构成十进倍数和分数单位的国际单位制词头（见表 8-73）

用于构成十进倍数和分数单位的国际单位制词头　表 8-73

所表示的因数	词头名称	词头符号	所表示的因数	词头名称	单位符号
10^{24}	尧［它］	Y	10^{12}	太［拉］	T
10^{21}	泽［它］	Z	10^{9}	吉［拉］	C
10^{18}	艾［可萨］	E	10^{6}	兆	M
10^{15}	拍［它］	P	10^{3}	千	k
10^{2}	百	h	10^{-9}	纳［诺］	n
10	十	da	10^{-12}	皮［可］	p
10^{-1}	分	d	10^{-15}	飞［母托］	f
10^{-2}	厘	c	10^{-18}	阿［托］	a
10^{-3}	毫	m	10^{-21}	仄［普托］	z
10^{-6}	微	μ	10^{-24}	幺［科托］	y

3. 可与国际单位制单位并用的我国法定计量单位（见表 8-74）

可与国际单位制单位并用的我国法定计量单位　表 8-74

量的名称	单位名称	单位符号	与国际单位制单位的关系
时间	分	min	1min＝60s
	［小］时	h	1h＝60min＝3600s
	日［天］	d	1d＝24h＝86400s
［平面］角	度	(°)	10＝(π/180)rad
	［角］分	(′)	1′＝(1/60)°＝(π/10800)rad
	［角］秒	(″)	1″＝(1/60)′＝(π/648000)rad
体积	升	l，L	$1L=1dm^3=10^{-3}m^3$
质量	吨 原子质量单位	t u	$1t=10^3kg$ $1u\approx1.660540\times10^{-27}kg$
旋转速度	转每分	r/min	$1r/min=(1/60)s^{-1}$
长度	海里	n mile	1n mile＝1852m （只用于航行）
速度	节	kn	1kn＝1n mile/h＝(1852/3600)m/s （只用于航行）

续表

量的名称	单位名称	单位符号	与国际单位制单位的关系
能	电子伏	eV	$1eV=1.602177\times10^{-19}J$
级差	分贝	dB	
线密度	特［克斯］	tex	$1tex=10^{-6}kg/m$
面积	公顷	hm^2	$1hm^2=10^4m^2$

注：1. 平面角单位度、分、秒的符号，在组合单位中应采用（°）、（′）、（″）的形式。例如，不用°/s而用（°）/s。
2. 升的两个符号属同等地位，可任意选用。
3. 公顷的国际通用符号为ha。

8.5.2 英寸的分数、小数习惯称呼与毫米对照表

英寸的分数、小数习惯称呼与毫米对照表，见表8-75。

英寸的分数、小数习惯称呼与毫米对照表　　表8-75

英寸（in）		我国习惯称呼	毫米（mm）
分数	小数		
1/16	0.0625	半分	1.5875
1/8	0.1250	一分	3.1750
3/16	0.1875	一分半	4.7625
1/4	0.2500	二分	6.3500
5/16	0.3125	二分半	7.9375
3/8	0.3750	三分	9.5250
7/16	0.4375	三分半	11.1125
1/2	0.5000	四分	12.7000
9/16	0.5625	四分半	14.2875
5/8	0.6250	五分	15.8750
11/16	0.6875	五分半	17.4625
3/4	0.7500	六分	19.0500
13/16	0.8125	六分半	20.6375
7/8	0.8750	七分	22.2250
15/16	0.9375	七分半	23.8125
1	1.0000	一英寸	25.4000

8.5.3 长度单位换算

长度单位换算，见表8-76。

表 8-76

长度单位换算

单位	公制				市制		英美制			
	毫米(mm)	厘米(cm)	米(m)	公里(km)	市尺	市里	英寸(in)	英尺(ft)	码(yd)	英里(mile)
1 毫米（1mm）	1	0.1	0.001		0.003		0.03937	0.00328	0.00109	
1 厘米（1cm）	10	1	0.01	0.00001	0.03	0.00002	0.3937	0.0328	0.0109	
1 米（1m）	1000	100	1	0.001	3	0.002	39.3701	3.2808	1.0936	0.0006
1 公里（1km）	1000000	100000	1000	1	3000	2		3280.8398	1093.6132	0.6214
1 市尺	333.3333	33.3333	0.3333	0.0003	1	0.0007	13.1234	1.0936	0.3645	0.0002
1 市里	500000	50000	500	0.5000	1500	1	19685.0	1640.4	546.8	0.3107
1 英寸（1in）	25.4	2.54	0.0254		0.0762	0.0001	1	0.0833	0.0278	
1 英尺（1ft）	304.8	30.48	0.3048	0.0003	0.9144	0.0006	12	1	0.333	0.0002
1 码（1yd）	914.4	91.44	0.9144	0.0009	2.7432	0.0018	36	3	1	0.0006
1 英里（1mile）		160934	1609.34	1.6093	4828.02	3.2186	63360	5280	1760	1

8.5.4 面积单位换算

面积单位换算，见表 8-77。

表 8-77

面积单位换算

单位	公制				市制		英美制				
	平方米 (m^2)	公亩 (a)	公顷 (hm^2)	平方公里 (km^2)	平方市尺	市亩	平方英尺 (ft^2)	平方码 (yd^2)	英亩 (acre)	美亩 (mile)	平方英里 ($mile^2$)
1 平方米（$1m^2$）	1	0.01	0.0001		9	0.0015	10.7639	1.19600	0.00025	0.00025	
1 公亩（1a）	100	1	0.01	0.0001	900	0.15	1076.39	119.6	0.02471	0.02471	0.00004
1 公顷（$1hm^2$）	1000	100	1	0.01	90000	15	107639	11960	2.47106	2.47104	0.00386
1 平方公里（$1km^2$）		10000	100	1	9000000	1500	10763900	1196000	247.106	247.104	0.3858

续表

单位	公制				市制		英美制				
	平方米 (m^2)	公亩 (a)	公顷 (hm^2)	平方公里 (km^2)	平方市尺	市亩	平方英尺 (ft^2)	平方码 (yd^2)	英亩 (acre)	美亩 (mile)	平方英里 ($mile^2$)
1 平方尺	0.11111	0.00111	0.00011		1	0.00017	1.19598	0.13289	0.00003	0.00003	
1 市亩	666.666	6.66667	0.06667	0.00067	6000	1	7175.9261	793.34	0.16441	0.16474	0.00026
1 平方英尺 ($1ft^2$)	0.0929	0.00093	0.000093		0.83610	0.000139	1	0.11111	0.00002	0.00002	
1 平方码 ($1yd^2$)	0.83612	0.00836	0.00084		7.52508	0.00125	8.99991	1	0.00021	0.00021	
1 英亩 (1acre)	4046.85	40.4685	0.40469	0.00405	36421.65	6.07029	43559.888	4840.0346	1	0.99999	0.00157
1 美亩	4046.87	40.4687	0.40469	0.00405	36421.83	6.07037	43560.105	4840.0588	1.000005	1	0.00157
1 平方英里 ($1mile^2$)	2589984	25899.84	259.0674	2.592	23309856	3884.986	27878188	3097606.6	640	639.9936	1

8.5.5 体积、容积单位换算

体积、容积单位换算，见表 8-78。

体积、容积单位换算　　表 8-78

单位	公制				市制		英美制			
	立方厘米 (cm^3)	升 (L)	立方米 (m^3)	立方市尺 (km^2)	市斗	市石	立方英寸 (in^3)	立方英尺 (ft^3)	蒲式耳 (bu)	加仑(美液量) (gal)
1 立方厘米 ($1cm^3$)	1	0.001	0.000001	0.000027	0.0001	0.00001	0.061024	0.000035	0.000028	0.000264
1 升 (1L)	1000	1	0.001	0.027	0.1	0.01	61.0237	0.035	0.0283	0.264
1 立方米 ($1m^3$)	1000000	1000	1	27	100	10	61023.7	35.000525	28.299750	263.99165

续表

单位	公制				市制		英美制			
	立方厘米（cm^3）	升（L）	立方米（m^3）	立方市尺（km^2）	市斗	市石	立方英寸（in^3）	立方英尺（ft^3）	蒲式耳（bu）	加仑（美液量）（gal）
1 立方尺	37037.037	37.037037	0.037037	1	3.703704	0.370370	2260.137	1.30794	1.048148	9.777752
1 斗	10000	10	0.01	0.27	1	0.1	610.237	0.35	0.282998	2.639999
1 石	100000	100	0.1	2.7	10	1	6102.37	3.500004	2.82999	26.39999
1 立方英寸（1in^3）	16.387075	0.016387	0.000016	0.000442	0.001639	0.000164	1	0.00058	0.000464	0.004326
1 立方英尺（11ft^3）	28571.428	28.571428	0.028571	0.761456	2.857143	0.285714	1728	1	0.808576	7.542857
1 蒲式耳（1bu）	35335.689	35.335689	0.035336	0.954064	3.533569	0.353357	2156.31440	1.236750	1	9.328619
1 加仑（1gal）	3787.8787	3.787879	0.003788	0.102273	0.378788	0.037879	231.160420	0.132576	0.107197	1

8.5.6 质（重）量单位换算

质（重）量单位换算，见表 8-79。

质（重）量单位换算 **表 8-79**

单位	公制			市制			英美制			
	克（g）	千克（kg）	吨（t）	市两	市斤	市担	盎司（1flog）	磅（1lb）	美(短)吨（1sh·tn）	英(长)吨（1ton）
1 克（1g）	1	0.001		0.02	0.002		0.0353	0.0022		
1 千克(公斤)(1kg)	1000	1	0.001	20	2	0.02	35.274	2.2046		
1 吨（1t）		1000	1		2000	20	35274	2204.6	1.1023	0.9842

续表

单位	公制			市制			英美制			
	克(g)	千克(kg)	吨(t)	市两	市斤	市担	盎司(1flog)	磅(1lb)	美(短)吨(1sh·tn)	英(长)吨(1ton)
1市两	50	0.05		1	0.1		1.7637	0.1102		
1市斤	500	0.5		10	1	0.01	17.637	1.1023		
1市担		50	0.05	1000	100	1	1763.7	110.23	0.0551	0.492
1盎司(1flog)	28.35	0.0284		0.567	0.0567		1	0.0625		
1磅(1lb)	453.59	0.4536		9.072	0.9072		16	1		
1美(短)吨(1sh·tn)		907.19	0.9072		1814.4	18.144		2000	1	0.8929
1英(长)吨(1ton)		1016	1.016		2032.1	20.321		2240	1.12	1

参　考　文　献

［1］ 中华人民共和国住房和城乡建设部. 建设工程工程量清单计价规范（GB 50500—2013）［S］. 北京：中国计划出版社，2013.

［2］ 中华人民共和国住房和城乡建设部. 房屋建筑与装饰工程工程量计算规范（GB 50584—2013）［S］. 北京：中国计划出版社，2013.

［3］ 中华人民共和国国家标准. 建筑工程建筑面积计算规范（GB/T 50353—2013）. 北京：中国计划出版社，2013.

［4］ 中华人民共和国住房和城乡建设部标准定额司. 建筑工程建筑面积计算规范（GJD 101T—2005）［S］. 北京：中国计划出版社，2005.

［5］ 中华人民共和国建设部标准定额司. 全国统一建筑工程基础定额. 北京：中国计划出版社，1995.

［6］ 中华人民共和国建设部标准定额司. 全国统一建筑工程预算工程量计算规则. 北京：中国计划出版社，1995.

［7］ 建设部标准定额司. 全国统一建筑工程基础定额编制说明（1997）. 有关应用问题解释. 哈尔滨：黑龙江科学技术出版社，1999.

［8］ 建设部标准定额司. 建设工程造价计价工作实用手册. 北京：中国建筑工业出版社，1993.

［9］ 黄伟典. 工程造价资料速查手册. 北京：中国建筑工业出版社，2010.

［10］ 许焕兴. 土建工程造价（第三版）. 北京：中国建筑工业出版社，2015.

［11］ 本书编写委员会. 现场造价员岗位通. 北京：北京理工大学出版社，2009.

［12］ 周国恩，陈华. 工程造价管理. 北京：北京大学出版社，2011.

［13］ 李亮，向东东. 建设工程工程量清单计价使用指南. 北京：中国建材工业出版社，2013.

［14］ 本书编委会. 造价员一本通·建筑工程（第 3 版）. 北京：中国建材工业出版社，2013.

［15］ 徐广舒. 建筑工程计量与计价. 北京：化学工业出版社，2010.

［16］ 陈建国，高显义. 工程计量与造价管理. 上海：同济大学出版社，

2007.
[17] 刘元芳. 建设工程技术与计量基础知识. 北京：中国建材工业出版社，2007.
[18] 李鑫. 造价员. 北京：北京科学技术出版社，2013.
[19] 许焕兴. 土建工程造价（工程量清单与基础定额）. 北京：中国建筑工业出版社，2005.
[20] 全国造价员执业资格考试培训教材. 工程造价案例分析. 北京：中国城市出版社，2013.